全国高职高专建筑装饰专业规划教材

建筑装饰与装修构造

(第2版)

崔丽萍 主 编
陈卫红 王 勇 副主编

清华大学出版社
北 京

内容简介

本书以高职高专建筑工程技术专业人才培养为目标、相关国家现行规范规定和建筑装饰行业的最新发展为依据，以掌握基本原理与实际动手能力和专业的基本技能训练相结合为目的编写而成。本书按照专业对构造知识的要求，有针对性地设置了建筑装饰装修构造概述、墙面装饰装修构造、地面装饰装修构造、顶棚装饰装修构造、门窗装饰装修构造、其他装饰配件装饰构造、楼梯装饰装修构造、幕墙构造等内容，为便于学生巩固所学知识还增加了综合实训。除此之外，还介绍了特殊装饰工程及特殊部位装饰工程的构造原理与方法。为方便教学和自学，每章有典型装饰工程构造案例，每章后附课堂实训课题。

本书适合高职高专建筑装饰类专业学生的学习，也可以作为建筑装饰施工技术的培训教材，还可以作为建筑装饰技术人员的技术参考书。

图书在版编目(CIP)数据

建筑装饰与装修构造/崔丽萍主编. —2 版. —北京：清华大学出版社，2019（2024.10重印）
(全国高职高专建筑装饰专业规划教材)
ISBN 978-7-302-51193-9

Ⅰ. ①建… Ⅱ. ①崔… Ⅲ. ①建筑装饰—建筑构造—高等职业教育—教材 Ⅳ. ①TU767

中国版本图书馆 CIP 数据核字(2018)第 210677 号

责任编辑：桑任松
封面设计：刘孝琼
责任校对：王明明
责任印制：杨 艳
出版发行：清华大学出版社
网 址：https://www.tup.com.cn，https://www.wqxuetang.com
地 址：北京清华大学学研大厦 A 座 **邮 编**：100084
社 总 机：010-83470000 **邮 购**：010-62786544
投稿与读者服务：010-62776969, c-service@tup.tsinghua.edu.cn
质量反馈：010-62772015, zhiliang@tup.tsinghua.edu.cn
课件下载：https://www.tup.com.cn, 010-62791865
印 装 者：三河市人民印务有限公司
经 销：全国新华书店
开 本：185mm×260mm **印 张**：19.25 **插 页**：3 **字 数**：460 千字
版 次：2011 年 1 月第 1 版 2019 年 1 月第 2 版 **印 次**：2024 年10月第 6 次印刷
定 价：56.00 元

产品编号：075611-01

前　言

建筑装饰构造设计是建筑装饰设计的重要组成部分，在设计与施工过程中，应该满足技术先进、经济合理、坚固美观的要求。随着经济建设的迅速发展和人们生活水平的不断提高，人们对建筑装饰造型、质感、风格等都提出了更高的要求。科学合理地选用建筑装饰材料和施工方法，努力提高建筑装饰业的技术水平，对于创造一个舒适、绿色环保型环境，促进建筑装饰业的健康发展，具有非常重要的意义。

本书以高职高专建筑工程技术专业人才培养目标、相关国家现行规范规定和建筑装饰行业的最新发展为依据，以掌握基本原理与实际动手能力和专业的基本技能训练相结合为目的编写而成。本书内容的设计是根据职业能力要求及教学特点，与建筑行业的岗位相对应，体现新的国家标准和技术规范；注重实用为主，内容精选，充分体现了项目教学与训练的改革思路。本书以建筑装饰构造设计常用的构造形式和做法为主，突出反映当前建筑装饰新技术、新材料、新工艺。

全书共 9 章。本书内容主要包括建筑装饰构造的基本原则和原理、建筑物内外墙面、顶棚、楼地面、楼梯、门窗等处装饰构造做法。此外，还介绍了特殊装饰工程及特殊部位装饰工程的构造原理与方法。为方便教学和自学，每章均有典型装饰工程构造案例，每章后附课堂实训课题。本书适用于高职高专建筑装饰类专业学生的学习，也可以作为建筑装饰施工技术的培训教材，还可以作为建筑装饰技术人员的技术参考书。

本书由内蒙古建筑职业技术学院崔丽萍担任主编，江苏城市职业学院陈卫红、重庆建工工业有限公司王勇担任副主编，崔丽萍负责全书的统稿，此外武汉工程职业技术学院刘捷、漯河职业技术学院杨德志、湖南工程职业技术学院彭鑫、中国建筑工程总公司第八工程局青岛分公司李杰、内蒙古建筑职业技术学院胡玉玲也参与了本书的编写。编写的具体分工为：崔丽萍编写第 1 章、第 3 章；陈卫红编写第 4 章、第 6 章；刘捷编写第 2 章、第 9 章；杨德志编写第 7 章；彭鑫编写第 5 章；李杰、胡玉玲编写第 8 章。

在编写本书过程中，参考了有关书籍、图样和图片资料，得到了不少建筑装饰设计与施工单位的大力支持，在此一并致以感谢。

由于作者水平所限，书中难免有不足之处，敬请广大读者不吝指教。

编　者

目　录

第 1 章　建筑装饰装修构造概论

内容提要

本章主要学习建筑装饰装修构造的基本概念、建筑装饰装修内容、建筑装饰装修构造课程特点、建筑装饰装修构造基本内容、建筑装饰装修等级与用料标准，建筑装饰构造设计的依据和建筑装饰构造详图的表达方式等内容。

教学目标

- 掌握建筑装饰装修构造的基本概念。
- 了解建筑装饰构造设计的重要性。
- 熟悉建筑装饰装修等级与用料标准。
- 熟悉建筑装饰构造的原则。
- 熟悉建筑装饰构造的类型。
- 掌握建筑装饰构造设计的影响因素。

项目案例导入：某酒店大堂装饰设计图，如图 1.1 所示。建筑装饰装修构造设计就是依据装饰设计，完成地面、墙面、顶棚构造方案的确定，正确选择各部分材料、层次及连接方法。

图 1.1　某酒店大堂装饰设计图

1.1　概　　述

1.1.1　建筑装饰装修的基本概念

(1) 建筑装饰装修：是指建筑物主体工程完成后，为保护建筑物的主体结构完善建筑物的使用功能和美化建筑物采用的装饰装修材料或饰物对建筑物的表面及空间进行的各种处理过程。

(2) 建筑装饰装修构造：指使用建筑装饰材料和制品对建筑物表面以及某些特定部位进行装饰与装修的构造施工做法。

1.1.2 建筑装饰装修的内容

按国家标准《建筑装饰装修工程质量验收规范》(GB 50210—2001)中的规定，建筑装修应包括抹灰工程、门窗工程、吊顶工程、轻质隔墙工程、饰面板(砖)工程、幕墙工程、涂饰工程、裱糊与软包工程、细部工程等 9 项内容。但是，面对当前新型装饰材料的大发展，装饰工程的标准也越来越高。

建筑装饰设计的范围比较广，通常涉及艺术构思和创作问题，而建筑装修则比较具体，它涉及的是技术问题。建筑装修就是为了达到建筑装饰设计的艺术目的和意图，去具体地运用合适的装饰材料对建筑的各个部位进行装饰处理。

1.1.3 建筑装饰装修构造的基本内容

建筑装饰构造是一门综合性的技术学科，它应该与建筑、艺术、结构、材料、设备、施工、经济等方面密切配合，提供合理的建筑装饰构造方案，是实施装饰工程的具体方法，既是建筑装饰设计中综合技术方面的依据，又是实施建筑装饰设计至关重要的手段。装饰构造设计是装饰设计的重要内容，是将建筑装饰设计思想落到实处的具体细化处理，是构思转化为实物的技术手段。没有良好的、切合实际的建筑装饰构造方案设计，即使有最好的构思，用最好的装饰材料，也不可能构成一个完美的空间。最佳的建筑装饰构造设计，应该充分利用各种建筑装饰材料的有关特性，结合现有的施工技术，用最少的成本、最有效的手法来达到构思所要表达的效果。

建筑装饰装修构造设计的基本内容包括建筑装饰装修材料选择与应用、构造层次的确定和各种不同材料之间的连接方法。建筑装饰装修构造解决了建筑装饰设计中施工图设计阶段在建筑装饰设计施工平面图、立面图、剖面图中索引的各部分节点大样的构造设计。建筑与装饰施工图的详图就是根据构造设计确定的方案绘制而成的。本教材着重分析了外墙面、内墙面、顶棚、楼地面、楼梯和门窗部位的一些装饰材料的装修方法。

1.2 建筑装饰装修构造设计的原则

1.2.1 建筑装饰装修构造设计的一般原则

(1) 美化和保护建筑构件，满足房间不同界面的功能要求，延展和扩展室内空间，改善空间环境，完善空间品质。

(2) 根据国家标准、行业规范，选择恰当的建筑材料，确定合理的构造方案。

(3) 协调各工种之间的关系。

1.2.2 建筑装饰装修构造设计的安全原则

1. 构造设计的安全性

(1) 装饰构件自身必须具有足够的强度、刚度和稳定性。

(2) 装饰构件与主体的连接应安全。

(3) 严禁破坏主体结构，保证主体结构的安全。

(4) 装饰构件的耐久性。

2. 防火的安全性

(1) 严格执行现行《建筑设计防火规范》《建筑内部装修设计防火规范》的规定，评判建筑物防火性能，确定防火等级。

(2) 对改变用途的建筑物应重新确定防火等级。

(3) 协调装饰材料和使用安全的关系，尽量避免和减少材料燃烧时产生浓烟和有毒气体。

(4) 施工期间应采取相应的防火措施。

3. 防震的安全性

进行建筑装饰设计时，要考虑地震时产生的结构变形影响。抗震设防烈度为七度地区的住宅，吊柜应避免设在门上方，床头上方不宜设置隔板、吊柜、玻璃罩灯具，不宜悬挂硬质画框、镜框等饰物。

1.2.3 绿色原则(环保原则)

1. 节约能源

建筑装饰构造节约能源的具体措施有很多，例如，改进节点构造，提高外墙和屋顶保温隔热性能，改善外门窗气密性等；选用节能高效的光源及照明技术；选用节能节水型厨卫设备；充分利用自然光和采用自然通风等。

2. 节约资源

建筑装饰构造设计中节约资源主要体现在选用材料上，如使用环保型材料、可重复使用材料、可再生使用材料及可循环使用材料。

3. 减少室内空气污染

在选择材料时，首先要选择符合国家绿色环保标准，并且要检查是否提供了原材质检测证书和检测报告，商家名称、产品名称是否相符，是否符合国家标准等。如果是人造板材、家具，要特别注意甲醛含量是否在合理的标准范围以内；涂料、油漆、胶黏剂等注意苯系物含量是否达到国家规定标准。石材及地砖、浴盆等材料，要看其是否有放射性物质检测，指标是否符合环保标准。在装修时，要选择正规装饰公司，在签订装修合同时注明室内环境要求，要根据实际情况，科学合理地使用装修材料，简约装修，避免过度装修导致污染的叠加效应，而引发污染物超标。在选购家具时，要注意选择刺激性气体较小的产品。

1.2.4 美观原则

(1) 正确搭配使用材料，充分发挥和利用其质感、肌理、色彩及材性。

(2) 注意室内空间的完整性、统一性，选择材料不能杂乱。

(3) 正确运用建筑造型美学规律(比例与尺度、对比与协调、统一与变化、均衡与稳定、节奏与韵律、排列与组合)，做到美观、大方、典雅。

1.3 建筑装饰装修构造的类型及连接

1.3.1 建筑装饰装修的部位

建筑装饰装修的部位主要包括室外和室内。室外装饰包括墙面、地面、店面、檐口、腰线、窗台、雨篷、台阶、建筑小品等；室内装饰包括顶棚、内墙面、地面、踢脚、墙裙、隔墙与隔断、门窗、楼梯、电梯等。

1.3.2 建筑装饰装修构造的类型

1. 装饰结构类构造

在建筑构件的表面直接涂刷覆盖装饰材料的构造做法，常用于空间结构、井格式楼板下顶棚等。

2. 饰面类构造

在建筑构件的表面覆盖装饰材料的构造做法，根据建筑装饰材料的加工性能和饰面部位的不同，饰面构造可分为罩面类饰面构造、贴面类饰面构造和钩挂类饰面构造三大类。

1) 饰面构造与位置的关系

饰面总是附着于建筑主体结构构件的外表面。但饰面材料与主体结构构件相对位置不同，如顶棚、墙面和地面饰面材料与主体结构构件相对位置关系分别为下位、侧位和上位，饰面作用和构造要求也就随之不同，如图 1.2 所示。正确处理好饰面构造与位置的关系是至关重要的。

2) 饰面构造的基本要求

(1) 连接牢靠。饰面构造首先要求装饰材料在结构层上必须附着牢固、可靠，严防开裂剥落。

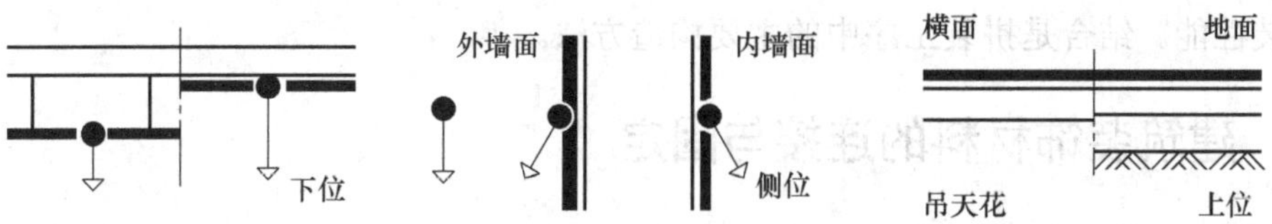

图 1.2　建筑装饰装修的部位

(2) 厚度与分层。由于饰面层的厚度与材料的耐久性、坚固性成正比，因而在构造设计时必须保证它具有相应的厚度。在标准较高的建筑装饰中，抹灰分底层、中层、面层抹灰三部分。

(3) 饰面构造的分类。根据建筑装饰材料加工性能和饰面部位的不同，饰面构造可分为罩面类饰面构造、贴面类饰面构造和钩挂类饰面构造三大类。

罩面类饰面构造分为涂刷和抹灰两类。涂料饰面是将建筑涂料涂敷于建筑构配件表面，并能与基层材料很好地黏结而形成完整的保护膜。刷浆类饰面是用水质涂料涂刷到建筑物抹灰层或基层表面所形成的饰面。抹灰类饰面根据部位的不同，可将其分为外墙抹灰、内墙抹灰和顶棚抹灰。抹灰砂浆的常见组成成分有胶凝材料、细骨料、纤维材料、颜料、胶料及各类掺合剂等。贴面类饰面构造分为铺贴、裱糊和钉嵌。铺贴法常用的各种贴面材料有瓷砖、面砖、陶瓷锦砖等。裱糊法饰面材料呈薄片或卷材状，如粘贴于墙面的塑料壁纸、复合壁纸、墙布、绸缎等。而钉嵌法常用于自重轻或厚度小、面积大的板材，如木制品、石棉板、金属板、石膏、矿棉、玻璃等。钩挂类饰面构造钩挂的方法有系挂和钩挂两种。系挂用于较薄的石材或人造石等材料，厚度为 20～30mm。花岗石等饰面材料，如果厚度在 40～150mm，常在结构层包砌。块材上口可留槽口，用于与结构固定的铁钩在槽内搭住，这种方法称“钩挂”。

3. 配件类构造

配件类构造是指通过各种加工工艺，将建筑装饰材料制成装饰配件，然后在现场安装，以满足使用和装饰要求的构造，又称“装配式构造”。

根据建筑装饰材料的加工性能，配件的成型方法有塑造、铸造、加工与拼装三种。

1) 塑造

塑造是指对在常温、常压下呈可塑状态的液态材料，经过一定的物理、化学变化过程，使其逐渐失去流动性和可塑性而凝结成固体。目前，建筑装饰上常用的可塑材料有水泥、石灰、石膏等。

2) 铸造

铸造是指将生铁、铜、铅等可熔金属常采用铸造成型，在工厂制成各种花饰、零件，然后在现场进行安装。

3) 加工与拼装

木材与木制品具有可锯、刨、削、凿等加工性能，还能通过粘、钉、开榫等方法，拼装成各种配件。一些人造材料，如石膏板、碳化板、矿棉板、石棉板等具有与木材相类似的加工性能与拼装性能。金属薄板具有剪、切、割的加工性能，并兼有焊、钉、卷、铆的结合拼装性能。结合是拼装工序中的主要构造方法。

1.3.3 建筑装饰材料的连接与固定

根据材料的特性与施工方法的不同，建筑饰面材料的连接与固定一般分为四大类：第一类是胶接法；第二类是机械固定法；第三类是金属件之间的焊接法；第四类是榫接法。

1. 胶接法

通常在墙地面铺设整体性比较强的抹灰类或现浇细石混凝土，还有在铺贴陶瓷锦砖、面砖和石材时，利用水泥本身的胶结性而掺入胶结材料的方法。此种方法一般为湿作业，所费工时较大，如图 1.3 所示。

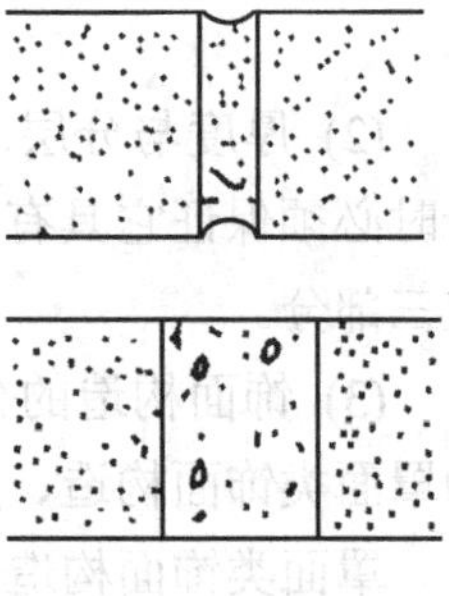

图 1.3 胶接法

2. 机械固定法

随着高强复合的新型建筑结构构件和饰面板材的不断涌现，工厂制作、现场装配的比例越来越高，机械连接和固定方法在建筑装修工程中逐渐占据主导地位，此种方法大多采用金属紧固件和连接件。金属紧固件有各种钉子、螺栓、螺钉和铆钉，金属连接件包括合缝钉(销钉)、铰链、带孔型钢、特殊接插件等，如图 1.4(a)、图 1.4(b)和图 1.4(c)所示；对于薄钢板、铝皮、铜皮等，则采用卷口连接法对板边构造进行处理，如图 1.4(d)所示；各类紧固件及安装如图 1.4(e)所示。在装修工程中采用机械连接和固定法具有速度快、效率高、施工灵活和安全可靠等优点，但施工精确度也要求较高。

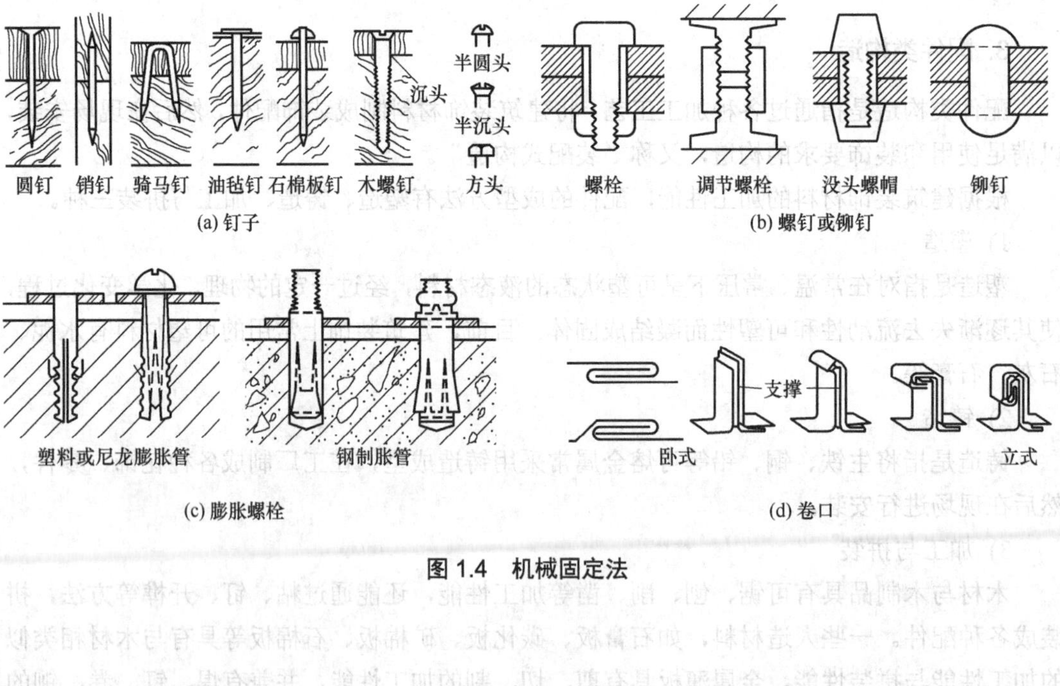

图 1.4 机械固定法

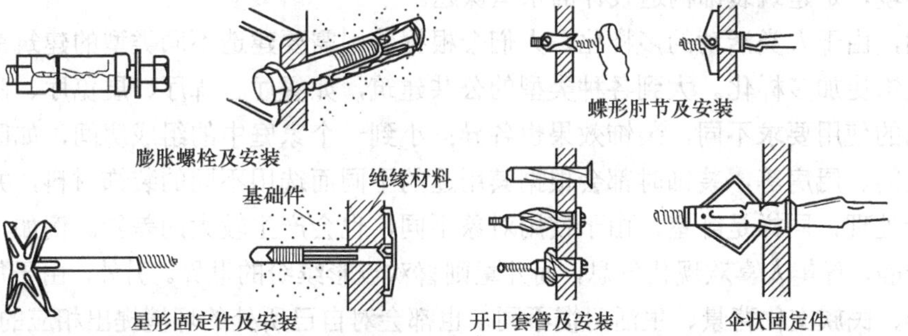

(e) 紧固件及安装

图 1.4 机械固定法(续)

3. 焊接法

对于一些比较重型的受力构件的连接或者某些金属薄型板材的接缝，通常采用电焊或气焊的方法，如图 1.5 所示。

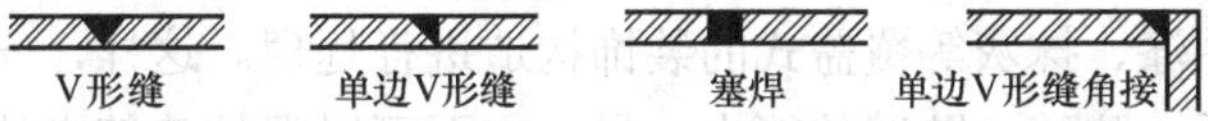

图 1.5 焊接法

4. 榫接法

对于木构件通常采用榫接，但对具有木材的可凿、可削、可锯、可钉性能的装饰材料，如塑料、碳化板、石膏板等，也可适当采用榫接，如图 1.6 所示。

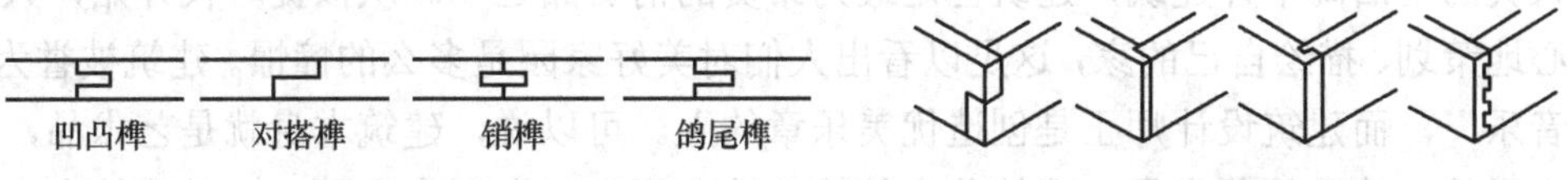

(a) 平接　　(b) 转角榫接

图 1.6 榫接

1.4 建筑装饰装修构造设计的影响因素

1.4.1 功能性因素

1. 建筑空间的使用要求

建筑装饰构造设计应把满足人们日常生活、生产或工作的需要放在首位。建筑物主要是供人使用的，如何创造一个既舒适又能满足人们各种生理的要求，同时还能给人以美感的空间环境，是建筑装饰构造设计的永恒课题。

当然，由于人类活动的多样化，人们会根据使用需要建造不同类型的建筑空间，这就使建筑装饰更加多样化。大到各种类型的公共建筑，如餐厅、舞厅、展览厅、商场、酒店等，它们的使用要求不同，装饰效果也各异；小到一个家庭中的组成房间，如卧室、起居室、卫生间、厨房等，装饰时都会根据其用途的不同而选用不同的装饰材料，并作不同的构造设计处理，同样是卧室，由于使用对象不同，也会产生较大的差异。例如，老年人喜欢安详宁静，青年人喜欢现代气息，而儿童则喜欢五彩缤纷的世界。另外，由于每一个人的气质修养、民族文化背景、生活习惯不同，也都会对自己所处的环境提出相应的要求。

使用要求对建筑装饰的这种影响，在某些特殊的空间中表现得非常明显。例如，影剧院观众厅的内墙壁与顶棚的装饰，通常是由其声学要求决定的，不同的部位需要采用不同的装饰材料以及相应的构造措施。为了便于管道布线，通常将计算机机房地面装饰成可拆装的活动夹层地板，但是必须对地板进行防静电处理。

2. 保护建筑主体结构

如果建筑主体结构直接暴露在空气中，木、竹等有机纤维材料就会由于微生物的侵蚀而腐朽，石块、砖就会风化，水泥制品就会疏松，钢铁构配件就会由于氧化而锈蚀。所以，在建筑上常常采用油漆、抹灰等覆盖式的装饰构造进行处理。这样，一方面能提高建筑物的防水、防火、防锈、防酸、防碱的能力；另一方面可以保护建筑主体结构不直接受到机械外力的损害。在一些重点部位，还需要进行特殊处理。例如，外墙近地面处的勒脚，内墙近楼地面处的踢脚、墙裙，阳角处的护角线、窗台、门窗套等。当覆盖层受到破坏时，可以不更换结构构件而直接重做装饰，使建筑物焕然一新。

3. 给人以美的享受

人类的生活离不开建筑，建筑也是最为昂贵的消费品之一。从孩提时代开始，人们就会精心地策划、描绘自己的家，这足以看出人们对美好家园是多么的憧憬。建筑被誉为“凝固的音乐”，而建筑设计师正是创造优美乐章的人。可以说，建筑本身就是艺术品，是一件放大了的、特殊的艺术品。建筑艺术的特殊性主要表现在两个方面：一是建筑有实用功能；二是有四度空间。所谓四度空间，就是加入时间的概念，人们可以随着时间的推移、视点的移动，从不同的角度和空间去欣赏一个建筑物。

建筑形象是功能、技术和艺术的综合体，它能反映出人们所处的时代和生活。建筑空间通过装饰，可以形成某种气氛或体现出某种意境。

建筑的室内、外装饰设计，分别从不同的角度表达和完善了设计师的意图，而装饰构造设计则是运用材料和技术手段将这些想法落到实处。

1.4.2 安全耐久性因素

1. 建筑装饰材料的合理选择

在使用建筑装饰材料时，可根据材料的使用部位和作用，选择不同强度和刚度的建筑装饰材料。材料的性能必须安全可靠，有一定的耐久性。

2. 构造方案处理合理可靠

要处理好构造方案与建筑主体结构的关系，以保证装饰产生的附加荷载可以通过合适途径传递给主体结构，并且要避免在装饰过程中对主体结构构件的破坏。

3. 构造节点处理合理可行

为了保证建筑装饰的安全、可靠、经久耐用，装饰构造必须要根据所使用的材料特性以及所处的部位采用不同的连接做法。构造节点处理的合理性是建立在精心设计的前提下，它需要设计人员在统筹全盘的基础上，对细节问题做出详尽的安排。

4. 满足消防、疏散要求

建筑装饰设计必须注意与原建筑设计的协调一致。不能对原建筑设计中的交通疏散、消防处理随意改变。同时建筑装饰方案必须符合相关消防规范，并征得消防部门的同意。

1.4.3　建筑装饰材料因素

建筑装饰材料是建筑装饰工程的物质基础，也是表现室内装饰效果的基本要素。建筑装饰材料的加工性能是建筑装饰构造的设计依据之一。建筑装饰工程的质量、效果和经济性及其各种构造方法的选择，在很大程度上取决于对建筑装饰材料的选择及其合理使用。建筑装饰材料由于受产量、产地、加工难易程度和产品性能等诸多因素的影响，其价格档次不同。目前，人工合成的建筑装饰材料层出不穷、大量涌现。由于它们具有性能优良、色泽丰富、易于加工、价格适中等众多优点，因而应用十分广泛。建筑装饰材料的发展更新，也带来了建筑装饰构造方法的变更。

1.4.4　协调好各工种与构件之间的关系

建筑已经变得日益复杂，并且逐渐成为一个现代技术的综合体，其中配置了各种各样的现代化设备。建筑装饰设计师必须通过构造手法，处理好它们之间以及它们与装饰效果之间的关系，并且合理安排好各类外露部件如出风口、灯具等的位置，采取相应的固定和连接措施，使它们与主体结构相辅相成，融为一体。

1.4.5　施工技术因素

建筑装饰施工是整个建筑工程中的最后一道主要工序。构造细部设计为正确施工提供了可靠依据。从另一个角度讲，施工也是检验构造设计合理与否的主要标准之一。建筑装饰设计人员必须深入现场，了解常见的和最新的施工工艺和技术，并结合现实条件构思设计，才能形成行之有效的构造方案，避免不切实际和不必要的浪费。

1.4.6 经济因素

如何掌握建筑装饰标准并控制整体造价，是建筑装饰设计人员必须要考虑的问题。当然，少花钱多办事是最好的原则，装饰并不意味着多花钱和多用贵重材料。但是，节约也不能单纯地降低标准。

建筑装饰构造不仅要解决各种不同建筑装饰材料的选择和使用问题，更重要的是在相同的经济和建筑装饰材料的条件下，用最少的造价和最低档的建筑装饰材料，通过不同的构造处理手法，取得良好的装饰效果，从而创造出令人满意的环境。

1.5 建筑装饰装修等级

建筑物等级是依据质量标准和建筑物的重要性确定的，建筑装饰装修等级与建筑物等级有着密切关系。一般情况下，建筑物等级越高，其装饰的等级也就越高。建筑装饰等级与用料标准直接影响工程造价，在实际应用中应结合不同地区的构造做法和业主具体要求灵活运用。建筑装饰等级与用料标准如表 1.1 和表 1.2 所示。

表 1.1 建筑装饰等级

建筑装饰等级	建筑物类型
一级	高级宾馆、别墅、纪念性建筑、大型博览、观演、交通、体育建筑、一级行政机关办公建筑、大型综合商业建筑
二级	科研建筑、高等教育建筑、普通博览、观演、交通、体育建筑、广播通信建筑、医疗建筑、商业建筑、旅馆建筑、局级以上行政机关办公建筑
三级	中学、小学、托儿所、生活服务性建筑、普通行政机关办公建筑、普通居住建筑

表 1.2 建筑装饰用料标准

建筑装饰等级	房间名称	部位	内部建筑装饰用料标准	外部建筑装饰用料标准	备注
一级	全部房间	墙面	塑料墙纸(布)、织物墙面、大理石装饰板、木墙裙，各种面砖、内墙涂料	大理石、花岗岩、面砖、无机涂料、金属板、玻璃幕墙	
		楼地面	软木橡胶地板、各种塑料地板、大理石、彩色水磨石、地毯、木地板	—	
		顶棚	金属装饰板、塑料装饰板、金属墙纸、塑料墙纸、装饰吸音板、玻璃顶棚、灯具	室外雨篷、悬挑部分的楼板下	

续表

建筑装饰等级	房间名称	部 位	内部建筑装饰用料标准	外部建筑装饰用料标准	备 注
一级	全部房间	门窗	夹板门、推拉门、带木镶边板或大理石镶边、设窗帘盒	各种玻璃铝合金门窗、塑钢门窗、特制木门窗、玻璃栏板	
		其他设施	各种金属或竹木花格，自动扶梯、有机玻璃栏板，各种花饰、灯具、空调、防火设备、暖气包罩、高档卫生设备	局部屋檐、屋顶，可用各种瓦、金属装饰物	
二级	门厅、楼梯、走道、普通房间	墙面	各种内墙涂料、装饰抹灰、窗帘盒、暖气罩	主要立面可用面砖、局部大理石、无机涂料	功能上有特殊要求除外
		楼地面	彩色水磨石、地毯、各种塑料地板、卷材地毯、碎拼大理石地面	—	
		顶棚	混合砂浆、石灰膏罩面，钙塑板、胶合板、吸音板等顶棚饰面	—	
		门窗		普通门窗，主要出入口可用铝合金门	
	厕所、盥洗室	墙面	水泥砂浆	—	
		楼地面	普通水磨石、陶瓷锦砖、白瓷墙裙	—	
		顶棚	混合砂浆、石灰膏罩面	—	
		门窗	普通门窗	—	
三级	一般房间	墙面	混合砂浆色浆粉刷、可赛银乳胶漆、局部油漆墙裙，柱子不做特殊装饰	局部可用面砖，大部分用无机涂料、色浆、清水墙	
		楼地面	局部水磨石、水泥砂浆地面	—	
		顶棚	混合砂浆、石灰膏罩面	同室内	
		其他设施	文体用房、托幼小班可用木地板，窗饰除托幼外不设暖气罩，不准做钢饰件，不用白水泥、大理石、铝合金门窗、不贴壁纸	禁用大理石、金属外墙板	
	门厅、楼梯、走道		除局部吊顶外，其他同一般房间，楼梯用金属栏杆木扶手或抹灰扶手	—	
	厕所、盥洗室		水泥砂浆地面、水泥砂浆墙裙	—	

1.6 建筑装饰防火设计技术

1.6.1 装饰材料的燃烧性能等级及应用

建筑装饰构造设计要根据建筑防火等级选择相应的材料。建筑装饰材料按燃烧性能划分为A、B1、B2、B3四个等级，如表1.3所示。

表1.3 建筑装饰材料的燃烧性能等级

等 级	燃烧性能	等 级	燃烧性能
A	不燃	B2	可燃
B1	难燃	B3	易燃

不同类别、规模、性质的建筑内部各部位的材料的燃烧性能要求不同，如表1.4～表1.6所示。

表1.4 单层、多层民用建筑内部各部位装修材料的燃烧性能等级

建筑物及场所	建筑规模、性质	装修材料燃烧性能等级							
		顶棚	墙面	地面	隔断	固定家具	装饰织物		其他装饰材料
							窗帘	帷幕	
候机楼的候机大厅、商店、餐厅、贵宾候机室、售票厅	建筑面积＞10000m² 的候机楼	A	A	B1	B1	B1	B1	—	B1
	建筑面积≤10000m² 的候机楼	A	B1	B1	B1	B2	B2	—	B2
汽车站、火车站、轮船客运站的候车(船)室、餐厅、商场等	建筑面积＞10000m² 的车站、码头	A	A	B1	B1	B2	B2	—	B2
	建筑面积≤10000m² 的车站、码头	B1	B1	B1	B2	B2	B2	—	B2
影院、会堂、礼堂、剧院、音乐室	＞800座位	A	A	B1	B1	B1	B1	B1	B1
	≤800座位	A	B1	B1	B1	B2	B1	B1	B2
体育馆	＞3000座位	A	A	B1	B1	B1	B1	B1	B2
	≤3000座位	A	B1	B1	B1	B2	B2	B1	B2
商场营业厅	每层建筑面积＞3000m² 或总建筑面积＞9000m² 的营业厅	A	B1	A	A	B1	B1	—	B2
	每层建筑面积为1000～3000m² 或总建筑面积为3000～9000m² 的营业厅	A	B1	B1	B1	B2	B1	—	—

续表

建筑物及场所	建筑规模、性质	装修材料燃烧性能等级							
		顶棚	墙面	地面	隔断	固定家具	装饰织物		其他装饰材料
							窗帘	帷幕	
商场营业厅	每层建筑面积＜1000m² 或总建筑面积＜3000m² 的营业厅	B1	B1	B1	B2	B2	B2	—	—
饭店、旅馆的客房及公共活动用房等	设有中央空调系统的饭店、旅馆	A	B1	B1	B1	B2	B2	—	B2
	其他饭店、旅馆	B1	B1	B2	B2	B2	B2	—	—
歌舞厅、餐馆等娱乐、餐饮建筑	营业面积＞100m²	A	B1	B1	B1	B2	B1	—	B2
	营业面积≤100m²	B1	B1	B1	B2	B2	B2	—	B2
幼儿园、托儿所、中小学、医院病房楼、疗养院、养老院	—	A	B1	B2	B1	B2	B1	—	B2
纪念馆、展览馆、博物馆、图书馆、档案馆、资料馆等	国家级、省级	A	B1	B1	B1	B2	B1	—	B2
	省级以下	B1	B1	B2	B2	B2	B2	—	B2
办公楼、综合楼	设有中央空调系统的办公楼、综合楼	A	B1	B1	B1	B2	B2	—	B2
	其他办公楼、综合楼	B1	B1	B2	B2	B2	—	—	—
住宅	高级住宅	B1	B1	B1	B1	B2	B2	—	B2
	普通住宅	B1	B2	B2	B2	B2	—	—	—

注：①单层、多层民用建筑内面积小于 100m² 的房间,当采用防火墙和甲级防火门窗与其他部位分隔时,其装修材料的燃烧性能等级可在表 1.4 的基础上降低一级。②当单层、多层民用建筑需做内部装修的空间内装有自动灭火系统时，除顶棚外，其内部装修材料的燃烧性能等级可在表 1.4 规定的基础上降低一级；当同时装有火灾自动报警装置和自动灭火系统时,其顶棚装修材料的燃烧性能等级可在表 1.4 规定的基础上降低一级，其他装修材料的燃烧性能等级可不限制。

表 1.5 高层民用建筑内部各部位装修材料的燃烧性能等级

建筑物	建筑规模、性质	装修材料燃烧性能等级									
		顶棚	墙面	地面	隔断	固定家具	装饰织物				其他装饰材料
							窗帘	帷幕	床罩	家具包布	
高级旅馆	＞800 座位的观众厅、会议厅、顶层餐厅	A	B1	B1	B1	B1	B1	B1	—	B1	B1

续表

建筑物	建筑规模、性质	装修材料燃烧性能等级									
		顶棚	墙面	地面	隔断	固定家具	装饰织物				其他装饰材料
							窗帘	帷幕	床罩	家具包布	
高级旅馆	≤800 座位的观众厅、会议厅	A	B1	B1	B1	B2	B1	B1	—	B2	B1
	其他部位	A	B1	B1	B2	B2	B1	B2	B1	B2	B1
商业楼、展览楼、综合楼、商住楼、医院病房楼	一类建筑	A	B1	B1	B1	B2	B1	B1	—	B2	B1
	二类建筑	B1	B1	B2	B2	B2	B2	B2	—	B2	B2
电信楼、财贸金融楼、邮政楼、广播电视楼、电力调度楼、防灾指挥调度楼	一类建筑	A	A	B1	B1	B1	B1	B1	—	B2	B1
	二类建筑	B1	B1	B2	B2	B2	B1	B2	—	B2	B2
教学楼、办公楼、科研楼、档案楼、图书馆	一类建筑	A	B1	B1	B1	B2	B1	B1	—	B1	B1
	二类建筑	B1	B1	B2	B1	B2	B1	B2	—	B2	B2
住宅、普通旅馆	一类普通旅馆 高级住宅	A	B1	B2	B1	B2	B1	—	B1	B2	B1
	二类普通旅馆 普通住宅	B1	B1	B2	B2	B2	B2	—	B2	B2	B2

注：①“顶层餐厅”包括在高空的餐厅、观光厅等；②建筑物的类别、规模、性质应符合国家现行标准《高层民用建筑设计防火规范》的有关规定。

表 1.6　地下室建筑内部各部位装修材料的燃烧性能等级

建筑物及场所	装修材料燃烧性能等级						
	顶棚	墙面	地面	隔断	固定家具	装饰织物	其他装饰材料
旅馆客房及公共活动用房、休息室、办公室等	A	B1	B1	B1	B1	B1	B2
娱乐旱冰场、舞厅、展览厅、医院的病房、医疗用房等	A	A	B1	B1	B1	B1	B2
电影院的观众厅、商场的营业厅	A	A	A	B1	B1	B1	B2
停车库、人行通道、图书资料库、档案库	A	A	A	A	A	—	—

1.6.2　建筑装饰防火设计要求

1. 建筑装饰防火设计控制原则

(1) 严格评判建筑物防火性能，确定防火等级。

(2) 对改变用途的建筑物应重新确定防火等级。

(3) 协调装饰材料和使用安全的关系，尽量避免和减少材料燃烧时产生浓烟和有毒气体。

(4) 施工期间应采取相应的防火措施。

2. 民用建筑装饰材料选用与防火设计要求

(1) 顶棚和墙面采用多孔或泡沫塑料时，厚度和面积不超过相关规定。

(2) 无窗房间应提高一级(A 级除外)。

(3) 存放档案文件资料的房间，顶棚和墙面采用 A 级，地面不低于 B1 级。

(4) 存放特殊贵重设备仪器的房间，顶棚和墙面采用 A 级，地面及其他不低于 B1 级。

(5) 消防、排烟、灭火、配电、变压器、空调等机房的所有装饰均应采用 A 级。

(6) 封闭、防烟的楼梯间各部位均采用 A 级。

(7) 建筑物内上下层连通的公共部位顶棚和墙面采用 A 级，其他部位不低于 B1 级。

(8) 防烟分区的墙面采用 A 级。

(9) 变形缝两侧的基层采用 A 级，表面装饰不低于 B1 级。

(10) 建筑内部的配电箱安装在不低于 B1 级的装饰上。

(11) 高温照明灯具与 A 级装饰材料接近时应采取隔热、散热等措施，灯饰材料不低于 B1 级。

(12) 公建内壁挂、模型、雕塑等装饰不低于 B1 级，且远离火源或热源。

(13) 安全疏散走道和出口厅顶棚采用 A 级，其他部位不低于 B1 级。

(14) 建筑内消火栓的门应醒目。

(15) 建筑装饰不应遮挡消防设施及疏散口标志。

(16) 厨房顶棚、墙面及地面均应采用 A 级装饰材料。

(17) 常用明火的餐厅、实验室等应提高一级。

3. 其他规定

(1) A、B1、B2 级装饰材料应检测，B3 不需检测。

(2) 在钢龙骨上安装纸面石膏板可为 A 级。

(3) 胶合板表面覆盖的一级饰面防火涂料可为 B1 级。

(4) 纸质、布质的壁纸粘贴在 A 级基材上可为 B1 级。

(5) 涂于 A 级基材的无机涂料为 A 级；涂于 A 级基材的有机涂料为 B1 级；涂于 B1、B2 级基材的涂料与基材一并确定。

(6) 不同材料分层装饰时应事先确定等级。

(7) 复合型材料应进行整体检测确定。

1.7 课堂实训课题

实训 认识参观

1. 教学目标

熟悉建筑装饰装修构造的基本概念、建筑装饰装修内容、建筑装饰装修构造课程特点、建筑装饰装修构造基本内容、建筑装饰装修等级与用料标准、建筑装饰构造设计的依据和建筑装饰构造详图的表达方式等内容。

2. 实训要点

现场参观某酒店大堂、客房装饰，建筑装饰构造实训室参观，初步了解建筑装饰装修构造学习的目的，以及各类建筑装饰装修材料与构造的关系。

3. 实训内容及深度

根据实训参观体会，完成实训报告一份。

第 2 章　墙面装饰装修构造

内容提要

本章根据建筑物墙面装饰材料和施工工艺的不同，分别介绍抹灰类、贴面类、镶板类、裱糊类、涂料类及特殊部位的装饰构造。

教学目标

- 掌握墙面装饰装修构造的原理和方法。
- 熟悉建筑装饰墙面施工图的内容。
- 熟悉墙面装饰类型及特点。
- 掌握常用墙面构造及特点。
- 掌握柱面构造及特点。
- 掌握如何结合客观实际情况确定合理的墙面构造方案，提高学生的装饰构造设计能力。
- 通过工程项目设计案例讲解及实训设计，提高学生在设计过程中的空间思维能力、知识运用能力和解决实际问题的能力。
- 识读和绘制建筑装饰墙面立面图和剖面施工图。

项目案例导入：某会议室主背景墙墙面装饰设计，如图 2.1 所示，会议室背景墙采用了人造木质板材饰面。构造设计是对饰面层的构造做法、各层次材料选择、连接方式以及细部处理进行设计，以达到设计的实用性、经济性、装饰性的目的。

图 2.1　某会议室背景墙

2.1 概 述

墙面、柱面是建筑室内外空间的侧界面，对空间环境的效果影响很大，是室内、外装饰装修的主要部分。墙面装饰装修构造按部位可分为外墙饰面构造和内墙饰面构造。依据上述某会议室主背景墙墙面装饰设计效果图，设计完成的墙面构造详图如图 2.2 所示。

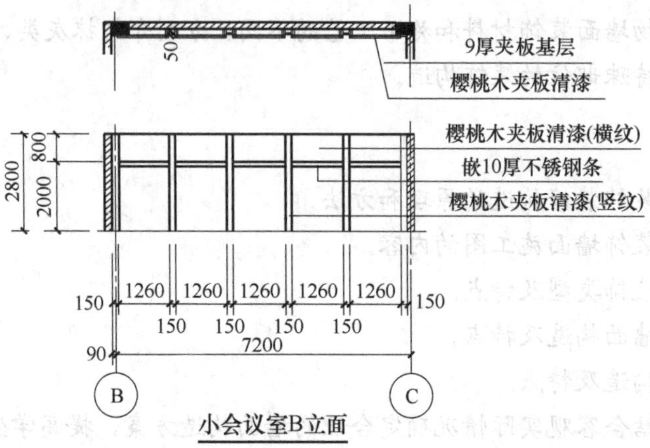

图 2.2 某会议室 B 立面设计图

2.1.1 墙面装饰装修构造功能

外墙面由于直接受到风雪、雨水、冰冻、光照等自然环境的作用，在装饰选材、构造方法上应注意装饰材料的耐候性、耐大气污染性及耐水性等。内墙面在使用过程中会受到人或物体的撞击、水的溅湿等破坏，同时由于墙面距离人的视觉较近，要求装饰装修的饰面效果更细腻。

墙面装饰装修基本功能如下。

1) 保护墙体

通过装修材料对建筑物墙面的保护处理，可以提高墙体的防潮、耐腐蚀、抗老化的能力，还能提高墙体的耐久性和坚固性。

2) 改善性能

通过对墙体表面的构造处理，可以改善墙体的热工性能、声学性能和光学性能。如外墙面粘贴保温板，可以提高墙体的保温隔热性，有助于建筑节能。

3) 美化环境

外墙面装饰装修处理对构成建筑总体艺术效果具有非常重要的作用。外墙面饰面的形式、色彩、图案、质感等给人以视觉享受，同时也体现出时代精神、民族特色、地域风采和艺术风格。内墙面的饰面与室内环境紧密相连，适宜的室内墙面装饰装修可以美化室内环境。

2.1.2　墙面装饰构造类型及材料

墙面装饰装修材料品种种类繁多，从其构造技术的角度可分为抹灰类、贴面类、涂刷类、裱糊及软包类、罩面类，各类装饰构造材料如表 2.1 所示。

表 2.1　墙面装饰装修材料品种

类　型	常用材料举例
抹灰类	石灰砂浆、水泥砂浆、水泥混合砂浆、纸筋石灰砂浆、石膏砂浆、水泥石渣浆、聚合物水泥砂浆
贴面类	陶瓷面砖、马赛克、大理石板、青石板、人造石材板
涂刷类	无机涂料、有机涂料、复合涂料
裱糊及软包类	壁纸、墙布、织锦缎、壁毯、皮革
罩面类	木质饰面板、饰面玻璃板、不锈钢板、铝合金饰面板、铝塑板

2.2　抹灰类饰面装饰构造

抹灰墙面是指采用水泥砂浆、石灰砂浆、混合砂浆等材料，对墙面做一般抹灰，或辅以其他材料，利用不同施工操作方法做成饰面层，适用于建筑内、外墙面。抹灰类饰面因取材广、施工简单和价格低廉，所以应用相当普遍。

2.2.1　构造做法

抹灰墙面为避免开裂，保证抹灰与基层黏结牢固，通常都采用分层施工的做法，每次抹灰不宜太厚，其基本构造由底层、中层和面层组成。

(1) 底层抹灰：又称“刮糙”，对墙基层进行表面处理，初步找平，增强抹灰层与墙体基层的黏结。底层砂浆根据基层材料和受水浸湿情况不同，可分别选择石灰砂浆、混合砂浆和水泥砂浆。

(2) 中层抹灰：在底层抹灰的基础上进一步找平，弥补底层抹灰的裂缝。所用材料与底层抹灰基本相同，可一次抹成，也可根据面层平整度和抹灰质量要求分多次抹成。

(3) 面层抹灰：又称“罩面”，主要起装饰作用。要求表面平整，无裂痕，满足装饰装修要求。

根据面层抹灰装饰效果和所用材料不同，抹灰墙面分为一般抹灰和装饰抹灰。

1. 一般抹灰

一般抹灰主要满足建筑物的基本使用要求，对墙面进行基本的装饰装修处理，是墙体装饰面层的基本组成部分。一般抹灰根据抹灰部位不同可分为内墙抹灰和外墙抹灰。内墙抹灰主要是保护墙体，改善室内卫生条件，增强光线反射，美化室内环境；外墙抹灰主要是避免外墙体受到风、雨、雪的侵蚀，提高墙体的耐久性。常用一般抹灰墙面的构造做法如表 2.2 所示。

表 2.2　常用一般抹灰墙面的构造做法

抹灰名称	构造做法	应用范围
混合砂浆抹灰	刷素水泥浆一道(内掺水重 3%～5%的白乳胶); 15 厚 1∶1∶6 水泥石灰砂浆，分两次抹; 5 厚 1∶0.5∶3 水泥石灰砂浆罩面	加气混凝土砌块墙体内墙面
水泥砂浆抹灰	刷素水泥浆一道(内掺水重 3%～5%的白乳胶); 15 厚 2∶1∶8 水泥石灰砂浆，分两次抹; 5 厚 1∶2 水泥石灰砂浆罩面	加气混凝土砌块墙体内墙面
聚氨酯硬泡沫塑料保温墙面	5 厚 1∶0.5∶3 水泥石灰砂浆找平; 15～30 厚氨酯硬泡沫塑料喷涂; 15 厚聚苯颗粒保温浆料找平; 3～5 厚抗裂砂浆复合耐碱网格布一层	保温内墙面
石膏灰抹灰	刷粉刷石膏素浆一遍; 18 厚 1∶2 粉刷石膏砂浆，分两次抹; 2 厚粉刷石膏浆压光	内墙面
水泥膨胀珍珠岩保温墙面	10 厚 1∶8 水泥膨胀珍珠岩; 12 厚 1∶8 水泥膨胀珍珠岩; 5 厚 1∶0.5∶3 水泥石灰砂浆罩面	保温内墙面

2. 装饰抹灰

装饰抹灰是用于改变一般抹灰的面层材料或施工工艺，使抹灰面具有不同的质感、纹理和色泽效果，装饰抹灰具有明显的装饰效果，由于施工工艺复杂，因此，目前很少采用。常用装饰抹灰墙面的构造做法如表 2.3 所示。

表 2.3　常用装饰抹灰墙面的构造做法

抹灰名称	构造做法	应用范围
混合砂浆拉毛	15 厚 1∶1∶6 水泥石灰砂浆; 5 厚 1∶0.5∶5 水泥石灰砂浆拉毛	外墙面
水刷石	15 厚 1∶3 水泥砂浆; 刷素水泥浆一遍; 10 厚 1∶1.5 水泥石子，水刷表面	外墙面

2.2.2　细部构造

1. 护角构造

室内抹灰多采用吸声、保温蓄热系数较小、较柔软的纸筋石灰等材料作面层。这种材料强度较差，室内突出的阳角部位容易碰坏，因此，要在内墙阳角、门洞转角、砖柱四角等处用水泥砂浆或预埋角钢做护角。

设置部位：内墙阳角(凸角)、门洞转角、砖柱四角等。

构造做法：用高强度 1∶2 水泥砂浆抹弧角或预埋角钢，如图 2.3 所示，或在墙角做明露的不锈钢、黄铜、铝合金、玻璃、塑料、橡胶的护角，高度要求不大于 2m。

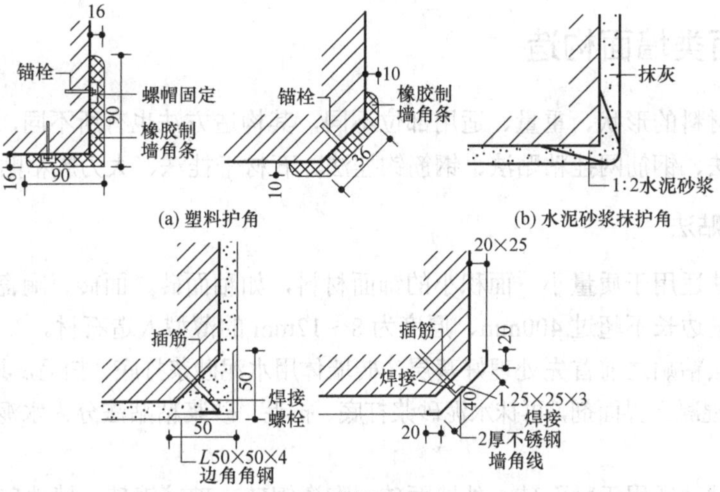

图 2.3　护角

2. 引条线

室外抹灰由于墙面面积较大、手工操作不均匀、材料调配不准确、气候条件等影响，易产生材料干缩开裂、色彩不匀、表面不平整等缺陷。为此，对大面积的抹灰，用分格条(引条线)进行分块施工，分块大小按立面线条处理而定，如图 2.4 所示。

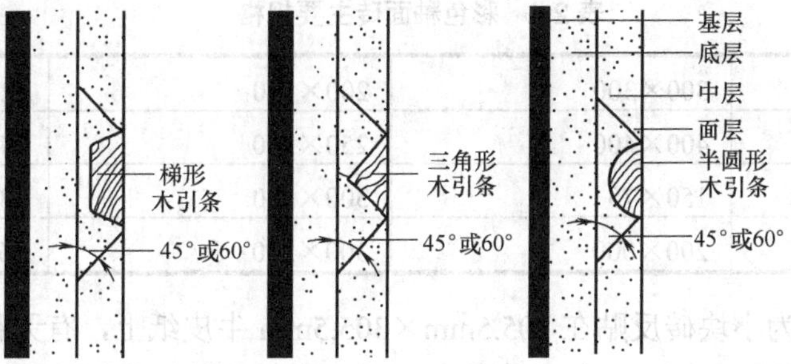

图 2.4　引条线

设置部位：外墙大面积抹灰处。

设置原因：操作不易均匀，易干缩开裂。

构造做法：底层抹灰后，固定引条，再抹中间层和面层。

材料：木引条、塑料引条、铝合金引条，宽度一般为 20mm。

形式：凸线、凹线、嵌线。

2.3 贴面类装饰构造

贴面类饰面是将大小不同的块状材料采取镶贴或挂贴的方式固定到墙面上的做法。常用的墙体贴面材料有陶瓷制品、天然石材、人造石材。

2.3.1 贴面类墙面构造

根据饰面材料的形状、重量、适用部位不同，其构造方法也有所不同，目前常用的方法有砂浆粘贴法、钢筋网挂粘贴法、钢筋钩挂法、石材干挂法、大力胶粘贴法等。

1. 砂浆粘贴法

砂浆粘贴法适用于质量小、面积小的饰面材料，如釉面砖、面砖、陶瓷锦砖、玻璃锦砖、墙地砖等，边长不超过 400mm、厚度为 8～12mm 的薄型人造石材。

砂浆粘贴法粘贴之前首先处理好基层，砖墙体用水泥砂浆打底、扫毛，其次是混凝土墙体先刷 YJ-302 混凝土界面剂，再抹水泥砂浆打底、扫毛。砂浆粘贴法分为水泥砂浆粘贴和聚酯砂浆粘贴。

水泥砂浆粘贴适用于釉面砖、外墙面砖、陶瓷锦砖、玻璃锦砖、墙地砖。

釉面砖常用规格有 200mm×150mm、250mm×150mm、200mm×200mm、220mm×220mm、80mm×220mm、300mm×150mm、300mm×300mm 等。它具有表面平滑、光亮、颜色丰富多彩、图案多样、装饰性好、防水、耐火、抗腐蚀、易清洗等特点，主要有白色釉面砖、彩色釉面砖、印花釉面砖及带图案釉面砖，常用于内墙。

外墙面砖表面质感多种多样，有平面、麻面、磨光面、抛光面、仿石面、压花浮雕等，常用规格如表 2.4 所示。

表 2.4　彩色釉面砖主要规格　　单位：mm

100×100	300×300	200×150	115×60
150×150	400×400	250×150	240×60
200×200	150×75	300×150	130×65
250×250	200×000	300×200	260×65

陶瓷锦砖规格为小块砖反贴在 305.5mm×305.5mm 牛皮纸上，有无釉和施釉两种，具有抗腐蚀、耐火、防水、耐磨、抗压强度高、易清洗和永不褪色等特点，可用于门厅、卫生间、餐厅、厨房、浴室、化验室等内墙面和地面。

墙地砖是墙面和地面两用产品，如劈离砖、玻化砖、彩胎砖、麻面砖、金属光泽釉面砖等。

构造做法：

(1) 抹 10～15mm 1∶3 水泥砂浆找平层。

(2) 用 3～4mm 厚 1∶1 水泥砂浆加水重 20%的白乳胶粘贴板材。

(3) 并用水泥浆擦缝，如图 2.5 所示。

聚酯砂浆粘贴适用于薄型人造石材。

构造做法：

(1) 抹 10～15mm 1∶3 水泥砂浆找平层。

(2) 用胶砂比 1∶(4.5～5)的聚酯砂浆固定板材的四角和填满板材之间的缝隙。

(3) 待聚酯砂浆固化并能起固定作用以后，再进行灌浆，如图 2.6 所示。

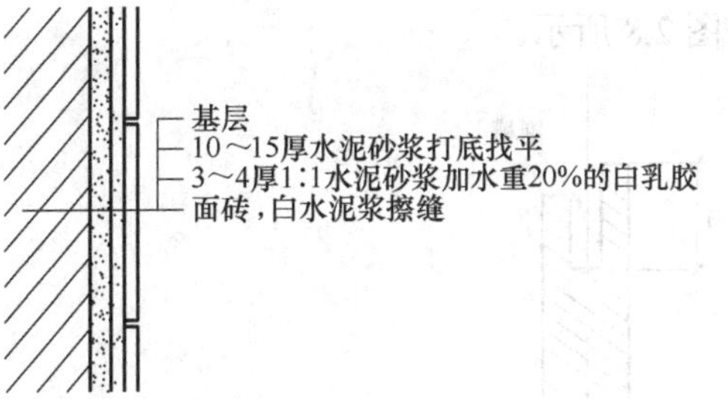

图 2.5　面砖饰面构造

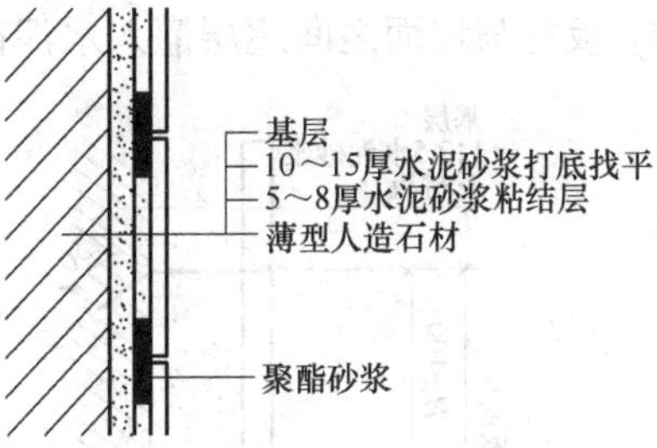

图 2.6　聚酯砂浆粘贴法构造

2. 钢筋网挂粘贴法(湿挂法)

钢筋网挂粘贴法适用于板材厚度较大(20～40mm)、尺寸规格较大(边长 500～2000mm)、镶贴高度较高的石材墙面。

构造层次：基层、浇注层(找平层和黏结层)、饰面层。

构造做法：

(1) 在基层上预埋铁件。

(2) 根据板材尺寸及位置绑扎或焊接固定钢筋网，先固定 $\phi 8$ 竖向钢筋，其次是在竖向钢筋外侧绑扎横向钢筋，位置低于板缝 2～3mm。

(3) 在板材上下沿钻孔或开槽口，孔深 15mm。

(4) 将板材自下而上安装，用铅丝或锚固件将板材固定在横向钢筋上。

(5) 板材与墙面之间逐层灌入 1∶3 水泥砂浆，先灌到板高 1/3，再灌到距离上部绑扎 30mm 处，如图 2.7 所示。

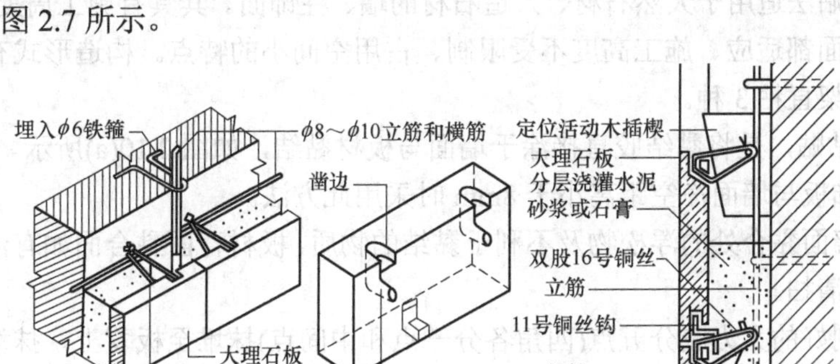

图 2.7　石材钢筋网挂粘贴示意图

3. 钢筋钩挂法(湿挂法)

钢筋钩挂法在钢筋网挂粘贴法基础上，简化了石板钻孔的工艺。

构造做法：

(1) 根据板材尺寸在墙面钻斜孔。

(2) 在板材上沿和侧边开槽。

(3) 用 ϕ6 不锈钢斜脚直角钩固定板材。

(4) 板材与墙面之间逐层灌入水泥砂浆，如图 2.8 所示。

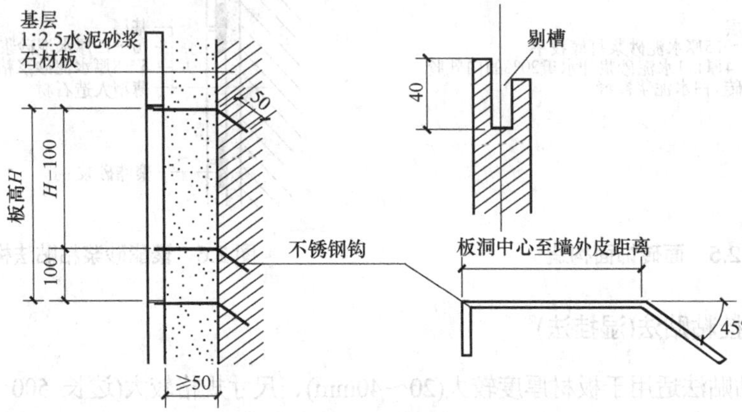

图 2.8　石材钢筋钩挂法构造

以上两种方法，由于盐析会使墙面花脸，影响美观，所以目前工程中使用较少。

4. 石材干挂法

石材干挂法采用干挂件将饰面石材直接干挂在墙面或墙面钢架上，板材与墙面之间不需浇灌水泥砂浆粘贴，此方法避免了浇灌水泥砂浆湿作业造成的板材表面污染，减轻了装饰重量，如图 2.9 所示。

5. 大力胶粘贴法

大力胶粘贴法适用于天然石材、人造石材的墙、柱饰面。其具有施工周期短、进度快、各种造型的饰面都适应、施工高度不受限制、占用空间小的特点。构造形式有直接粘贴、加厚粘贴和钢架直粘 3 种。

(1) 直接粘贴，是将黏结胶直接涂于墙面与板材黏结，如图 2.10(a)所示。

① 当装饰板与墙面净空距离小于 8mm 时采用此方法。

② 清除墙面黏合处的浮松物及不利于黏结的物质，板材背面黏合面如有浮尘及不利于黏结的物质要清扫。

③ 将调制好的大力胶分五点(四角各分一点和中间点)抹堆至板背上，抹堆高度应控制在稍大于粘贴的空间距离。

④ 将板材上墙就位，并调平、调直，必要时黏合点作加胶补强。

(2) 加厚粘贴法，如图 2.10(b)所示。

① 当板材与墙面净空距离大于 8mm 时采用。

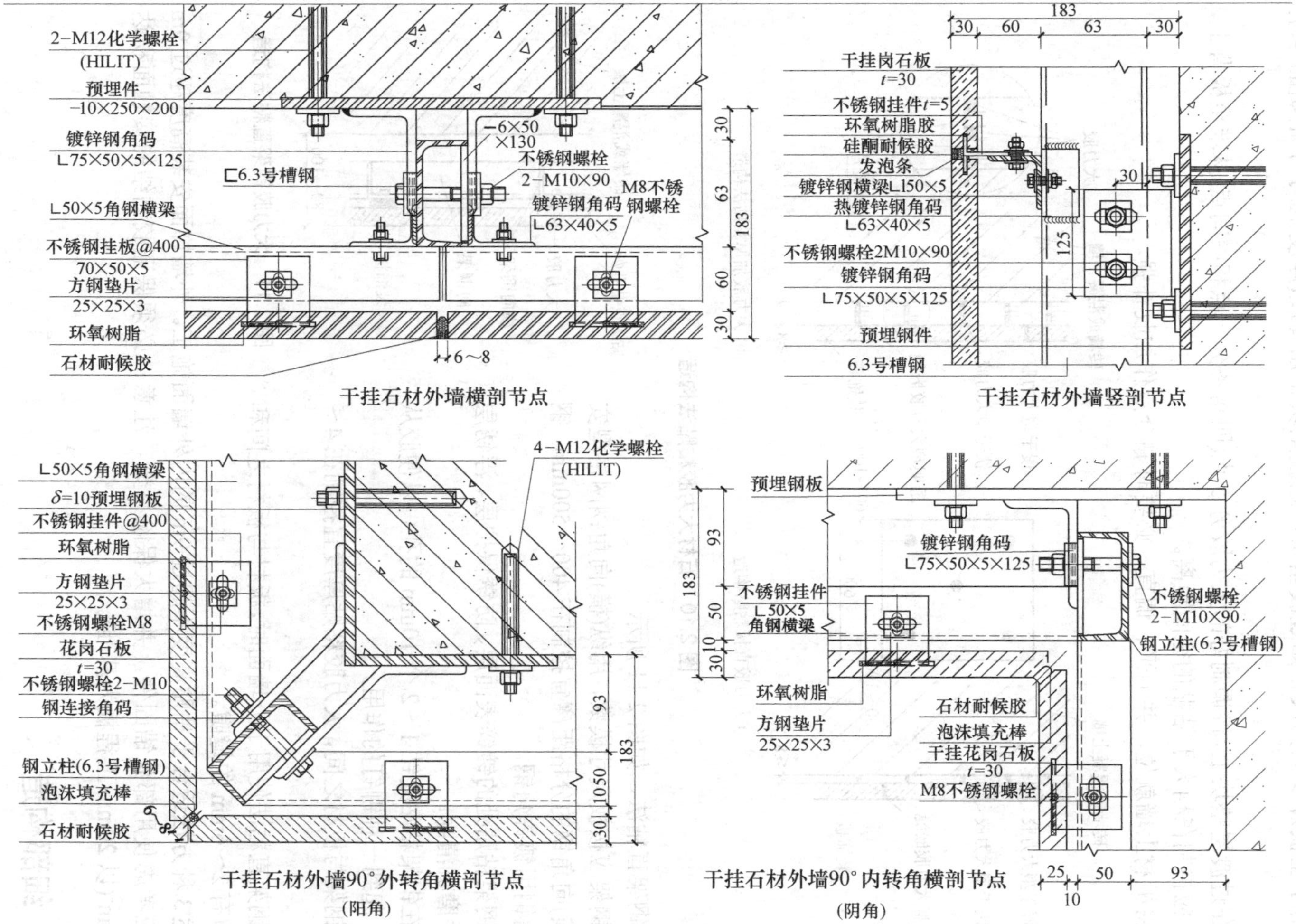
2-M12化学螺栓
(HILIT)
预埋件
-10×250×200
镀锌钢角码
L75×50×5×125
[6.3号槽钢
L50×5角钢横梁
不锈钢挂板@400
70×50×5
方钢垫片
25×25×3
环氧树脂
石材耐候胶
-6×50
×130
不锈钢螺栓
2-M10×90
镀锌钢角码
L63×40×5
M8不锈
钢螺栓
6～8
干挂石材外墙横剖节点
183
30
60
63
30
干挂岗石板
t=30
不锈钢挂件t=5
环氧树脂胶
硅酮耐候胶
发泡条
镀锌钢横梁L150×5
热镀锌钢角码
L63×40×5
不锈钢螺栓2M10×90
镀锌钢角码
L75×50×5×125
预埋钢件
6.3号槽钢
125
干挂石材外墙竖剖节点
L50×5角钢横梁
δ=10预埋钢板
不锈钢挂件@400
环氧树脂
方钢垫片
25×25×3
不锈钢螺栓M8
花岗石板
t=30
不锈钢螺栓2-M10
钢连接角码
钢立柱(6.3号槽钢)
泡沫填充棒
石材耐候胶
6～8
4-M12化学螺栓
(HILIT)
93
183
1050
30
干挂石材外墙90°外转角横剖节点
(阳角)
预埋钢板
镀锌钢角码
L75×50×5×125
不锈钢挂件
L50×5
角钢横梁
不锈钢螺栓
2-M10×90
钢立柱(6.3号槽钢)
环氧树脂
方钢垫片
25×25×3
石材耐候胶
泡沫填充棒
干挂花岗石板
t=30
M8不锈钢螺栓
183
93
50
10
30
25
50
93
10
干挂石材外墙90°内转角横剖节点
(阴角)

图 2.9　石材干挂法构造

② 清除墙面黏合处的浮松物及不利于黏结的物质，板材背面黏合面如有浮尘及不利于黏结的物质要清扫。

③ 用小型板片及大力胶粘贴过渡垫块，过渡垫块粘贴高度(厚度)应小于粘贴的净空距离。

④ 在过渡层垫块上，将调制好的大力胶分5点(四角各分一点和中间点)抹堆至板背上，抹堆高度应控制在稍大于粘贴的空间距离。

⑤ 将板材上墙就位，并调平、调直，必要时黏合点作加胶补强。

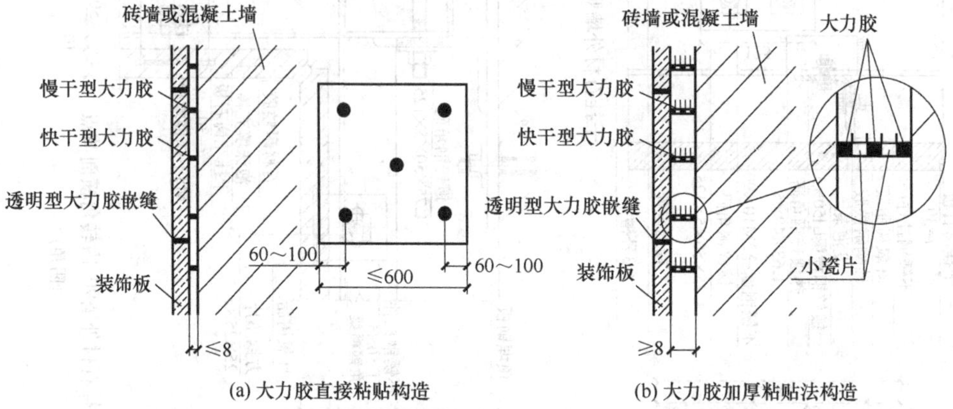

图 2.10　石材大力胶粘贴法构造

(3) 钢架直粘法，如图2.11所示。

① 钢架应按板尺寸模数，用纵(横)向角钢网格型安装，纵(横)向角钢的分格距离宜控制在400～500mm，钢架所用角钢用镀锌角钢。

② 钢架粘贴处的镀锌表面层、防锈保护层、浮锈层等应用手磨机清除。

③ 在钢架粘贴处钻1～2个10mm的孔，以便胶从中溢出，起到一种铆钉的作用。

④ 钢架与板材之间，大力胶粘贴厚度宜控制在4～5mm。

⑤ 钢架直粘法使用于外墙面时，板材与板材之间和接缝宜留有2～6mm的缝隙。

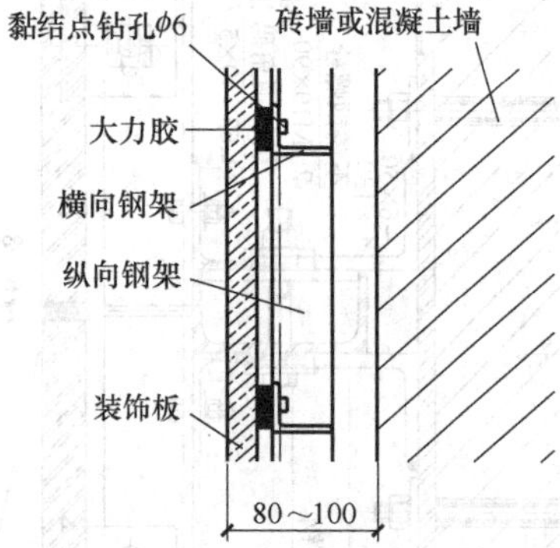

图 2.11　大力胶钢架直粘法构造

上述3种方法适合于粘贴高度不超过9m的内外墙面施工。外墙饰面安装高度超过9m以上，应考虑使用部分锚固件，并增大保险系数。注意：必须保证胶黏结的接触面积达100 000cm^2(以20mm工程板为基准)。

2.3.2　细部构造

1. 釉面砖铺贴阴阳角处理

釉面砖铺贴阴阳角处理，如图2.12所示。

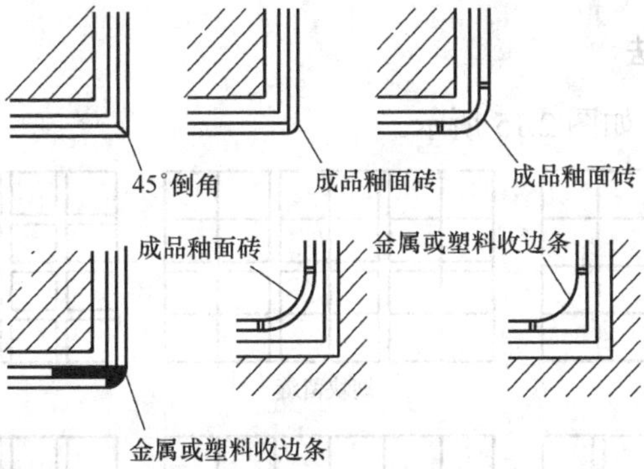

图 2.12　釉面砖阴阳角构造

2. 大理石铺贴阴阳角处理

大理石铺贴阴阳角处理，如图 2.13 所示。

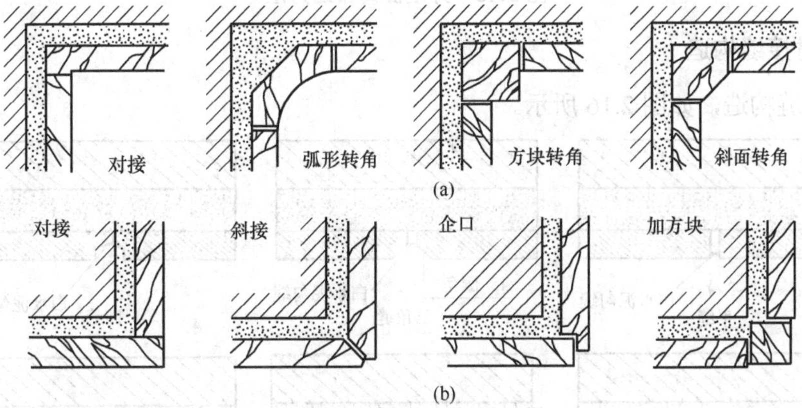

图 2.13　大理石阴阳角构造

3. 花岗岩转角及接缝处理

花岗岩转角及接缝处理，如图 2.14 所示。

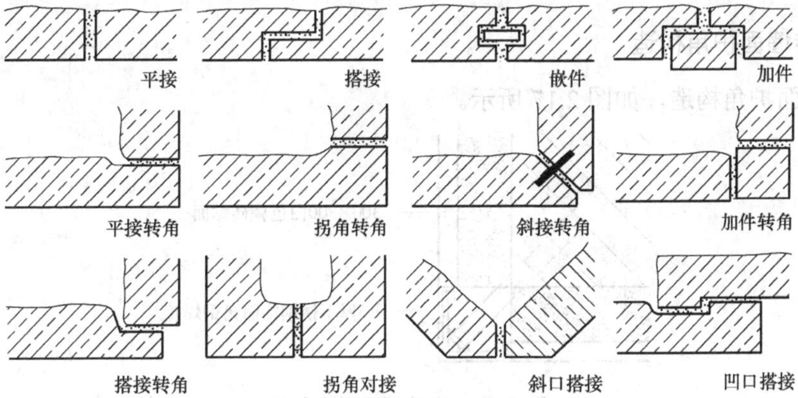

图 2.14　花岗岩转角及接缝构造

4. 外墙面砖布缝方法

外墙面砖布缝方法，如图 2.15 所示。

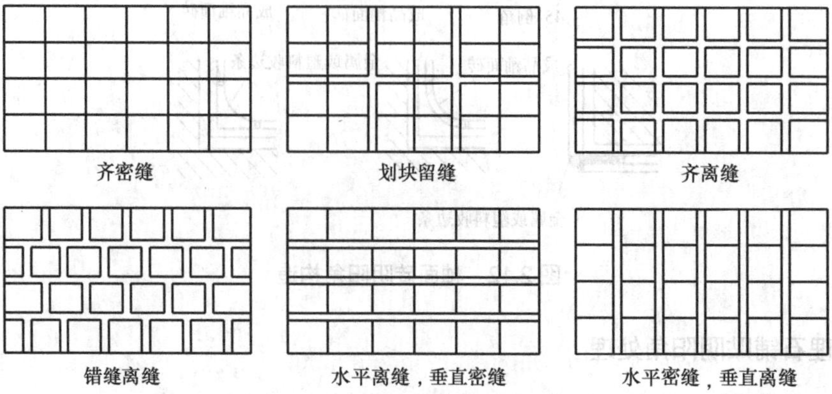

图 2.15　外墙面砖布缝方法

5. 石材接缝构造

石材接缝构造，如图 2.16 所示。

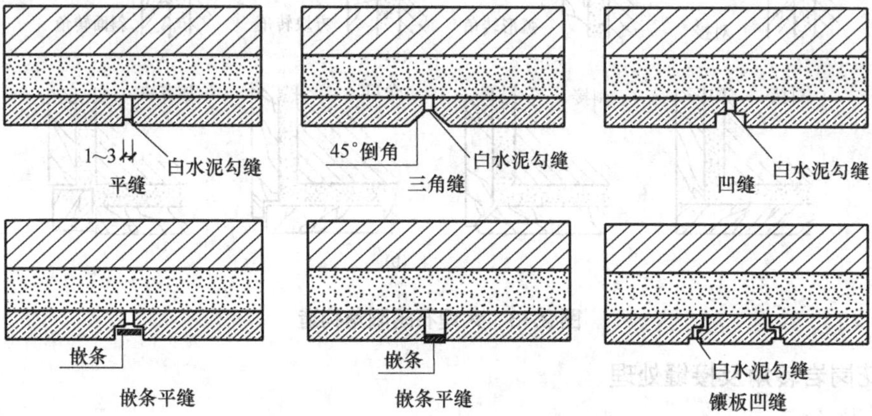

图 2.16　石材接缝构造

6. 瓷砖墙面护角构造

瓷砖墙面护角构造，如图 2.17 所示。

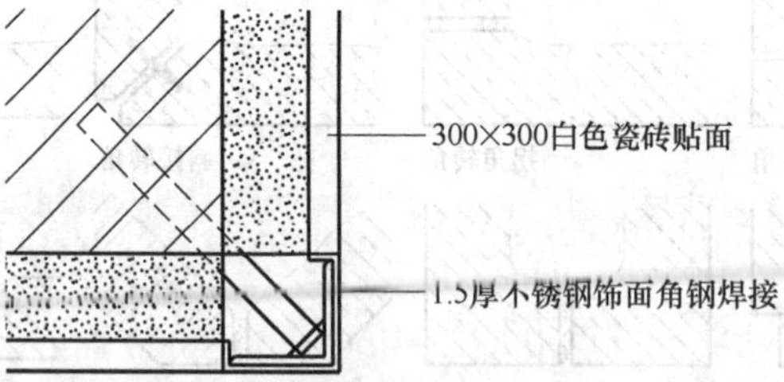

图 2.17　瓷砖墙面护角构造

2.3.3 案例

某宾馆电梯间墙面装饰设计，墙面采用面雅士大理石，水平留凹缝，电梯门套采用磨光灰麻花岗岩石，饰面板材采用大力胶粘贴，设计图纸如图 2.18 所示。

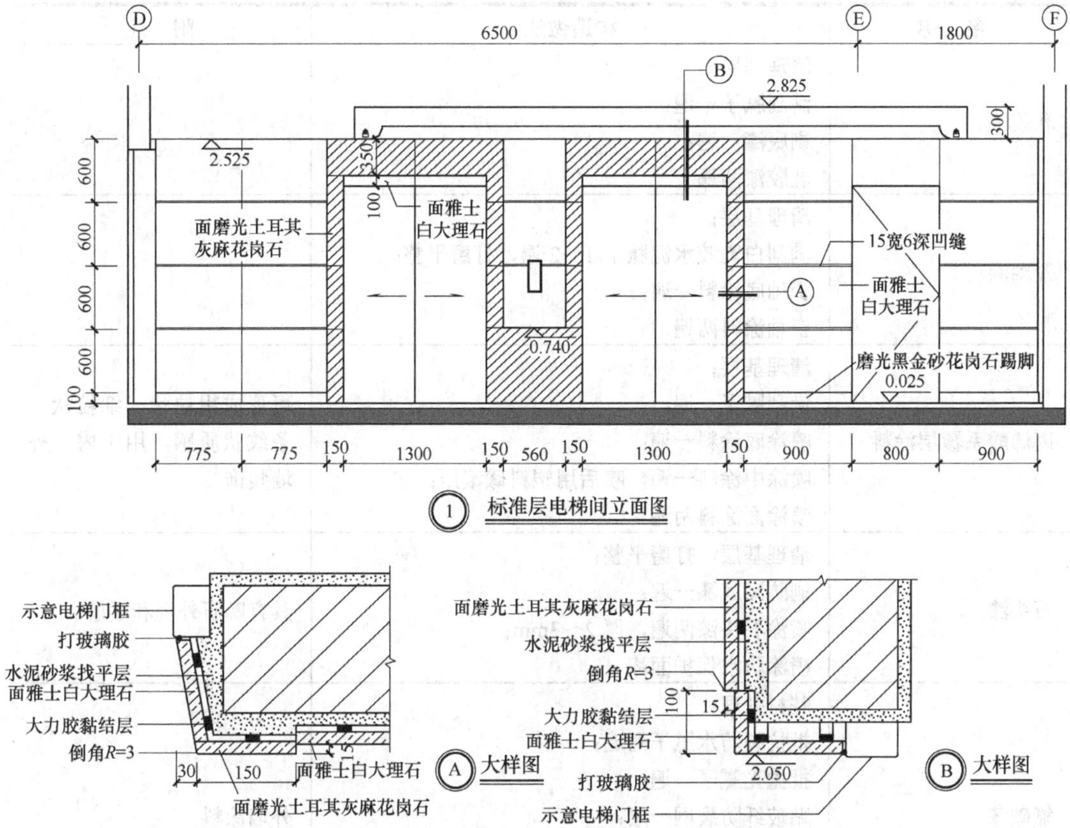

图 2.18 某宾馆标准层电梯间墙面设计图

2.4 涂刷类装饰构造

涂刷类饰面是在墙面基层上，经批刮腻子处理使墙面平整，然后涂刷选定的建筑涂料的装饰面层。涂刷类饰面具有功效高、工期短、自重轻、造价低等特点。根据墙体部位不同，有外墙涂料和内墙涂料。墙体做涂刷类饰面之前，需对墙面基层进行抹灰找平，然后满刮腻子 2～3 遍，涂层构造一般分为 3 层，即底层、中层和面层。

底层俗称刷底漆，其主要作用是增加涂层与基层的黏附力，同时有对基层进行封闭，防止抹灰层中的可溶性盐等物质渗出表面，破坏涂料饰面作用。

中层是整个涂层构造的成形层，其作用是通过适当的工艺，形成具有一定厚度的均实饱满的涂层，以达到保护基层和形成所需的装饰效果。

面层主要作用在于体现涂层的色彩和光感，提高饰面层的装饰性、耐久性和耐污染性。

面层至少涂刷两遍，以保证涂层色彩均匀一致，并满足耐久性要求。

涂刷类墙面常见的涂装方法有刷涂、喷涂、滚涂和弹涂等，常用的涂刷类装饰构造如表 2.5 所示。

表 2.5 常用的涂刷类装饰构造做法

名 称	构造做法	附 注
乳胶漆	清理基层； 满刮腻子一遍； 刷底漆一遍； 乳胶漆两遍	
瓷釉涂料	清理基层； 满刮白乳胶水泥腻子 1～2 遍，打磨平整； 瓷釉底涂料一遍； 瓷釉涂料两遍	
丙烯酸系覆层涂料	清理基层； 满刮腻子一遍； 喷涂底涂料一遍； 喷涂中涂料一遍，喷后用塑料磙滚压； 喷涂面涂料两遍	可形成粗粒状、细粒状、条纹状质感，用于内、外墙装饰
石头漆	清理基层，打磨平整； 刷防潮底漆一遍； 喷涂石头漆两遍，厚 2～3mm； 喷涂防水保护面漆	具有麻石外观和手感
氟碳漆	基材处理； 批抗裂防水腻子两遍； 批抛光腻子一遍； 贴玻纤防裂网一层； 可打磨双组份腻子一遍； 底漆一遍； 氟碳面漆两遍	外墙涂料

2.5 裱糊及软包类装饰构造

裱糊及软包类装饰构造是用裱糊的方法将墙纸、织物、微薄木等装饰在内墙面形成饰面层。该方法具有装饰性好，色彩、纹理、图案较丰富，质感柔软温暖，古雅精致，施工方便的优点。

常见的饰面卷材有塑料墙纸、墙布、纤维壁纸、木屑壁纸、金属箔壁纸、皮革、人造革、锦缎、微薄木等。

2.5.1 墙纸构造做法

1. 基层处理

基层要求表面平整、光洁、干净、不掉粉(如水泥砂浆、混合砂浆、石灰砂浆抹面，纸筋灰、玻璃丝灰罩面，石膏板、石棉水泥板等预制板材，质量高的现浇或预制的混凝土墙体)。

基层要刮腻子，有局部刮腻子、满刮腻子一遍、满刮腻子两遍，再用砂纸磨平。为避免基层吸水太快，要在基层表面满刮一遍 107 胶水进行封闭处理。

2. 墙纸的预处理

塑料墙纸在裱贴前要进行胀水处理，将墙纸浸泡在水中 2～3s，取出后静置 15s 再刷胶。复合壁纸不得浸水，裱糊前应先在壁纸背面涂刷胶粘剂，放置数分钟，裱糊时，基层表面应涂刷胶粘剂。纺织纤维壁纸不宜在水中浸泡，裱糊前宜用湿布清洁背面。带背胶的壁纸裱糊前应在水中浸泡数分钟。裱糊顶棚时应涂刷一层稀释的胶粘剂。金属壁纸裱糊前应浸水 1～2min，阴干 5～8min 后在其背面刷胶。刷胶应使用专用的壁纸粉胶，一边刷胶，一边将刷过胶的部分向上卷在发泡壁纸卷上。

3. 裱贴墙纸

裱糊方法：现场刷胶裱贴，背面预涂压明胶直接铺贴。粘贴时保持纸面平整，防止产生气泡，并压实拼缝处。

2.5.2 玻璃纤维墙布和无纺墙布饰面

玻璃纤维墙布具有强度大、韧性好、耐水、耐火、可擦洗、装饰效果好等特点，但盖底力稍差。

无纺墙布具有挺括、富有弹性、不易折断、表面光洁、有羊毛绒感、色彩鲜艳、图案雅致、不褪色、一定的透气性、可擦洗、施工简便等特点。墙布饰面构造裱糊方法大体与纸基墙纸相同，不同之处如下。

(1) 不能吸水膨胀，直接裱糊。

(2) 采用聚酯酸乙烯乳液调配成的黏结剂黏结。

(3) 基层颜色较深时，在黏结剂中掺入白色涂料(如白色乳胶漆等)。

(4) 裱糊时黏结剂刷在基层上，墙布背面不要刷黏结剂。

2.5.3 软包墙面饰面

软包墙面具有吸声、保温、防碰伤、质感舒适等特点。一般用于有吸声要求的室内墙面，如会议厅、会议室、多功能厅、影剧院、歌房等。

软包墙面饰面材料一般采用装饰织物和皮革，如墙布、丝绒、锦缎、皮革及人造革等。软包墙面的构造分为两类，一类是无吸声层软包墙面，另一类是有吸声层软包墙面。前者适用于防碰伤及吸声要求不高的房间，后者适用于吸声要求较高的房间。

构造做法：

(1) 墙内预埋 40mm×60mm×60mm 防腐木砖，双向间距 450～600mm，这是传统做法。现在常用的做法是在墙上打孔，打入小木塞或塑料胀管。

(2) 干铺 350 号石油沥青油毡一层。

(3) 装钉 40mm×40mm 木龙骨，双向间距 450～600mm，龙骨可以小一点。

(4) 铺钉胶合板或纸面石膏板。

(5) 白乳胶点粘泡沫塑料或矿物棉。

(6) 钉铺装饰织物布或皮革。

(7) 用木线条压边收口。

固定装饰织物或皮革的方法：一是用暗钉口将其钉在墙筋上，最后用电化铝帽头按划分的格子四角钉入；二是将木装饰线条沿分格线位置固定；三是用小木条固定后，再外包不锈钢等金属装饰线条。

拼缝处理如图 2.19 所示。

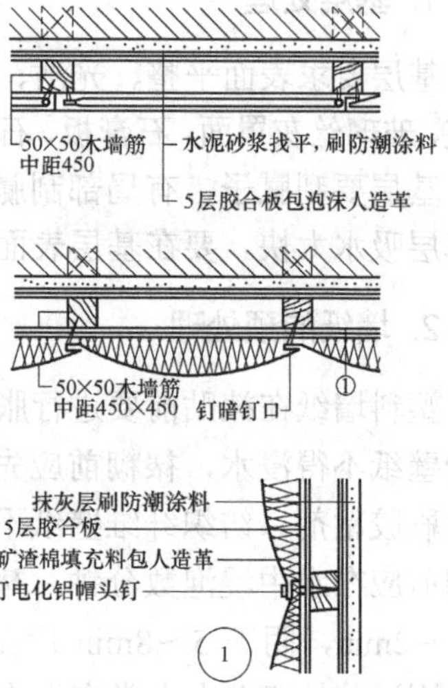

图 2.19　拼缝处理

2.5.4　案例

某会议室墙面的装饰设计如图 2.20 所示。

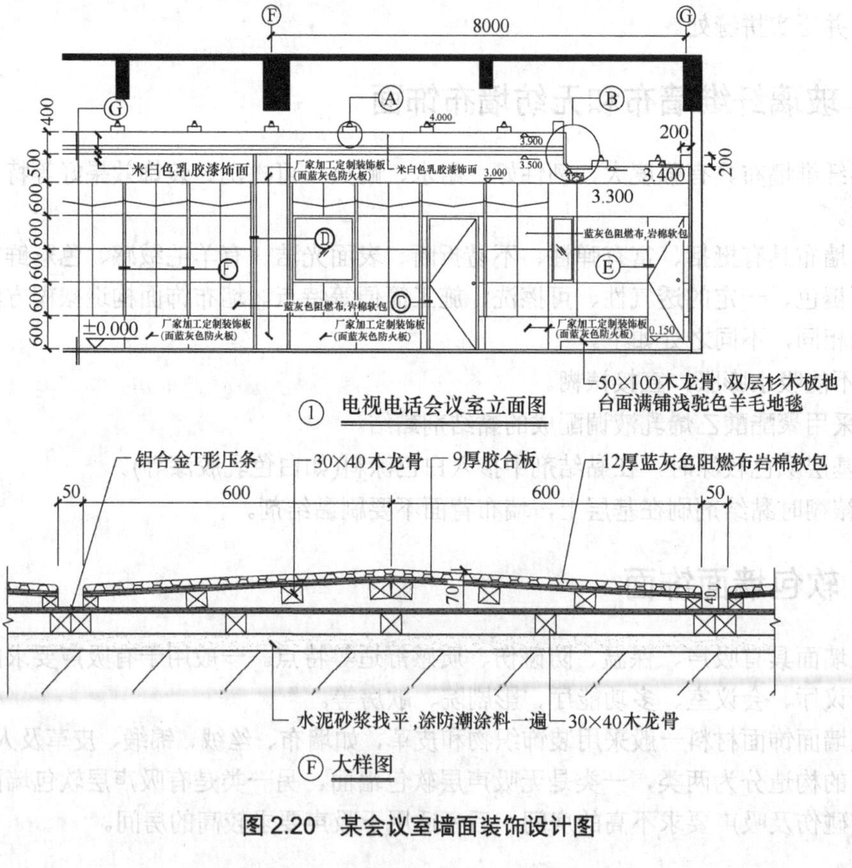

图 2.20　某会议室墙面装饰设计图

2.6 罩面类装饰构造

罩面类指采用木板、木条、竹条、胶合板、纤维板、石膏板、石棉水泥板、玻璃、金属板等材料制成各种饰面板，再通过镶、钉、拼贴等做成的墙面。其特点是湿作业量小、耐久性好、装饰效果丰富。

2.6.1 罩面板类饰面的基本构造

罩面板类饰面的基本构造有三种，即墙内预埋防腐木砖，这是传统做法。现在常用的做法是在墙上打孔，打入小木塞或塑料胀管；在墙体或柱子上固定骨架；在骨架上固定饰面板，或先设垫层板再固定饰面板。

2.6.2 各类罩面板饰面构造

1. 木质面板墙面

木质面板墙面常用于内墙面护壁或其他特殊部位，给人温暖亲切、舒适的感觉，外观纹理色泽质朴、高雅。墙面护壁常用原木、木板、胶合板、装饰板、微薄木贴面板、硬质纤维板、圆竹、劈竹等；有吸声、扩声、消声等功能的墙面，常用穿孔夹板、软质纤维板、装饰吸声板、硬木格条等；回风口、送风口等墙面常用硬木格条。

(1) 基本构造做法，如图2.21所示。

① 在墙面上预埋防腐木楔。

② 钉立由竖筋和横筋组成的木骨架，断面常用(20×20～30×30)mm的尺寸，木筋间距视面板尺寸而定。

③ 铺钉面板。

④ 罩面装饰。

(2) 防潮措施。

① 油毡防潮层——干铺350号石油沥青油毡一层，用木压条固定。

② 砂浆防潮层——防水砂浆抹面。

③ 涂料防潮层。

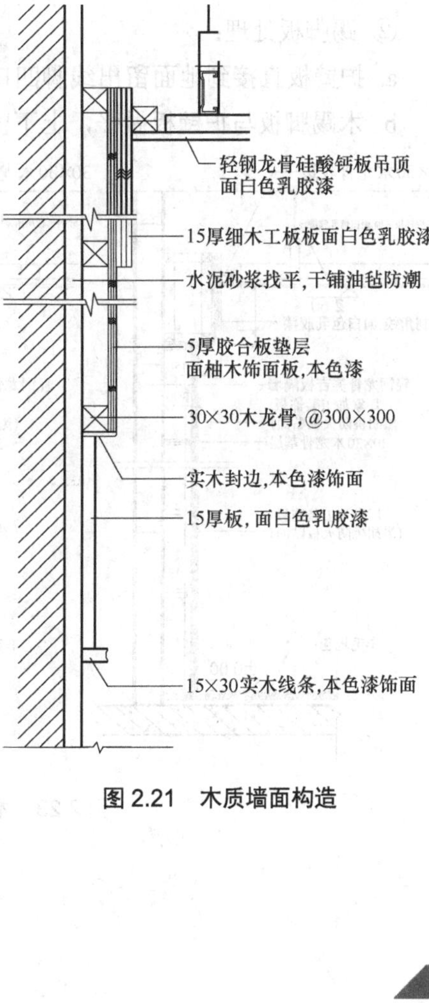

图2.21 木质墙面构造

④ 通风防潮：

a. 将护壁与墙体拉开距离，在护壁上下设置通风孔。

b. 在护壁面板上开气孔。

(3) 细部构造。

① 板与板的拼缝：

a. 斜接密缝；

b. 平接留缝；

c. 压条盖缝，如图 2.22 所示。

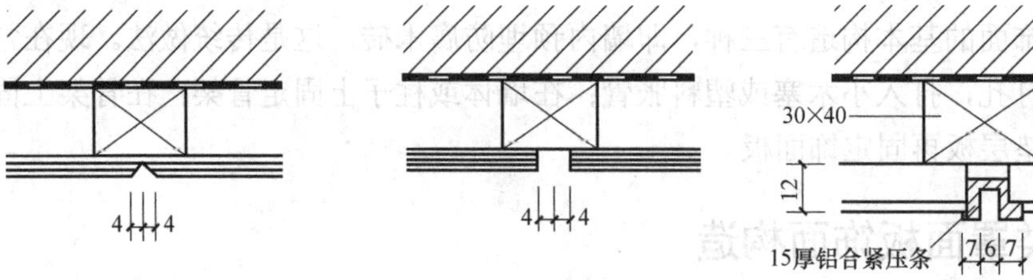

(a) 斜接密缝　　(b) 平接留缝　　(c) 压条盖缝

图 2.22　板与板拼缝构造

② 踢脚板处理：

a. 护壁板直接到地面留出线脚凹口；

b. 木踢脚板与护壁板做平，上下留线脚，如图 2.23 所示。

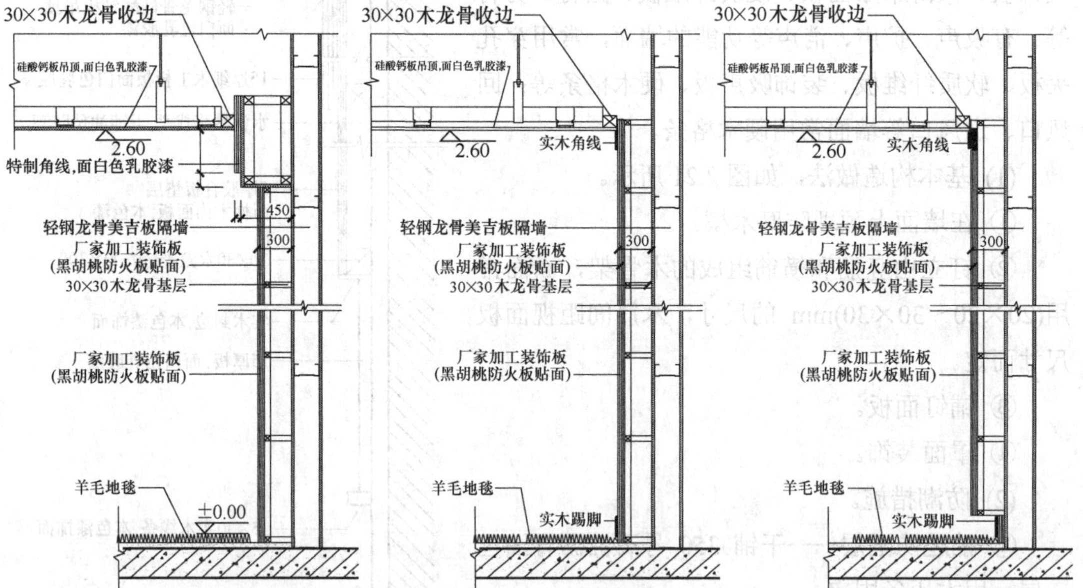

图 2.23　木质墙面踢脚板与顶线构造

③ 顶部处理：

a. 护壁板做到顶与顶棚线脚结合。

b. 护壁板做到墙裙高度(通常与窗台平齐或 1.6m)，再用压顶条装饰收边，如图 2.23 所示。

④ 转角处理：

a. 对接；

b. 斜口对接；

c. 企口对接；

d. 填块，如图 2.24 所示。

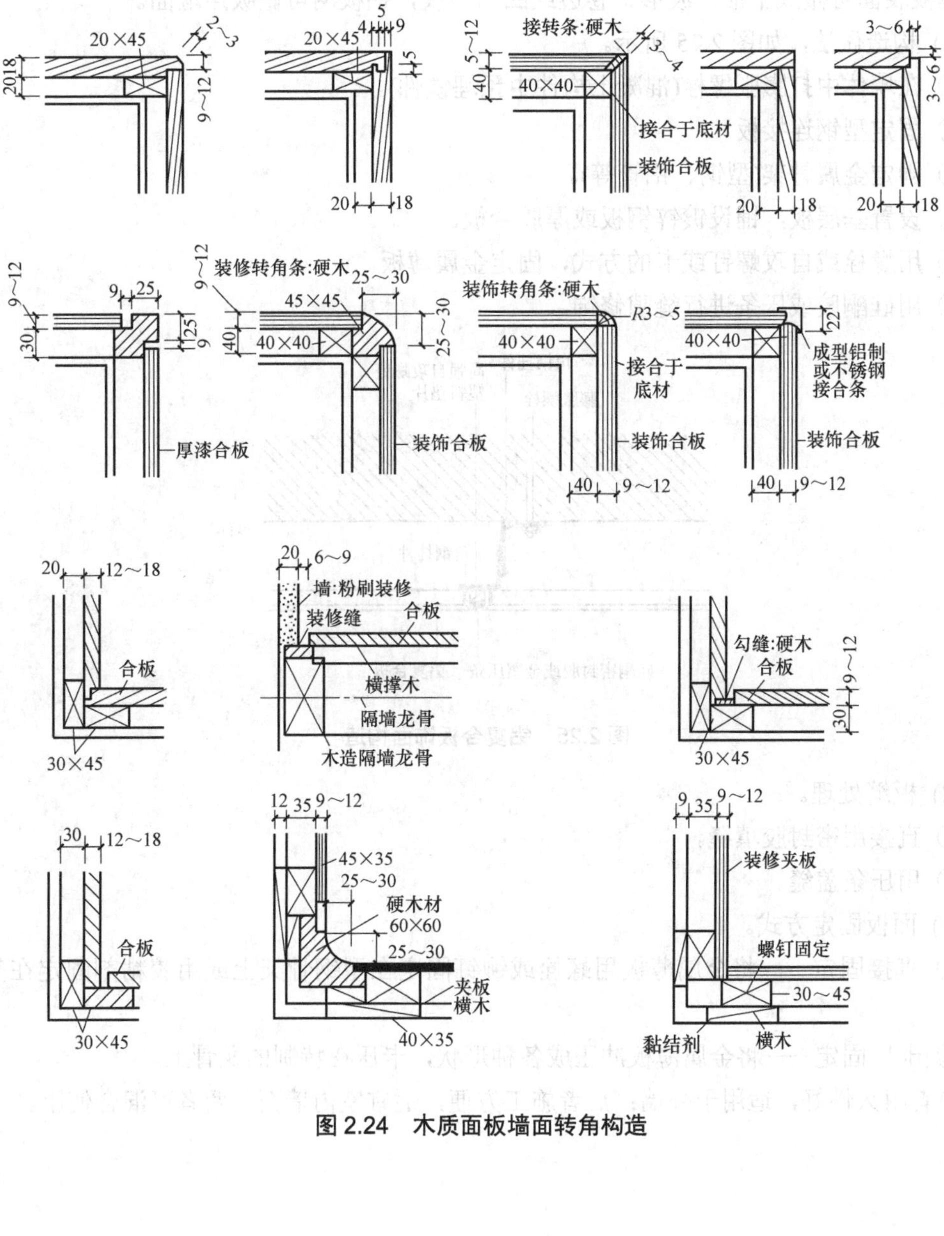

图 2.24　木质面板墙面转角构造

(4) 吸声木墙面。

对于有吸声要求的护壁墙面，可在面板上打孔，然后在骨架之间填玻璃棉、矿棉、石棉或泡沫塑料等吸声材料。

(5) 硬木格条墙面。

常用于有通风口的木墙面，硬木条可做成各种形状。硬木条墙面具有一定的消声效果，常用于各种送风口、回风口等墙面。

2. 金属薄板饰面

采用铝、铜、铝合金、不锈钢等轻金属，加工制成薄板，表面做烤漆、喷漆、镀锌、搪瓷、电化覆盖塑料等处理，做成墙面装饰。其特点是坚固耐久、美观新颖，装饰效果较好。薄板表面可做成平形、波形、卷边或凹凸条纹，铝板网可做吸声墙面。

(1) 构造做法，如图 2.25 所示。

① 在墙体中打膨胀螺栓(混凝土构件中预埋铁件)。

② 固定型钢连接板。

③ 固定金属骨架(型钢、铝管等)。

④ 设置基层板，铺设镀锌钢板或厚胶合板。

⑤ 用螺栓或自攻螺钉或卡的方式，固定金属薄板。

⑥ 用硅酮胶或压条进行缝隙修饰。

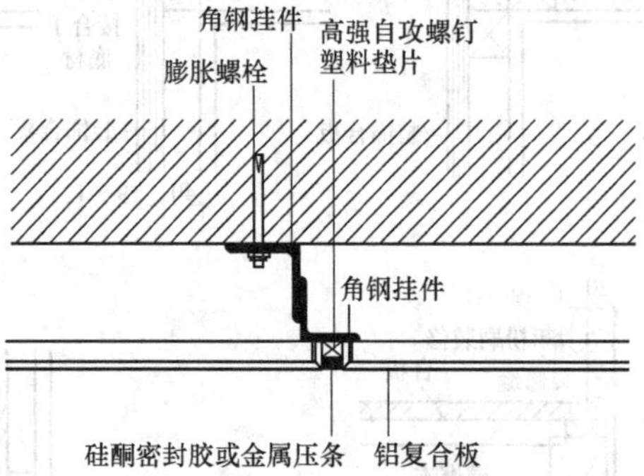

图 2.25　铝复合板饰面构造

(2) 板缝处理。

① 直接用密封胶填缝。

② 用压条盖缝。

(3) 面板固定方式。

① 直接固定——将金属薄板用螺栓或铆钉固定在型钢骨架上或用胶粘剂固定在基层板上。

② 卡压固定——将金属薄板冲压成各种形状，卡压在特制的龙骨上。

前者耐久性好，适用于外墙；后者施工方便，适宜室内墙面。两者可混合使用。

3. 玻璃墙饰面

选用普通平板镜面玻璃或茶色、蓝色、灰色的镀膜镜面玻璃作墙面，装饰效果较好，也可与金属墙面配合使用，但不宜用于易碰撞部位。

(1) 构造做法。

① 在墙体上设置防潮层。

② 按玻璃面板尺寸钉立木筋框格，木筋间距视面板尺寸而定。

③ 钉胶合板或纤维板衬板。

④ 固定玻璃面板。

(2) 玻璃的固定方法，如图 2.26 所示。

① 在玻璃上钻孔，用不锈钢螺钉或铜钉直接将玻璃固定在木筋上。

② 用压条压住玻璃，压条用螺栓固定在木筋上，压条有硬木、塑料、金属(铝合金、不锈钢、铜)等材料。

③ 在玻璃的交点处用嵌钉固定。

④ 用环氧树脂把玻璃粘贴在衬板上。

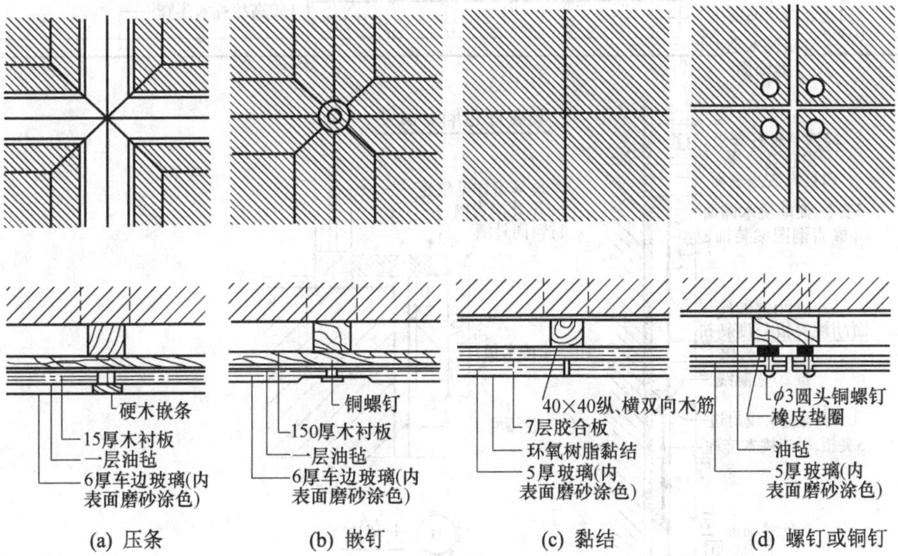

图 2.26　玻璃墙饰面构造

2.6.3　案例

(1) 某餐厅包厢墙面采用胡桃木拼花饰面，设计图如图 2.27 所示。

(2) 墙面玻璃饰面案例：某办公楼大堂墙面装饰采用玻璃、不锈钢穿孔板，设计图如图 2.28 所示。

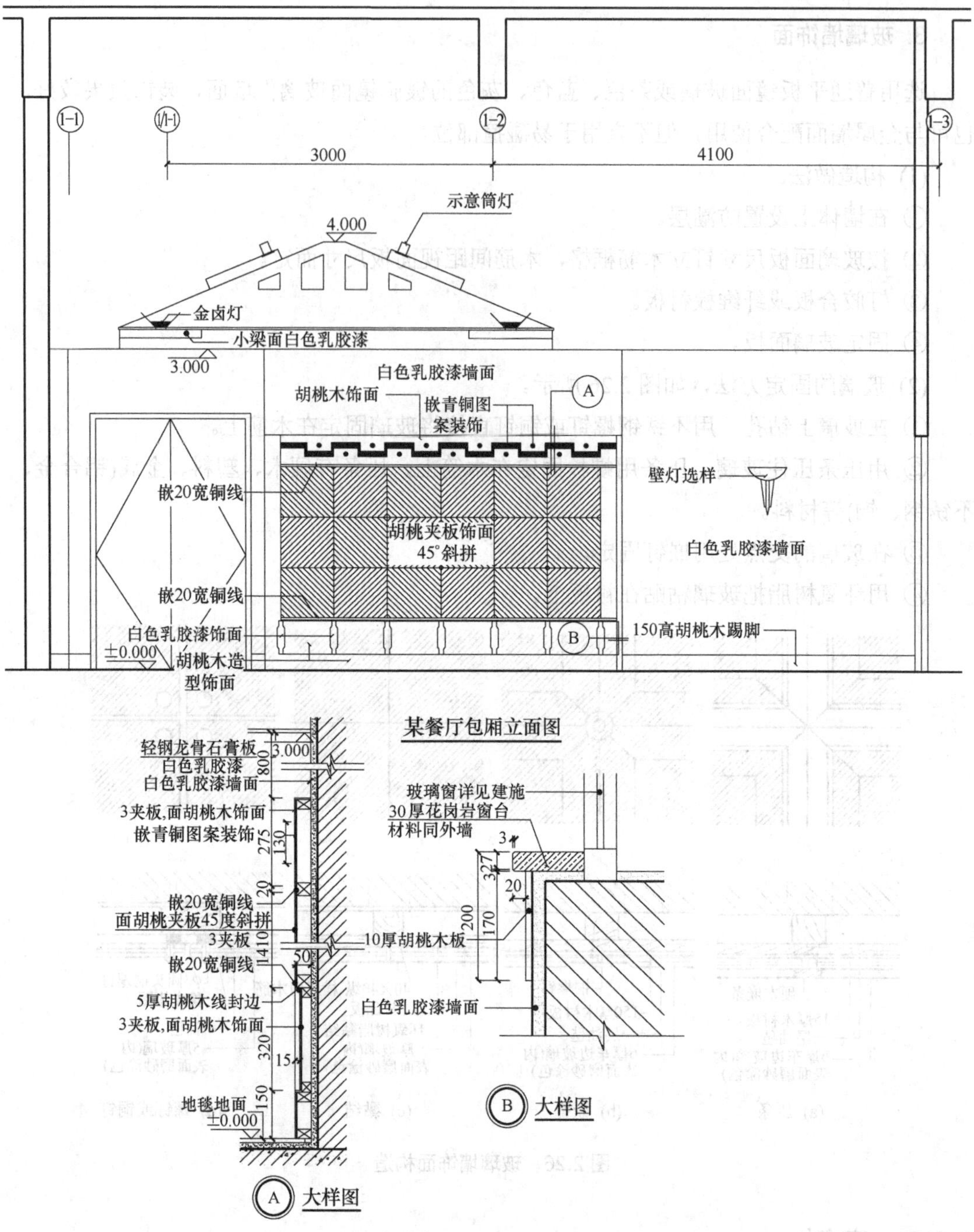

图 2.27　某餐厅包厢墙面设计图

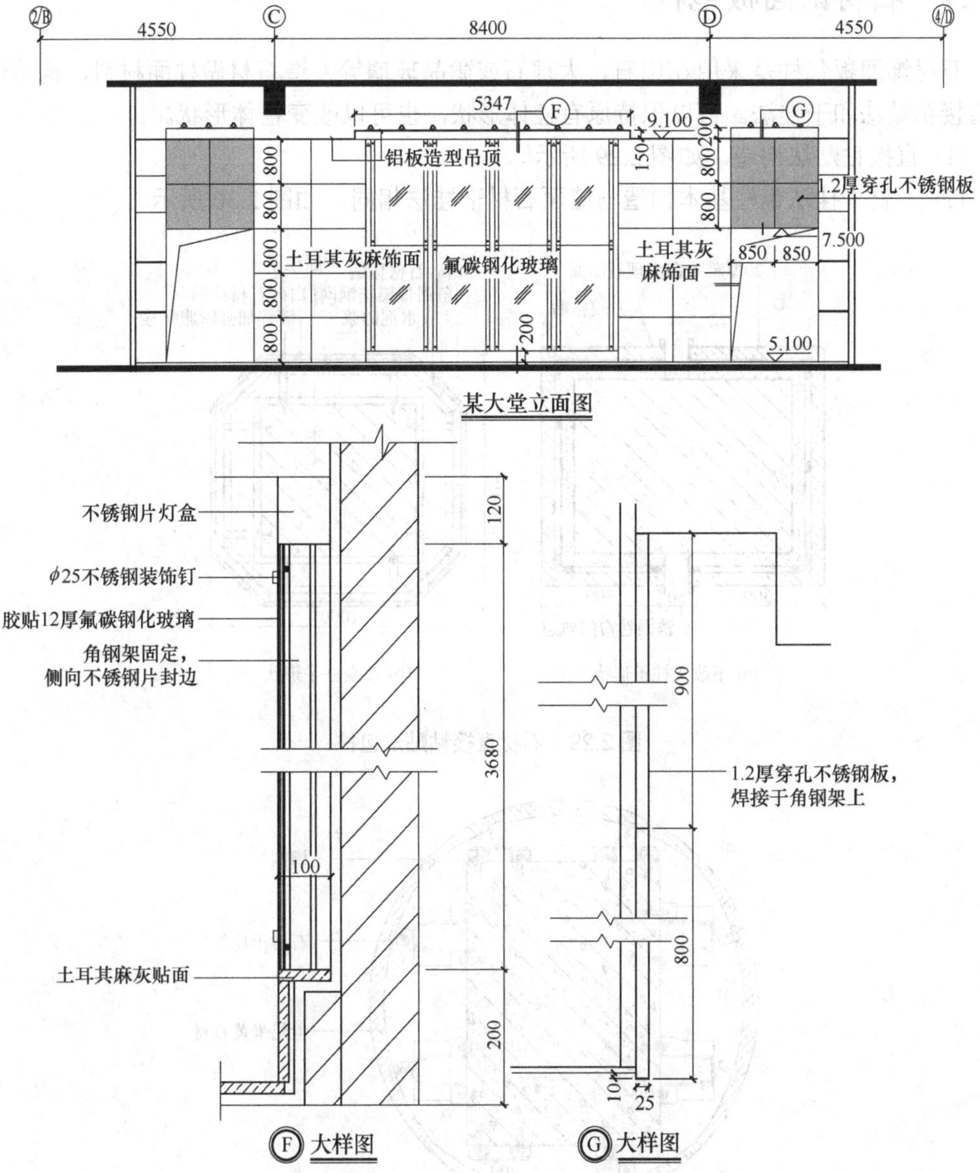

图 2.28　某办公楼大堂墙面设计图

2.7　柱装饰构造

柱面的装饰装修是墙面装饰装修的一部分，在构造上有其特殊性。室内柱面装饰构造与内墙面基本相同，但在室内装饰中常常对柱体进行造型，如将圆柱包圆柱、方柱包方柱、方柱改圆柱及柱截面扩大，因此柱面构造做法常因造型和饰面材料的不同而有一定的特殊性。柱子饰面常用方法有石材饰面板包柱、金属板包柱及木质饰面板包柱等。

2.7.1 石材饰面板包柱

石材饰面板包柱是采用花岗石、大理石或微晶玻璃等人造石材做柱面材料，构造做法有直接粘贴法和干挂法。可以保持原有柱体形状，也可以改变柱体形状。

(1) 直接粘贴法构造，如图 2.29 所示。

(2) 石材干挂法包柱基本构造与墙面石材干挂法相同，如图 2.30 所示。

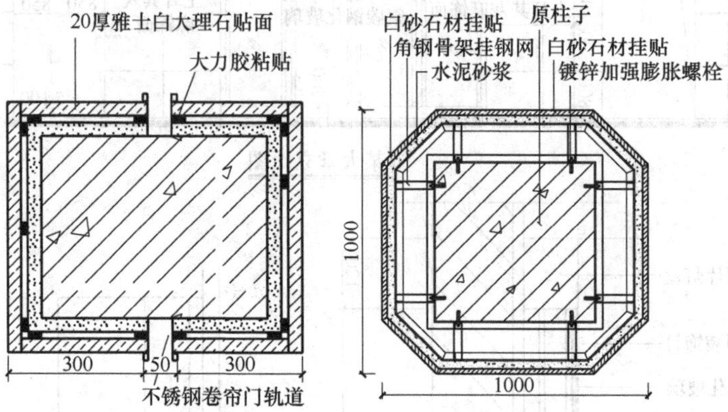

(a) 不改变柱子形状　　(b) 改变柱子形状

图 2.29　石材直接粘贴法包柱

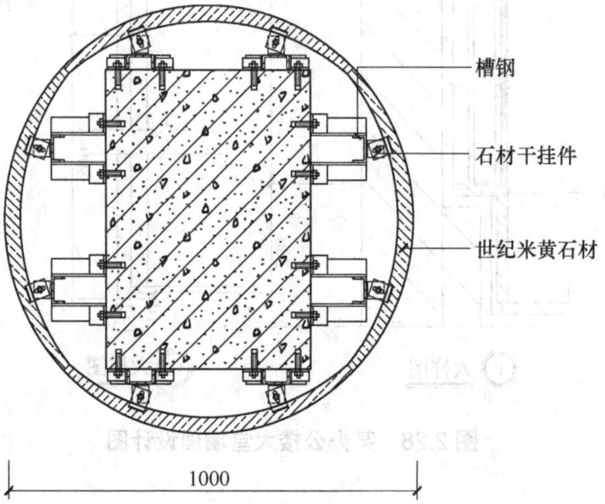

图 2.30　石材干挂法包柱

2.7.2 饰面板包柱

采用金属板材、铝塑板、木质饰面板等做柱体饰面材料，构造做法有直接粘贴法、钢架贴板法及木龙骨贴板法。

(1) 直接粘贴法包柱，适用于原有柱直接装饰，不改变柱体形状，构造如图 2.31 所示。

(2) 钢架贴板法包柱，适用于将原有柱加大或改变柱体形状，构造如图 2.32 所示。

(3) 木龙骨贴板法包柱，适用于将原有柱加大或改变柱体形状，构造如图 2.33 所示。

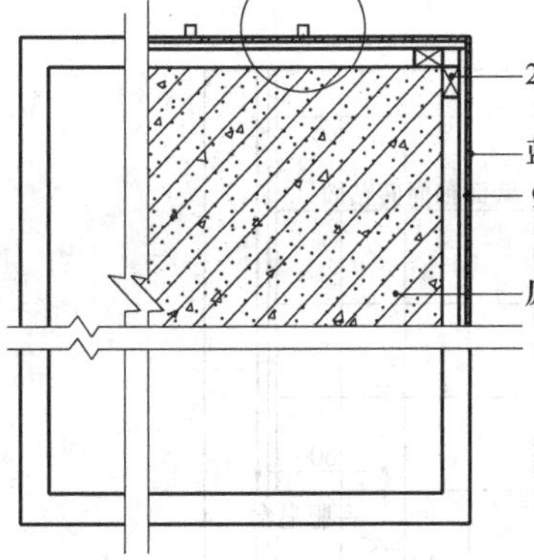

图 2.31　饰面板直接粘贴法包柱

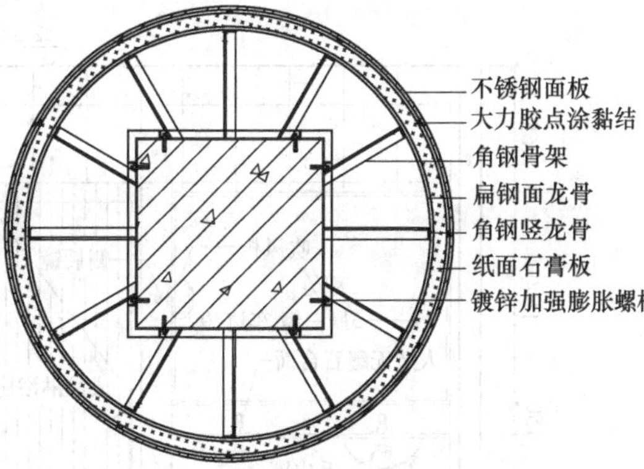

图 2.32　饰面板钢架贴板法包柱

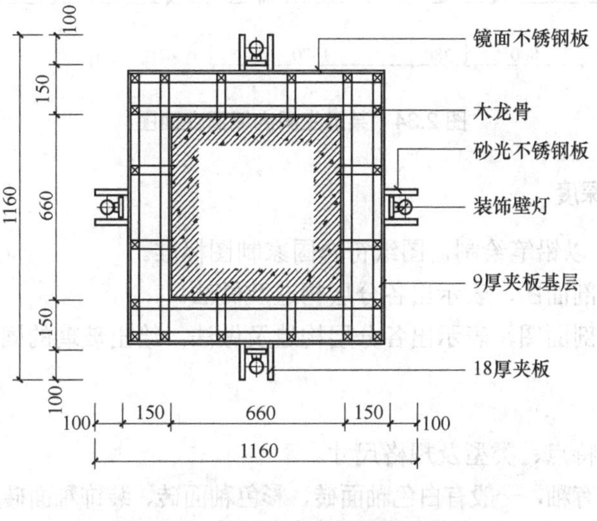

图 2.33　饰面板木龙骨贴板法包柱

2.8　课堂实训课题

2.8.1　实训　卫生间内墙面装饰装修构造设计

1. 教学目标

掌握釉面砖和镜面玻璃装饰的分层构造及做法，正确处理卫生间内墙面的防水、防潮构造。

2. 实训要点

如图 2.34 所示，某卫生间内墙面用釉面砖、镜面玻璃装饰，根据立面图，进行内墙面的剖面设计及细部构造设计。

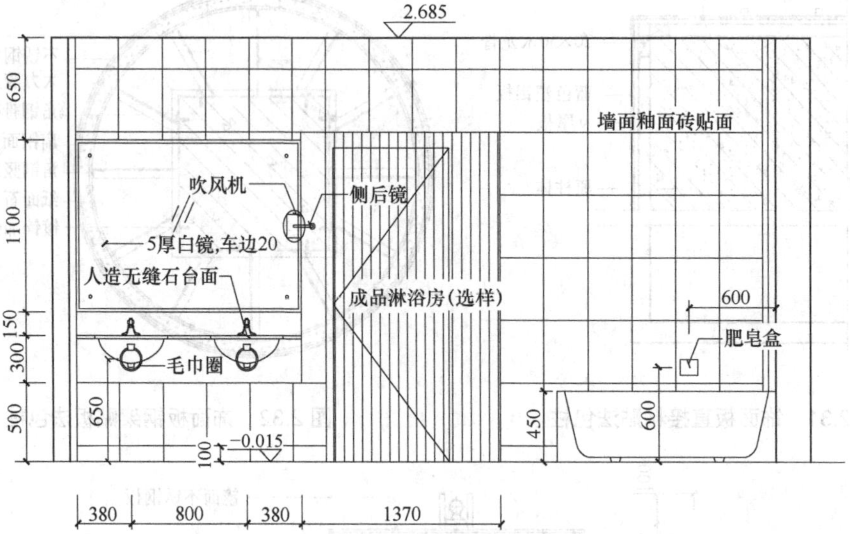

图 2.34　某卫生间内墙面立面图

3. 实训内容及深度

用 3 号白图纸，以铅笔绘制，图纸符合国家制图标准。

(1) 釉面砖饰面剖面图，表示出各分层构造及做法。

(2) 镜面玻璃的剖面图，表示出各分层构造及做法，绘出玻璃的固定方式。

4. 预习要求

(1) 釉面砖饰面特点、类型及规格尺寸。

釉面砖的正面施有釉，一般有白色釉面砖、彩色釉面砖、装饰釉面砖及印花釉面砖等。有亮光、半平光两种。釉面砖常用规格有 250mm×250mm、250mm×300mm、300mm×300mm、300mm×400mm、300mm×350mm、350mm×450mm 等，厚度一般为 5～8mm。

(2) 墙面防潮的构造处理方法。

商品住宅一般如果预制好防水基层，在装修时应保护其不受破坏。卫生间防水做法通常采用涂刷防水涂料，如聚氨酯防水涂料 2～3 遍，也可涂刷沥青漆，但不可以涂刷含有毒成分高的青漆。铺贴釉面砖时，应在水泥中掺加一定比例的防水剂。

(3) 镜面玻璃的安装方法。

具体见 2.6 节。

5. 实训过程

(1) 确定墙面找平层、防潮层、粘贴层材料及厚度。

(2) 绘制釉面砖饰面剖面图。

(3) 确定镜面玻璃的安装构造方法，与墙体的相对位置(嵌入墙内、与墙面相平、突出墙面)。

(4) 确定镜面玻璃的构造层次。

(5) 绘制镜面玻璃的剖面图。

6. 实训小结

本实训主要要求掌握釉面砖和玻璃饰面的构造方法，通过训练熟悉卫生间墙面装饰设计。注意：要求制图规范，不同饰面材料之间相交处的细部处理构造要表达清楚。

2.8.2　实训　会议室墙面装饰装修构造设计

1. 教学目标

掌握木质罩面板、软包饰面装饰构造，熟练处理接缝、转角、交接等细部设计问题，熟练绘制构造及节点设计图。

2. 实训要点

某会议室墙面立面图如图 2.35 所示，根据立面图进行内墙面的剖面设计及细部构造设计。

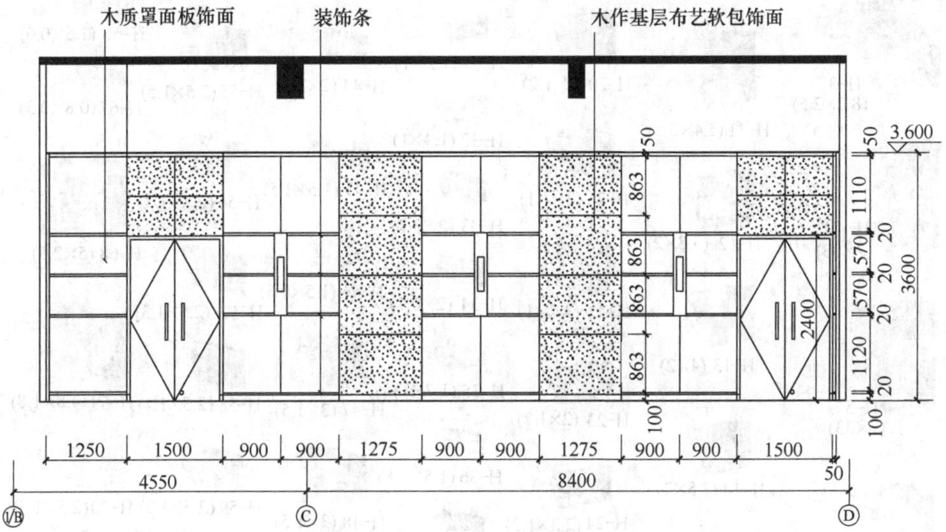

图 2.35　某会议室墙面立面图

3. 实训内容及深度

用 3 号白图纸，以铅笔绘制，图纸符合国家制图标准。

(1) 织物软包饰面剖面图，表示出各分层构造、做法和面层织物固定方式。

(2) 木质罩面板饰面剖面图，表示出各分层构造及做法。

(3) 装饰线和不同材质相交处的节点详图。

4．预习要求

(1) 织物软包饰面构造做法，详见 2.5 节。

(2) 木质罩面板饰面构造做法，详见 2.6 节。

(3) 装饰线条材质种类、截面形状。

常用装饰线条有不锈钢小方管和角条，铝合金方管和角条，铜条，木条。木质线条的截面形状较丰富，有压边线、封边线、压角线及表面装饰线等，常用规格如图 2.36 所示。

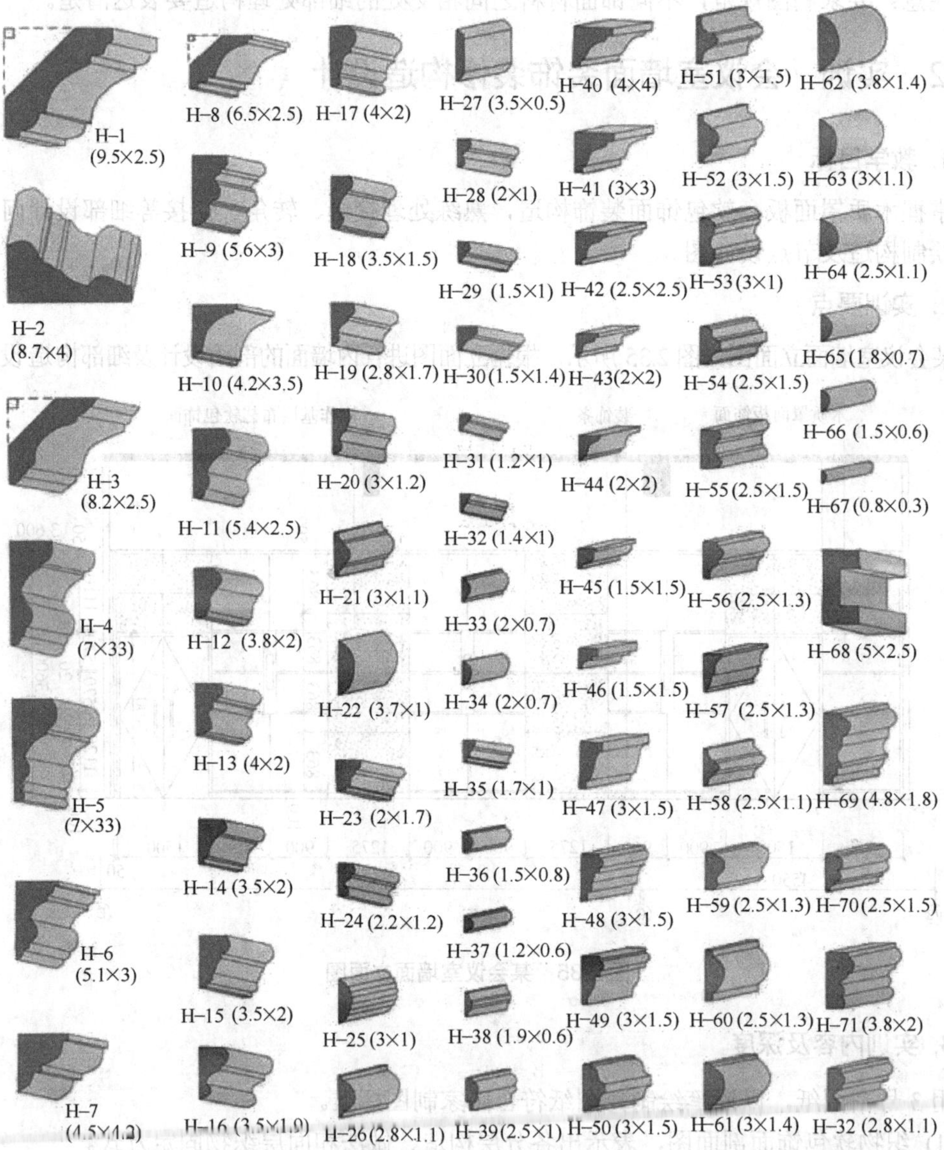

图 2.36　木线示意图

5. 实训过程

(1) 确定墙面找平层、防潮层材料及厚度。
(2) 确定骨架材料规格，设计间距。
(3) 设计织物软包表面效果，选择填充材料和表面材料。
(4) 设计木质罩面板表面效果，选择面板树种。
(5) 设计软包与木质罩面板相交处的装饰线条和墙面装饰线。
(6) 绘制釉面砖饰面剖面图。

6. 实训小结

本实训主要要求掌握木质罩面板、软包饰面装饰构造，通过训练熟悉木质罩面板、软包饰面墙面构造层次及施工图的绘制。

2.8.3　实训　电梯休息间墙面装饰装修构造设计

1. 教学目标

掌握石材装饰构造，正确选用接缝、转角等细部构造，熟练绘制构造及节点设计图。

2. 实训要点

某电梯休息间墙面立面图如图 2.37 所示，根据立面图进行内墙面的剖面设计及细部构造设计。

3. 实训内容及深度

用 3 号白图纸，以铅笔绘制，图纸符合国家制图标准。
(1) 石材饰面剖面图，表示出各分层构造、做法。
(2) 图中标注处的节点详图。

4. 预习要求

(1) 常用大理石板材的规格。
(2) 大理石板材饰面构造做法。

5. 实训过程

(1) 确定大理石板材规格。
(2) 选择构造方法。
(3) 绘制剖面图和节点详图。

6. 实训小结

本实训主要要求掌握石材饰面的构造做法，熟练利用板缝的处理，达到设计效果。

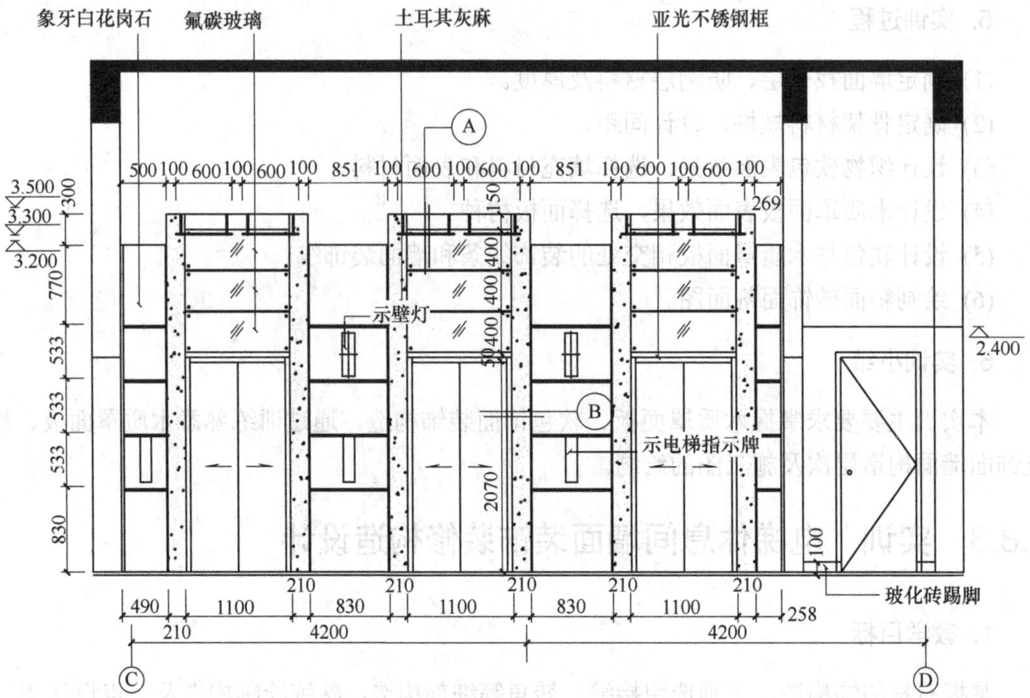

图 2.37　某电梯休息间墙面立面图

第3章　地面装饰装修构造

内容提要

本章介绍楼地面装饰的作用、功能和分类。根据建筑物地面装饰材料和施工工艺的不同，分别介绍整体式楼地面、块材式地面、木地面、人造软质制品地面以及特殊部位的装饰构造、种类、使用要求、装饰的选材等。

教学目标

- 掌握地面装饰装修构造的原理、方法。
- 熟悉地面装饰施工图内容。
- 熟悉地面类型。
- 掌握常用楼地面构造。
- 了解其他楼地面构造。
- 掌握如何结合客观实际情况确定合理的地面构造方案，提高装饰构造设计能力。
- 通过工程项目设计案例讲解及实训设计，能够根据具体的装饰要求和装饰效果，合理选择装饰面层和所用材料，并能绘出装饰构造施工图。提高学生在设计过程中的空间思维能力、知识运用能力和解决实际问题的能力。
- 识读和绘制地面装饰施工图内容。

项目案例导入：某会议室地面装饰设计如图 3.1 所示，会议室地面采用了陶瓷地砖饰面。地面构造设计也是对地面饰面层的构造做法、各层次材料选择、连接方式及细部处理进行设计，以达到设计的实用性、经济性和装饰性的要求。

图 3.1　某会议室效果图

3.1 概　　述

地面是建筑室内、外空间的重要界面，对空间环境的效果影响很大，也是室内外装饰装修的主要部分。其装饰的好坏直接影响着装饰的整体效果。地面装饰装修构造包括室外地面构造和室内地面构造。

3.1.1 地面装饰装修构造的功能

楼地面的饰面层是人们生活、工作、生产等活动中直接接触的构造层次，也是地面承受各种物理、化学作用的表面层，地面由于在使用过程中会受到人或物体的撞击等破坏，直接受到水、潮气等的作用，在装饰选材、构造方法上应注意装饰材料的耐磨、坚固、平整、防水、防潮、不起尘的特点，并有一定弹性和装饰效果。地面装饰装修基本功能如下：

1. 保护作用

通过装修材料对建筑物楼板的保护处理，可以提高楼地层的防潮、防水、耐腐蚀性等性能，也可以提高楼板的耐久性和坚固性。

2. 改善性能

通过对楼地层表面的构造处理，可以改善楼地层的热工性能、声学性能、室内清洁、卫生条件等，从而有助于建筑节能和舒适感提高，创造良好的生产、生活和工作环境。

(1) 隔声要求。包括隔绝空气声和隔绝撞击声两个方面。当楼地面材料的密度比较大时，空气的隔绝效果较好，且有助于防止因发生共振现象而在低频时产生的吻合效应等。撞击声的隔绝，其途径主要有 3 个：一是采用浮筑或所谓夹心地面的做法；二是脱开面层的做法；三是采用弹性地面。前两种做法构造施工都比较复杂，而且效果也都不如弹性地面，近几年由于弹性地面材料的发展，为解决撞击声隔绝创造了条件，因此前两种做法也就较少采用了。

(2) 保温性能要求。保温性能涉及材料的热传导性能及人的心理感受两个方面。从材料特性的角度考虑，水磨石地面、大理石地面等都属于热传导性能较高的材料，而木地板、塑料地面等则属于热传导性能较低的地面。从人的感受角度加以考虑，就是要注意人会将对某种地面材料的导热性能的认识用来评价整个建筑空间的保温特性这一问题。因此，对于地面做法的保温性能的要求，宜结合材料的导热性能、暖气负载与冷气负载的相对份额的大小、人的感受以及人在这一空间的活动特性等因素给予综合考虑。

(3) 弹性要求。当一个不太大的力作用于一个刚性较大的物体，如混凝土楼板时，根据作用力与反作用力的原理可知，此时楼板将作用于它上面的力全部反作用于施加这个力的物体之上。与此相反，如果是有一定弹性的物体，如橡胶板，则反作用力要小于原来施加的力。因此，一些装饰标准较高的建筑的室内地面，应尽可能地采用具有一定弹性的材料作为地面的装饰面层。对于一般的民用建筑，一般不采用弹性地面，而要求较高的公共建筑应采用弹性地面。

(4) 吸声要求。在标准较高、使用人数较多的公共建筑中，为有效地控制室内噪声，是具有积极作用的。一般来说，表面致密光滑、刚性较大的地面做法，如大理石地面，对于声波的反射能力较强，基本上没有吸声能力。而各种软质地面做法，却可以起到比较大的吸声作用。例如，纺织簇绒地毯平均吸声系数为 65%左右，化纤地毯的平均吸声系数为 55%。

(5) 其他要求。不同的楼地面使用要求各不相同，对于计算机机房的楼地面应要求具有防静电的性能；对于有水作用的房间，楼地面装饰应考虑抗渗漏、排积水等要求；对于有酸、碱腐蚀的房间，应考虑耐酸碱、防腐蚀等要求。

3. 满足一定装饰要求

地面装饰装修处理对构成建筑总体艺术效果具有非常重要的作用。地面饰面的形式、色彩、图案、质感给人以不同的视觉享受，同时也体现出时代精神、民族特色、地域风采、艺术风格。地面的饰面与室内环境紧密相连，适宜的地面装饰装修可以装饰美化室内环境。

3.1.2　地面装饰构造类型及材料

地面装饰装修材料种类繁多，按楼地面所用的材料和施工方式的不同，地面常用的构造类型有整体式地面、块料地面、木地面、卷材地面等。目前常见的地面装饰材料如表 3.1 所示。

表 3.1　地面装饰装修材料品种

类　型	常用材料举例
整体类	水泥砂浆、水磨石、细石混凝土、卵石
块材类	陶瓷面砖、马赛克、大理石板、花岗岩板、人造石材板、复合板材、玻璃、木地板
卷材类	地毯、地毡
涂料类	777 地面涂层材料、HC-l 地面涂料、苯丙地面涂料、804 地板涂料、聚乙烯醇缩丁醛地面涂料、过氧乙烯地面涂料、聚氨酯弹性地面涂料

3.1.3　楼地面构造组成

建筑物的地层一般是由承受荷载的结构层(垫层)、基层和满足使用要求的面层3个主要部分组成。有的房间为了找坡、隔声、弹性、保温或敷设管线等功能上的要求，在中间还要增加功能层。

基层承受面层传来的荷载，因此，要求基层应坚固、稳定。一般地面的基层是回填土，回填土应分层回填并夯实，一般每铺 300mm 厚应夯实一次。

垫层是承受和传递面层荷载的结构层，分刚性和柔性两类。刚性垫层的整体刚度好，受力后不易产生塑性变形。刚性垫层一般采用 C15 混凝土，此种垫层多用于整体面层下面和小块的块料面层下面。非刚性垫层一般由松散的材料组成，如砂、炉渣、矿渣、碎石、灰土等，多用于块料面层下面。

楼面的结构层是楼板。楼地面的面层是供人们生活、工作、生产直接接触并承受各种物理、化学作用的表面层，因此根据不同的使用要求，面层的构造也各不相同，但无论何种构造的面层，都应具有耐磨、不起尘、平整、防水、有一定弹性和吸热少的性能。

3.2 整体式地面装饰构造

3.2.1 整体式地面装修类型

整体浇注地面是指用现场浇筑的方法做成整片的地面。按地面材料不同有水泥砂浆地面、水磨石地面、卵石地面、细石混凝土地面等。

3.2.2 整体式地面构造

1. 水泥砂浆地面构造

水泥砂浆地面是以水泥砂浆材料形成地面面层的构造做法，具有构造简单、坚硬、强度较高等特点，但容易起灰、无弹性、热工性较差、色彩灰暗。

水泥砂浆地面构造做法：

(1) 在钢筋混凝土楼板或混凝土垫层上刷掺有 108 胶素水泥浆一道。

(2) 15～20mm 厚 1∶3 水泥砂浆打底找平。

(3) 1∶2 或 1∶2.5 水泥砂浆做 5～10mm 厚面层。

表面可做抹光面层，也可做成有瓦垄状、齿痕状、螺旋状纹理的防滑水泥砂浆地面，或加色浆形成有色面层，接缝采用勾缝或压缝条的方式。如果水泥砂浆厚度超过30mm，则须分层施工，如图 3.2 所示。水泥砂浆地面可作为一般装修要求的地面。

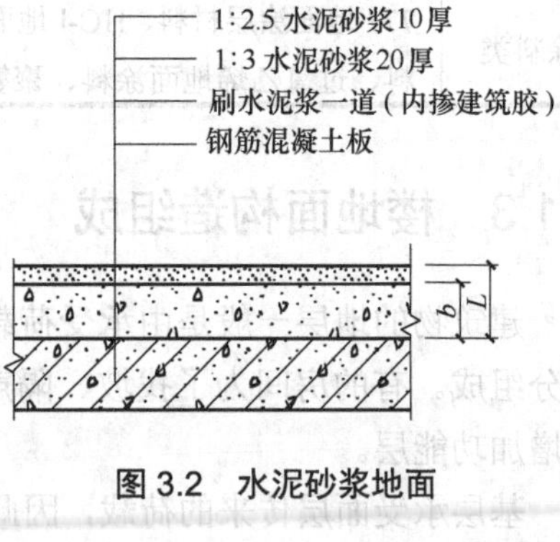

图 3.2 水泥砂浆地面

对于有水的房间，为了增加防水能力，可以在普通水泥砂浆中加入 5%防水剂形成防水水泥砂浆地面(防水砂浆地面的构造做法与水泥砂浆地面完全相同)。也有一种沥青水泥砂浆是用质量为 10%～15%沥青、45%～50%砂、25%～30%碎石、10%～15%石粉调配而成的。沥青水泥砂浆施工时，里层先以混凝土打底，并用滚轮碾压，再以 45°继续涂装施工接缝。

2. 水磨石地面构造

水磨石地面是将水泥作胶结材料、大理石或白云石等中等硬度石屑作骨料而形成的水泥石屑浆抹面，硬结后，经磨光打蜡而成。可根据设计要求做成各种彩色图案，具有外形美观、明朗大方、坚硬耐磨、光亮美观，易清洁、不起灰、造价不高的优点，装饰效果也优于水泥砂浆地面。其缺点是地面容易产生泛湿现象、表面坚硬、弹性差、吸热性强、有水时容易打滑。常用于教室、会议室、实验室、车站大厅及一般性公共建筑的门厅、走廊等交通空间和房间的地面构造。

按施工方法分为现浇水磨石地面和预制水磨石地面两种，常为现浇制作。

现浇水磨石地面构造做法：

(1) 在钢筋混凝土楼板或混凝土垫层上刷掺有 108 胶素水泥浆一道。

(2) 15～20mm 厚 1∶3 水泥砂浆找平。

(3) 按先长向后短向的顺序用 1∶1 砂浆固定分格条。

(4) 10～15mm 厚 1∶1.5 或 1∶2 的水泥石屑浆抹面，待水泥凝结到一定硬度后，用磨光机打磨，再用草酸清洗，打蜡保护。

水磨石的石粒材料一般采用粒度为 3～12mm 的白云石、大理石、花岗石等，要求质地坚硬，粗细均匀，色泽一致。有时还可采用大块的石材与水泥结合，做成“假石”，亦可使用石头以外的其他材料，如钢及彩色玻璃等作为碎石碴，做出具有特色的各种水磨石来。嵌条可以是玻璃条(2mm 厚)、铜条(1.5mm 厚)、塑料条或铝合金条，如图 3.3 所示。

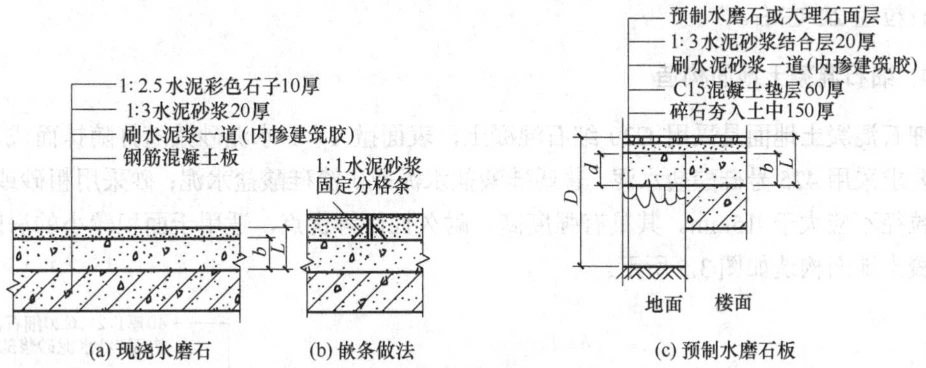

图 3.3　水磨石地面构造

在彩色石子中加入少量黑白石子，可以使彩色水磨石色彩显得鲜艳、丰富多彩。如为了使楼地面显出一种草地的效果，常采用绿色水磨石，但单纯的绿色石子、绿色色浆缺乏厚度，可在绿色石子中掺入少量黑色、白色及黄色石子，这样磨出来的水磨石饰面在绿色底色中分布许多黑点，加上星星点点的黄白点更显深沉且又不乏生动。彩色水磨石地面可以由建筑师自行设计图案。利用嵌条分格，分格后每一格可以是一种色彩，以求统一大方；也可以每格用不同的色彩，以求丰富变化。不同色块的布置要注意避免色相对比过于强烈，一般沿墙环柱的颜色可深一点，和踢脚线统一色彩，分格尺寸一般不宜大于 lm。

彩色水磨石也可以在大面积水磨石中安放大理石块一起研磨，这种做法的水磨石一般应适当加厚，以和大理石厚度相适应。与大理石相配合后的水磨石地面装饰效果浓厚，如暗红色水磨石加上金黄色大理石小块以求浓烈、豪华的效果。墨绿色水磨石中加上稀铺碎白色大理石，产生草地中小路的意境。还可以各色大理石块拼成图案，以表现日月齐辉的效果。

3. 卵石地面构造

卵石地面是将一定粒径卵石(五色石)等经过碾压嵌入水泥砂浆面层形成的地面构造，这种地面具有排水性好、耐磨、色彩丰富、装饰性强，朴实自然，且施工简便的特点，并常与其他材料配合使用，卵石多做拼花。其缺点是表面欠平整，不适合用于人流较大的公共建筑出入口处。卵石地面的强度主要是依靠石料间的嵌固锁结而形成的。

卵石地面构造做法：

(1) 20～40mm 厚 1∶2.5 水泥砂浆找平。

(2) 嵌入洗净的 20～60mm 卵石。

(3) 碾压而形成密实的地面。

卵石地面常用于室外庭园、小路、地坪、水池、花台等处，还可与石板、陶土板等混合拼成各种花纹图案，如图 3.4 所示。

卵石地面应选用粒径整齐、表面光洁、硬度较好的卵石。当铺好水泥砂浆时，即将卵石均匀分布或按设计图案压入砂浆中。为了防止砂浆干缩时卵石脱落，嵌入砂浆深度应大于卵石粒径 2/3 左右。

4. 细石混凝土地面构造

细石混凝土地面是采用 C20 细石混凝土，表面撒 1∶1 水泥砂浆随打随抹而成。其中水泥要求采用 425 号硅酸盐水泥、普通硅酸盐水泥或矿渣硅酸盐水泥；砂采用粗砂或中砂；石子粒径不应大于 15mm。其具有强度高、耐久性好等优点，适用于面积较小的房间。细石混凝土地面构造如图 3.5 所示。

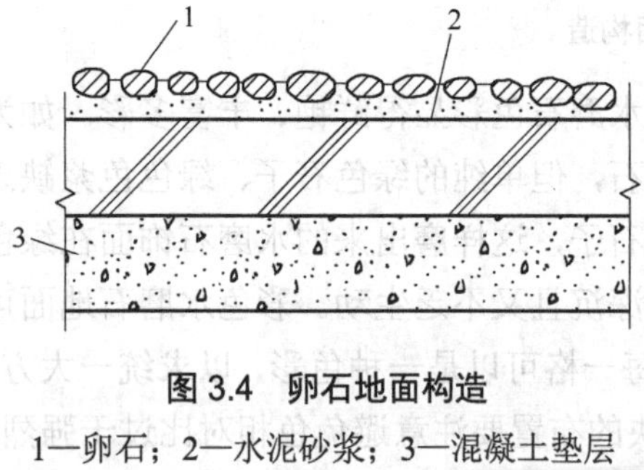

图 3.4 卵石地面构造

1—卵石；2—水泥砂浆；3—混凝土垫层

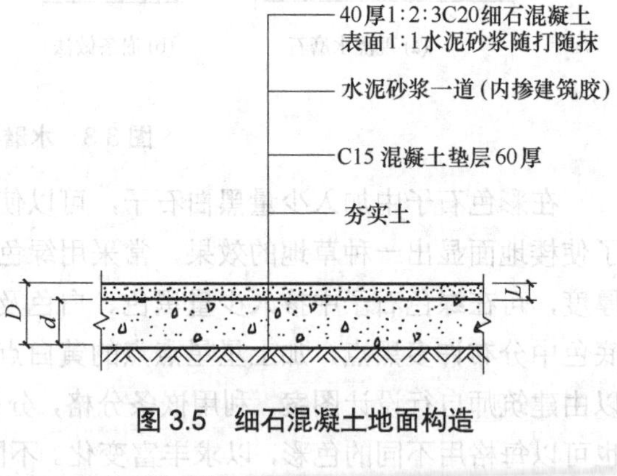

图 3.5 细石混凝土地面构造

3.3　块料地面装饰构造

3.3.1　块料地面类型

块料地面是指以陶瓷地砖、陶瓷锦砖、缸砖、水泥砖以及各类预制板块、大理石板、花岗岩石板、塑料板块等板材铺砌的地面。其特点是花色品种多样，经久耐用，防火性能好，易于清洁，且施工速度快，湿作业量少，因此被广泛应用于建筑中各类房间。但此类地面大都属于刚性地面，弹性、保温、消音等性能较差，造价较高。

3.3.2　块料地面构造

1. 大理石、花岗岩石材地面构造

石材有天然石材与人造石材两种。天然石材包括火成岩(花岗岩等)、沉积岩(砂岩、凝灰岩)及变质岩(大理石等)。人造石材有水磨石、斩假石等。天然石材中花岗岩与大理石最为常用，具有强度高、耐腐蚀、耐污染、施工简便等特点，一般用于装修标准较高的公共建筑的门厅、大堂、休息厅、营业厅或要求较高的卫生间等房间地面及道路和踏步等部位。石材地面色彩自然而且丰富，表面质感视需要可光滑、可粗糙，肌理效果富于变化。如室外装修要求用材有较好的物理与化学性能。石材按用料规格可分为石板、块(条)石等。天然大理石、花岗岩板规格大小不一，形状可破碎或成规则形，一般为600mm×600mm～1200mm×1200mm，但角块不宜小于200～300mm，一般为20～30mm厚，石缝中根据地面所处环境可种植草皮或水泥勾缝。找平层砂浆用干硬性水泥砂浆，板块在铺砌前应先浸水湿润，阴干后备用。

铺贴构造如下：

(1) 楼板或垫层上刷掺有108胶的素水泥浆结合层。

(2) 抹30mm厚1∶3～1∶4干硬性水泥砂浆找平层。

(3) 刷素水泥浆结合层。

(4) 铺贴面层。

(5) 素水泥浆填缝(缝隙也可镶嵌铜条)，如图3.6所示。

用于有水的房间时，可以在找平层上作防水层。如为提高隔声效果和铺设暗管线的需要，可在楼板上做厚度60～100mm的1∶6水泥焦渣垫层。

块(条)石地面坚固、美观、耐久、整洁。在制作块(条)石面层时，一般先夯实地基土，然后在素土上加50～60mm厚(压实后厚度，条石可减至30mm)砂垫层。如块石规格较小，还须将其碾压沉落。

这类地面也可以形成碎拼大理石、花岗岩地面，如图3.7所示。

人造大理石、花岗岩板一般为600～1200mm长形或方形，板厚分为10mm、15mm、20mm三种，是现代装修的理想材料，构造做法与天然大理石、花岗岩板基本相同。

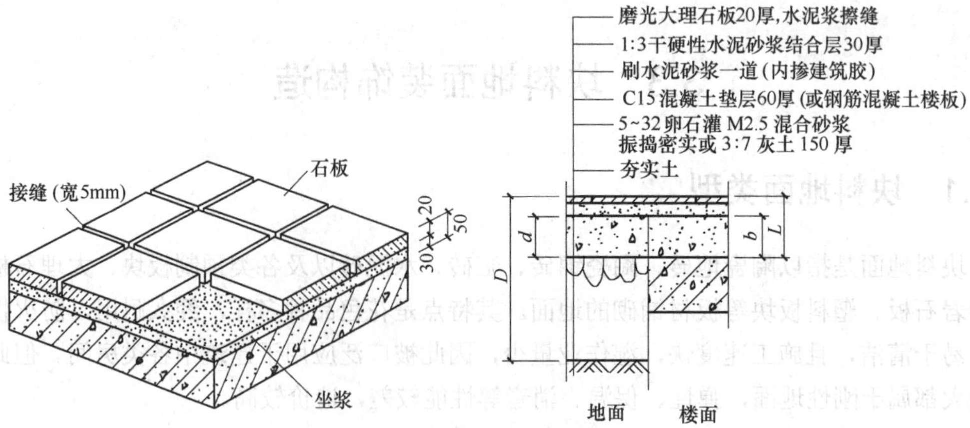

图 3.6　大理石地面构造

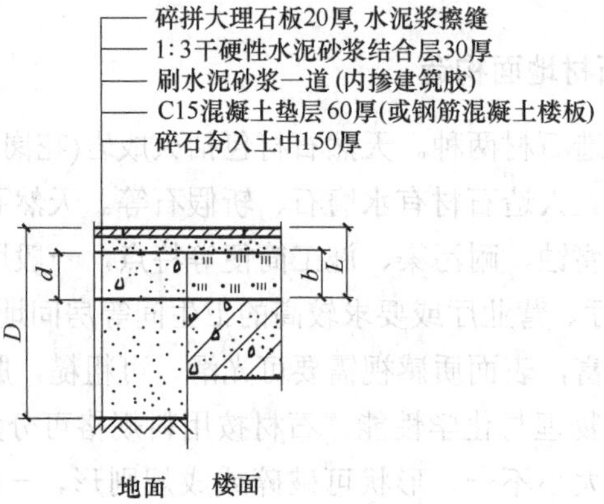

图 3.7　碎拼大理石地面构造

2. 地砖地面构造

用于室内的地面砖种类很多，目前常用的地砖材料有陶瓷地砖、陶瓷锦砖(又称马赛克)、缸砖等，规格大小也不尽相同。地砖地面具有表面平整、质地坚硬、耐磨、耐酸碱、吸水率小、色彩多样、施工方便等特点，适用于公共建筑及居住建筑的各类房间。

有些材料的地砖还可以做拼花地面。地面的表面质感有的光泽如镜面，也有的凹凸不平，可以根据不同空间性质选用不同形式及材料的地砖。一般以水泥砂浆在基层找平后直接铺装即可。

1) 陶瓷地砖地面

陶瓷地砖分为釉面和无釉面两种。目前随着生产技术和工艺水平的不断改进，这类地砖的性能和质量也有了很大提高，产品逐渐向大尺寸、多功能和豪华型发展。规格有600～1200mm不等，形状多为方形，也有矩形，厚度为8～10mm。地砖背面有凸棱，有利于砖块胶结牢固。特点是表面致密、光滑、坚硬耐磨、耐酸耐碱、防水性好、不宜变色。

铺贴构造做法如下：

(1) 楼板或垫层上刷掺有108胶的素水泥浆结合层。

(2) 做 10～20mm 厚 1∶3 水泥砂浆或 30mm 厚 1∶3～1∶4 干硬性水泥砂浆找平层。

(3) 刷素水泥浆结合层。

(4) 铺贴面层。

(5) 素水泥浆填缝。

对于规格较大的地砖，找平层要用干硬性水泥砂浆。接缝宽度以 10～20mm 凹缝为宜。铺贴按分配图施工，一般从门口或中线开始向两边铺砌。如有镶边，应先铺砌镶边部分，余数尺寸以接缝宽来调整；但若不能以缝宽处理时，则在墙脚放入界砖进行调整，如图 3.8 所示。

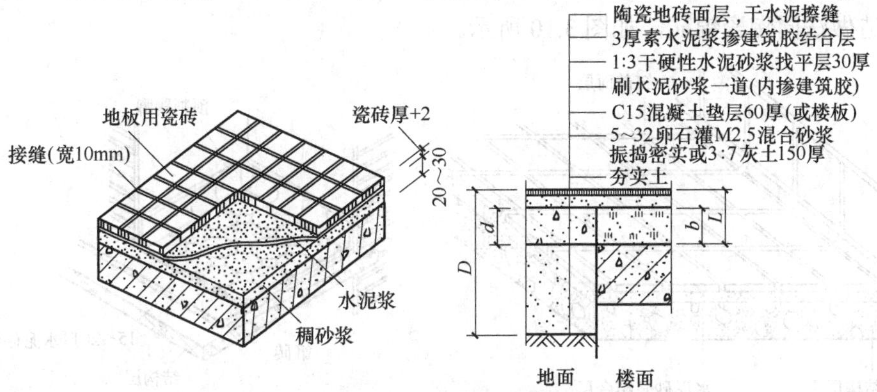

图 3.8　陶瓷地砖地面

2) 陶瓷锦砖地面

陶瓷锦砖是以优质瓷土烧制成 19～30mm、厚 6～7mm 的小块。出厂前再按设计图案拼成 300mm×300mm 或 600mm×600mm 的规格，反贴于牛皮纸上。具有质地坚硬、经久耐用、表面色泽鲜艳、装饰效果好，且防水、耐腐蚀、易清洁等优点，适用于有水、有腐蚀液体作用的地面，如图 3.9 所示。

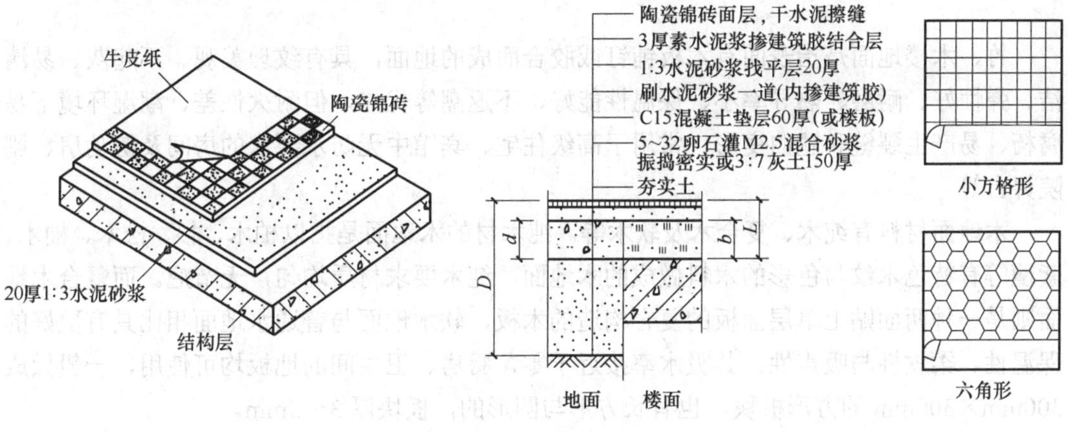

图 3.9　陶瓷锦砖地面

铺贴构造做法如下：

(1) 刷掺有 108 胶的素水泥浆结合层。

(2) 抹15～20mm厚1∶3水泥砂浆找平层。

(3) 5mm厚1∶1～1∶1.5水泥砂浆或3～4mm素水泥浆加108胶结合层。

(4) 贴面层，用滚筒压平，使水泥浆挤入缝隙。

(5) 待硬化后用水洗去皮纸，水泥砂浆或白水泥嵌缝(擦缝)。

3. 缸砖

缸砖是用陶土烧制而成的一种无釉砖，尺寸为100mm×100mm和150mm×150mm，厚10～19mm，具有坚硬、耐磨、耐水、耐酸碱、易清洁等特点。形状有正方形、六边形、八边形等。色彩繁多，但以红棕色和深米黄色居多。为了使块和基层黏结牢固，背面设有凹槽。构造做法同陶瓷锦砖，如图3.10所示。

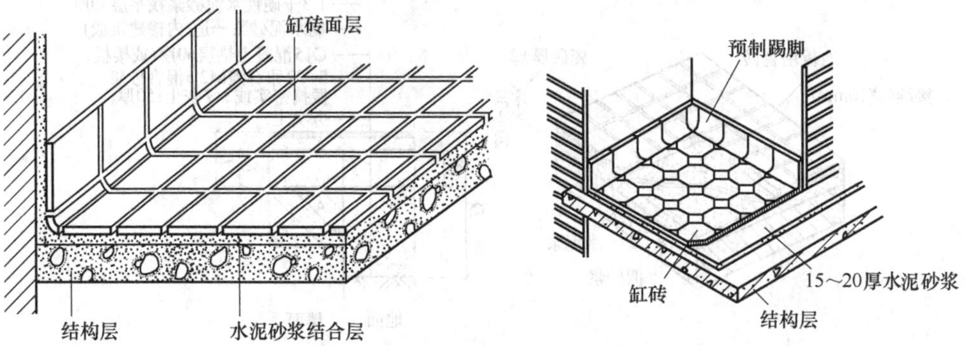

图3.10　缸砖地面

3.4　竹、木地面装饰构造

3.4.1　竹、木地面装饰构造要求

竹、木楼地面是指表面有木板铺钉或胶合而成的地面，具有纹理美观、不起灰、易清洁、弹性好、耐磨、热导率小、保温性能好、不返潮等优点，但耐火性差、潮湿环境下易腐朽、易产生裂缝和翘曲变形，常用于高级住宅、宾馆中无防水要求的房间及练功房、剧院舞台等。

木地面材料有纯木、复合木及软木等。纯木材的木地面是指以柏木、杉、松木、柚木、紫檀等有特色木纹与色彩的木料做成的木地面。纯木要求材质均匀，无节疤。而复合木地面则是一种两面贴上单层面板的复合构造的木板，软木地面与普通水地面相比具有更好的保温性、柔软性与吸声性，其吸水率接近于零，厨房、卫生间的地板均可使用，一般做成300mm×300mm的方形板块，也有长方形与圆形的，板块厚3～5mm。

竹、木地面的构造做法分为空铺式、实铺式和粘贴式三种。

(1) 空铺式木地面是将木地板用地垄墙、砖墩或钢木支架架空做成的地面，具有弹性好、脚感舒适、防潮和隔声等优点，一般用于剧院舞台地面。

空铺木地面做法是在地垄墙上预留 120mm×190mm 的洞口，在外墙上预留同样大小的通风口，为防止鼠类等动物进入其内，应加设铸铁通风篦子。木地板与墙体的交接处应做木踢脚板，其高度在 100～150mm，踢脚板与墙体交接处还应预留直径为 6mm 的通风洞，间距为 1000mm，如图 3.11 所示。

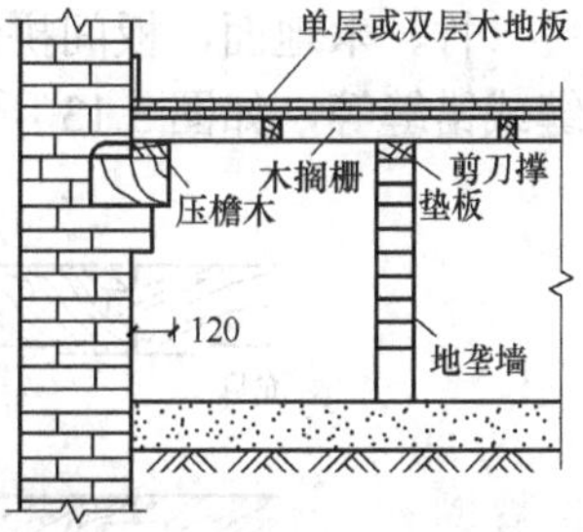

图 3.11　空铺式木地面构造

(2) 实铺式木地面是在结构基层找平层上固定木搁栅，再将硬木地板铺钉在木搁栅上，其构造做法分为单层和双层铺钉。

双层实铺木地面做法是在钢筋混凝土楼板或混凝土垫层内预留 Ω 形铁卡子，间距为 400mm，用 10 号镀锌钢丝将 50mm×70mm 木搁栅与铁鼻子绑扎。搁栅之间设 50mm×50mm 横撑，横撑间距 800mm(搁栅及横撑应满涂防腐剂)。搁栅上沿 45° 或 90° 铺钉 18～22mm 厚松木或杉木毛地板，拼接可用平缝或高低缝，缝隙不超过 3mm。面板背面刷氟化钠防腐剂，与毛板之间应衬一层塑料薄膜缓冲层。单层做法与双层相同，只是不做毛板一层，如图 3.12(a)和图 3.12(b)所示。

(3) 粘贴式竹、木地面是在钢筋混凝土楼板或混凝土垫层上做找平层，目前多用大规格的复合地板，然后用黏结材料将木地板直接粘贴其上，要求基层平整，如图 3.12(c)所示。粘贴式木地面具有耐磨、防水、防火、耐腐蚀等特点，是木地板中构造做法最简便的一种。

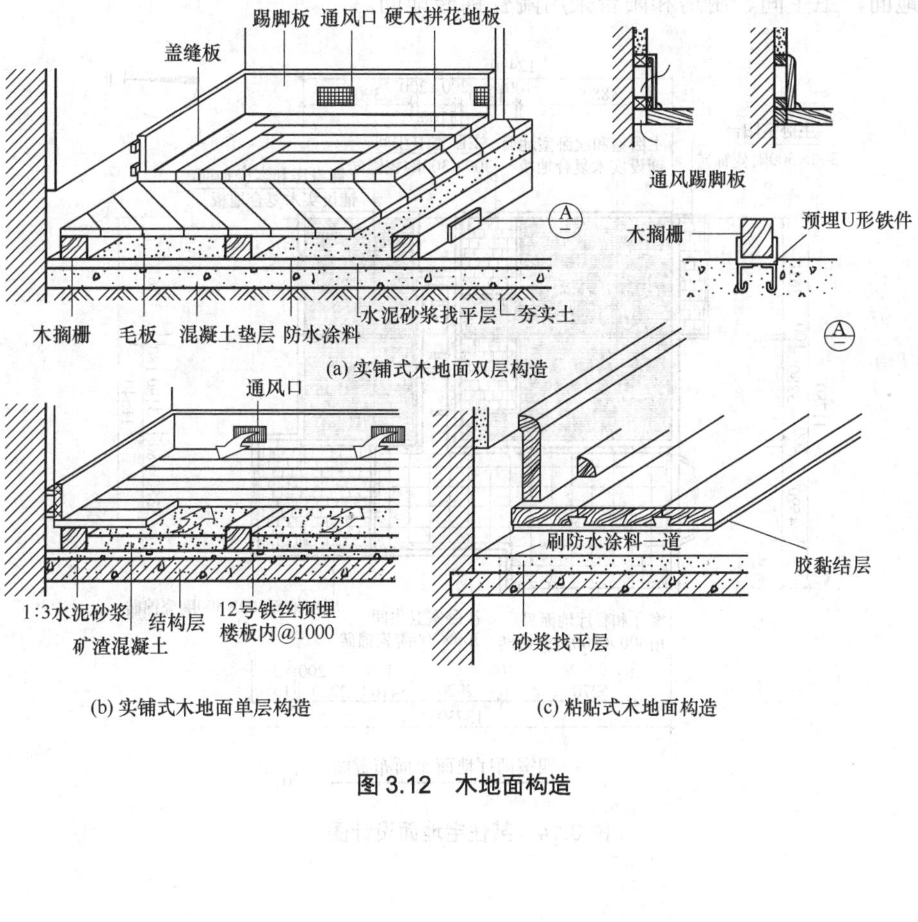

(a) 实铺式木地面双层构造

(b) 实铺式木地面单层构造

(c) 粘贴式木地面构造

图 3.12　木地面构造

3.4.2 竹、木地面装饰细部构造要求

竹、木地面，板间拼缝要求紧密，板底开槽适应木板变形。常用板缝形式有企口、平缝或错缝等，如图 3.13 所示。

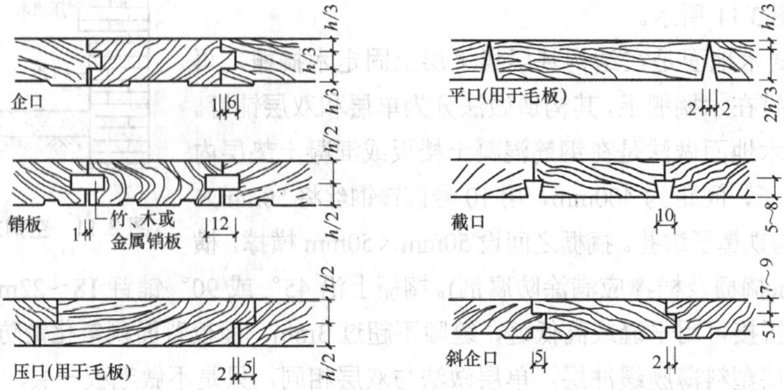

图 3.13　竹、木地面的拼缝形式

3.4.3 案例

(1) 如图 3.14 所示为某住宅地面设计图，卧室和客房地面采用木地面，客厅和餐厅采用瓷砖地面，卫生间、厨房和阳台采用陶瓷锦砖地面。

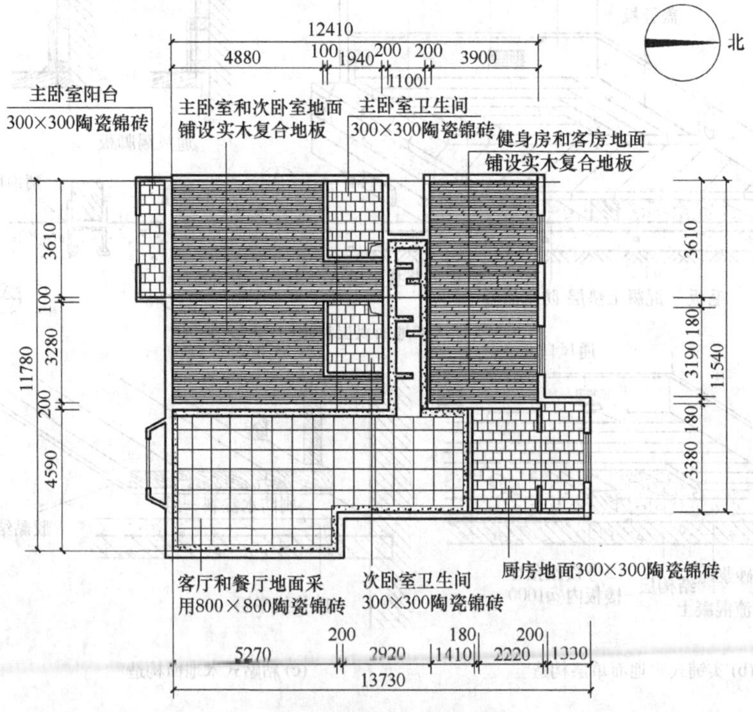

四室两厅地面平面布置图 1:100

图 3.14　某住宅地面设计图

(2) 某过道地面采用瓷砖饰面，四周采用水磨石地面，设计图如图 3.15 所示。

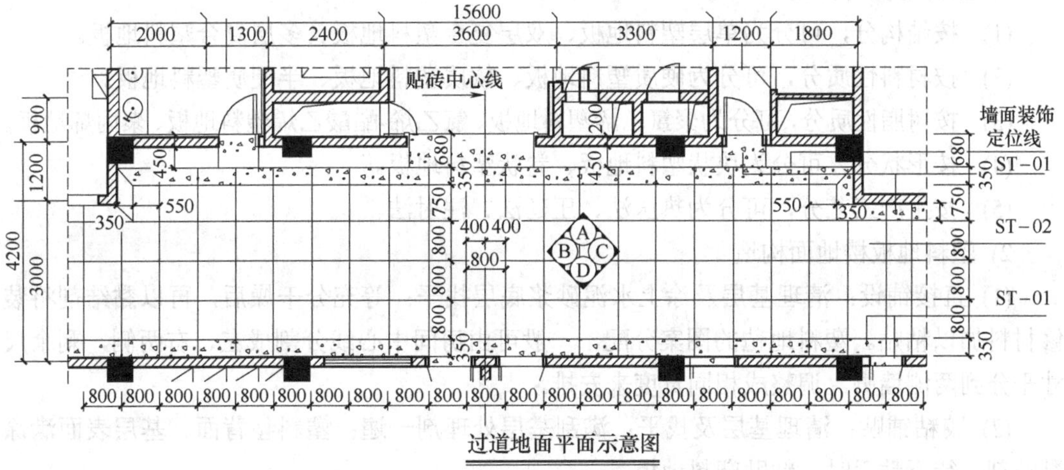

图 3.15　某过道地面设计图

3.5　人造软质制品楼地面装饰构造

人造软质制品楼地面是由油地毡、橡胶制品、塑料制品、地毯等覆盖而成的楼地面，分为块材和卷材两种。

3.5.1　塑料类地面构造

塑料类地面有油地毡、橡胶地毡、聚氯乙烯地板等。

1. 油地毡楼地面

油地毡楼地面呈棕红色的卷材或块材，图案多样。厚度一般为 2～3mm，卷材采用钉结，块材采用胶结。

2. 橡胶地毡楼地面

橡胶地毡楼地面表面有平滑和带肋两种，厚度为 4～6mm，采用胶结材料粘贴。

3. 聚氯乙烯地板楼地面

聚氯乙烯地板系列是塑料地面中最广泛使用的材料，20 世纪 70 年代，PVC 地板就在西欧及美、日等工业国家得到广泛应用。我国进入 20 世纪 80 年代后，塑料地板也投入了批量生产。其优点是重量轻、强度高、耐腐蚀、吸水率小、表面光滑、易清洁、耐磨，有不导电和较高的弹塑性能。其缺点是受温度影响大，须经常做打蜡维护工作。聚氯乙烯地毡从下至上可分为玻璃纤维垫层、聚氯乙烯发泡层、印刷层和聚氯乙烯透明层等几个层次。

通过印刷层可以制造出颜色与图案不同的、有特色的产品。

1) 塑料地板的种类

(1) 按结构分，可分为单层塑料地板、双层复合塑料地板、多层复合塑料地板。

(2) 按材料性质分，可分为硬质塑料地板、软质塑料地板、半硬质塑料地板。

(3) 按树脂性质分，可分为聚氯乙烯塑料地板、氯乙烯-醋酸乙烯塑料地板、聚丙烯地板。

(4) 按形状分，可分为块状塑料地板、卷状塑料地板。

(5) 按生产工艺分，可分为热压法、压延法、注射法。

2) 塑料地板楼地面构造

(1) 直接铺设：清理基层及涂上水泥砂浆底层找平；等充分干燥后，再以黏结剂将装修材料加以粘贴。塑料地毡的图案分配，一般可由房间中心线分割成左、右两侧，剩余尺寸平分到两侧墙脚，调整成相同宽度来安排。

(2) 胶粘铺贴：清理基层及找平；满刮基层处理剂一遍；塑料毡背面、基层表面满涂黏结剂；待不粘手时，粘贴塑料地板。

(3) 构造要点如下。

① 基层必须平整、干燥、密实、无凹凸、无灰砂，各阴阳角必须方正。

② 在金属基层上，应加设橡胶垫层；在首层地坪上应加设防潮层。

③ 大面积卷材要定位截切，在铺设前3～6天截切，多留有0.5%余量。

(4) 构造做法如下。

① 检查地面平整度、硬度、强度、湿度及环境湿度。

② 整理地坪，除去污染。

③ 清理地面吸净尘土，开始刮胶。

④ 按生产流水编号铺贴卷材，不得有翘边、起泡、起鼓、缝隙过大现象，用铁轮均匀赶压。

⑤ 在胶水凝固后，用开缝机开缝，为使焊接牢固，开缝深度不得超过地板厚度。

⑥ 清除凹槽内的灰尘和碎料焊接即可，如图3.16所示。

图3.16 PVC地面

3.5.2　地毯地面构造

1. 地毯种类

(1) 按原材料分，有天然纤维和合成纤维地毯两种。

(2) 按编织方法分，有切绒、圈绒、提花切绒三种。

(3) 按加工制作方法分，有编织、针刺簇绒、熔融胶合等。

(4) 按产品形状分，有卷材、块材、地砖式。

天然纤维地毯一般是指羊毛地毯，特点是柔软、温暖、舒适、豪华、富有弹性，但价格昂贵，耐久性比合成纤维的差。合成纤维地毯包括丙烯酸、聚丙烯腈纶纤维地毯、聚醋酸纤维地毯、烯族烃纤维和聚丙烯地毯、尼龙地毯等。

地毯自身的构造包括面层、防粘涂层、初级背衬和次级背衬，编织方法也有多种。国外按面层织物的织法不同，分为栽绒地毯、针扎地毯、机织地毯、编结地毯、黏结地毯、静电植绒地毯等。

地毯的裁剪应使用裁边机，按房间尺寸形状，每段地毯的长度要比房间长度长约20mm。地毯拼接时应用麻布狭条衬在两块待拼缝的地毯之下，将施工黏结剂刮在麻布带上，然后把地毯拼接粘牢，并使用张紧器将地毯张平、铺服帖，不得起拱。

2. 地毯铺设形式及固定方式

地毯铺设形式有满铺与局部铺设两种。固定方式分为不固定式和固定式两种。

(1) 不固定式是将地毯裁边、黏结拼缝成一整片，直接摊铺于地上，不与地面粘贴，四周沿墙脚修齐即可。

(2) 固定式——做法有粘贴固定法和倒刺板固定法。

粘贴固定法是直接用胶将地毯粘贴在基层上，刷胶有满刷和局部刷两种，要求地毯本身具有较密实的基底层，如图 3.17 所示。

倒刺板固定法构造如下。

① 先清理基层。

② 沿踢脚板的边缘用水泥钉将木、铝或不锈钢倒刺板每隔 400mm 钉在基层上，与踢脚板距离 8～10mm。

③ 粘贴泡沫波垫。

④ 铺设地毯。

⑤ 将地毯边缘塞入踢脚板下部空隙中，如图 3.18 所示。

3. 地毯节点构造

固定地毯的配件有端头挂毯条、接缝挂毯条、门槛压条、楼梯防滑条等。地面墙面接头处节点、地面材料转接处节点、楼梯防滑条设置节点、门槛交接处节点构造做法，如图 3.19 所示。

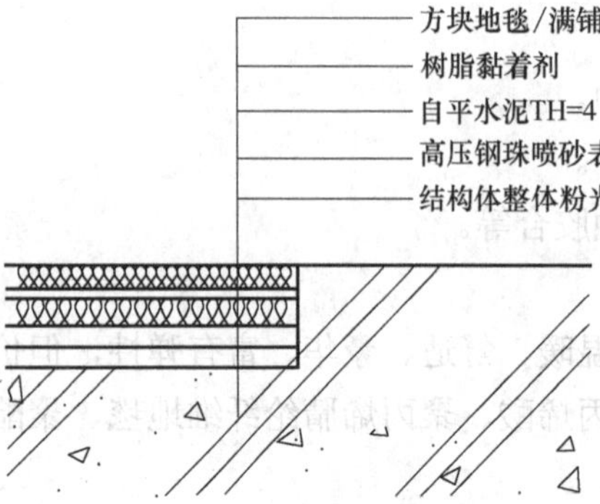

图 3.17 粘贴固定法

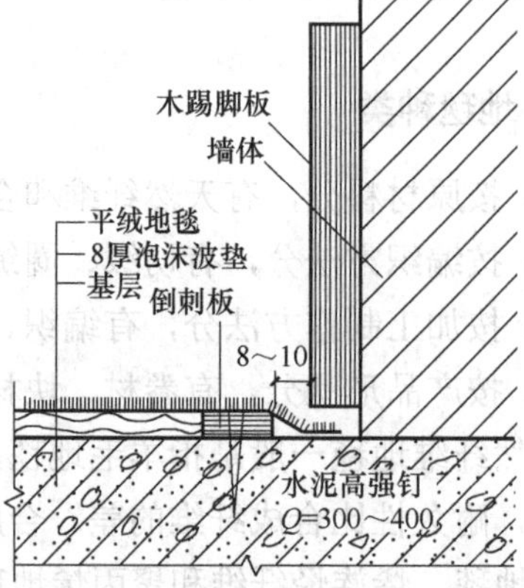

图 3.18 倒刺板、踢脚板与地毯的固定

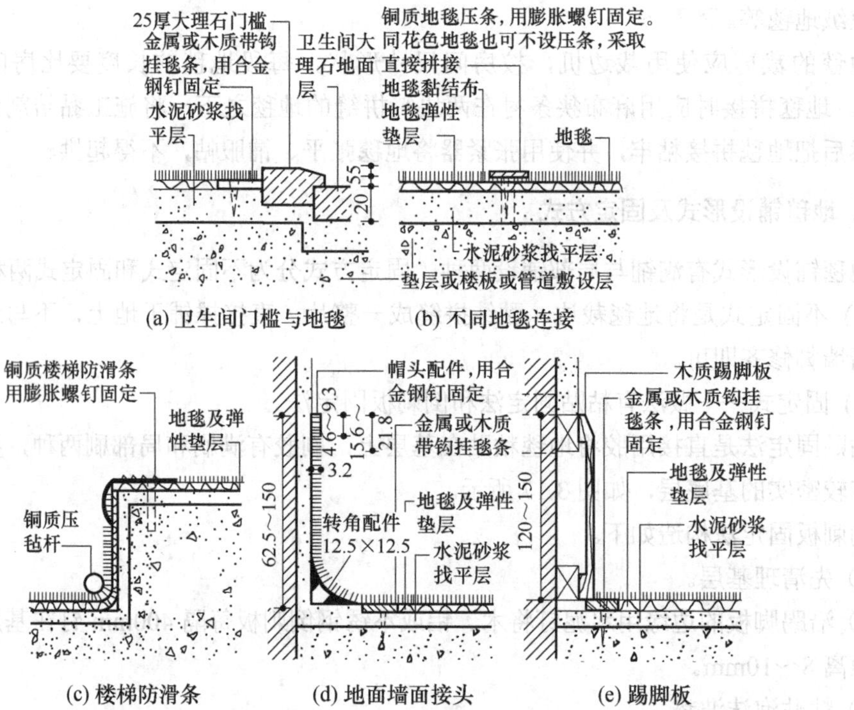

图 3.19 地毯收边及节点构造

3.5.3 案例

某酒店客房单间地面采用地毯地面，卫生间和过道采用马赛克，如图 3.20 所示。

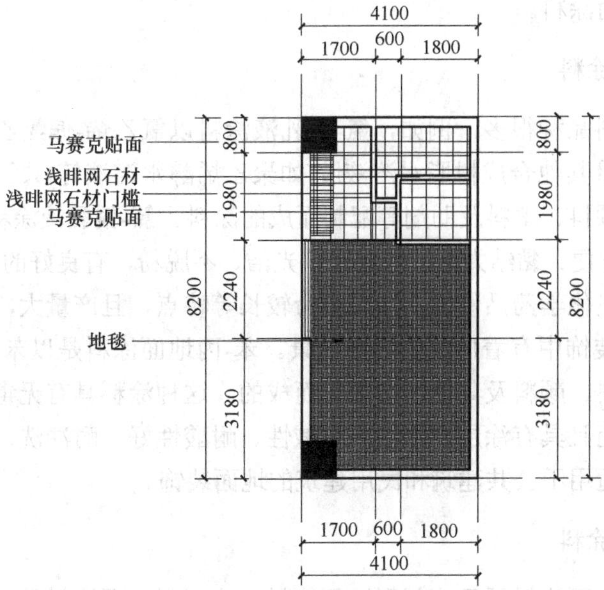

图 3.20　某酒店客房单间地面设计图

3.6　涂料地面装饰构造

3.6.1　涂料地面材料类型及特点

地面涂料的主要功能是装饰与保护室内地面，使地面清洁美观，与其他装饰材料一同创造优雅的室内环境。为了获得良好的装饰效果，地面涂料应具有耐碱性好、黏结力强、耐水性好、耐磨性好、抗冲击力强、涂刷施工方便及价格合理等优点。用于地面(地板)的涂料种类很多，家庭常用的地面涂料主要有以下几种。

1. 环氧树脂涂料

环氧树脂涂料是以环氧树脂为主要成膜物质的双组份常温固化型涂料。环氧树脂涂料与基层黏结性能优良，涂膜坚韧、耐磨，具有良好的耐化学腐蚀、耐油、耐水等性能及优良的耐老化和耐候性，装饰效果良好的特点，是近几年来国内开发的耐腐蚀地面涂料新品种。

2. 水溶性地面涂料

水溶性地面涂料是以水溶性高分子聚合物胶为基料与特制填料、颜料制成。其分为 A、B、C 三组份。A 组份 425 号水泥，B 组份色浆，C 组份面层罩光涂料。水溶性地面涂料具有无毒、不燃、经济、安全、干燥快、施工简便、经久耐用的特点。这种涂料可用于公共建筑、住宅建筑等的水泥地面的装饰。如聚酯酸乙烯水泥地面涂料是由聚酯酸乙烯水乳液、普通硅酸盐水泥及颜料、填料配制而成的一种地面涂料。可用于新旧水泥地面的装饰，是一种新颖的水性地面涂料。

3. 水乳型地面涂料

水乳型地面涂料品种很多，例如，氯-偏乳液涂料以氯乙烯-偏氯乙烯共聚乳液为主要成膜物质，添加少量其他合成树脂水溶液胶(如聚乙烯醇水溶液等)共聚液体为基料，掺入适量的不同品种的颜料、填料及助剂等配制而成的涂料。氯-偏乳液涂料具有无味、无毒、不燃、快干、施工方便、黏结力强，涂层坚牢光洁、不脱粉，有良好的耐水、防潮、耐磨、耐酸、耐碱、耐一般化学药品侵蚀，涂层寿命较长等特点，且产量大，在乳液类中价格较低，故在建筑内外装饰中有着广泛的应用前景。苯-丙地面涂料是以苯乙烯-丙烯酸树脂乳液为基料，加入填料、颜料及其他助剂加工而成的。这种涂料具有无毒、不燃、干燥快、施工方便等特点，而且具有涂层耐水性、耐碱性、耐酸性好，耐冲洗，强度高，光泽度好的特性。这种涂料适用于公共建筑和民用建筑的地面装饰。

4. 溶剂型地面涂料

过氯乙烯水泥地面涂料属于溶剂型地面涂料。溶剂型地面涂料是以合成树脂为基料，掺入颜料、填料、各种助剂及有机溶剂配制而成的一种地面涂料。该类涂料涂刷在地面上以后，随着有机溶剂挥发而成膜硬结。过氯乙烯水泥地面涂料具有干燥快、施工方便、耐水性好、耐磨性较好、耐化学腐蚀性强等特点。由于含有大量易挥发、易燃的有机溶剂，因而在配制涂料及涂刷施工时应注意防火、防毒。

3.6.2 涂料地面构造

1. 溶剂型环氧树脂砂浆地坪

溶剂型环氧树脂地坪是在混凝土或砂浆地面上把着色树脂薄涂抹上去，从而达到美化地面及防尘的效果的地面。固化形成的薄膜坚固且具韧性，与清洁的水泥地面、水磨石地面、花岗岩碎石找平层和某些金属表面的黏结力非常优越，具有良好的耐水、耐油、耐化学品、耐冲击、耐磨、防尘等性能，且附着力好、无接缝、耐久、容易清洗、复涂性能好的特点。可制成 0.5～3mm 不同厚度的涂层。适用于服装厂、机械厂、食品厂、造纸厂、印刷厂、学校、物流仓库、标准厂房、旧厂改造、4S 店、车库及餐厅等地面工程。

构造做法：

(1) 水泥素地：浇注后须干燥 28 天，表面平整，无空鼓，平滑坚硬。

(2) 底涂：厚度 0.2mm，双组份，按指定量配比搅匀，用滚涂或刮片施工。

(3) 中涂：厚度 0.3～0.6mm，双组份，按指定量配比搅匀，用抹刀或刮片施工。

(4) 腻子：厚度 0.2～0.3mm，双组份，按指定量配比搅匀，用抹刀或刮片施工。

(5) 面涂：厚度 0.3～0.4mm，双组份，按指定量配比搅匀，用喷枪或滚筒施工。

溶剂型环氧树脂砂浆地坪构造做法见图 3.21 所示。

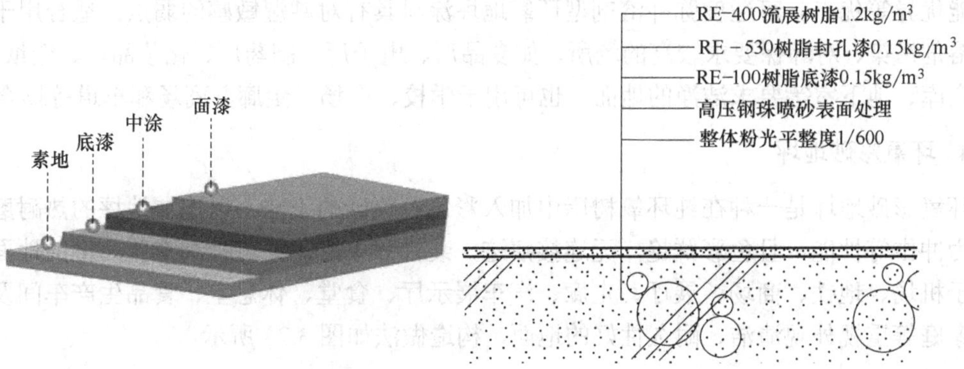

图 3.21 溶剂型环氧树脂砂浆地坪

2. 无溶剂型环氧树脂自流平地坪

无溶剂型环氧树脂自流平地坪是在混凝土或砂浆面上把着色树脂薄涂抹上去，从而达到美装地面的效果的地面。涂层外观平整、明亮、无接缝、无毒、无污染，具有优异的耐水性、耐油性、抗化学品性、耐磨性、耐冲击、高附着力、流平性好、不龟裂、耐久等特点。适用于制药厂、药品厂、电子、化妆品、食品厂、GMP 车间、电厂、配电室、空调机房等净化场所地面。

构造做法：

(1) 15mm 厚 1∶3 水泥砂浆找平层。

(2) 底涂：厚度 0.2mm，双组份，按指定量配比搅匀，用滚涂或刮片施工。

(3) 中涂：厚度 0.3～0.6mm，双组份，按指定量配比搅匀，用抹刀或刮片施工。

(4) 腻子：厚度 0.2～0.3mm，双组份，按指定量配比搅匀，用抹刀或刮片施工。

(5) 面涂：厚度 1～2mm，双组份，按指定量配比搅匀，用抹刀施工。

其构造做法见图 3.22 所示。

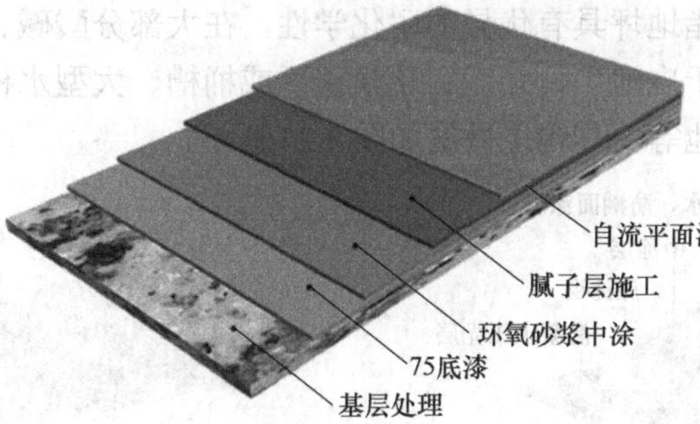

图 3.22 无溶剂型环氧树脂自流平地坪

3. 水性环氧地坪

完全水性系统，环保健康易清洁，不含有机溶剂，无污染，符合环保理念。具有使用方便、施工性能好，极高的附着力，同时固化的涂膜收缩小、硬度高、耐磨性好、电气绝缘性能优异等优点。可适度弥补溶剂型环氧地坪涂料具有对潮湿敏感的弱点。适合用于要求无溶剂污染、对环保要求较高的场所，如食品厂、电子厂、制药厂、化妆品厂、造纸厂、物流仓库、地下室等要求洁净的地面；也可用于学校、广场、走廊、商场和车道等场合。

4. 环氧彩砂地坪

环氧彩砂地坪是一种在纯环氧树脂中加入彩色石英砂的工法，以增加地坪的热耐磨、耐强力冲击等性能，且色彩鲜艳，无连接痕迹，装饰效果好，并可抑制霉菌产生的地面。适用于机场、地铁、商场、展厅、走廊、汽车展示厅、食堂、休息室、食品生产车间及医院、家庭等重视外观清洁、耐久性好的地面，构造做法如图 3.23 所示。

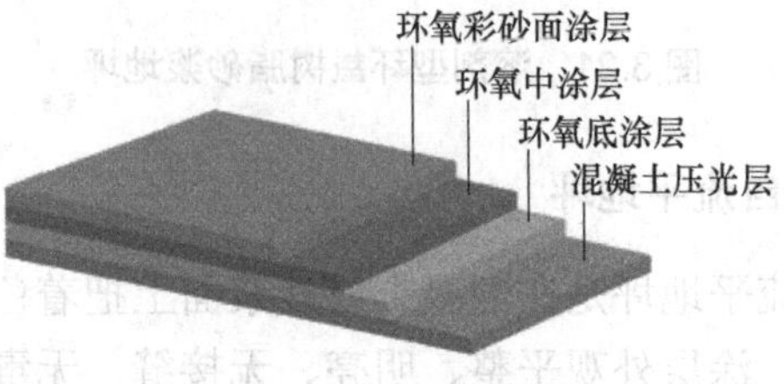

图 3.23 环氧彩砂地坪

5. HS-W300 复合材料防水、防潮地坪

HS-W300 复合材料防水、防潮地坪具有良好的耐水、耐潮、耐化学性，耐腐蚀、抗油污、抗压、抗冲击力强、易清洁、易修补、保养简单、清洁容易、外观亮丽美观、无缝防尘等性能，适用于仓库、超市、码头、停车场、厂房。防水、防潮地坪的构造做法如图 3.24 所示。

6. 乙烯酯树脂地坪

乙烯酯树脂地坪具有防霉菌、防油污、防潮、防尘；耐磨、耐强酸碱、抗冲击；附着力强、安全；外观亮丽、美观；防漏水、抗冲击力强；耐腐性强、增强涂膜韧性；可承受重载等特性。乙烯酯树脂地坪具有优异的耐化学性，在大部分酸碱、溶剂环境下均能展现出优越的耐蚀性，适用于电池厂、化工、化学储区或桶槽、大型水槽、电解池、污水处理槽、电镀厂、酸碱中和池等。其构造做法如图 3.25 所示。

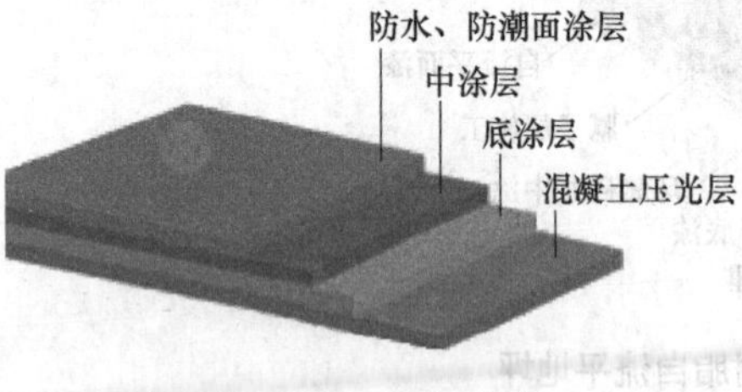

图 3.24 防水、防潮地坪

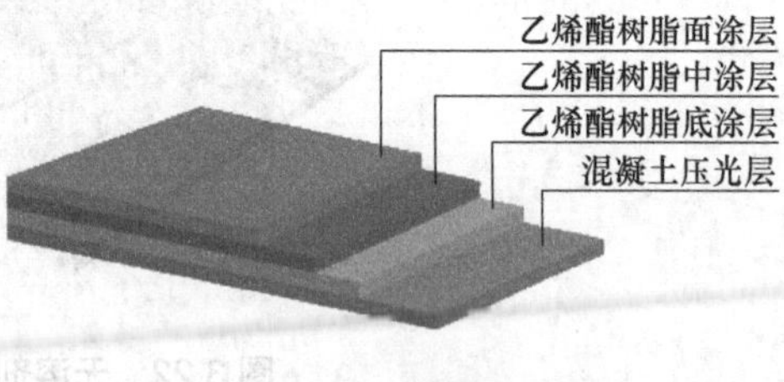

图 3.25 乙烯酯树脂地坪

3.7　特种楼地面装饰构造

3.7.1　室内防水楼地面构造

建筑中的某些房间，如盥洗室、厕所、浴室、厨房等，其使用功能决定了它们的地面必须做防水处理。

1. 楼面排水

有水浸蚀的房间(如厨房、卫生间等)，为便于排水，地面应设置一定坡度坡向的地漏，地面排水坡度一般为 1%～1.5%。

2. 楼层防水

对于有水的房间，其结构层宜采用现浇钢筋混凝土楼板，面层也宜采用防水水泥砂浆、水磨石地面或贴缸砖、瓷砖、陶瓷锦砖等防水性能好的材料。其构造做法是在结构层上做找平层，找平层上设置防水层，防水层可采用卷材防水层、防水砂浆防水层、塑胶防水层和涂料防水层等。防水层上设置保护层、结合层，最后铺贴面层形成，如图 3.26 所示。

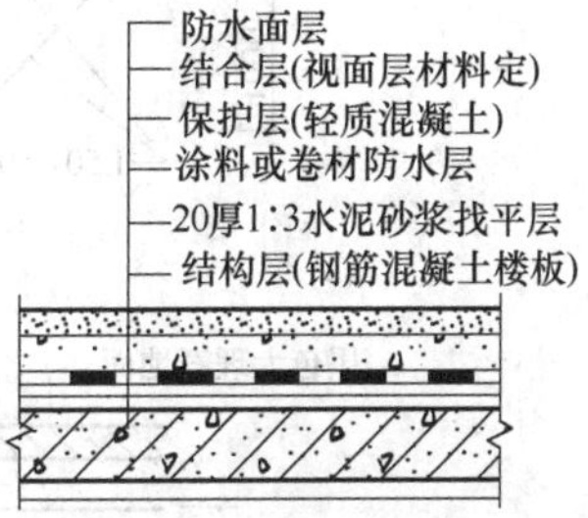

图 3.26　防水地面构造

有水房间的地面标高应比周围其他房间或走廊低 20～30mm，若不能实现此标高差时，亦可在门口做高为 20～30mm 的门槛，以防水多时或地漏不畅通时积水外溢，如图 3.27 所示。防水层应铺出门外至少 250mm，如图 3.27(a)和图 3.27(b)所示。为防止水沿房间四周浸入墙身，应将防水层沿房间四周边向上伸入踢脚线内 100～150mm，如为浴室须将防水层升高至天花板，如图 3.27(c)所示。

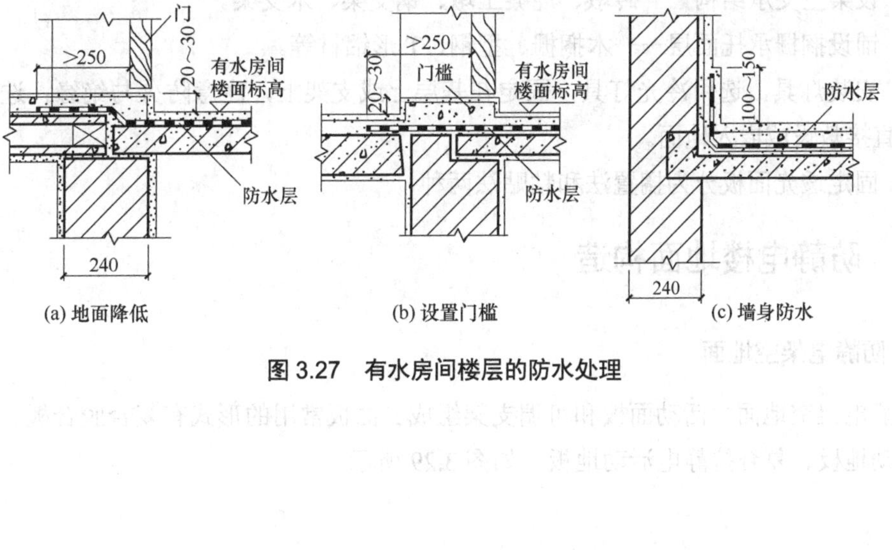

(a) 地面降低　　(b) 设置门槛　　(c) 墙身防水

图 3.27　有水房间楼层的防水处理

3.7.2 发光楼地面构造

地面采用透光材料，下设架空层，架空层内安装灯具。透光面板有双层中空钢化玻璃、双层中空彩绘钢化玻璃、玻璃钢等材料制作，如图 3.28 所示。

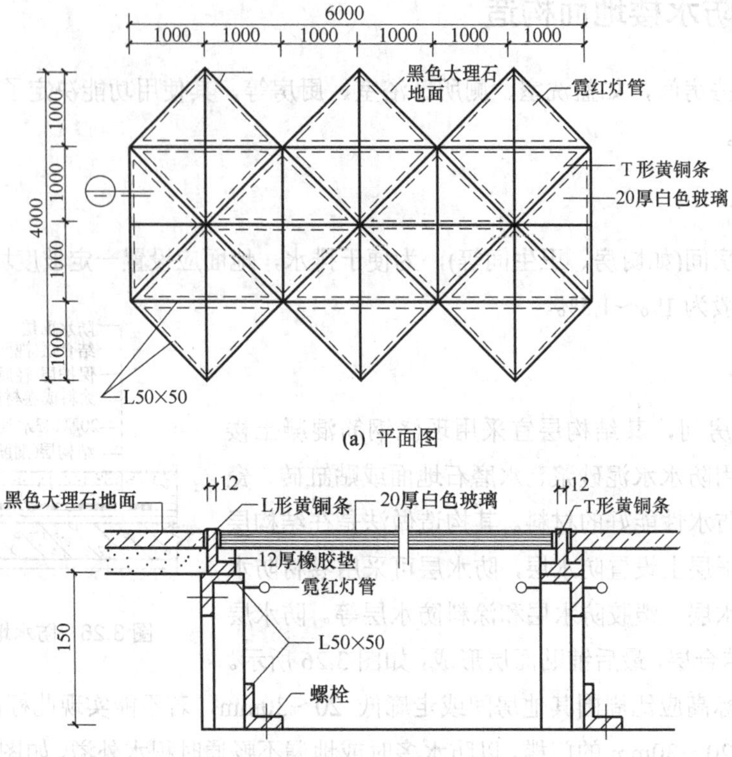

(a) 平面图

(b) 剖面图

图 3.28 发光楼地面构造

构造做法：

(1) 设架空支承结构——砖墩、混凝土墩、钢支架、木支架。

(2) 铺设搁栅承托面层——木搁栅、型钢、T 形铝材等。

(3) 安装灯具，选用冷光灯具，固定在基层上或支架上，注意防火与绝缘；选用光珠灯带，直接敷设或嵌入地面。

(4) 固定透光面板分为搁置法和粘贴法两种

3.7.3 防静电楼地面构造

1. 防静电架空地面

防静电架空地面由活动面板和可调支架组成。面板常用的形式有复合胶合板、抗静电铸铝活动地板、复合抗静电活动地板，如图 3.29 所示。

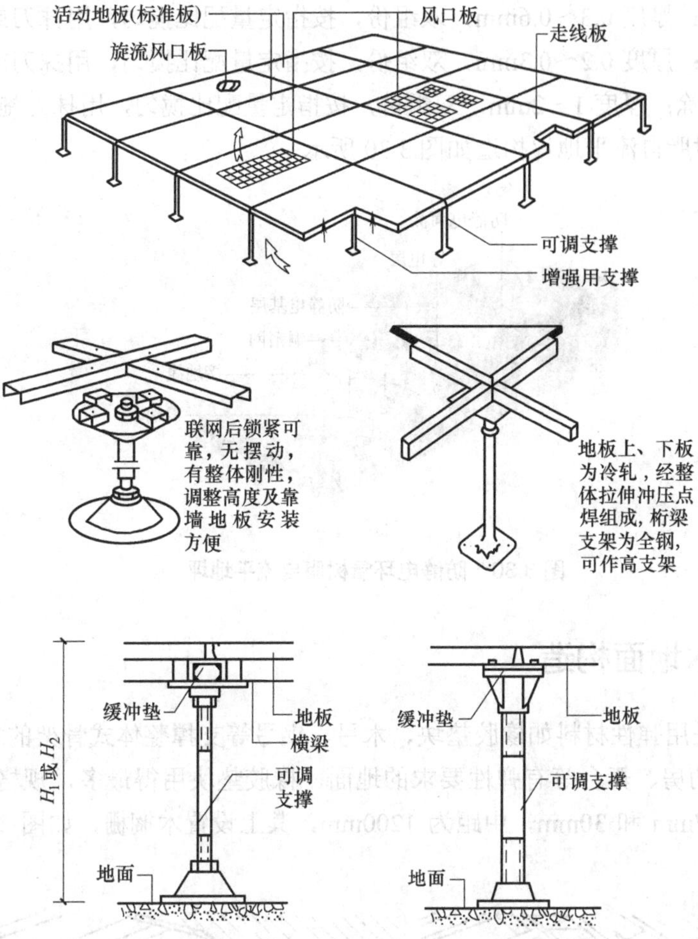

图 3.29　防静电地面构造

2. 防静电环氧树脂自流平地坪

防静电环氧树脂自流平地坪是将导电材料加入无溶剂合成树脂，涂抹在混凝土或砂浆地面上，以达到防静电效果的地面。整个系统由环氧树脂、硬化剂、级配骨料和色浆组成。有无溶剂型和溶剂型环氧树脂平涂防静电地坪两种。涂层能消除及防止静电或电磁波产生，能使静电安全释放，长期保持表面电阻率。其具有优良的附着力、耐磨性、抗冲击、耐化学品性能；地面无接缝，不起尘、耐污染、易清洗、高洁净、外观亮丽，极具装饰效果。通常适用于兵工工业和航天工业放置弹药、火药场所及化学物质区域、制药厂、纺织厂、医院手术室、电子、计算机房、电厂、配电室、空调机房以及各种易燃易爆的厂房，仓库等地面防静电涂装；不适用沥青、PVC 塑料地砖或片材等基层使用。

构造做法：

(1) 水泥素地：浇注后须干燥，表面平整，无空鼓，平滑坚硬。

(2) 导电底涂：厚度 0.2mm，双组份，按指定量配比搅匀，用滚涂或刮片施工(同时铺设导电铜片)。

(3) 导电中涂：厚度0.3～0.6mm，双组份，按指定量配比搅匀，用抹刀或刮片施工。

(4) 导电腻子：厚度0.2～0.3mm，双组份，按指定量配比搅匀，用抹刀或刮片施工。

(5) 防静电面涂：厚度1～2mm，双组份，按指定量配比搅匀，用抹刀施工。

防静电环氧树脂自流平地坪构造如图3.30所示。

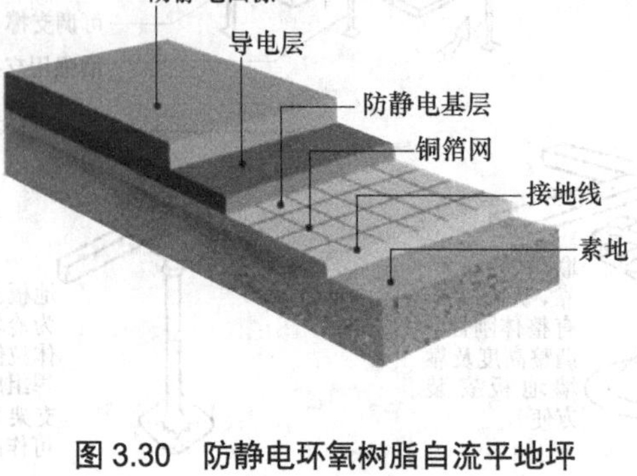

图3.30 防静电环氧树脂自流平地坪

3.7.4 弹性木地面构造

弹性木地面是用弹性材料如橡胶垫块、木弓、钢弓等支撑整体式骨架的木地板。常用于体育用房、练功房、舞台等有弹性要求的地面。橡胶垫块用得最多，规格为100mm×100mm，厚度为7mm和30mm，中距为1200mm，其上设置木搁栅，如图3.31和图3.32所示。

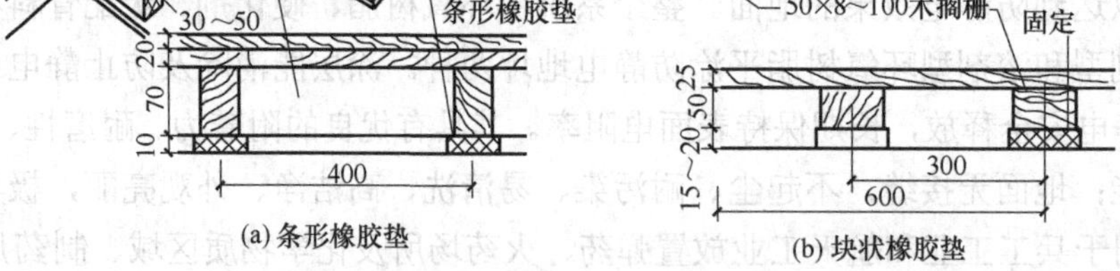

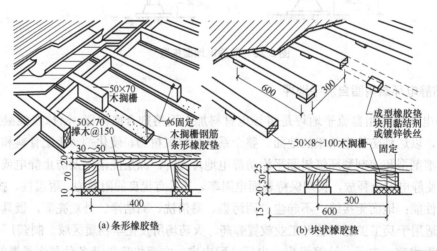

图3.31 衬垫式弹性木地板

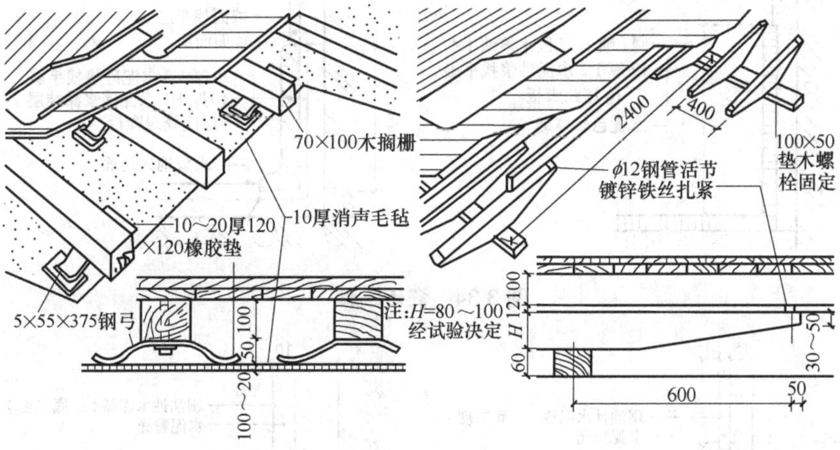

(a) 钢弓　　(b) 木弓

图 3.32　弓式弹性木地面

3.8　地面其他装饰构造

3.8.1　踢脚构造

踢脚具有遮盖接缝、美观装饰、保护墙根的作用。常用踢脚构造做法有粉刷类踢脚板、铺贴类踢脚板、木踢脚板、塑料踢脚板。

(1) 天然石材踢脚，如图 3.33 所示。

(2) 瓷砖踢脚，如图 3.34 所示。

(3) 玻化砖踢脚，如图 3.35 所示。

(4) 木踢脚，如图 3.36 所示。

(5) PVC 踢脚，如图 3.37 所示。

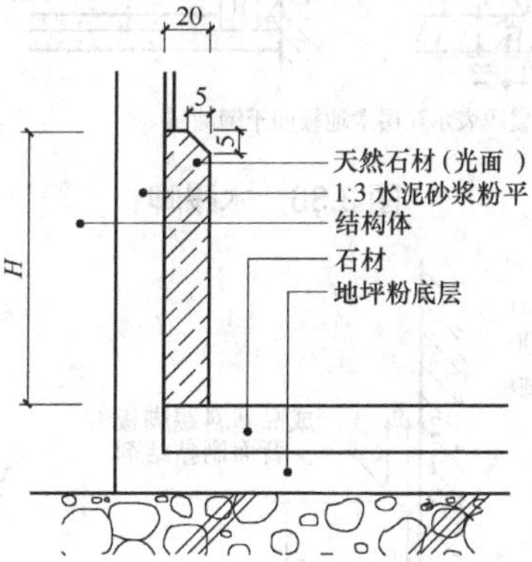

图 3.33　天然石材踢脚

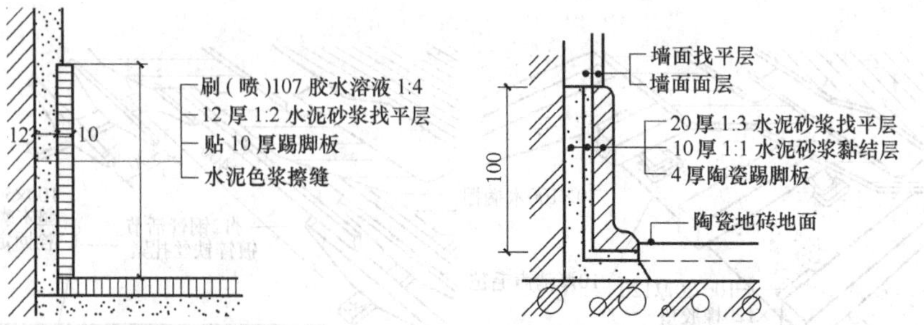

图 3.34 瓷砖踢脚

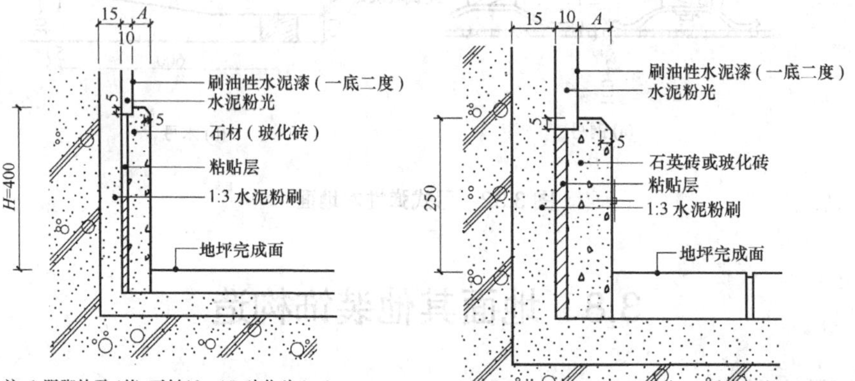

注：1.踢脚外露A值：石材10～15，玻化砖6～9。
2.墙面若为石材(玻化砖)饰材，A 值另定。

图 3.35 玻化砖踢脚

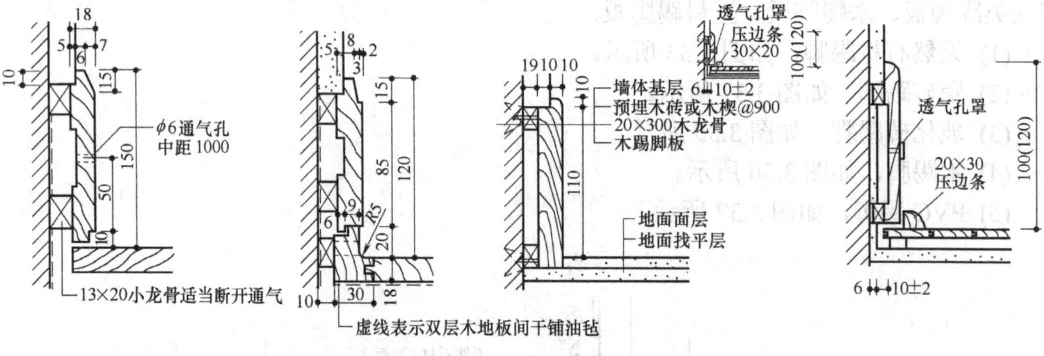

图 3.36 木踢脚

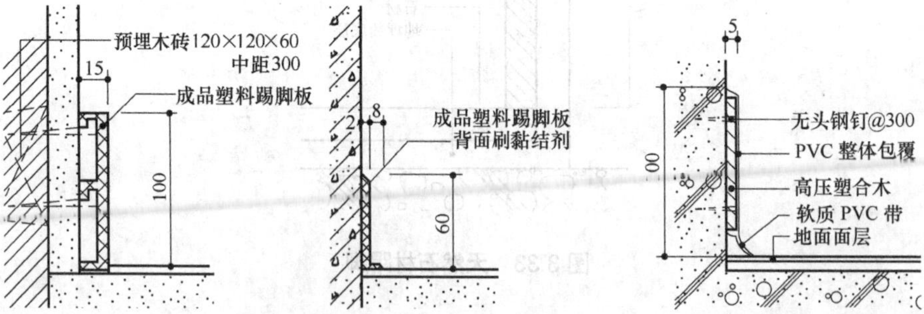

图 3.37 PVC 踢脚

(6) 涂料踢脚，如图 3.38 所示。

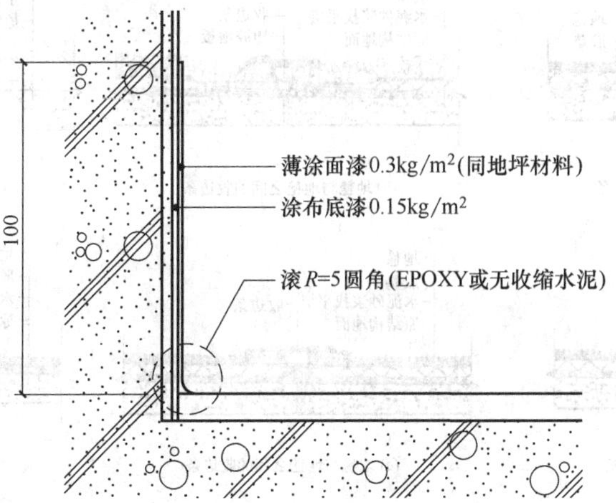

图 3.38　涂料踢脚

3.8.2　特殊部位的接合构造

当地面有高差且高差不大时，可以利用门槛过渡，如图 3.39 所示，室内墙脚可以采用收边条进行处理，如图 3.40 所示，具体形式如图 3.41 所示。

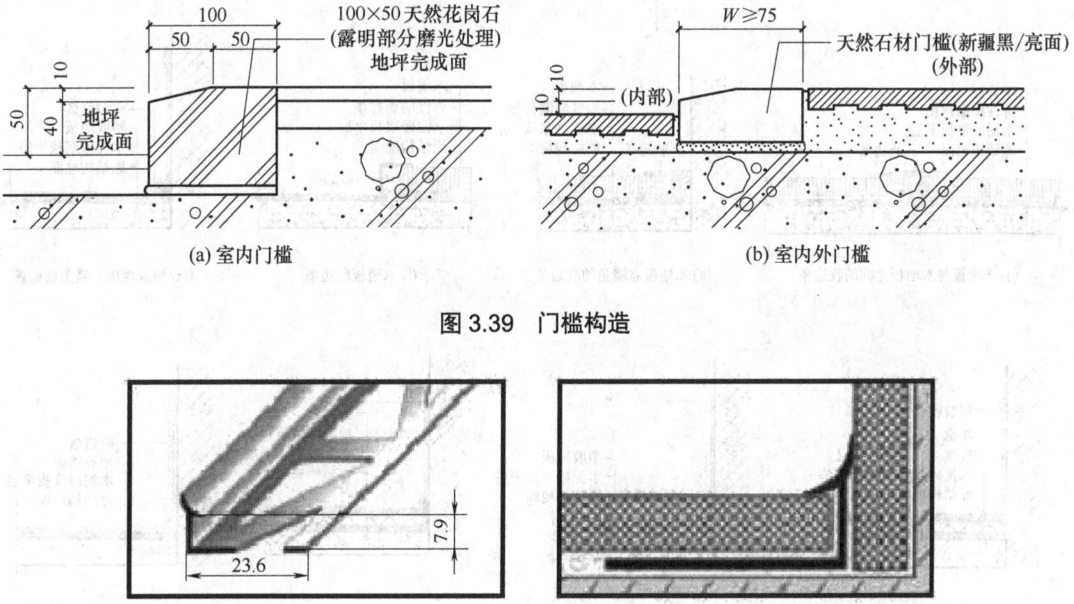

(a) 室内门槛　　(b) 室内外门槛

图 3.39　门槛构造

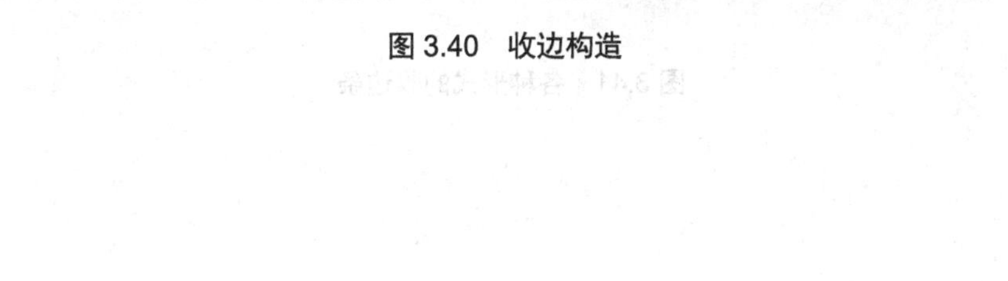

图 3.40　收边构造

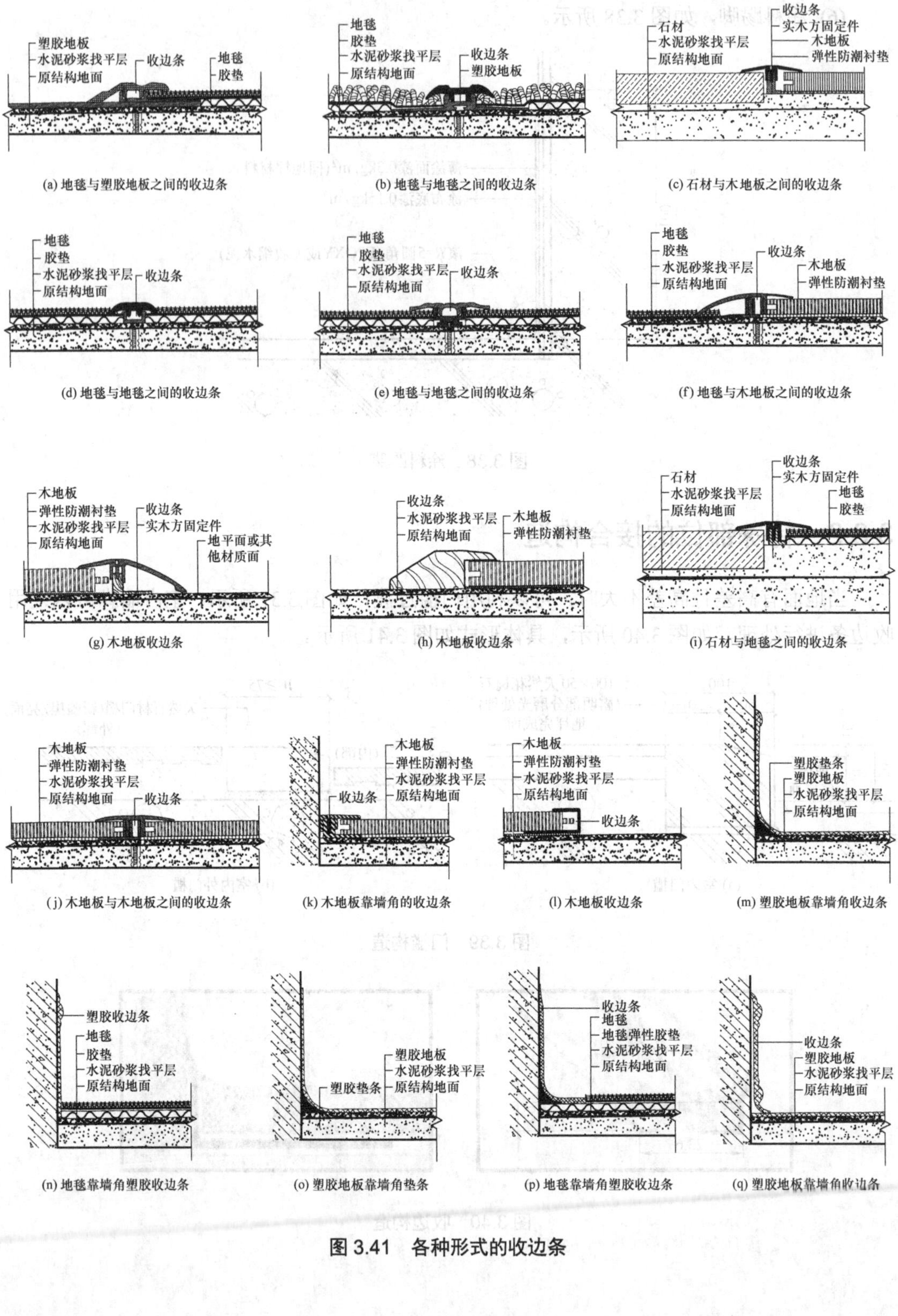

(a) 地毯与塑胶地板之间的收边条
(b) 地毯与地毯之间的收边条
(c) 石材与木地板之间的收边条
(d) 地毯与地毯之间的收边条
(e) 地毯与地毯之间的收边条
(f) 地毯与木地板之间的收边条
(g) 木地板收边条
(h) 木地板收边条
(i) 石材与地毯之间的收边条
(j) 木地板与木地板之间的收边条
(k) 木地板靠墙角的收边条
(l) 木地板收边条
(m) 塑胶地板靠墙角收边条
(n) 地毯靠墙角塑胶收边条
(o) 塑胶地板靠墙角垫条
(p) 地毯靠墙角塑胶收边条
(q) 塑胶地板靠墙角收边条

图 3.41　各种形式的收边条

3.8.3 不同材质地面交接处的过渡构造

房间功能要求不同房间或同一功能房间内楼地面的不同部位有时采用不同的材质，在交接处均应采用合理的过渡构造处理，以免出现起翘或边缘参差不齐等问题。常见不同材质地交接处的过渡构造如图 3.42 所示。不同材质分界线如果位于同一房间中，以装饰设计和功能要求确定，使用功能不同时，分界线应与门洞口内门框的裁口线一致。

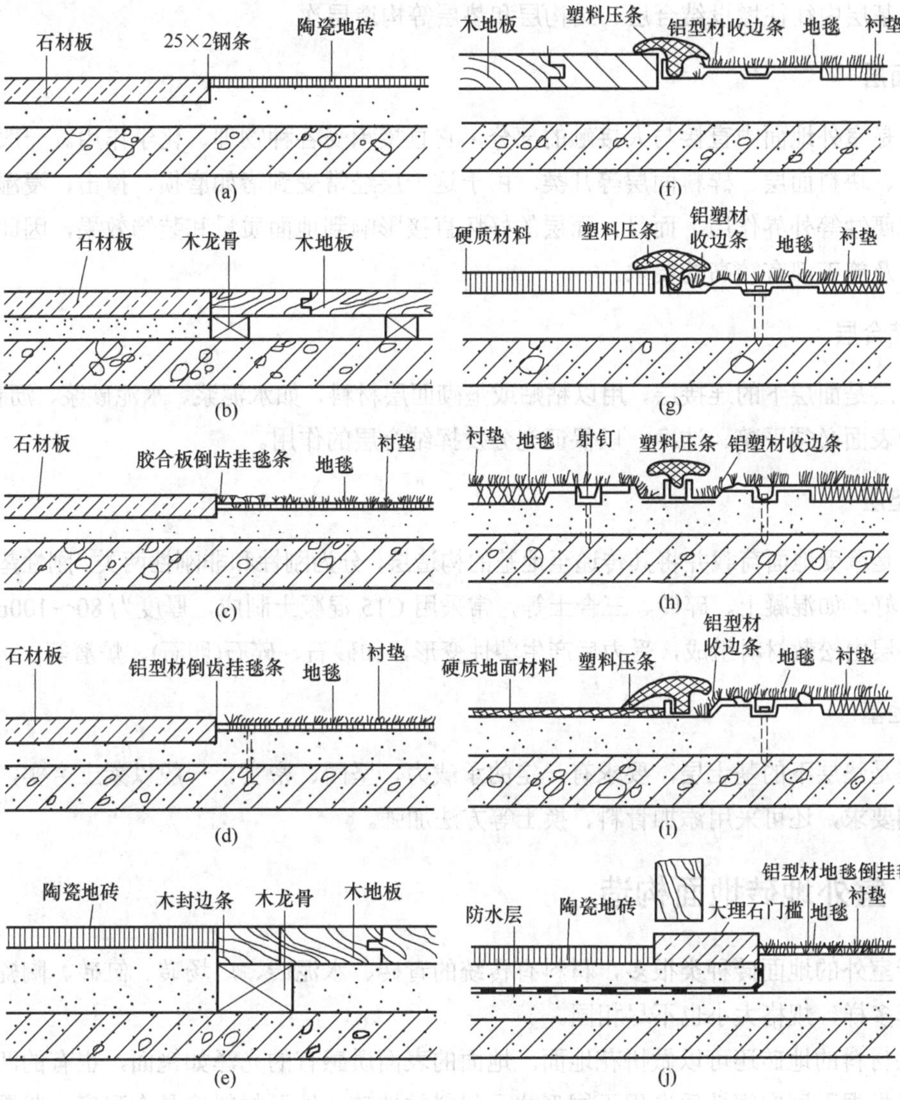

图 3.42 常见不同材质地面交接处的过渡构造

3.9 室外地面装饰构造

3.9.1 室外地面层次

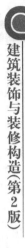

一般来讲，室外地坪可分为面层、基层和地基三个层次。根据不同使用功能和结构上的需要，基层中往往增设结合层、结构层和垫层等构造层次。

1. 面层

面层是室外地面中直接与人接触的部分，它直接承受各种物理、化学作用。一般分为整体面层、块料面层、碎料面层等几类。由于这一层经常受到诸如磨损、撞击、浸湿、高温、酸碱腐蚀等外界作用。而且，面层的好坏直接影响到地面质量和装饰效果，因此对面层的设计及施工都有较高的要求。

2. 结合层

结合层是面层下的连接层，用以粘贴或垫砌面层材料，如水泥浆、水泥砂浆、沥青等。结合层的表面必须平整、洁净，以保证充分发挥结合层的作用。

3. 垫层

垫层是承受地面荷载并将其传递至地基的构造层，分为刚性和非刚性两类。刚性垫层整体刚度较好，如混凝土、碎砖、三合土等，常采用C15混凝土制成，厚度为80～100mm；非刚性垫层由松散材料组成，受力后产生塑性变形，如砂石、碎石(卵石)、炉渣等。

4. 地基

地基是垫层下的基土层，要求有一定的承载力，坚固、密实。一般以素土夯实，如受力达不到要求，还可采用添加骨料、换土等方法加强。

3.9.2 室外地砖地面构造

用于室外的地面砖种类很多，材料有传统的青砖、水泥砖、广场砖、缸砖、陶瓷地砖等，色彩多样，规格大小也不尽相同。

有些材料的地砖还可以做拼花地面。地面的表面质感有的光泽如镜面，也有的凹凸不平，可以根据不同空间性质选用不同形式及材料的地砖。地面材料应具有耐磨、坚固、施工方便的特点。一般以水泥砂浆在基层找平后直接铺装即可，同时应该注意找平层砂浆宜采用干硬性砂浆。如果有地面图案设计要求的，则应参照地砖分配图，将其整齐地铺设。

在实际设计中为了造成更加丰富美妙的视觉效果，经常同时使用不同的地面材料，像中国传统建筑庭院中常见的方砖卵石嵌花地面。由此可见，对于地面材料的选用，除应考虑功能要求外，还应充分了解材料的各项特性，并灵活运用，以创造一个美观、整洁的外部环境。

1. 水泥制品块地面

水泥制品块地面常见的有水泥砖(尺寸常为150mm×200mm，厚10～20mm)、预制水磨石块、预制混凝土块(尺寸常为400mm×500mm，厚20～50mm)。这类地面具有质地坚硬、耐磨性好等优点，具有一定装饰效果，主要用于室外。

铺设构造做法有如下两种。

(1) 干铺——干铺一层20～40mm厚沙子，校正平整；铺预制板；用沙子或砂浆填缝。

(2) 粘贴——抹10～20mm厚1∶3水泥砂浆；铺预制板、大阶砖、预制水磨石板；1∶1水泥砂浆嵌缝。

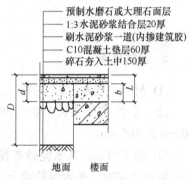

前者施工简便、造价低、易于更换，但不宜平整，适用于尺寸大而厚的预制板块，用于城市人行道；后者则坚实、平整，但施工较复杂，造价也较高，适用于尺寸小而薄的预制板块，如图3.43所示。

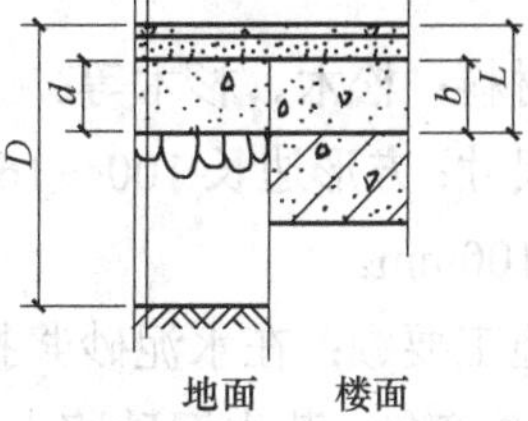

图3.43 预制板块粘贴地面

2. 广场砖铺地面

广场砖有普通砖，规格为220mm×110mm×(30、40、50)mm、100mm×100mm×15mm等；具有防滑、色彩自然、永不褪色、透水性好，雨天不积水等特点，但不能载重，适用于人行道、小区休闲广场等。还有真空广场砖和烧结砖，规格为230mm×115mm×(30、40、50)mm、200mm×100mm×50mm，具有强度高、密度大、不透水，能载重的特点，适用于有车辆通行要求的广场，如图3.44所示。

铺设构造做法如下。

(1) 20mm厚1∶3水泥砂浆找平层。

(2) 水泥粉加海菜粉结合层。

(3) 铺广场砖，本色水泥砂浆扫缝。

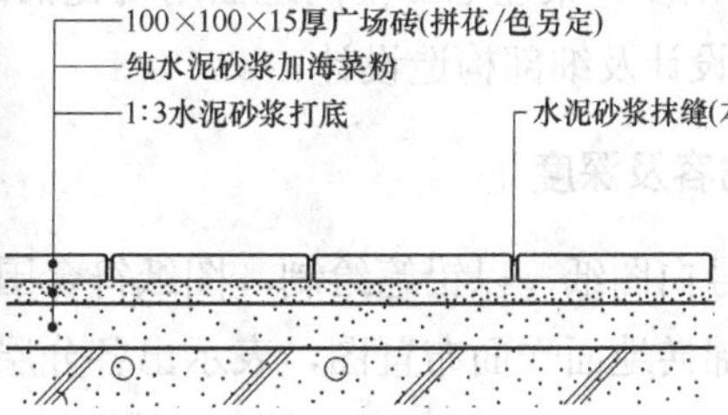

图3.44 广场砖铺地面

3. 混凝土砖地面

铺设混凝土砖，找平层砂浆宜用干硬性砂浆。施工前将混凝土砖浸水湿润，再在找平层撒一层干水泥，洒水后随即铺砌。勾缝一般采用凹缝做法，缝宽 3～10mm。其构造如图 3.45 所示。

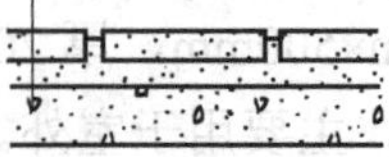

图 3.45　混凝土砖地面

4. 木砖地面

(1) 材料：松木、杉木等。

(2) 尺寸：方形边长 100～160mm、六角形边长 120～200mm，厚 40mm、50mm、60mm、80mm 及 100mm。

(3) 施工要领：在水泥砂浆找平层的水质量分数不大于 7%时，涂刷冷底子油，勾缝也用柏油沥青接合。若水泥砂浆上直接铺上木砖，其勾缝(宽约 10mm)则改用河沙填缝。

3.10　课堂实训课题

3.10.1　实训　住宅地面装饰装修构造设计

1. 教学目标

掌握陶瓷地砖、木地面和陶瓷锦砖地面装饰的分层构造及做法，正确处理卫生间地面的防水、防潮构造。

2. 实训要点

如图 3.46 所示，某住宅卫生间地面用陶瓷锦砖，客厅地面采用木地面，根据平面图进行地面的平面设计及细部构造设计。

3. 实训内容及深度

(1) 用 3 号白图纸，以铅笔绘制，图纸符合国家制图标准。

(2) 陶瓷锦砖地面平面布置图，表示出各分层构造及做法。

4. 预习要求

(1) 陶瓷锦砖地面特点、类型及规格尺寸。陶瓷锦砖规格常用的有 300mm×300mm、600mm×600mm 等，厚度一般为 4～6mm。

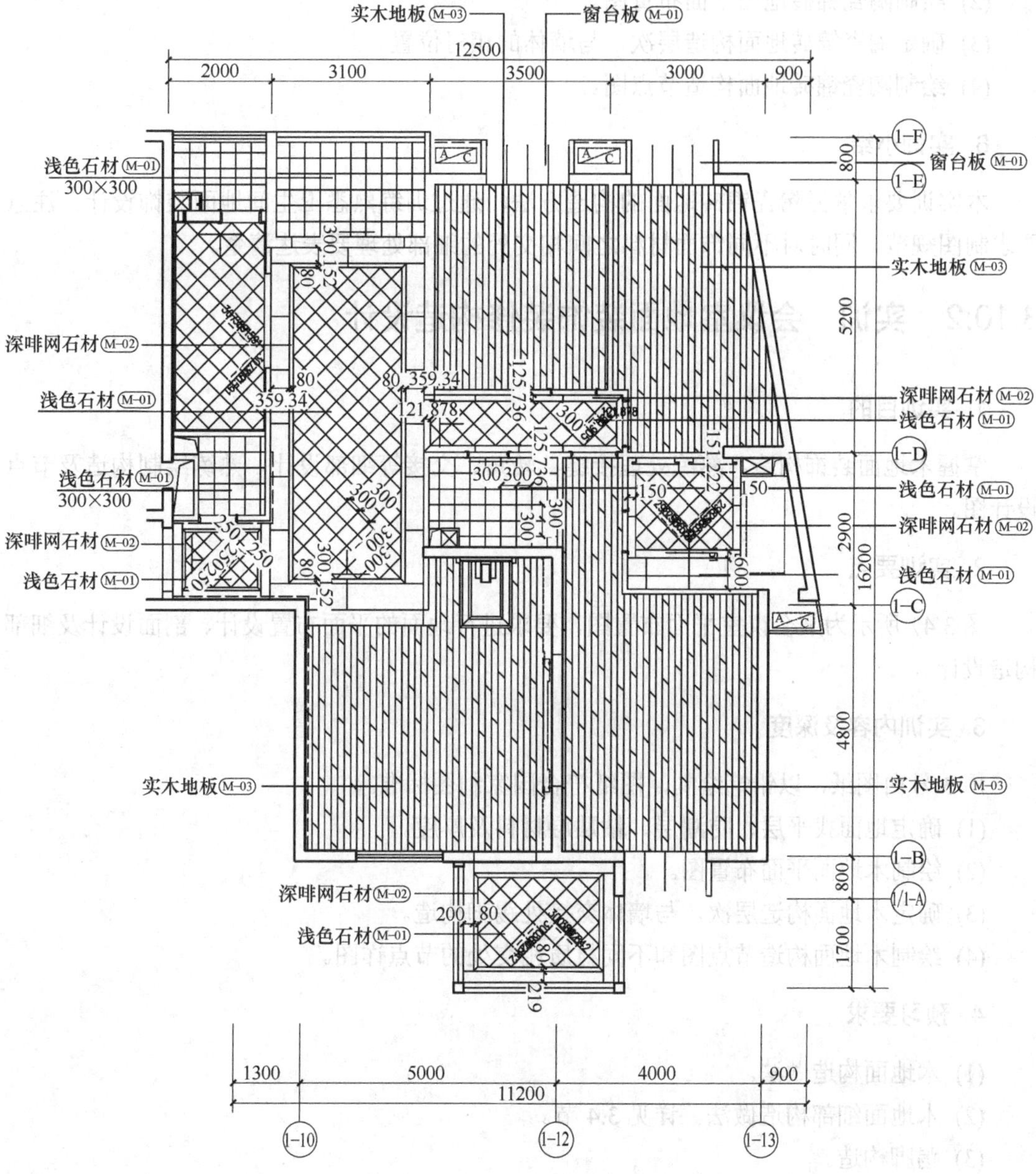

图 3.46　某住宅地面布置图

(2) 地面防潮的构造处理方法。商品住宅一般如预制好防水基层，在装修时应保护其不受破坏。卫生间防水做法通常采用涂刷防水涂料(如聚氨酯防水涂料)2～3 遍，也可涂刷沥青漆。在铺贴陶瓷锦砖时在水泥中掺加一定比例的防水剂。

(3) 对于无水房间地面，在门洞口处处理构造。详见 3.3 节。

5. 实训过程

(1) 确定地面找平层、防潮层、粘贴层材料及厚度。

(2) 绘制陶瓷锦砖地面平面布置图。
(3) 确定陶瓷锦砖地面构造层次，与墙体的相对位置。
(4) 绘制陶瓷锦砖地面构造节点图。

6. 实训小结

本实训要求掌握陶瓷锦砖地面的构造方法，通过训练熟悉卫生间地面装饰设计。注意要求制图规范，同时对不同饰面材料之间相交处的细部处理要表达清楚。

3.10.2　实训　会议室地面装饰装修构造设计

1. 实训目的

掌握木地面装饰构造，熟练处理接缝、转角、交接等细部设计。熟练绘制构造及节点设计图。

2. 实训要点

图 3.47 所示为某会议室平面布置图，要求进行地面的平面布置设计、剖面设计及细部构造设计。

3. 实训内容及深度

用 3 号白图纸，以铅笔绘制，图纸符合国家制图标准。
(1) 确定地面找平层、防潮层、粘贴层材料及厚度。
(2) 绘制木地面平面布置图。
(3) 确定木地面构造层次，与墙体交接处踢脚构造。
(4) 绘制木地面构造节点图和不同材质相交处的节点详图。

4. 预习要求

(1) 木地面构造做法。
(2) 木地面细部构造做法。详见 3.4 节。
(3) 踢脚构造。

5. 实训过程

(1) 确定地面找平层、防潮层材料及厚度。
(2) 确定骨架材料规格，设计间距。

6. 实训小结

本实训要求掌握木地面装饰构造，通过训练能熟悉地面构造层次及细部。

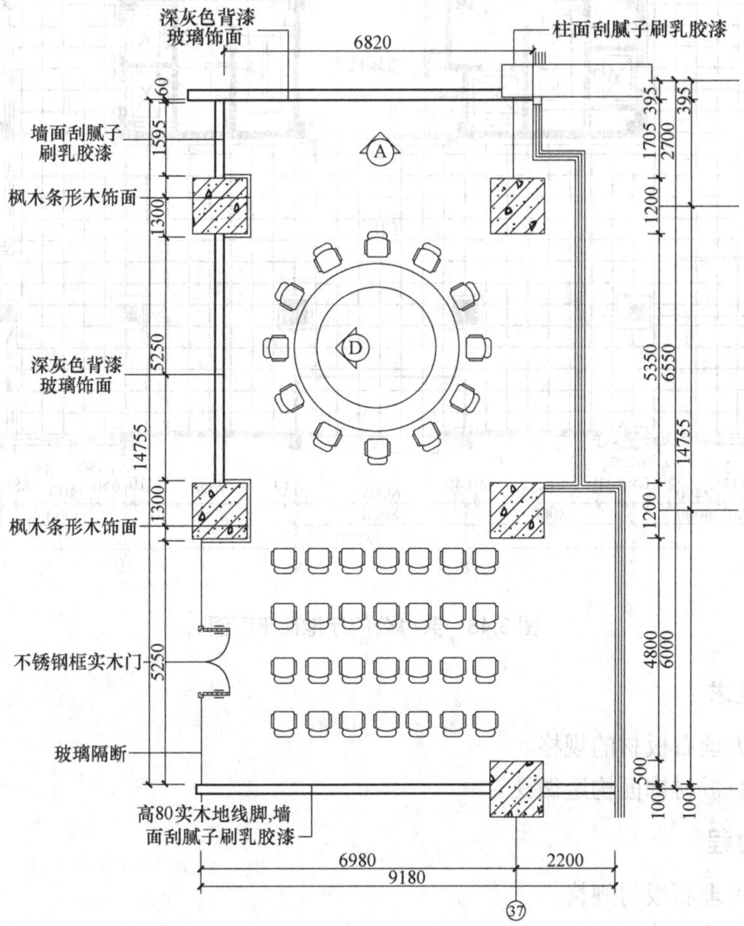

图 3.47　某会议室地面平面图

3.10.3　实训　办公楼门厅地面装饰装修构造设计

1. 实训目的

掌握石材装饰构造，熟练处理接缝、转角等细部设计。熟练绘制构造及节点设计图。

2. 实训要点

图 3.48 所示为某办公楼门厅地面平面设计，根据平面图进行地面细部构造设计。

3. 实训内容及深度

(1) 用 3 号白图纸，以铅笔绘制，图纸符合国家制图标准。

(2) 石材饰面剖面图，表示出各分层构造、做法。

(3) 图中标注处的节点详图。

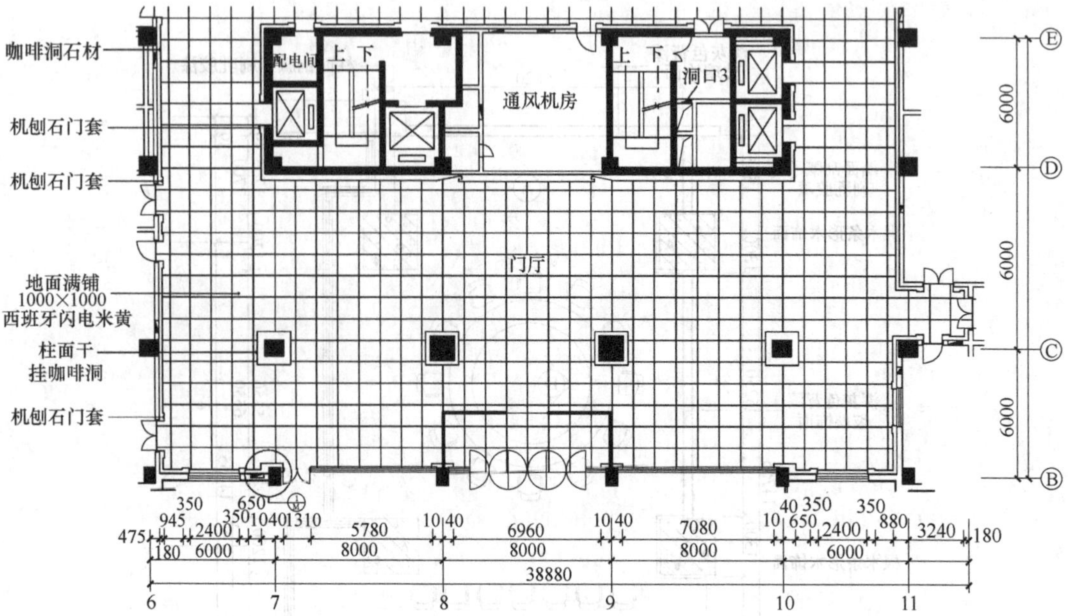

图 3.48　某办公门厅地面平面图

4. 预习要求

(1) 常用大理石板材的规格。

(2) 大理石板材饰面构造做法。

5. 实训过程

(1) 确定大理石板材规格。

(2) 选择构造方法。

(3) 绘制剖面图和节点详图。

6. 实训小结

本实训要求掌握石材饰面的构造做法，熟练利用板缝的处理，达到设计效果。

7. 常用地面装饰构造做法见表 3.2 所示

表 3.2　常用地面装饰构造做法

类　别	名　称	构造简图	构　造	
			地　面	楼　面
整体式楼地面	水泥砂浆楼地面	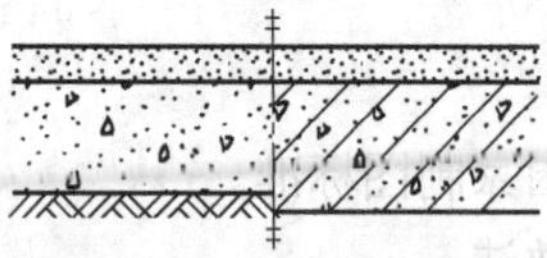	(1) 25 厚 1∶2 水泥砂浆铁板赶平； (2) 水泥浆结合层一道	
			(3) 80(100)厚 C15 混凝土垫层； (4) 素土夯实基土	(3) 钢筋混凝土楼板

续表

类别	名称	构造简图	构造	
			地面	楼面
整体式楼地面	现浇水磨石楼地面	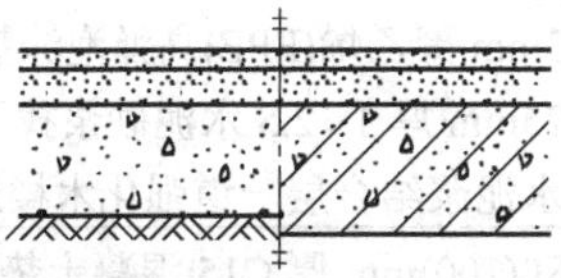	(1) 表面草酸处理后打蜡上光； (2) 15mm 厚 1∶2 水泥石粒水磨石面层； (3) 25mm 厚 1∶2.5 水泥砂浆找平层； (4) 水泥浆结合层一道 (5) 80(100)mm 厚 C15 混凝土垫层； (6) 素土夯实基土	(5) 钢筋混凝土楼板
块料式楼地面	地砖楼地面	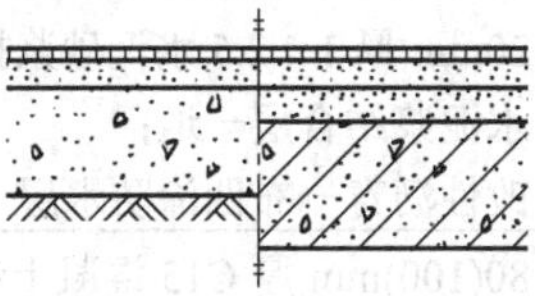	(1) 8～10mm 厚地砖面层，水泥浆擦缝； (2) 30mm 厚 1∶2.5 干硬性水泥砂浆结合层，上洒 1～2mm 厚干水泥并洒清水适量； (3) 水泥浆结合层一道 (4) 80(100)mm 厚 C15 混凝土垫层； (5) 素土夯实基土	(4) 钢筋混凝土楼板
	陶瓷锦砖楼地面	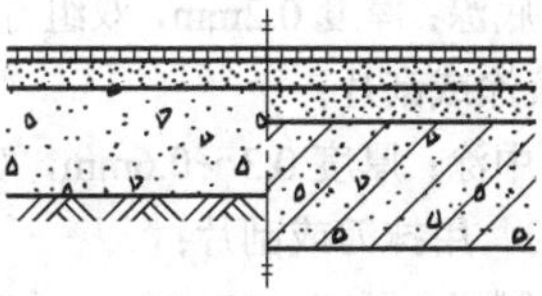	(1) 6mm 厚陶瓷锦砖面层，水泥浆擦缝并揩干表面水泥浆； (2) 20mm 厚 1∶2.5 干硬性水泥砂浆结合层，上洒 1～2mm 厚干水泥并洒清水适量； (3) 水泥浆结合层一道 (4) 80(100)mm 厚 C15 混凝土垫层； (5) 素土夯实基土	(4) 钢筋混凝土楼板
	花岗石楼地面	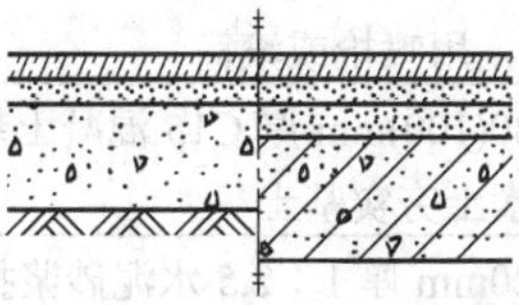	(1) 20mm 厚花岗石块面层，水泥浆擦缝； (2) 20mm 厚 1∶2.5 干硬性水泥砂浆结合层，上洒 1～2mm 厚干水泥并洒清水适量； (3) 水泥浆结合层一道 (4) 80(100)mm 厚 C15 混凝土垫层； (5) 素土夯实基土	(4) 钢筋混凝土楼板
	大理石楼地面	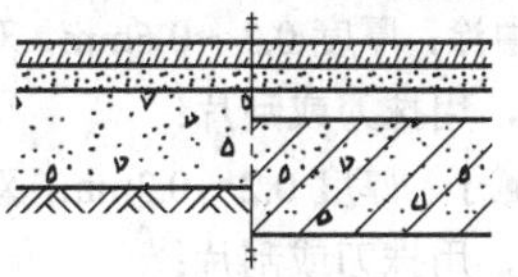	(1) 20mm 厚大理石块面层，水泥浆擦缝； (2) 20mm 厚 1∶2.5 干硬性水泥砂浆结合层，上洒 1～2mm 厚干水泥并洒清水适量； (3) 水泥浆结合层一道 (4) 80(100)mm 厚 C15 混凝土垫层； (5) 素土夯实基土	(4) 钢筋混凝土楼板
木楼地面	铺贴木楼地面	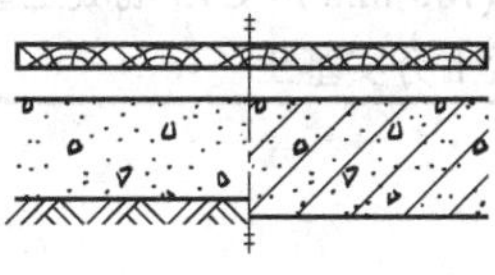	(1) 20mm 厚硬木长条地板或拼花面层氯丁橡胶粘贴； (2) 2mm 厚热沥青胶结材料随涂随铺贴； (3) 刷冷底子油一道，热沥青玛蹄脂一道； (4) 20mm 厚 1∶2 水泥砂浆找平层； (5) 水泥浆结合层一道 (6) 80(100)mm 厚 C15 混凝土垫层； (7) 素土夯实基土	(6) 钢筋混凝土楼板

续表

类别	名称	构造简图	构造 地面	构造 楼面
木楼地面	强化木楼地面	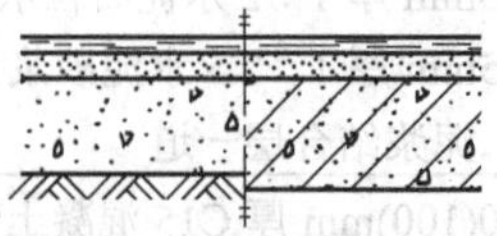	(1) 8mm 厚强化木地板(企口上下均匀刷胶)拼接； (2) 3mm 聚乙烯(EPE)高弹泡沫垫层； (3) 25mm 厚 1∶2.5 水泥砂浆找平层铁板赶平； (4) 水泥浆结合层一道强化木楼地面	
			(5) 80(100)mm 厚 C15 混凝土垫层； (6) 素土夯实基土	(5) 钢筋混凝土楼板
卷材式楼地面	地毯楼地面	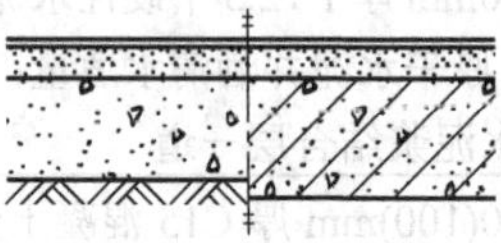	(1) 3～5mm 厚地毯面层浮铺； (2) 20mm 厚 1∶2.5 水泥砂浆找平层； (3) 水泥浆结合层一道； (4) 改性沥青一布四涂防水层	
			(5) 80(100)mm 厚 C15 混凝土垫层； (6) 素土夯实基土	(5) 钢筋混凝土楼板
涂料地面	溶剂型环氧树脂楼地面	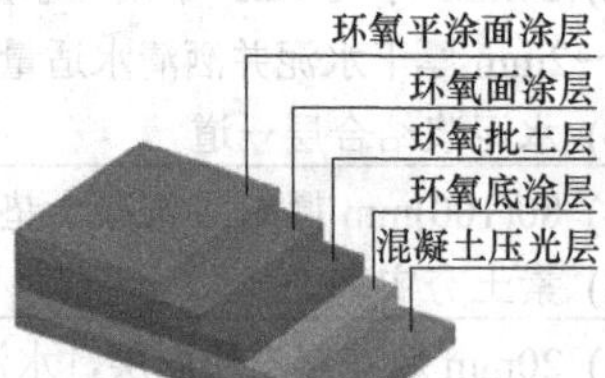	(1) 20mm 厚 1∶2.5 水泥砂浆找平层； (2) 底涂：厚度 0.2mm，双组份，按指定量配比搅匀，用滚涂或刮片； (3) 中涂：厚度 0.3～0.6mm，双组份，按指定量配比搅匀，用抹刀或刮片； (4) 腻子：厚度 0.2～0.3mm，双组份，按指定量配比搅匀，用抹刀或刮片； (5)面涂：厚度 0.3～0.4mm，双组份，按指定量配比搅匀，用喷枪或滚筒	
			(6) 80(100)mm 厚 C15 混凝土垫层； (7) 素土夯实基土	(6) 钢筋混凝土楼板
	无溶剂型环氧树脂楼地面	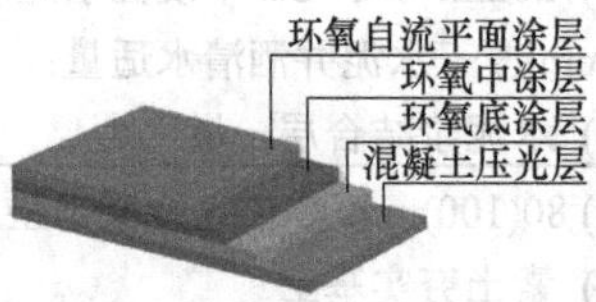	(1) 20mm 厚 1∶2.5 水泥砂浆找平层； (2) 底涂：厚度 0.2mm，双组份，按指定量配比搅匀，用滚涂或刮片； (3) 中涂：厚度 0.3～0.6mm，双组份，按指定量配比搅匀，用抹刀或刮片； (4) 腻子：厚度 0.2～0.3mm，双组份，按指定量配比搅匀，用抹刀或刮片； (5) 面涂：厚度 1～2mm，双组份，按指定量配比搅匀，用抹刀	
			(6) 80(100)mm 厚 C15 混凝土垫层； (7) 素土夯实基土	(6) 钢筋混凝土楼板

第4章　顶棚装饰装修构造

内容提要

本章主要介绍了轻钢龙骨纸面石膏板吊顶、铝合金龙骨硅钙板吊顶、轻钢龙骨铝方板吊顶、轻钢龙骨铝条板吊顶、铝合金格栅吊顶、PVC 塑料板吊顶、软膜天花吊顶等常见吊顶的装饰构造。

教学目标

- 熟悉顶棚装饰施工图内容。
- 熟悉顶棚类型。
- 掌握常见吊顶的基本组成和构造。
- 掌握特殊吊顶构造知识。
- 掌握如何结合客观实际情况确定合理的顶棚构造方案。
- 识读和绘制常见吊顶装饰平面、剖面施工图。
- 通过工程项目设计案例讲解及实训设计，能够根据具体的装饰要求和装饰效果，合理选择装饰面层和所用材料，并能绘出装饰构造施工图。提高学生在设计过程中的空间思维能力、知识运用能力和解决实际问题的能力。

项目案例导入：某宴会厅吊顶装饰设计图如图 4.1 所示，宴会厅顶棚采用石膏板吊顶，顶棚装饰构造设计就是依据顶棚造型确定饰面层的构造做法、各层次材料选择、连接方式及细部处理，以达到设计的实用性、经济性、装饰性的目的。

图 4.1　某宴会厅吊顶装饰效果图

4.1 概　述

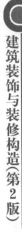

顶棚，又称为天棚、天花板等，它是室内空间的上顶界面，在围合室内环境中起着十分重要的作用，是建筑组成中的一个重要部件。

顶棚是建筑空间的上顶界面，顶棚装饰是建筑装饰工程的重要组成部分之一，它直接影响整个建筑空间的装饰效果。随着对建筑功能舒适性要求的提高，室内管网也随之复杂。为了安装检修方便，一般将管网设于顶棚内，这样顶棚既起到美观作用，又可以改善室内光环境、热环境及声环境。因此，顶棚的构造设计与材料的选择应从建筑功能、建筑照明、建筑声学、建筑热工、设备安装、管线敷设、维护检修、防火安全等多方面综合考虑。某酒店自助餐厅完成后的顶棚平面施工图，如图 4.2 所示。

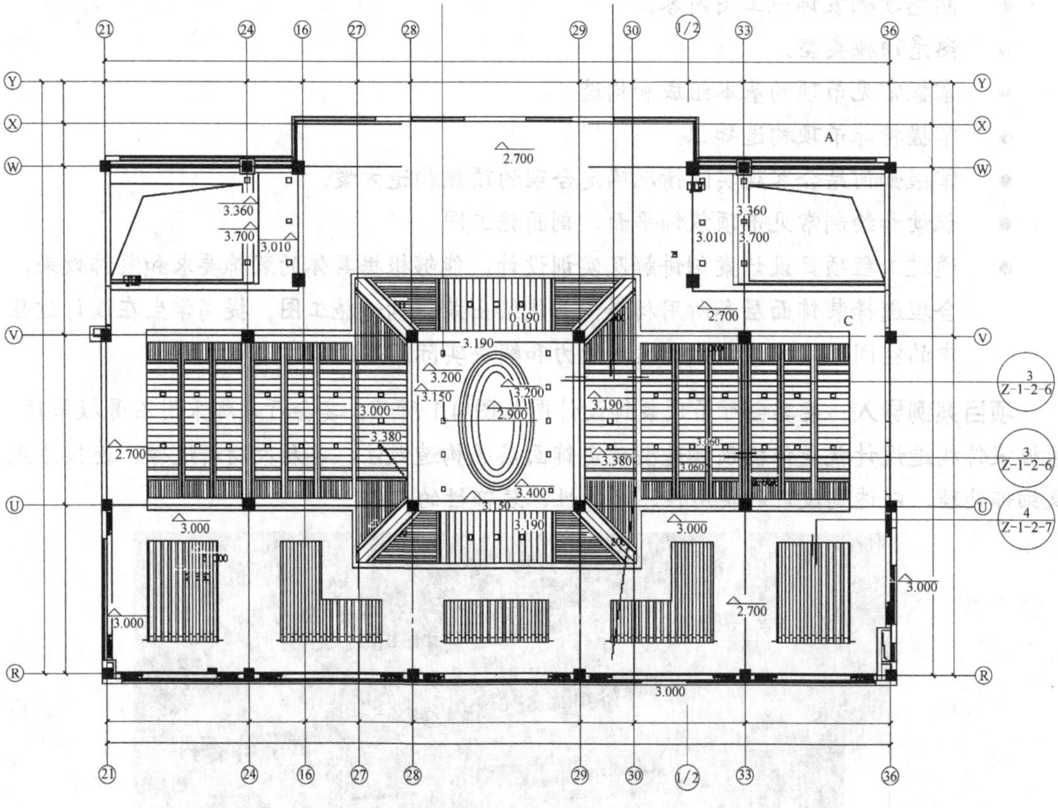

图 4.2　某酒店自助餐厅吊顶平面

4.1.1　顶棚装饰的设计原则

(1) 基本使用功能要求。顶棚装饰可以简洁、保护建筑顶界面的结构层，通过吊顶棚还可以遮掩管线设备，以保证建筑空间的卫生条件和使结构构件延年耐久。其基本要求是满足一定的使用功能和达到一定的装饰效果。

(2) 建筑的物理要求。顶棚装饰可以改善顶棚界面的热工、声学、光学性能，这对于形成恰当的建筑室内物理环境是非常重要的。例如，通过顶棚抹保温灰、做保温吊顶可以增大顶层的热阻；通过特定的顶棚形式及饰面材料可以吸收或反射声波，调整室内的声强、声分布和混响时间；通过顶棚的色彩对光、热的反射和吸收创造特定的室内光环境等。

(3) 安全要求。由于顶棚位于室内空间上部，顶棚上要安装灯具、烟感器、喷淋等设施及空调、通风等设备，有时还要满足上人检修的要求。所以顶棚的安全、牢固、稳定十分重要。

(4) 与设备配合的要求。顶棚装饰设计，还要周密地考虑顶棚的风口位置，消防喷水孔的位置、灯位的摆放、音响设备的设置，以及防火、监控设施的摆放、通风等诸多具体方面的关系。

(5) 建筑的装饰效果要求。顶棚的形式、吊顶的高度、色彩、质地设计，应与建筑室内空间的环境总体气氛相协调，形成特定的风格与效果。从而最大限度地满足在其中活动的人的生理上的要求，同时要使人感到舒适和惬意。

4.1.2　顶棚的分类

1. 按外观形式分类

顶棚按外观形式分为浮云式、平滑式(直线、折线形)、井格式、分层式及发光顶棚等。顶棚一般多为水平式，但根据房间用途不同，顶棚可作成弧形、凹凸形、高低形、折线形等。

2. 按构造方式分类

顶棚有直接式顶棚和悬吊式顶棚之分。

(1) 直接式顶棚。

直接式顶棚系指直接在钢筋混凝土楼板下喷、刷、粘贴装修材料的一种构造方式。多用于大量性工业与民用建筑中。直接式顶棚装修常用的方法有以下几种：直接喷；刷涂料；抹灰装修；贴面式装修。

(2) 悬吊式顶棚。

悬吊式顶棚又称吊天花，简称吊顶。在现代建筑中，为提高建筑物的使用功能，除照明、给排水管道、煤气管道需安装在结构层中，空调管、灭火喷淋、感知器、广播设备等管线及其装置，均需安装在顶棚上。为处理好这些设施，往往必须借助于吊顶来解决。

4.2　直接式顶棚的基本构造

直接式顶棚是在楼板结构层底面直接喷涂涂料、抹灰或粘贴其他装饰材料的顶棚形式。其特点是在空间上几乎不占净空高度，构造简单，造价低，效果好，但也存在由于受楼板结构形式的限制而不易变化，不能遮盖明设计管网等不足。通常用于装饰要求不高的一般性建筑，如普通办公用房、住宅及其他民用建筑。

4.3 悬吊式顶棚的基本构造

悬吊式顶棚是通过一定的吊挂件将顶棚骨架与面层悬吊在楼板或屋顶结构物之下的一种顶棚形式，是室内装饰工程的一个重要组成部分之一。吊顶具有整洁顶棚、隐藏管线和改善建筑顶界面物理性能的作用。悬吊式顶棚还可利用空间高度的变化，做成各种不同形式、不同层次的立体造型。这种顶棚常用室内重点、局部空间的装饰。

4.3.1 吊顶的组成及构造

通常吊顶在构造上由吊杆(筋)、顶棚骨架和饰面层三部分组成，如图 4.3 所示。

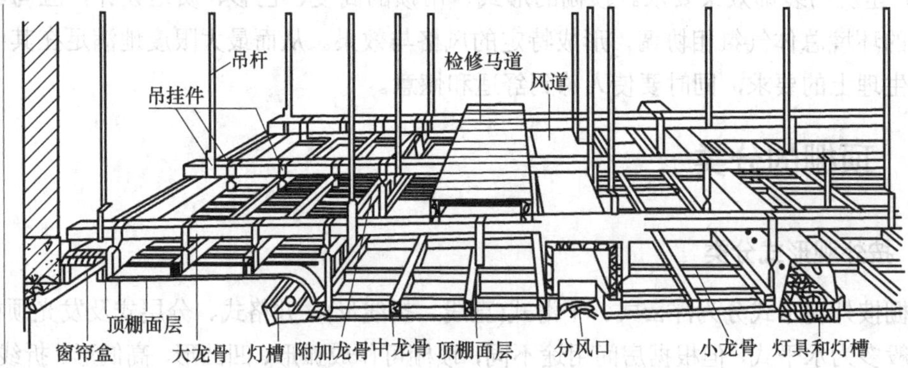

图 4.3 吊顶组成示意图

1. 吊杆

吊杆主要由型钢、钢筋、木枋等制成，它上部与屋面板或楼板结构层连接，下部与龙骨骨架连接。

(1) 吊杆的作用。承受吊顶面层和龙骨架的荷载，并将这荷载传递给屋顶的承重结构。

(2) 吊杆的材料。材料为圆钢、小型角铁及钢筋，但多使用钢筋。

吊杆与上部结构构件的连接方式常采用预留铁件或钢筋、射钉等固定，如图 4.4 所示，现基本被淘汰。目前常用的是木楔、膨胀螺栓或端部带有膨胀螺栓的吊杆，使用时直接将端部的膨胀螺栓打入楼板里，如图 4.5 所示。

2. 骨架

龙骨是吊顶中承上启下的构件，它与吊杆连接，并为面层板提供安装节点。

(1) 骨架的作用。承受吊顶面层的荷载，并将荷载通过吊杆传给楼层承重结构。

(2) 骨架的材料。有木龙骨架、轻钢龙骨架、铝合金龙骨架等。

(3) 骨架的布置。主要包括主龙骨、次龙骨和格栅、次格栅、小格栅所形成的网架体系。

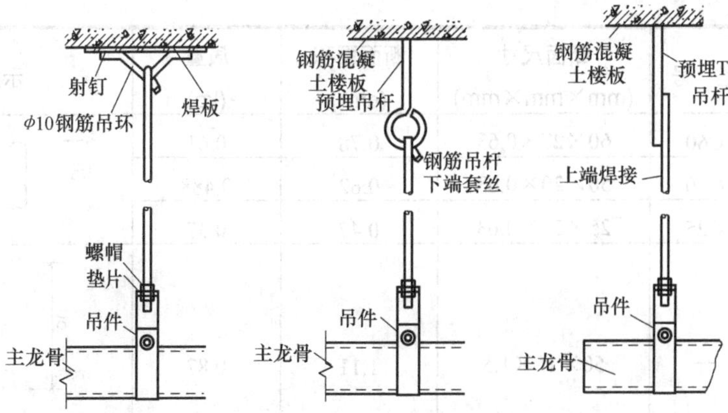

图 4.4　吊杆与楼板和龙骨的连接

图 4.5　端部带膨胀螺栓的吊杆

常见轻钢龙骨和铝合金龙骨有 T 形、U 形、LT 形及各种异形龙骨等，常用龙骨形式及规格如表 4.1～表 4.4 所示。

表 4.1　轻钢龙骨型号及规格

类　别	型　号	断面尺寸 (mm×mm×mm)	断面面积 (cm^2)	质量 (kg)	示意图
上人悬吊式顶棚龙骨	CS60	60×27×1.5	1.74	1.336	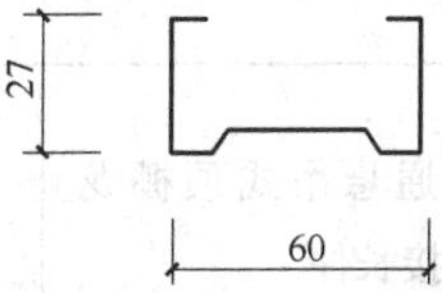
上人悬吊式顶棚龙骨	US60	60×27×1.5	1.62	1.27	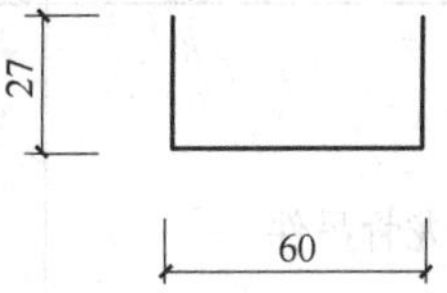

续表

类　别	型　号	断面尺寸 (mm×mm×mm)	断面面积 (cm^2)	质量 (kg)	示意图
不上人悬吊式顶棚龙骨	C60	60×27×0.63	0.78	0.61	
	C50	50×20×0.63	0.62	0.488	
	C25	25×20×0.63	0.47	0.37	
中龙骨	—	50×15×1.5	1.11	0.87	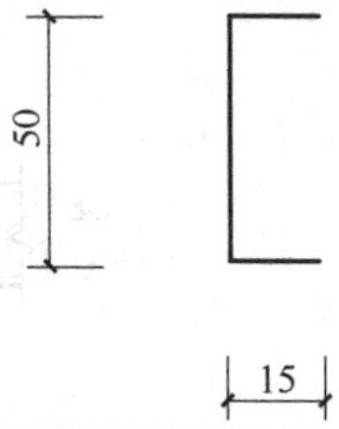

表 4.2　轻钢龙骨配件的用途及规格

名　称	型　号	示意图及规格	用　途
上人悬吊式顶棚龙骨接长件	CS60-L	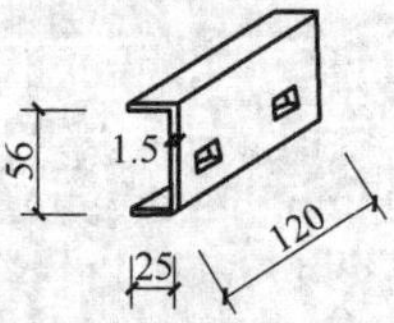	上人悬吊式顶棚主龙骨接长
上人悬吊式顶棚主龙骨吊件	CS60-1	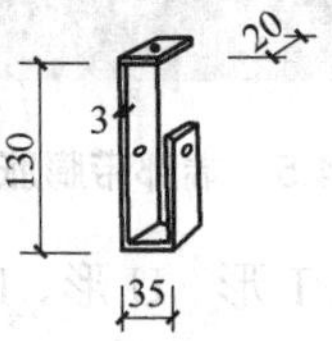	上人悬吊式顶棚主龙骨吊挂
上人悬吊式顶棚龙骨连接件(挂件)	CS60-2	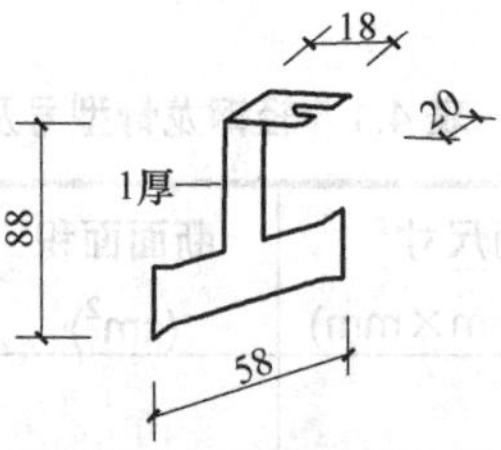	上人悬吊式顶棚主、次龙骨接长
普通悬吊式顶棚龙骨接长件	C60-L	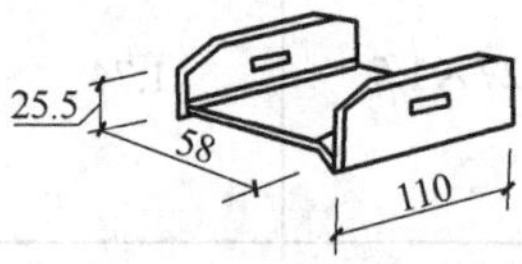	普通悬吊式顶棚接长
中龙骨吊件	—	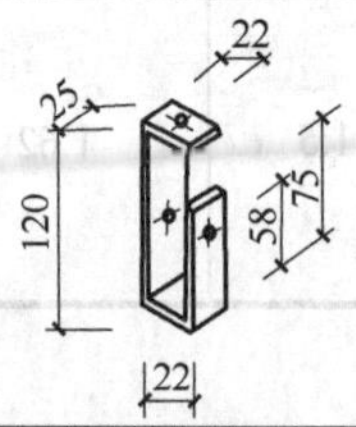	中龙骨和吊杆的吊挂

续表

名　称	型　号	示意图及规格	用　途
普通悬吊式顶棚主龙骨吊件	C60-1	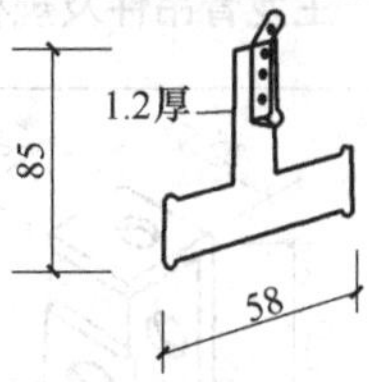	普通悬吊式顶棚主龙骨吊挂
普通悬吊式顶棚龙骨连接件 (挂件)	C60-2	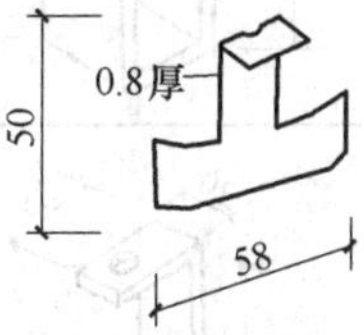	普通悬吊式顶棚主、次龙骨连接
普通悬吊式顶棚龙骨连接件 (挂件)	C60-3	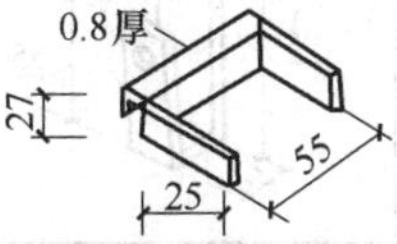	同一标高处主、次龙骨连接
中龙骨接长件	—	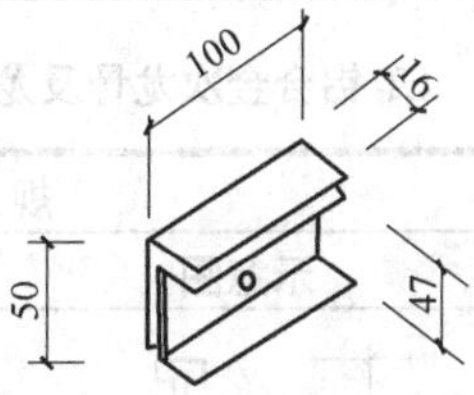	中龙骨连接
中龙骨连接件	—	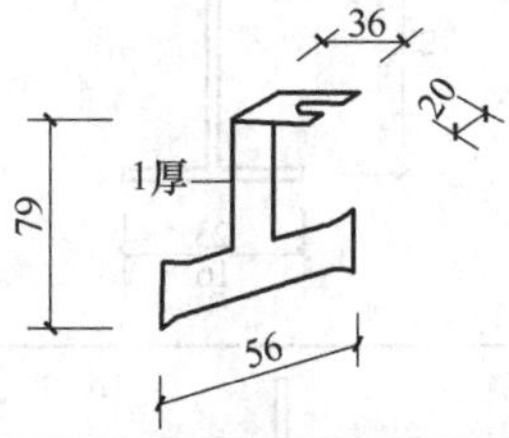	中龙骨和吊杆的连接

表 4.3　LT 铝合金主龙骨及龙骨配件的规格

系列名称	主龙骨示意图及规格	主龙骨吊件及规格	主龙骨连接		备　注
			示意图	规格(mm)	
TC60 系列	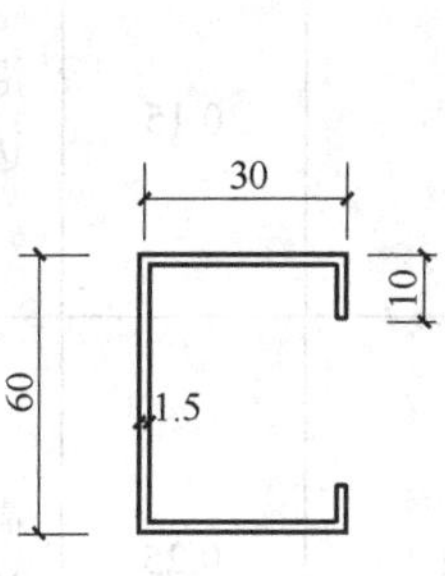	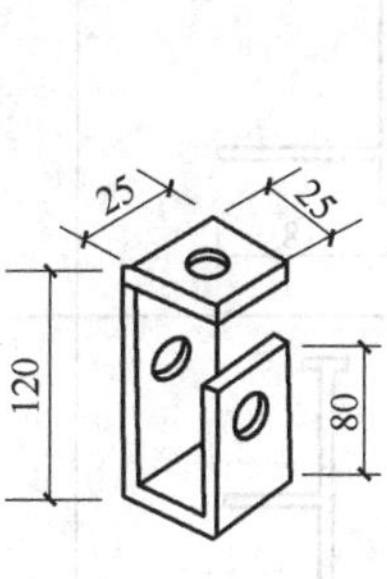	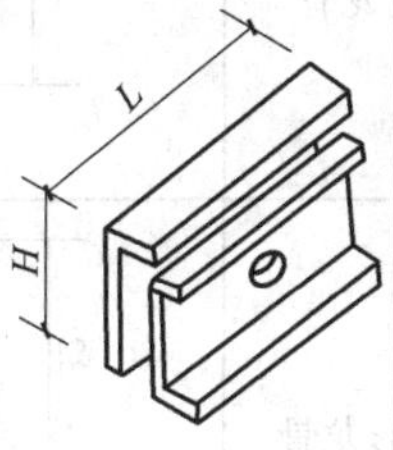	L=100 H=60	适用于吊点距离1500mm的上人悬吊式顶棚，主龙骨可承受1000N检修荷载

续表

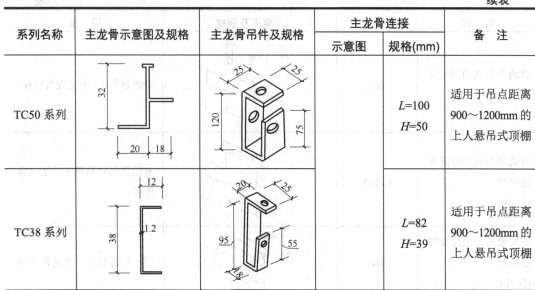

系列名称	主龙骨示意图及规格	主龙骨吊件及规格	主龙骨连接		备注
			示意图	规格(mm)	
TC50 系列	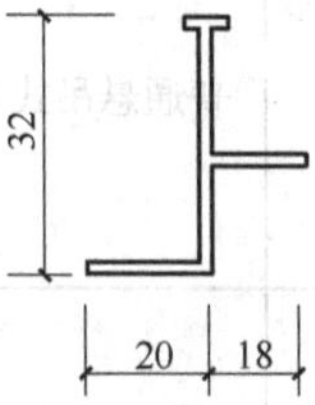	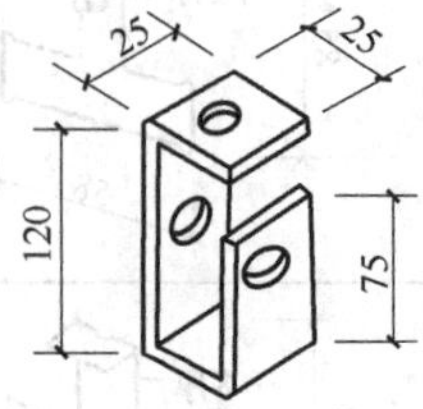		L=100 H=50	适用于吊点距离900～1200mm 的上人悬吊式顶棚
TC38 系列	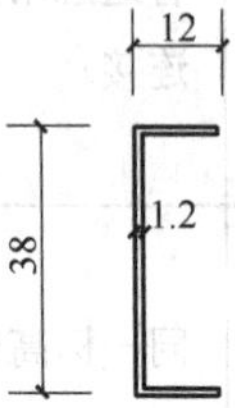	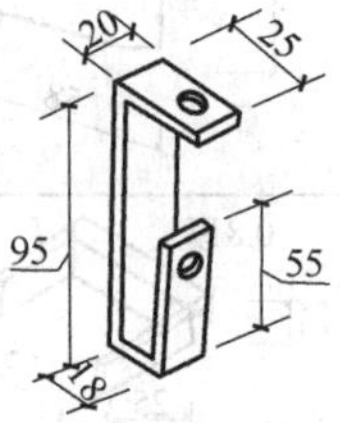		L=82 H=39	适用于吊点距离900～1200mm 的上人悬吊式顶棚

表 4.4　LT 铝合金次龙骨及龙骨配件的规格

名称	代号	规格			备注
		示意图	厚度(mm)	质量(kg)	
纵向龙骨	LT-23 LT-16	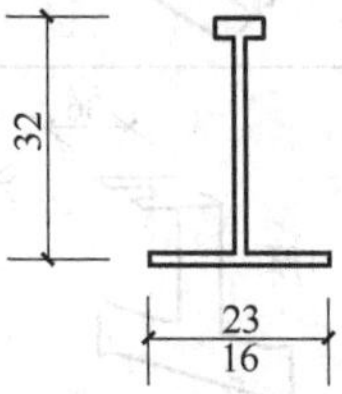	1	0.2 0.12	通常纵向使用
横撑龙骨	LT-23 LT-16	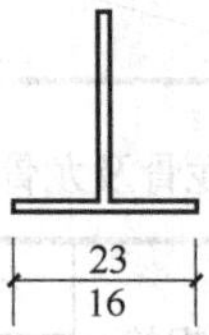	1	0.135 0.09	横向使用，搭于纵向龙骨两翼上
边龙骨	LT-边龙骨	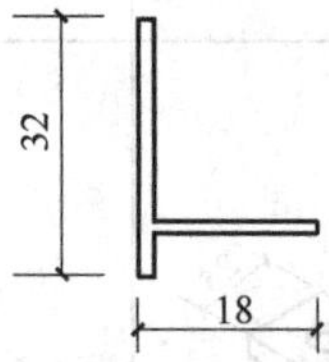	1	0.15	沿墙顶棚封边收口使用
异形龙骨	LT-异形龙骨	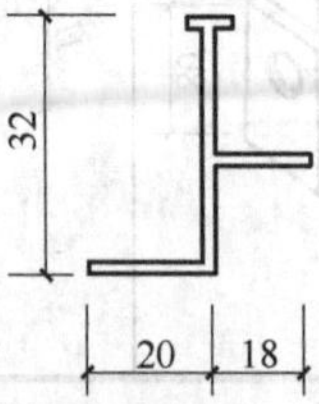	1	0.25	高、低顶棚封边收口使用

续表

名 称	代 号	规 格			备 注
		示意图	厚度(mm)	质量(kg)	
LT-23 龙骨吊钩 LT-异形龙骨吊钩	TC50 吊钩	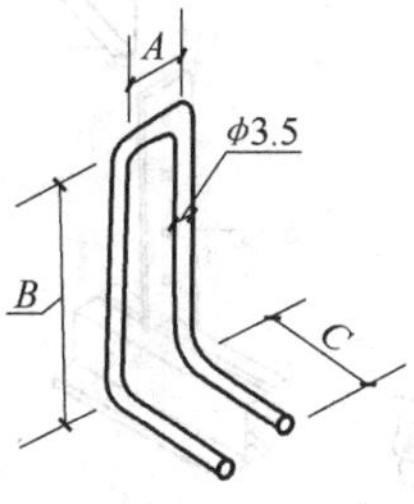	ϕ 3.5	0.014	(1)T 形龙骨与主龙骨垂直吊挂使用 (2)TC50 吊钩 A=16mm； B=60mm； C=25mm TC38 吊钩 A=13mm； B=48mm； C=25mm
LT-23 龙骨吊钩 LT-异形龙骨吊钩	TC38 吊钩		ϕ 3.5	0.012	
LT-异形龙骨吊挂钩	TC60 系列、 TC50 系列、 TC38 系列	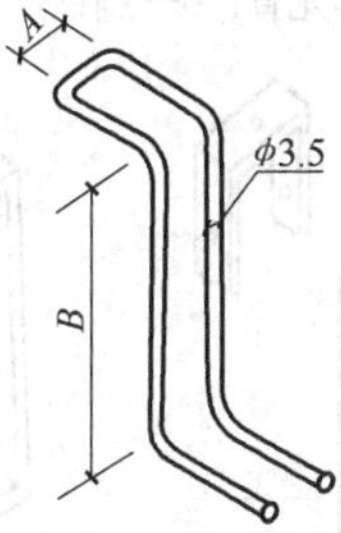	ϕ 3.5	0.021 0.019 0.017	(1)T 形龙骨与主龙骨垂直吊挂使用 (2)TC60 系列 A=31mm； B=75mm TC50 系列 A=16mm； B=65mm TC38 系列 A=13mm； B=35mm
LT-23 龙骨连接件 LT-异形龙骨连接件		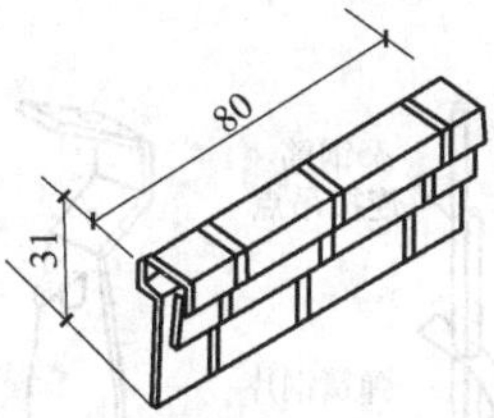	0.8	0.025	连接 LT-23 龙骨 LT-异形龙骨

如果吊顶规模不大，依据龙骨形式，可以采用不同吊杆直接悬吊，如图 4.6 所示。如果吊顶规模大，造型复杂，吊顶就应设置主龙骨、次龙骨和搁栅、次搁栅、小搁栅等形成网架体系，承受荷载。布置时主龙骨与次龙骨垂直，次龙骨与横撑龙骨垂直，顶棚造型转折及高低交接部位，灯具、扬声器、通风口周围应增设附加龙骨，各骨架之间应有可靠连接，保证吊顶作用。

主龙骨应采用不同主龙骨吊件与吊杆连接，如图 4.7 所示。次龙骨利用次龙骨吊件与主龙骨连接，次龙骨吊件常用形式如图 4.8 所示。为了保证吊顶尺寸与龙骨规格相适应，往往需要将龙骨加长，吊顶常用主、次龙骨接长件形式，如图 4.9 所示。

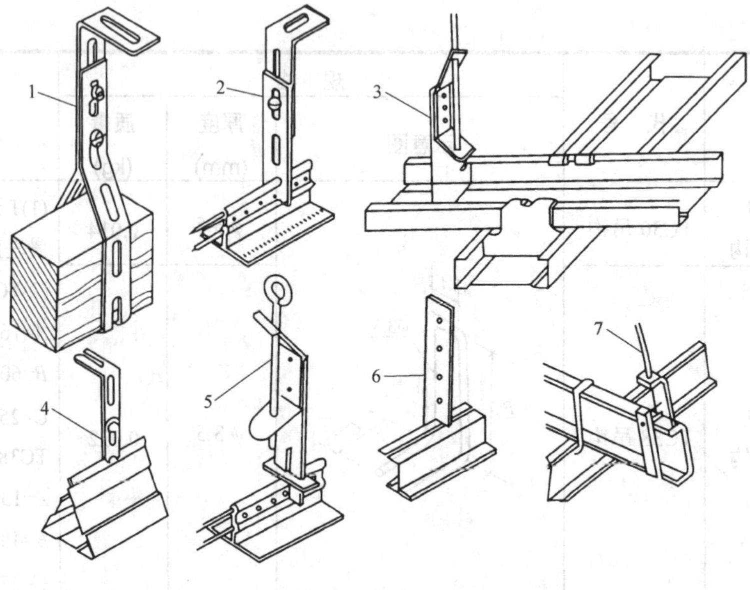

图 4.6　常见龙骨形式与吊杆连接形式

1—开孔扁铁吊杆与木龙骨；2—开孔扁铁吊杆与 T 形龙骨；3—伸缩吊杆与 U 形龙骨；
4—开孔扁铁吊杆与三角龙骨；5—伸缩吊杆与 T 形龙骨；6—扁铁吊杆与 H 形龙骨；7—圆钢吊杆与 U 形龙骨

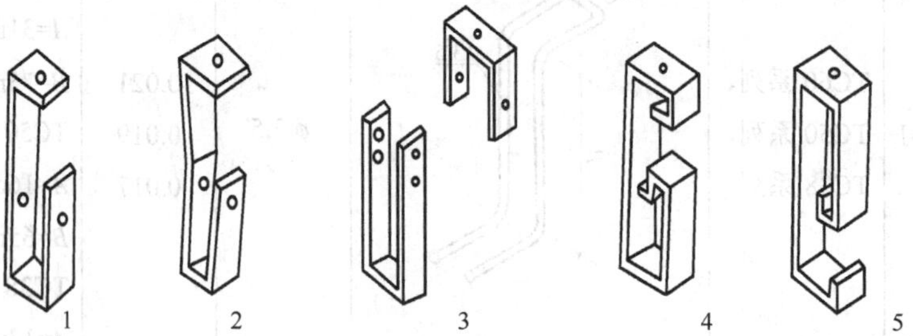

(a) U形轻钢龙骨吊件

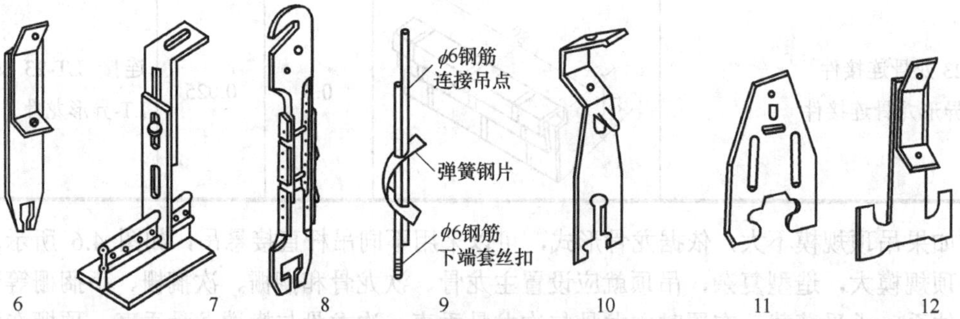

(b) T形及C形吊件

图 4.7　主龙骨吊件形式

1～5—U 形承载龙骨吊件(普通吊件)；6—T 形主龙骨吊件；7—穿孔金属带吊件(T 形龙骨吊件)；
8—游标吊件(T 形龙骨吊件)；9—弹簧钢片吊件；10—T 形龙骨吊件；11—C 形主龙骨直接固定式吊件
(CSR 吊顶系统)；12—槽形主龙骨吊件(C 形龙骨吊件)

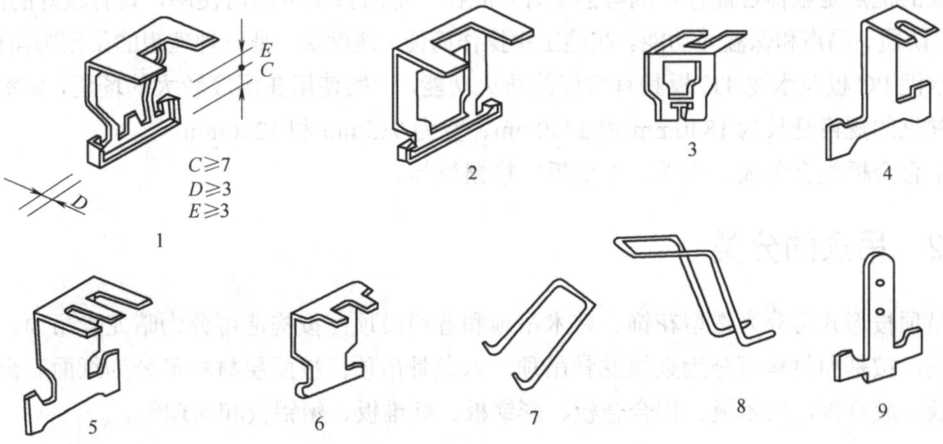

图 4.8　次龙骨吊件形式

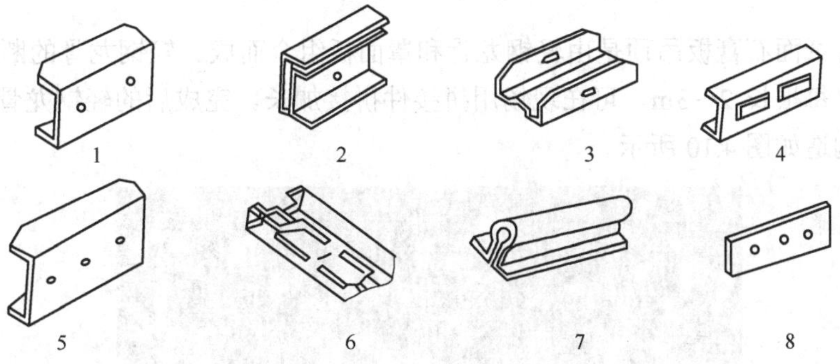

图 4.9　主、次龙骨接长件形式

3. 面层

面层即吊顶的饰面层，其使用的材料有纸面石膏板、金属板等。

(1) 面层的作用。装饰室内空间，以及吸声、反射等功能。

(2) 面层的材料。可分为纸面石膏板、纤维石膏板、水泥 PC 板、硅钙板、矿棉板、水泥 TK 板、铝合金扣板、纤维板、塑料 PVC 板、胶合板和实木板等。

(3) 面层材料的品种及要求。

纸面石膏板是目前吊顶工程中常见的一种吊顶面层材料。根据它的功能，大致可分为普通纸面石膏板、防潮纸面石膏板和防火纸面石膏板 3 种。

普通纸面石膏板可以在一般功能的建筑中使用，是使用率最高的一种。常见的尺寸规格为板长 2400mm、2700mm、3000mm，板宽 1200mm、1220mm，厚度 9.5mm、12mm、15mm 等。防潮纸面石膏板一般在较为潮湿的地区或建筑部位使用，如室外、厕所等，配合外涂饰面涂料使用效果更佳。常见的规格有长度 1800～4200mm，宽度 600～1250mm，厚度为 6～25mm 等。防火纸面石膏板一般在消防要求场所使用，如档案室、娱乐等公共场所，常见的规格有长度 1800～4200mm、宽度 600～1250mm、厚度为 6～25mm 等。纸面石膏板的优点是整体性能佳，抗弯强度好，能在一定的弧度范围内使用，具有较好的防火、防潮、防震、隔声和保温等功能。在施工中操作简便、速度快，是一种理想的吊顶饰面材料。

水泥 PC 板及水泥 TK 板具有较好的防火功能，一般使用在湿度较大的场所，如室外吊顶。常见的规格是长为 1830mm 和 2440mm、宽为 915mm 和 1220mm。

铝合金板类有条板、扣板、方块板、格栅板等。

4.3.2 吊顶的分类

吊顶按形式可分为造型花饰、艺术吊顶和普通吊顶；按构造可分为暗龙骨吊顶、明龙骨吊顶；按基面材料可分为金属龙骨吊顶、木龙骨吊顶；按面层材料可分为纸面石膏板、矿棉板、胶合板、实木板、铝合金板、彩钢板、纤维板、塑铝板和玻璃等。

4.4 轻钢龙骨纸面石膏板吊顶的装饰构造

轻钢龙骨纸面石膏板吊顶是由轻钢龙骨和罩面板组合而成。轻钢龙骨的断面有 U 形、L 形等数种，每根长 2～3m，可在现场用拼接件拼接加长。完成后的轻钢龙骨纸面石膏板吊顶的装饰构造如图 4.10 所示。

图 4.10 某客厅纸面石膏板吊顶

4.4.1 轻钢龙骨纸面石膏板吊顶组成与构造

轻钢龙骨纸面石膏板的构造组成为吊杆、龙骨和石膏板面层，如图 4.11 所示。

某轻钢龙骨纸面石膏板吊顶构造施工示意图，如图 4.12 所示。主龙骨采用 CS60 型，次龙骨采用 C60 型。

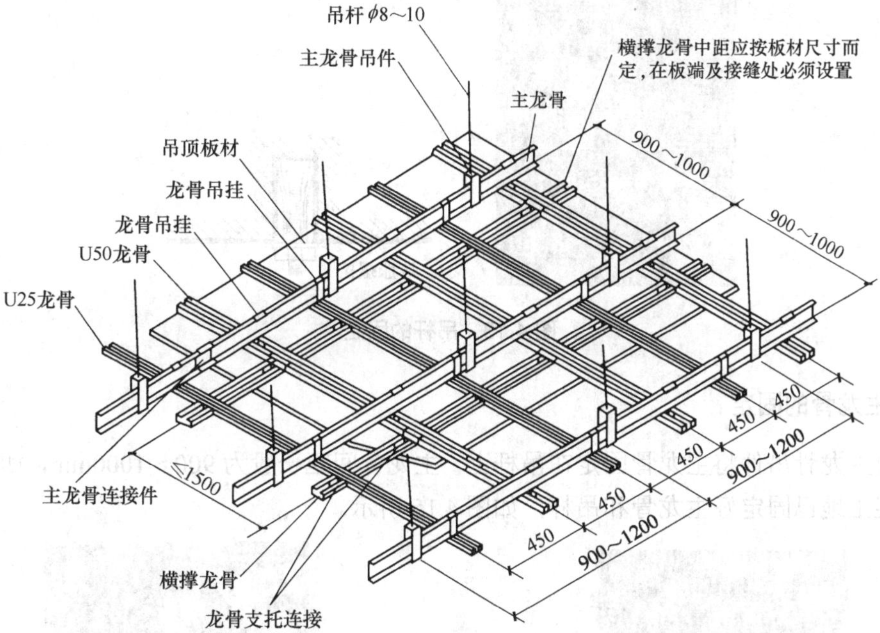

图 4.11　轻钢龙骨纸面石膏板的构造

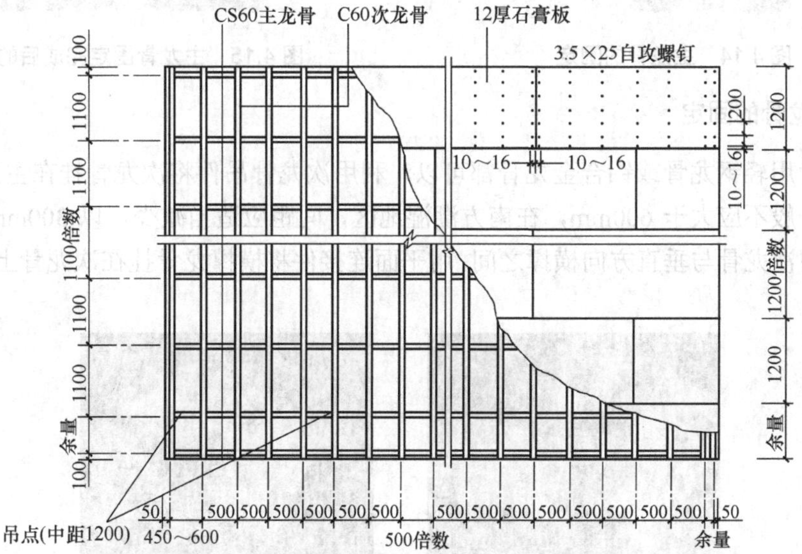

图 4.12　轻钢龙骨纸面石膏板顶棚施工示意图

1. 固定吊杆

轻钢龙骨纸面石膏板吊顶构造首先用膨胀螺栓将吊杆固定在楼板下，吊杆间距一般为 900～1200mm，如图 4.13 所示。

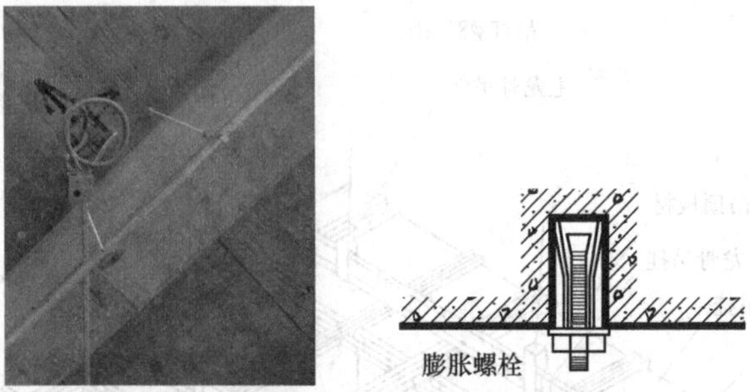

图 4.13　吊杆的固定

2. 主龙骨的固定

利用主龙骨吊件将主龙骨固定在吊杆上，主龙骨间距一般为 900~1000mm，如图 4.14 所示。某工地已固定好主龙骨和吊杆，如图 4.15 所示。

图 4.14　主龙骨的固定

图 4.15　主龙骨固定完成后的吊顶

3. 次龙骨的固定

次龙骨用轻钢龙骨或铝合金龙骨都可以，利用次龙骨吊件将次龙骨挂在主龙骨上。次龙骨间距一般不应大于 600mm，在南方潮湿地区，间距应适当减少，以 300mm 为宜。在同一平面内次龙骨与垂直方向横撑之间，用平面连接件将横撑龙骨挂在次龙骨上，如图 4.16 所示。

图 4.16　工人师傅在装横撑龙骨与次龙骨的挂件

4. 龙骨与沿墙龙骨(木条)的固定

次龙骨与沿墙龙骨(木条)一般采用将次龙骨端部剪断劈开与沿墙龙骨(木条)固定在一起，如图 4.17 所示。

(a) 主、次龙骨关系

(b) 沿墙龙骨

图 4.17 次龙骨沿墙龙骨(木条)的固定

5. 纸面石膏板的固定

吊顶用的纸面石膏板，一般采用 9mm 厚的纸面石膏板。纸面石膏板的长边(即包村边)应沿纵向次龙骨铺设。安装双层石膏板时，面层板与基层板的接缝应错开，不允许在同一根龙骨上接缝。根据龙骨的断面、饰面板边的处理及板材的类型，常分为 3 种固定方式。

(1) 石膏板(包括基层板和饰面板)用螺钉固定在龙骨上。金属龙骨大多采用自攻螺钉，木龙骨采用木螺钉。

(2) 用胶黏剂将石膏板(指饰面板)粘到龙骨上。

(3) 将石膏板(指饰面板)加工成企口暗缝的形式，龙骨的两条肢插入暗缝内，不用钉，也不用胶，靠两条肢将板支撑住。

纸面石膏板常用自攻螺钉固定在次龙骨上，如图 4.18 所示。自攻螺钉与纸面石膏板边距离，面纸包封的板边以 10～15mm 为宜；切割的板边以 15～20mm 为宜；钉距以 150～170mm 为宜。

图 4.18 轻钢龙骨纸面石膏板固定

普通纸面石膏板和防火纸面石膏板为基层板，纸面石膏装饰吸声板为饰面板时，通常都采用螺钉固定安装法。

工程中经常以纸面石膏板作为基层板，其上再加上其他饰面材料，来获得满意的装饰效果。饰面做法繁多，常用的有裱糊壁纸、涂饰乳胶漆、喷漆、镶贴各种类型的镜片(如玻璃镜片、金属抛光板、复合塑料镜片)等。

如若选用镜面材料镶贴，要特别注意表面材料的固定问题。除了用胶粘剂粘贴以外，还需用钉紧固或用压条周边压紧。如若选用镜面玻璃，粘贴应用安全玻璃。镶贴不同规格的材料，固定方法可能有变化，但不论如何，安全、牢固应为第一。

4.4.2 轻钢龙骨纸面石膏板吊顶细部构造

某厅轻钢龙骨纸面石膏板吊顶龙骨固定完成后示意图如图 4.19 所示，节点构造如图 4.20～图 4.22 所示。

图 4.19 某厅吊顶的龙骨固定

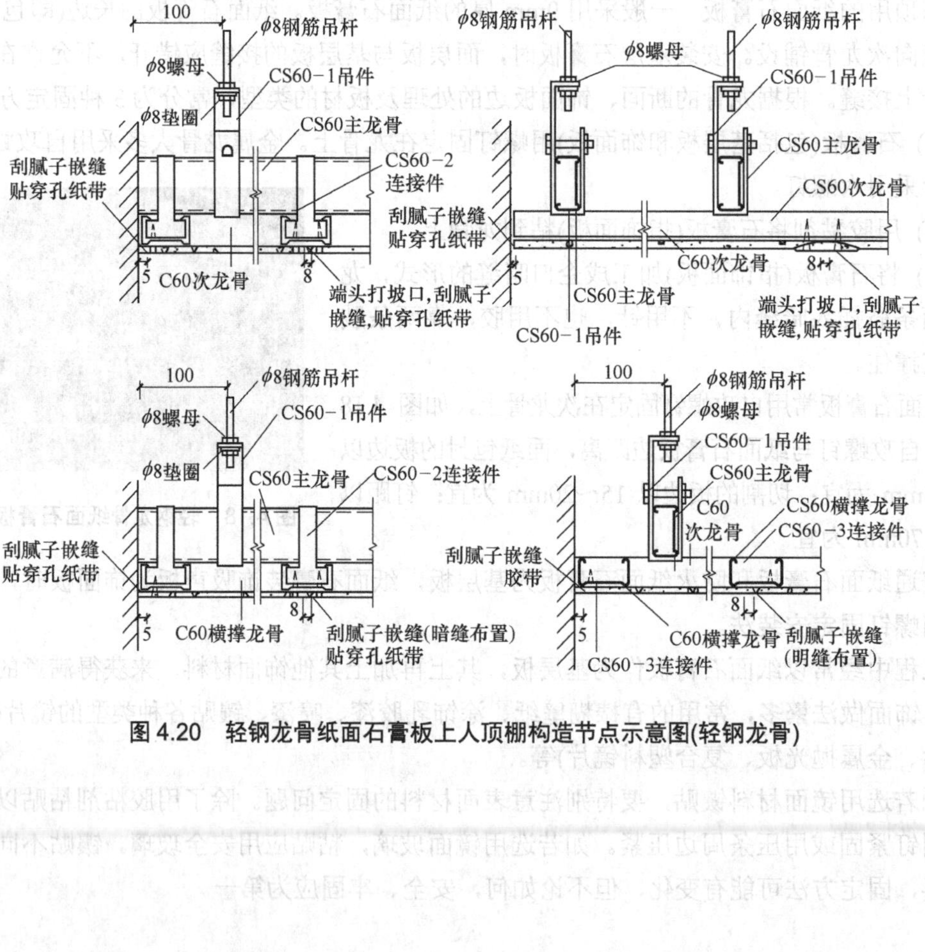

图 4.20 轻钢龙骨纸面石膏板上人顶棚构造节点示意图(轻钢龙骨)

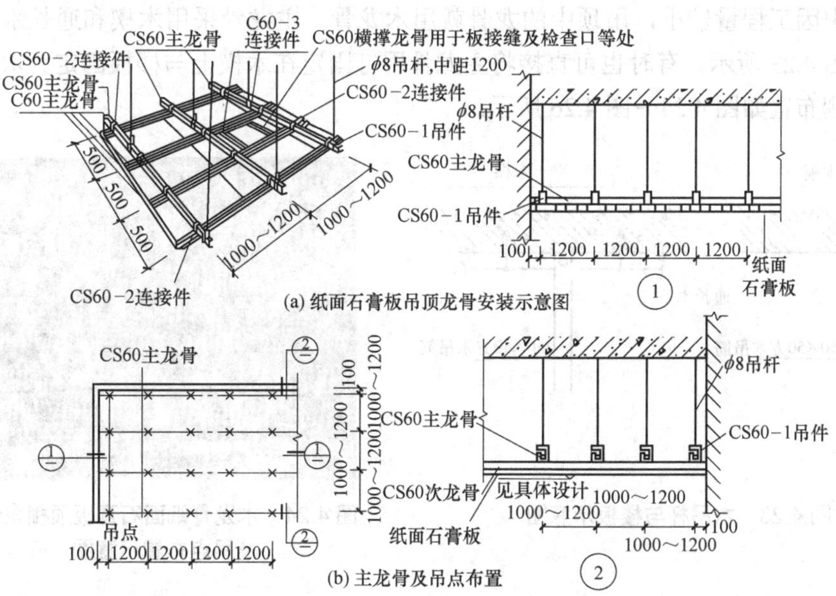

图 4.21　轻钢龙骨纸面石膏板不上人顶棚龙骨构造节点示意图

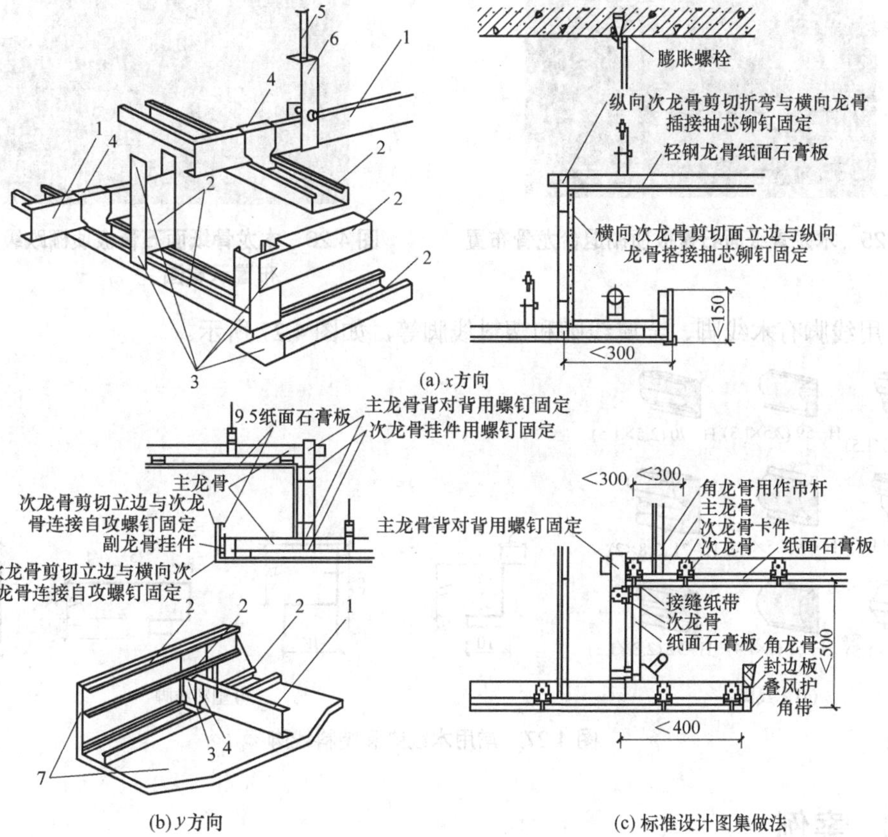

图 4.22　轻钢龙骨纸面石膏板带灯槽吊顶节点构造

1—主龙骨；2—次龙骨；3—钉；4—次龙骨吊件；5—吊筋；6—主龙骨吊件；7—纸面石膏板

家装中因工程量较小，吊顶中的龙骨就用木龙骨。主龙骨采用木楔和通长木条与楼板固定，如图 4.23 所示。有时也可直接将主龙骨用钉固定在木楔上与楼板固定。木龙骨纸面石膏板顶棚布置如图 4.24～图 4.26 所示。

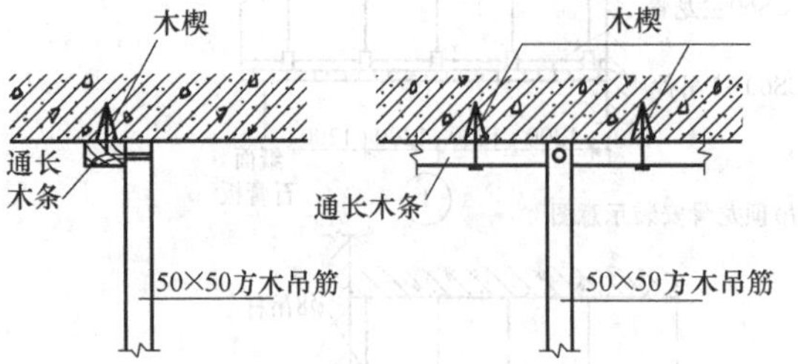

图 4.23　木吊杆与楼板示意图

图 4.24　木龙骨纸面石膏板顶棚龙骨安装及吊点布置示意图

图 4.25　木龙骨纸面石膏板顶棚退台龙骨布置

图 4.26　木龙骨纸面石膏板顶棚跌级龙骨布置示意图

常用线脚有木线脚、金属线脚和塑料线脚等，如图 4.27 所示。

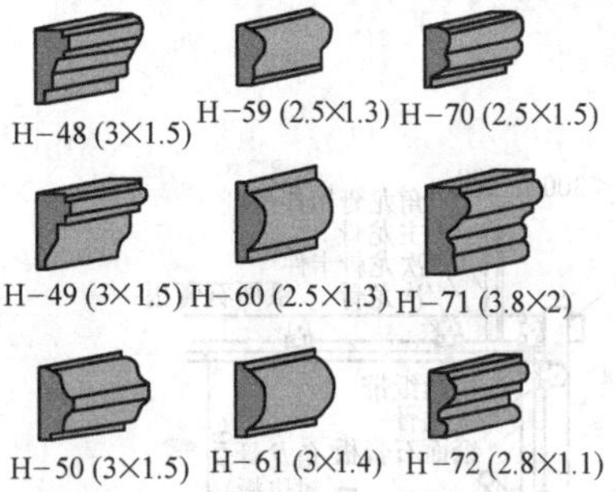

(a) 木线脚

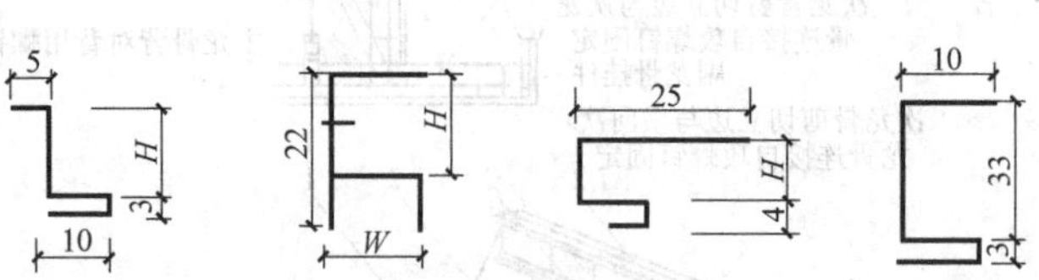

(b) 塑料线脚

图 4.27　常用木线脚和塑料线脚

4.4.3 案例

某餐厅雅间采用轻钢龙骨石膏板吊顶，如图 4.28 和图 4.29 所示。

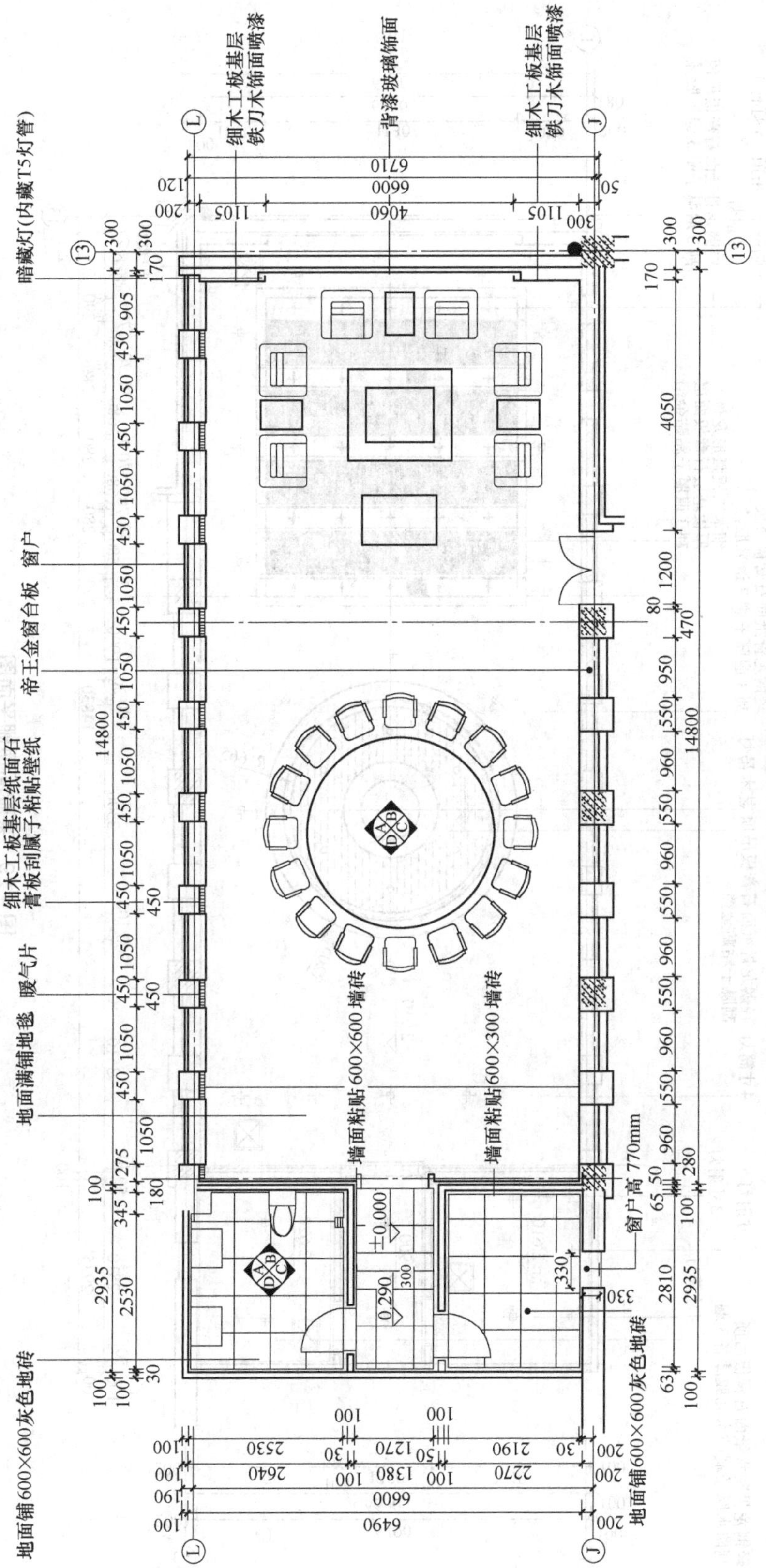

图 4.28　某雅间平面布置图

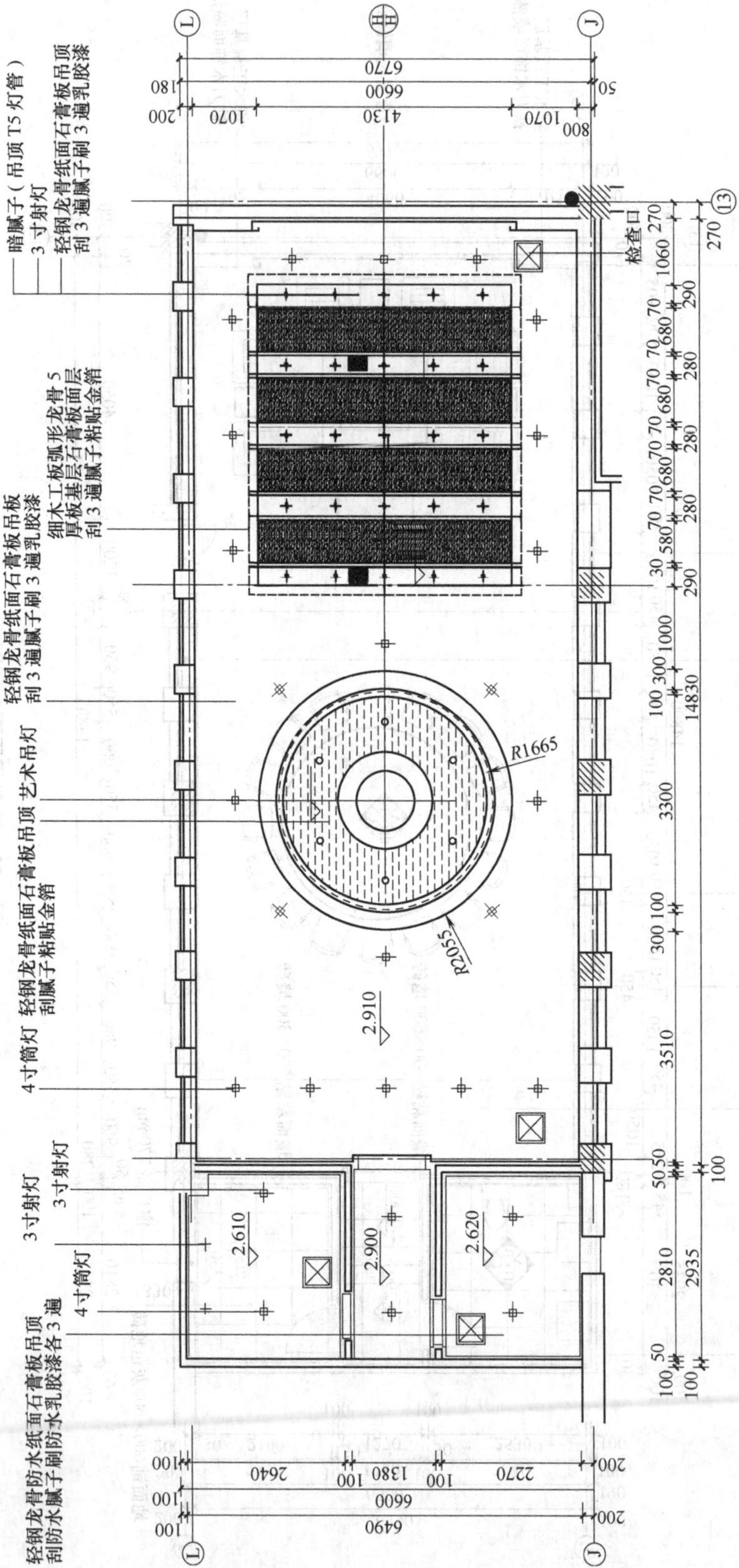
暗腻子（吊顶T5灯管）
3寸射灯
轻钢龙骨纸面石膏板吊顶刮3遍腻子刷3遍乳胶漆
检查口
细木工板弧形龙骨5厚板基层石膏板面层刮3遍腻子粘贴金箔
轻钢龙骨纸面石膏板吊板刮3遍腻子刷3遍乳胶漆
艺术吊灯
轻钢龙骨纸面石膏板吊顶刮腻子粘贴金箔
4寸筒灯
3寸射灯
3寸射灯
3寸筒灯
轻钢龙骨防水纸面石膏板吊顶刮防水腻子刷防水乳胶漆各3遍
R1665
R2055
2.910
2.610
2.900
2.620

图 4.29 某雅间顶棚平面图

4.5　铝合金龙骨硅钙板吊顶的装饰构造

铝合金龙骨硅钙板吊顶是由铝合金龙骨和罩面板组合而成。铝合金龙骨的断面为 U 形、L 形、T 形等。完成后的铝合金龙骨硅钙板吊顶的装饰构造如图 4.30 所示。

图 4.30　铝合金龙骨硅钙板吊顶示意图

4.5.1　铝合金龙骨硅钙板吊顶组成与构造

铝合金龙骨硅钙板吊顶通常采用轻钢主龙骨承载与铝合金次龙骨及横撑龙骨，组成吊顶骨架体系，如图 4.31 所示。

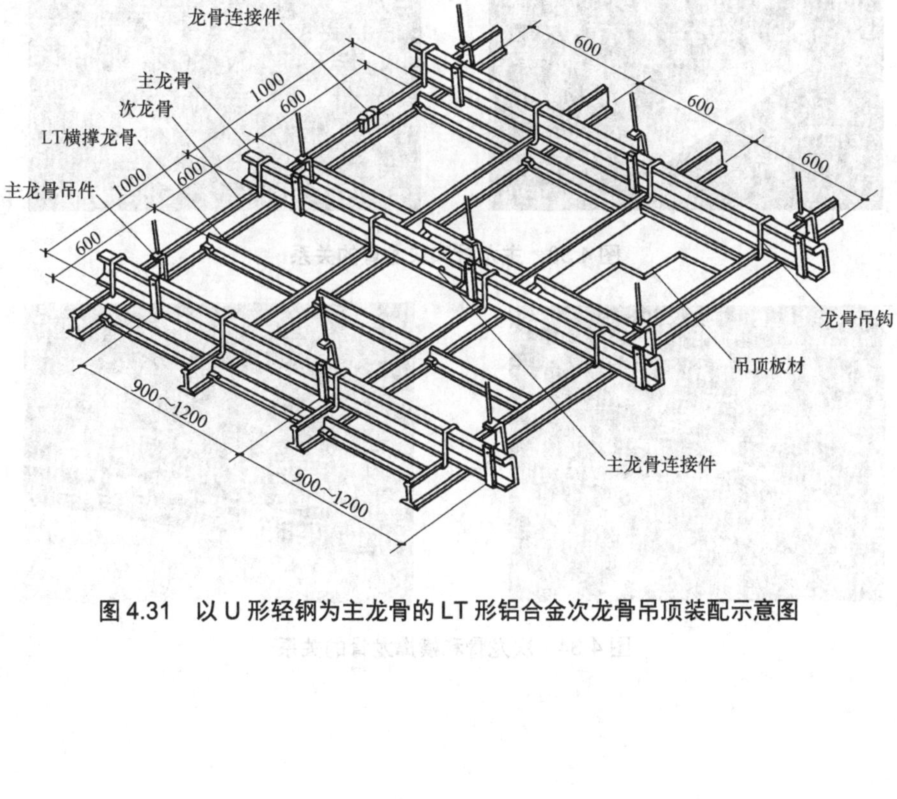

图 4.31　以 U 形轻钢为主龙骨的 LT 形铝合金次龙骨吊顶装配示意图

1. 吊筋及主龙骨的固定

铝合金龙骨硅钙板吊顶吊筋及主龙骨的固定方法同轻钢龙骨纸面石膏板的方法一样，如图 4.32 所示。

图 4.32　主龙骨的固定

2. 次龙骨的固定

将次龙骨用吊件挂在主龙骨上，然后，将横撑龙骨插在次龙骨上。次龙骨和横撑龙骨的间距就是面板的规格，如图 4.33 和图 4.34 所示。

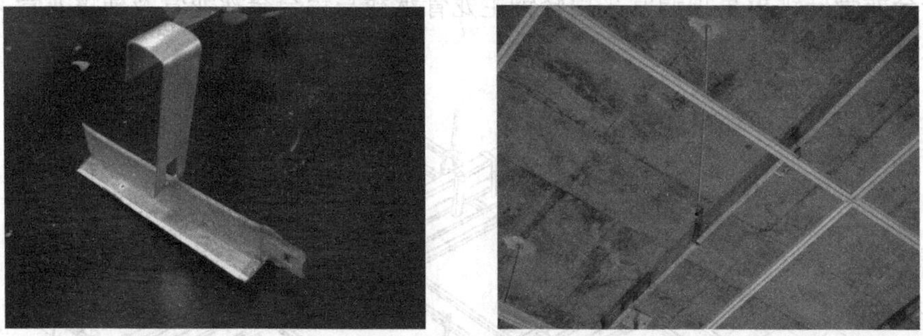

图 4.33　主龙骨和次龙骨的关系

图 4.34　次龙骨和横撑龙骨的关系

4.5.2　铝合金龙骨硅钙板吊顶细部构造

边龙骨(沿墙龙骨)用角铝将硅钙板直接搁置在龙骨上。完成后的铝合金龙骨硅钙板吊顶示意图及节点构造，如图4.35所示。

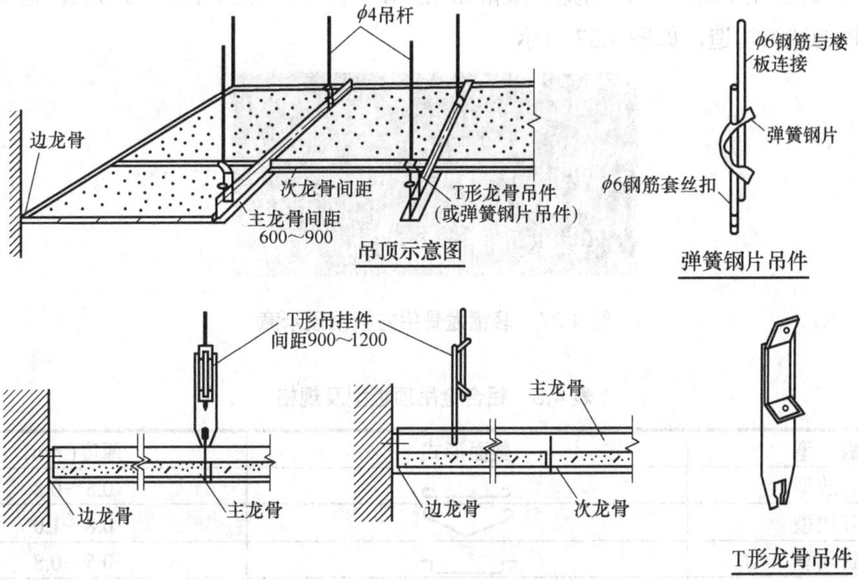

图4.35　铝合金龙骨硅钙板吊顶示意及节点构造

4.5.3　半隐藏式铝合金龙骨硅钙板吊顶构造

铝合金龙骨硅钙板吊顶，常采用板的一边搁置在次龙骨上，另一边采用插片，使龙骨一个方向外露，形成半隐藏式吊顶，如图4.36所示。

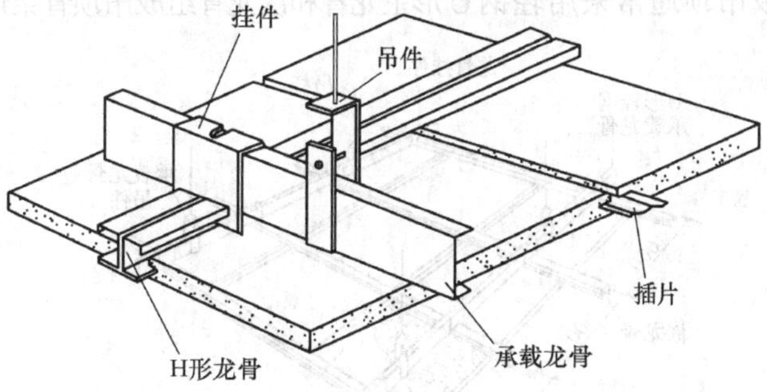

图4.36　铝合金龙骨硅钙板半隐藏式吊顶示意图

4.6 轻钢龙骨铝板吊顶的装饰构造

轻钢龙骨铝板吊顶是由龙骨和铝罩面板组合而成。铝板形状有方形和条状两种，其板型及规格如表 4.5 所示。常用龙骨规格如 4.3 节中表 4.1～表 4.4 所示。完成后的轻钢龙骨铝方板吊顶的装饰构造，如图 4.37 所示。

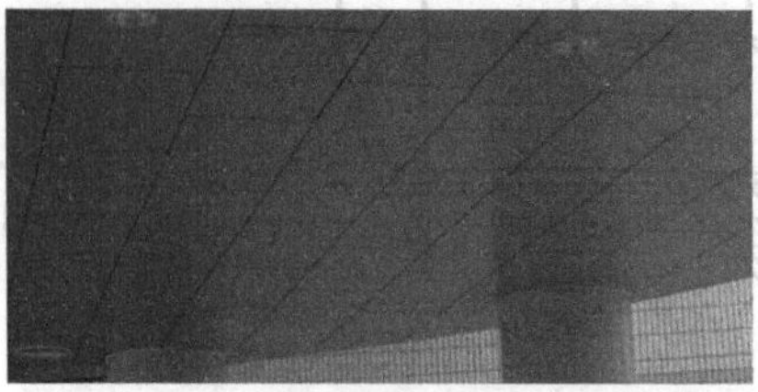

图 4.37　轻钢龙骨铝方板吊顶示意

表 4.5　铝合金吊顶板型及规格

板　型	截面形式	厚度(mm)
开放型		0.5～0.8
开放型		0.8～1.0
封闭型	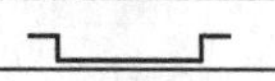	0.5～0.8
封闭型	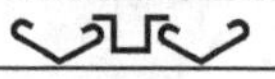	0.5～0.8
封闭型		0.5～0.8
方　板		0.8～1.0
方　板		0.8～1.0
矩　形		1.0

4.6.1 轻钢龙骨铝方板吊顶的组成与构造

轻钢龙骨铝方板吊顶通常采用轻钢 U 形主龙骨和次龙骨组成吊顶骨架体系，如图 4.38 所示。

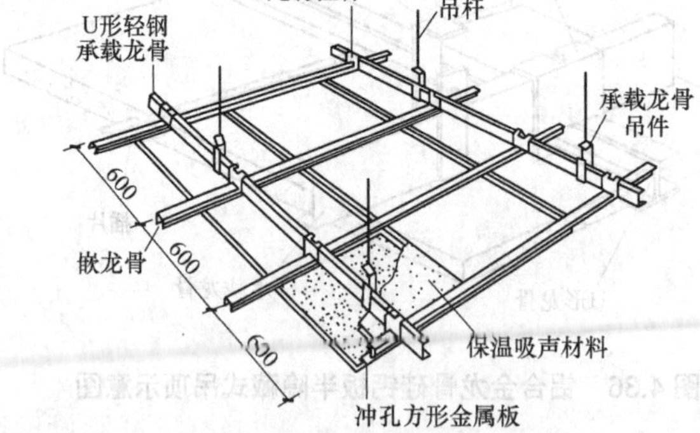

图 4.38　轻钢龙骨铝方板吊顶装配示意图

1. 轻钢龙骨铝方板吊顶的构造

(1) 吊筋、主龙骨的固定。吊筋及主龙骨的固定方法同轻钢龙骨纸面石膏板的方法一样。

(2) 次龙骨、面板的固定。将次龙骨用吊件挂在主龙骨上，次龙骨的间距就是面板的规格。次龙骨用三角龙骨(嵌龙骨)将面板卡入三角龙骨中，如图 4.39 所示。

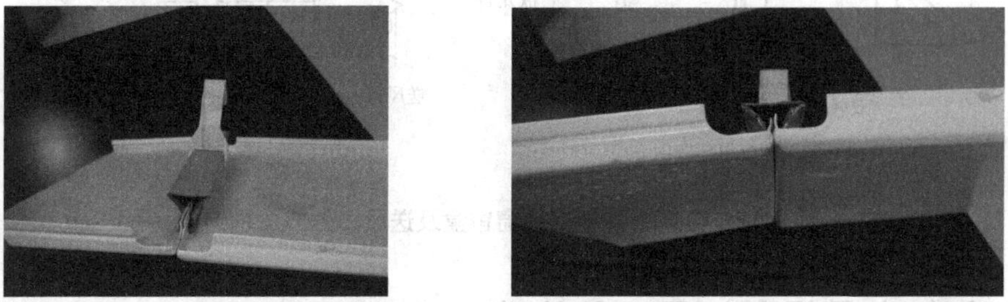

图 4.39　轻钢龙骨铝方板吊顶次龙骨和面板的固定

2. 轻钢龙骨铝方板吊顶的细部构造

铝方板吊顶构造如图 4.40～图 4.42 所示。

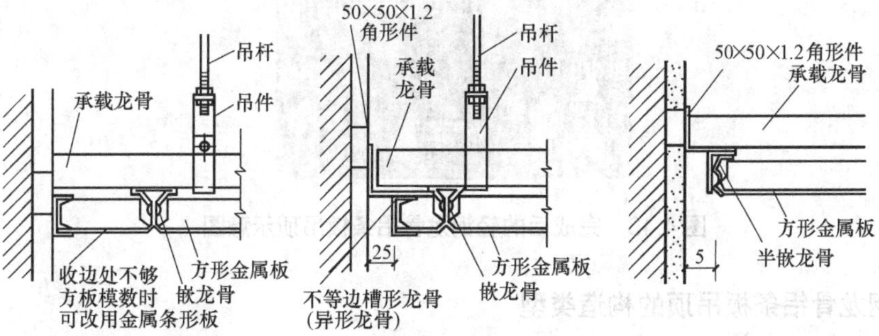

(a)方形金属板吊顶与墙、柱等的连接节点构造示例　(b)方形金属板吊顶与墙、柱等的连接节点构造示例　(c)方形金属板吊顶与墙、柱等的连接节点构造示例

图 4.40　轻钢龙骨铝方板吊顶边龙骨与墙(柱)固定

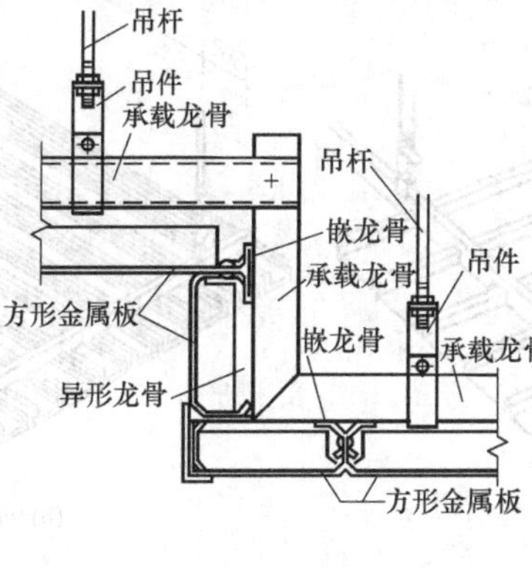

图 4.41　金属铝方板吊顶板变标高构造做法示例

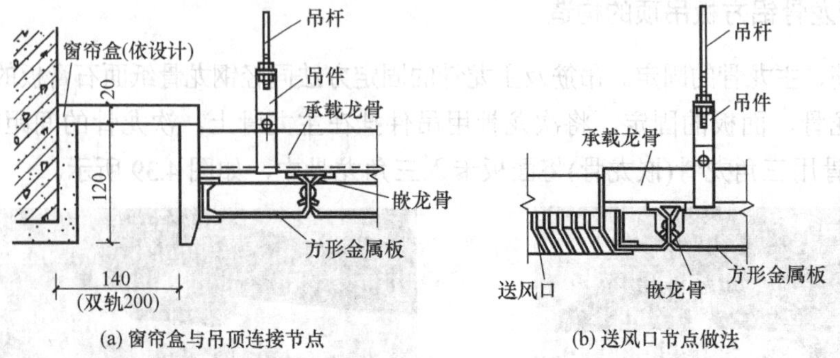

(a) 窗帘盒与吊顶连接节点

(b) 送风口节点做法

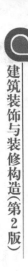

图 4.42　金属铝方板吊顶窗帘盒及送风口处节点构造

4.6.2　轻钢龙骨铝条板吊顶的构造

轻钢龙骨铝条板吊顶示意图如图 4.43 所示。

图 4.43　完成后的轻钢龙骨铝条板吊顶示意图

1. 轻钢龙骨铝条板吊顶的构造类型

轻钢龙骨铝条板吊顶的构造类型，按条板板边情况不同分为封闭型铝条板吊顶和开放型铝条板吊顶两种，如图 4.44 所示。

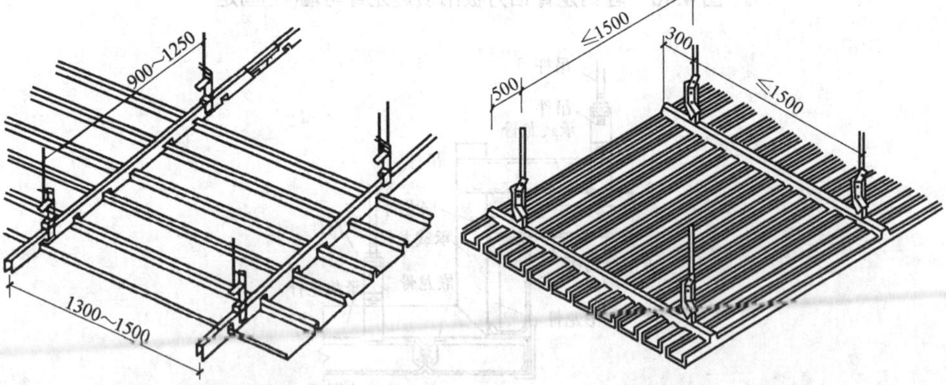

(a)封闭型铝条板吊顶

(b)开放型铝条板吊顶

图 4.44　轻钢龙骨铝条板吊顶类型

(1) 吊筋及主龙骨的固定。吊筋和主龙骨的固定方法同轻钢龙骨纸面石膏板的方法一样。

(2) 次龙骨及面板的固定。将次龙骨用吊件挂在主龙骨上，次龙骨的间距一般为900～1200mm，但一般不设次龙骨，面板与龙骨连接有搁置式和卡入式两种，卡入式构造如图 4.45 所示。

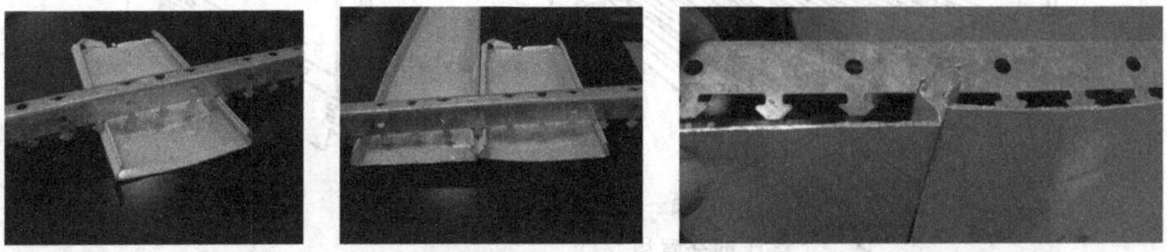

图 4.45　轻钢龙骨铝条板吊顶龙骨与面板卡入式连接构造

2. 轻钢龙骨铝条板吊顶的细部构造

开放式铝合金吊顶如图 4.46 所示。

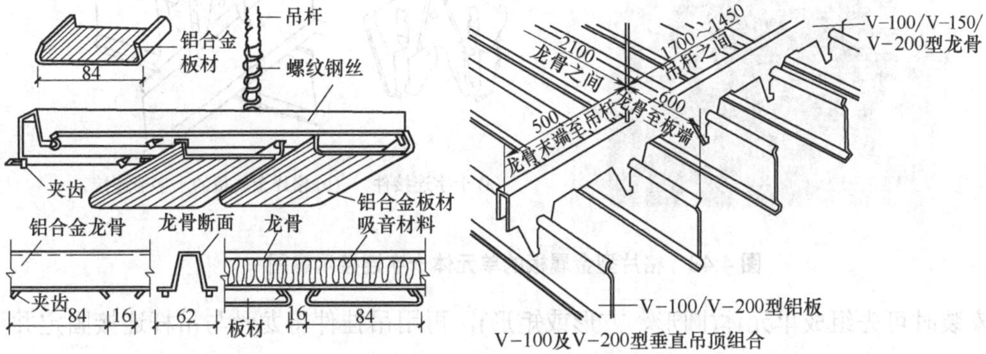

图 4.46　开放式铝合金吊顶

4.7　格栅吊顶的装饰构造

4.7.1　铝合金格栅吊顶的装饰构造

1. 单体构件拼装

格片型金属单体构件拼装方式较为简单，只需将金属格片按排列图案先裁锯成规定长度，然后卡入特制的格片龙骨卡口内即可，如图 4.47 所示。十字交叉式格片安装时，须采用专用特制的十字连接件，并用龙骨骨架固定其十字连接件，如图 4.48 所示。

2. 单元体安装固定

格片型金属单元体安装固定一般用圆钢吊杆及专门配套的吊挂件与龙骨连接。此种吊挂件可沿吊杆上下移动(压紧两片簧片即松、放松簧片即卡紧)，对调整龙骨平整度十分方便。

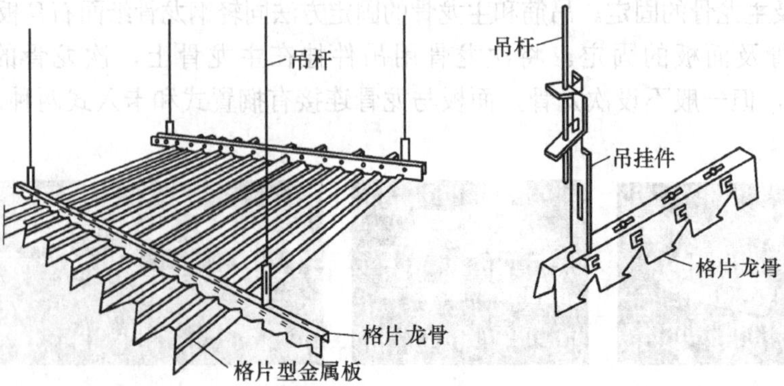

图 4.47 格片型金属板单元体构件安装及悬吊示意图

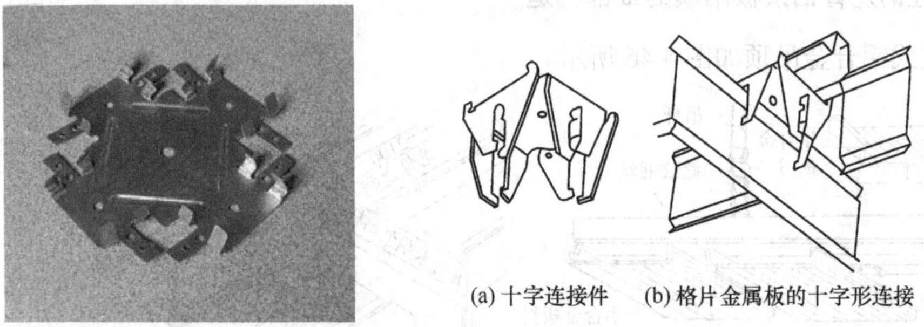

(a) 十字连接件 (b) 格片金属板的十字形连接

图 4.48 格片型金属板的单元体十字连接示意图

安装时可先组成单元体(圆形、方形或矩形)，再用吊挂件将龙骨与吊杆连接固定并调平即可。也可将龙骨先安装好，然后一片片单独卡入龙骨口内。无论采用何种方法安装，均应将所有龙骨相互连接成整体，且龙骨两端应与墙柱面连接固定，避免整个吊顶棚晃动。安装宜从角边开始，最后一个单元体留下数个格片先不钩挂，待固定龙骨后再挂，构造如图 4.49～图 4.55 所示。

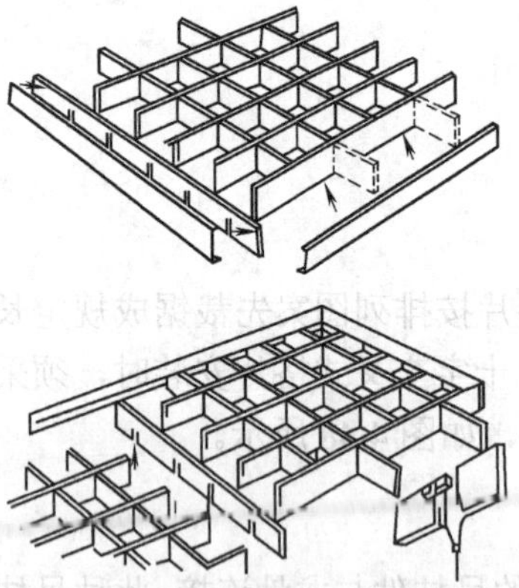

图 4.49 铝合金圆方形天花板构造示意图

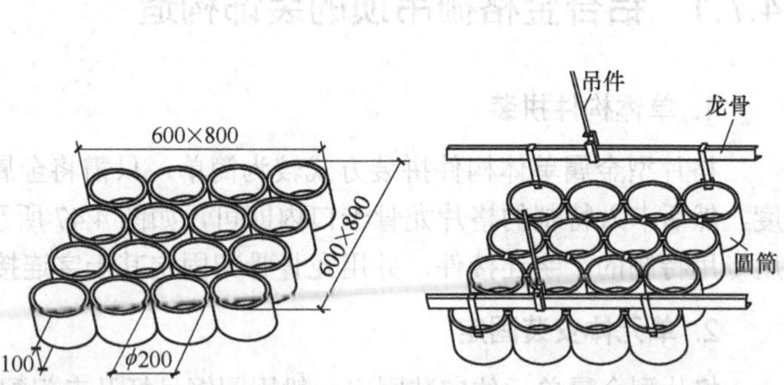

图 4.50 铝合金圆筒形天花板构造示意图

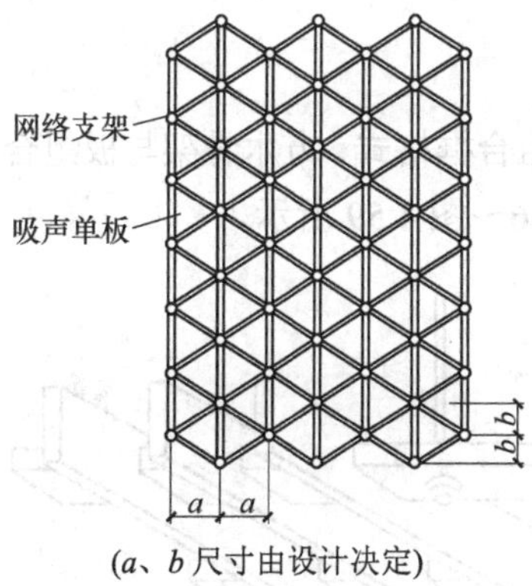

图 4.51　网络格栅型吊顶平面效果示意图

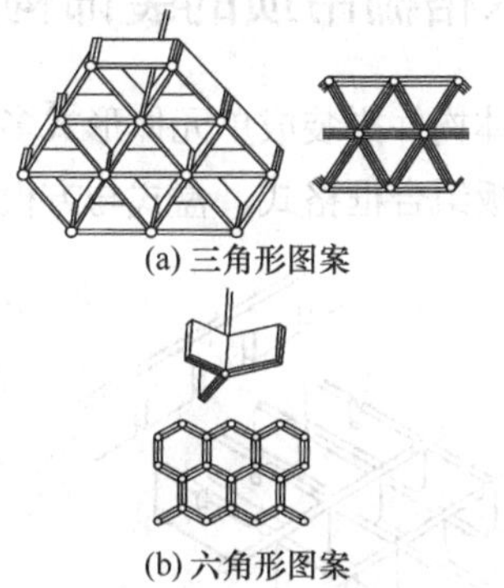

图 4.52　利用网络支架作不同的插接形式

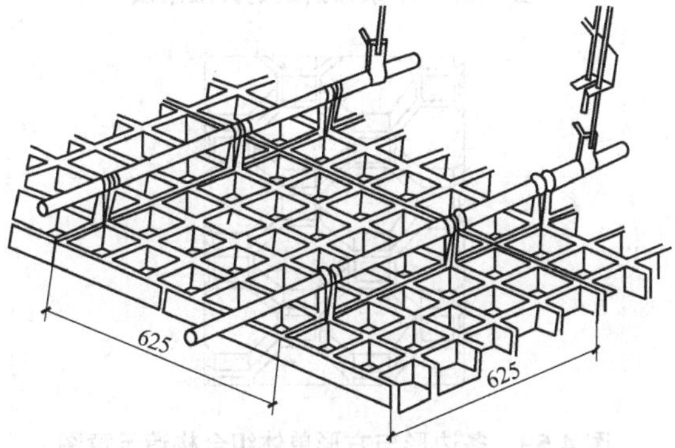

图 4.53　使用卡具和通长钢管安装示意图

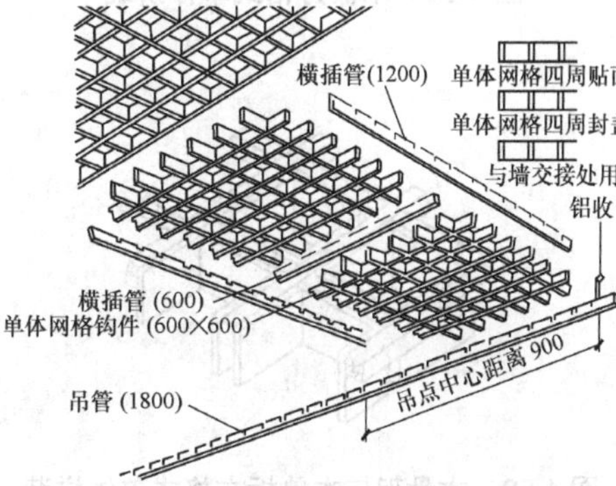

图 4.54　不用卡具的吊顶安装构造示意图

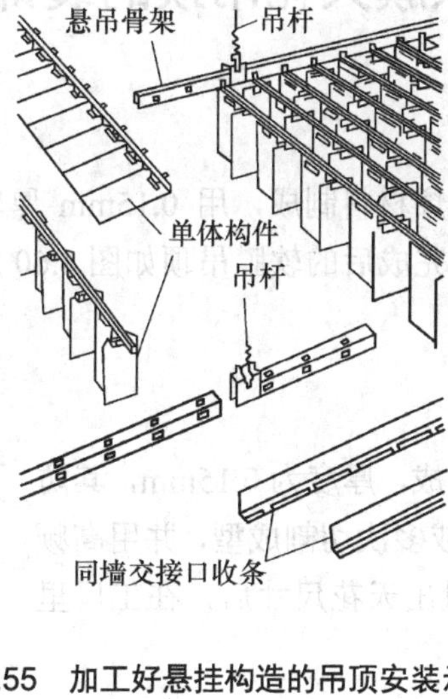

图 4.55　加工好悬挂构造的吊顶安装示意图

4.7.2 木格栅吊顶的装饰构造

木质单体构件拼装成单元体形式多种多样，有板与板组合框格式、方木骨架与板组合框格式、侧平横板组合框格式、盒式与方板组合式等，如图 4.56～图 4.59 所示。

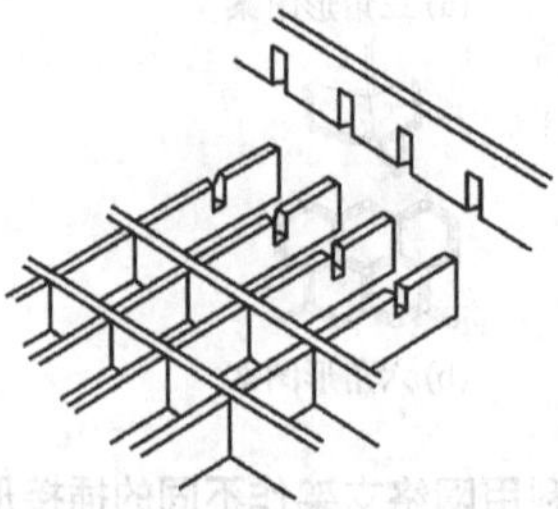

图 4.56 木板方格式单体拼装

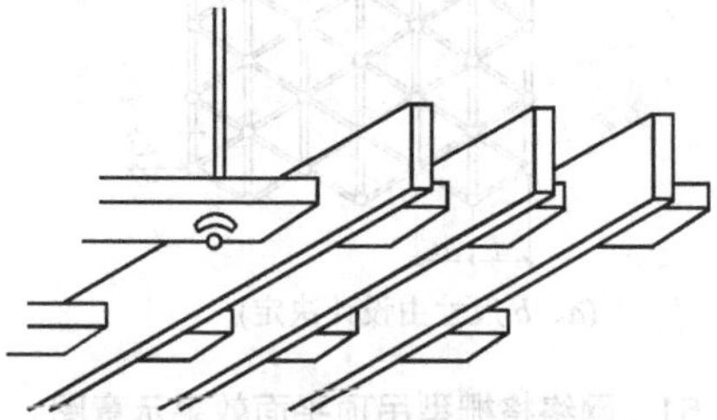

图 4.57 木条板拼装的开敞吊顶

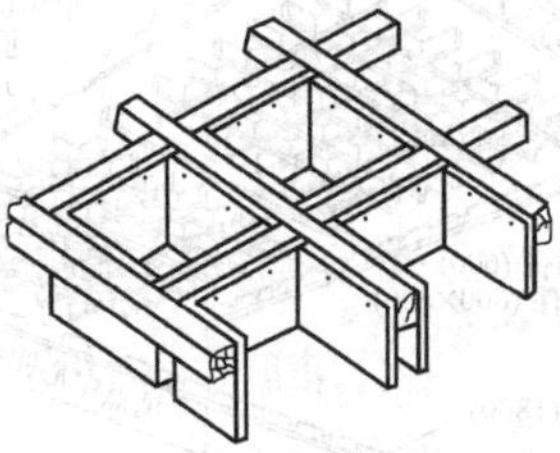

图 4.58 木骨架与木单板方格式单体拼装

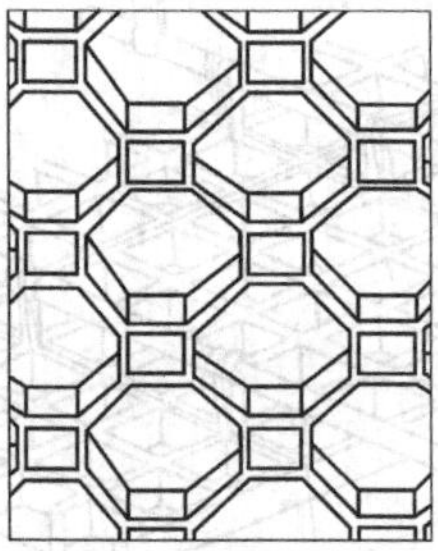

图 4.59 多边形与方形单体组合构造示意图

4.8 软膜天花吊顶的装饰构造

4.8.1 软膜吊顶组成

软膜吊顶采用特殊的聚氯乙烯材料制成，用 0.15mm 厚软膜固定在铝合金挤压成型的骨架上，形成造型变化的吊顶，完成后的软膜吊顶如图 4.60 所示。由异形底架或龙骨、软膜和扣边条组成。

1. 软膜

采用特殊的聚氯乙烯材料制成，厚度为 0.15mm，其防火级别为 B1 级。软膜通过一次或多次切割成型，并用高频焊接完成。软膜需要在实地测量出天花尺寸后，在工厂里制作完成。

图 4.60 完成后软膜吊顶示意图

2. 龙骨

用来扣住软膜天花，采用铝合金挤压成型，其防火级别为 A 级。有 4 种型号，龙骨可安装在墙壁、木方、钢结构、石膏间墙和木间墙上，适合于各种建筑结构。龙骨只需要螺钉按照一定的间距均匀固定即可，安装十分方便。

3. 扣边条

半硬质，用聚氯乙烯挤压成型，其防火级别为 B1 级。它被焊接在天花软膜的四周边缘，便于天花软膜扣在特制龙骨上。

4. 异形底架

当吊顶造型复杂，需要底架固定龙骨，将底架做成设计上要求的造型，底架可以是木方或钢结构。与龙骨接触的一面必须光滑、平整。底架材料的宽度以相应的龙骨宽度为准。

4.8.2　软膜吊顶的构造做法

(1) 根据图纸设计要求，在需要安装软膜天花板的水平高度位置的四周固定一圈 40mm×40mm 支撑龙骨(可以是木方或方钢管)。有些地方面积比较大时要求分块安装，以达到良好效果。这样就需要在中间位置加一根木方条子，这是根据实际情况进行处理的。

(2) 当所有需要的木方条子固定好之后，然后在支撑龙骨的底面固定安装软膜天花板的铝合金龙骨。当所有的软膜天花板的铝合金龙骨固定好以后，再安装软膜。先把软膜打开并使用专用的加热风炮充分加热均匀，然后用专用的插刀把软膜张紧并插到铝合金龙骨上，最后把四周多出的软膜修剪完整即可。

(3) 安装完毕后，把软膜天花板清洁干净。

4.8.3　软膜吊顶的构造

软膜吊顶造型是依靠造型码条配件形成，常见的有扁码、F 码和双扣码 3 种。扁码可以横向弯曲，适用于圆形、弧墙、包柱等特殊造型，以及各种平面造型，尤其适合沿墙安装，如图 4.61 所示。

F 码可以完成纵向弯曲，能做波浪形、弧形、穹形、喇叭形等造型，并且适用于各种平面、斜面造型，用途极为广泛，如图 4.62 所示。

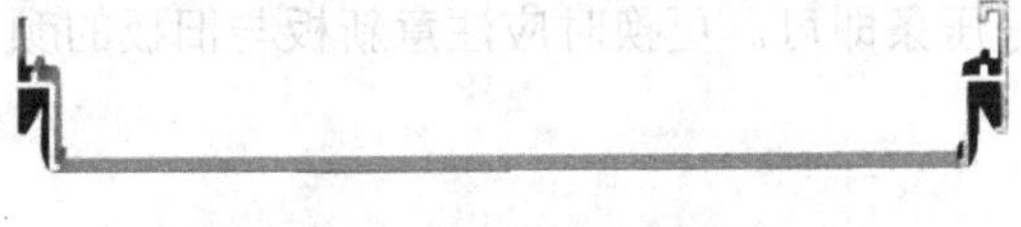

图 4.61　软膜吊顶扁码示意图

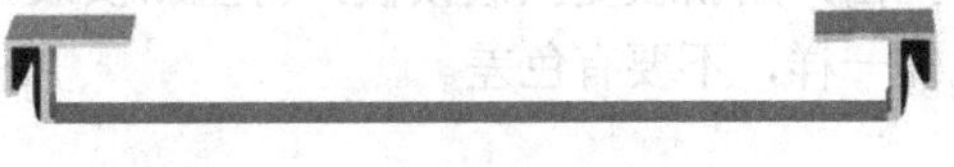

图 4.62　软膜吊顶 F 码示意图

双扣码主要做软膜和软膜之间的连接，可以纵向弯曲，能做波浪、弧形、穹形、喇叭形等造型，并且适合各种平面、斜面造型，如图 4.63 所示。

图 4.63　软膜吊顶双扣码示意图

安装软膜的同步工作是配合电工开灯孔，消防做烟感、喷淋、暖通的风口等，如图 4.64 所示，不同类型的龙骨，连接处要注意平整、流畅。龙骨安装完毕后现场量尺寸，固定一定规格的模块，如图 4.65 所示。

图 4.64　软膜吊顶灯口布置示意图

图 4.65　软膜吊顶龙骨连接示意图

4.9　PVC 塑料板吊顶的装饰构造

PVC 吊顶型材的安装方法十分简单。首先应在墙面弹出标高线，在墙的两端固定压线条，用水泥钉与墙面固定牢固。板材按顶棚实际尺寸裁好，将板材插入压条内，板条的企口向外，安装端正后，用钉子固定住，然后插入第二片板，最后一块板应按照实际尺寸裁切，裁切时使用锋利裁刀，用钢尺压住弹线切裁，装入时稍作弯曲就可插入上块板企口内，装完后两侧压条封口。遇藻井吊顶时，应从下固定压条，阴阳角用压条连接。注意预留出照明线的出口。吊顶面积大时，应在中间铺设龙骨，如图 4.66 所示。

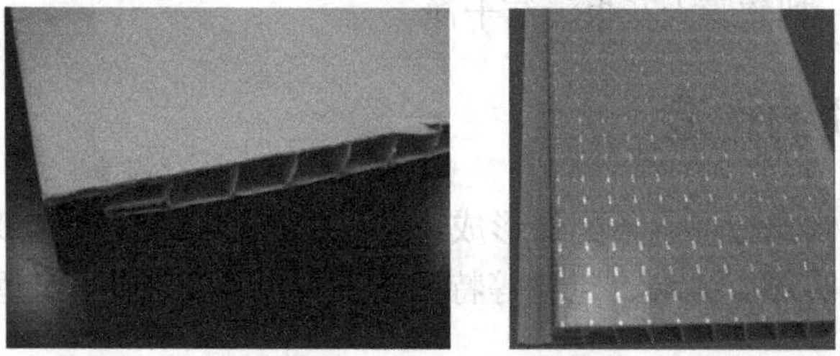

图 4.66　PVC 塑料板吊顶

PVC 吊顶型材若发生损坏，更新十分方便，只要将一端的压条取下，将板逐块从压条中抽出，用新板更换破损板，再重新安装，压好压条即可。更换时应注意新板与旧板的颜色需一样，不要有色差。

4.10　课堂实训课题

4.10.1　实训　某会议室轻钢龙骨纸面石膏板吊顶装饰构造设计

1. 教学目标

掌握轻钢龙骨纸面石膏板吊顶的构造及做法，正确绘制纸面石膏板吊顶的平面图和节点详图。

2. 实训要点

图 4.67 所示为某会议室石膏板吊顶平面图，根据该平面图进行吊顶的剖面设计及细部构造设计。

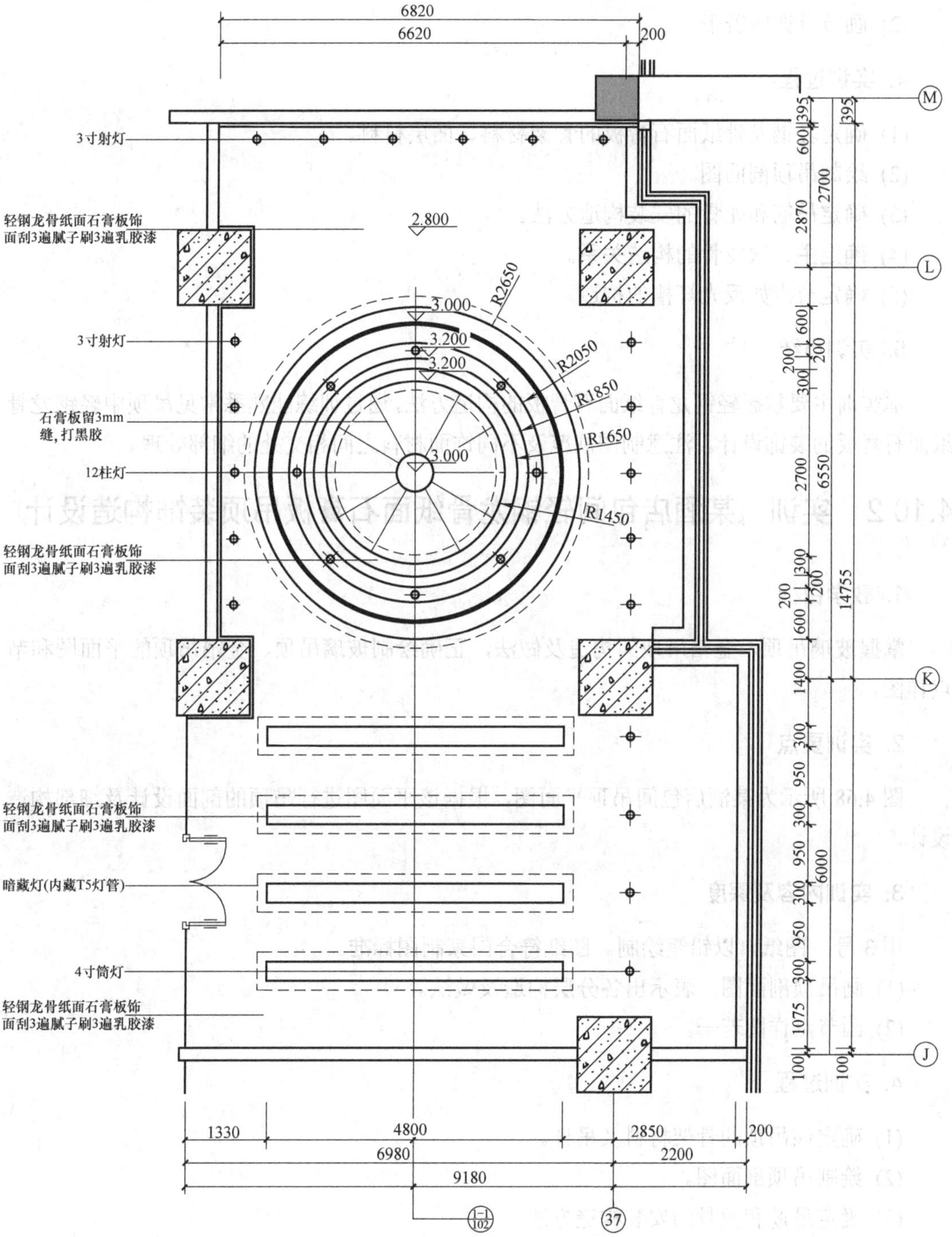

图 4.67　某会议室石膏板吊顶平面图

3. 实训内容及深度

用 3 号白图纸，以铅笔绘制。图纸符合国家制图标准。

(1) 画吊顶剖面图，表示出各分层构造及做法。

(2) 画节点详图若干。

4. 实训过程

(1) 确定轻钢龙骨纸面石膏板的骨架材料、面层材料。

(2) 绘制吊顶剖面图。

(3) 确定吊筋和龙骨的安装构造方法。

(4) 确定主、次龙骨的构造关系。

(5) 确定节点如反光灯槽的构造。

5. 实训小结

本实训主要掌握轻钢龙骨纸面石膏板的构造方法，通过训练能熟悉常见吊顶中轻钢龙骨纸面石膏板的装饰设计。注意制图规范及不同饰面材料之间相交处的细部处理。

4.10.2 实训 某酒店包间轻钢龙骨纸面石膏板吊顶装饰构造设计

1. 教学目标

掌握玻璃吊顶、金箔吊顶的构造及做法，正确绘制玻璃吊顶、金箔吊顶的平面图和节点详图。

2. 实训要点

图 4.68 所示为某酒店包间吊顶平面图，根据该平面图进行吊顶的剖面设计及细部构造设计。

3. 实训内容及深度

用 3 号白图纸，以铅笔绘制。图纸符合国家制图标准。

(1) 画吊顶剖面图，表示出各分层构造及做法。

(2) 画节点详图若干。

4. 实训过程

(1) 确定该吊顶的骨架材料及吊杆。

(2) 绘制吊顶剖面图。

(3) 确定吊筋和龙骨的安装构造方法。

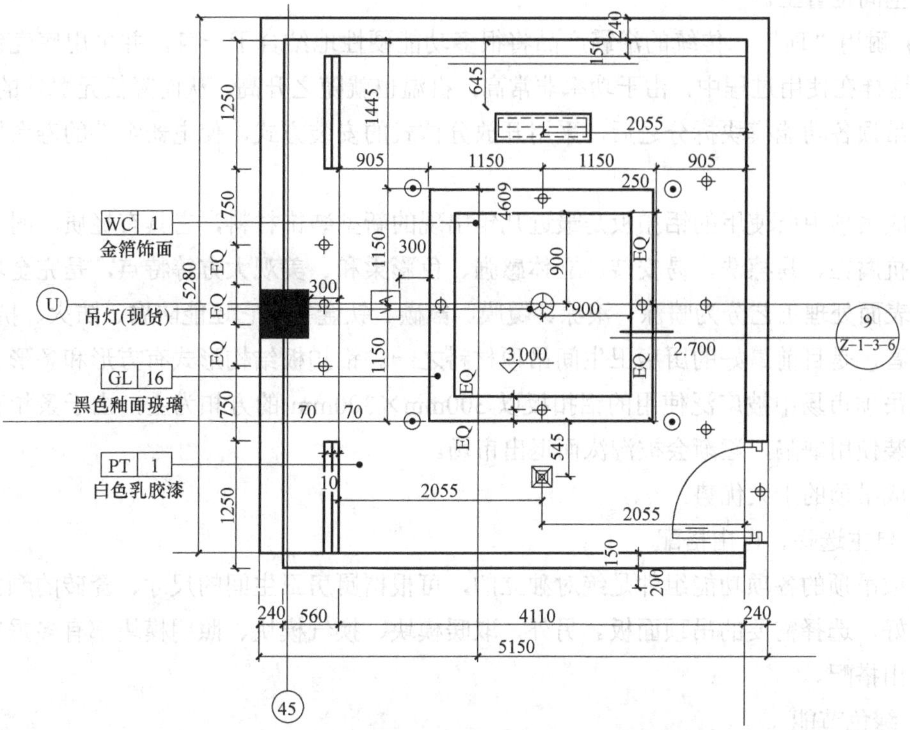

图 4.68　某酒店包间吊顶平面图

(4) 确定主、次龙骨的构造关系。

(5) 确定节点如反光灯槽的构造。

5. 实训小结

本实训主要掌握玻璃吊顶的构造方法，通过训练能熟悉常见吊顶中各种不同标高、材料交接处的装饰设计。注意制图规范及不同饰面材料之间相交处的细部处理。

【新知识链接】

集成吊顶是将吊顶模块与电器模块，均制作成标准规格的可组合式模块，安装时集成在一起，多用于厨卫。集成吊顶打破了原有传统吊顶的一成不变，将原有产品做到了模块化、组件化，可以自由选择吊顶材料、换气照明及取暖模块，效果一目了然，可以一次性解决吊顶的问题。

“集成”的特点是十分明显的。

(1) 漂亮“顶”。区别于以往厨卫吊顶上生硬地安装浴霸或换气扇或照明灯后的效果，集成吊顶安装完毕后看到的不再是生硬的组合，而是美观协调的顶部造型。

(2) 功能“顶”。独立的取暖灯、独立的照明灯、独立的换气扇，可合理排布安装位置，克服了传统浴霸安装位置的尴尬，可将取暖灯安装在淋浴区正上方，照明灯安装在房间中间或洗手台的位置，换气扇安装在坐便器正上方，从而可使每一项功能都安放在了最需要的空间位置上。

(3) 耐用“顶”。传统的浴霸产品将很多功能硬性地结合于一身，并采用底壳包裹的形式。这样在使用过程中，由于功率非常高，机温也就随之升高，从而降低元器件的寿命。而集成吊顶各功能模块拆分之后，采用开放分体式的安装方式，使电器组件的寿命提升 3 倍以上。

集成吊顶中所使用的铝扣板是最近几年出现的新型装饰材料，它具有轻质、耐水、不吸尘、抗腐蚀、易擦洗、易安装、立体感强、色彩柔和、美观大方等特点，是完全环保型材料。表面处理工艺分为喷涂、滚涂、覆膜、氟碳、钛金等。它还能防腐、防火、抗静电、吸音隔音，是目前最好的厨房卫生间吊顶材料之一。铝扣板结构形式有方形和条形，目前在集成吊顶市场中被广泛使用的铝扣板以 300mm×300mm 的方扣为主，由于条扣存在一定的安装使用缺陷，逐渐会被淘汰而退出市场。

集成吊顶的十大优势：

1) 自主选择、自由搭配

集成吊顶的各项功能组件是绝对独立的，可根据厨房卫生间的尺寸、瓷砖的颜色、自己的喜好，选择需要的吊顶面板。另外，取暖模块、换气模块、照明模块都有多重选择，可以自由搭配。

2) 绿色节能

集成吊项的各项功能是独立的，可根据实际的需求来安装暖灯位置与数量，传统吊顶均采用浴霸取暖，但它有很大局限性，取暖位置太集中，而集成吊顶克服了这些缺点，取暖范围大，且均匀，3 个暖灯就可以达到 4 个浴霸暖灯的效果，绿色节能。

3) 天花色彩、款式较多

用户可根据墙砖、洁具、橱柜的颜色任意搭配，根据自己的经济情况选择不同档次的铝天花。随着更多艺术天花的上市，厨卫空间更显得高贵奢华。

4) 安全

因为取暖灯采用硬质石英玻璃，抗高温能力佳，具有优良的耐热性能，610℃软化点设计，防爆能力强，各电器分开安装，互不干扰，故障率低，所以更安全。

5) 升温速度快

实验证明灯暖的最佳排列是将 3 个灯横向一线排列，使光的照射面积扩大，受热面积也扩大了几倍，热效率高，升温快。360° 全维加热配置，浴室始终保持干爽暖和，避免了“头热脚凉”。

6) 使用寿命长

取暖灯选用高稳定灯丝，钨原料纯度高，灯丝均匀度严格按国家标准制作，数据在 1‰内，稳定性佳，寿命长。

7) 照明灯具有明显的节能效果

使用时无眩光、无黑斑、无闪烁(不影响原有的色彩搭配效果)。

8) 超静音设计

换气扇改为独立模块，使气流量进出平衡，排气效果更佳。换气扇缩短排气距离(可安装在预留的排风口附近)，提高排气效率，扩展进气空间，避免无效空转，同时降低噪声。

9) 装饰效果好

所有吊顶模块几乎处于同一平面，看上去比较上档次，同时也比较易于清洁。

10) 综合性价比高

集成吊顶的单价比传统吊顶要高，但它是由优质铝材加工而成的，传统吊顶大多是由塑料加工制成，集成吊顶的寿命可达 50 年，而塑料吊顶的寿命才 5～10 年，而且很容易 3～5 年就出现老化。

第 5 章　门窗装饰装修构造

内容提要

本章精心安排了两大类建筑门窗的相关理论知识实例，包括木门窗、铝合金门窗，并在最后两节中简单介绍了几种日常生活中常见的建筑门窗形式，编写过程中选取较典型的案例作为构造讲解的重点，并在章节末端提供了部分节点详图及设计参考资料，一方面，方便学生对系统理论的理解，另一方面，为学生在实践过程中提供参考资料。

教学目标

- 熟悉建筑门窗装饰施工图内容。
- 熟悉门窗装饰常用方法。
- 掌握常用门窗详图设计的基本知识及装饰构造。
- 掌握如何结合客观实际情况确定合理的门窗构造方案，提高学生的装饰构造设计能力。
- 通过工程项目设计案例讲解及实训设计，提高学生在设计过程中的空间思维能力、知识运用能力和解决实际问题的能力。
- 识读和绘制建筑门窗装饰立面、剖面施工图。
- 工程项目设计可根据需要选择讲解。

项目设计是为了全面训练学生识读、绘制施工图和建筑设计的能力，检验学生学习和运用建筑门窗构造知识的程度而设置的。本章的课程设计作业，可由教师根据实际情况选择进行。

项目案例导入：建筑门窗节点构造详图设计，门窗是建筑物的重要组成部分，门窗细部构造处理得当与否，对建筑功能、建筑空间环境气氛和美观影响很大，应根据不同的使用和装饰要求选择相应的材料、构造方法，以达到设计的实用性、经济性、装饰性。设计完成的建筑门窗节点构造详图如图 5.1 所示。

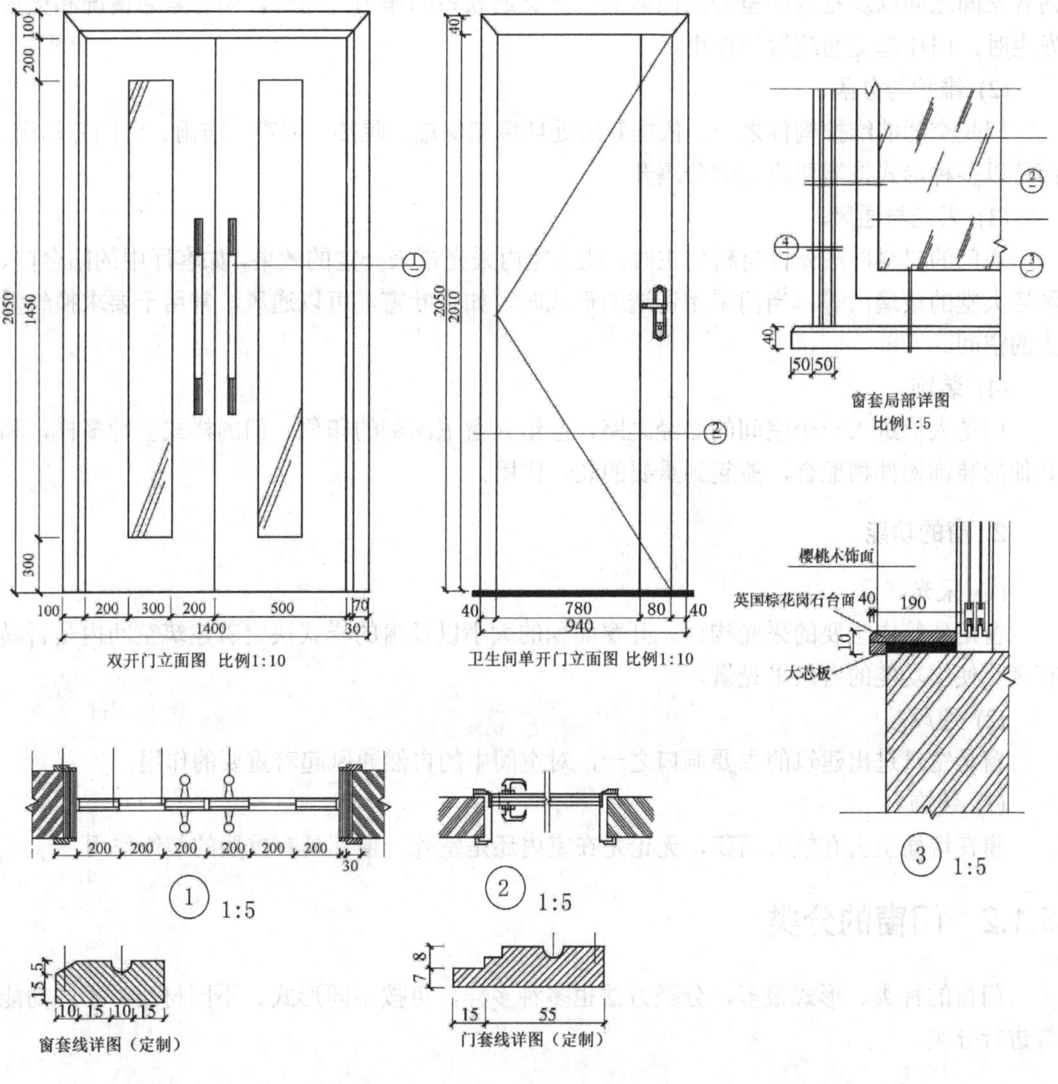

图 5.1 完成后的门窗节点构造详图

5.1 概 述

5.1.1 门窗的功能

1. 门的功能

(1) 水平交通与疏散。

建筑给人们提供了各种使用功能的空间，它们之间既相对独立又相互联系，门能在室内各空间之间以及室内和室外之间起到水平交通联系的作用；同时，当有紧急情况和火灾发生时，门还起交通疏散的作用。

(2) 维护与分隔。

门是空间的维护构件之一，依据其所处环境起保温、隔热、隔声、防雨、密闭等作用，门还以多种形式按需要将空间分隔开。

(3) 采光与通风。

当门的材料以透光性材料为主时，能给室内采光带来一定的效果，如客厅中的阳台门、酒店大堂的玻璃门等；当门采用通透的形式时，如百叶窗，可以通风，常用于要求换气量大的空间。

(4) 装饰。

门是人们进入一个空间的必经之路，会给人留下深刻的印象。门的样式多种多样，和其他的装饰构件相配合，能起到重要的装饰作用。

2. 窗的功能

(1) 采光。

窗是建筑中主要的采光构件。开窗面积的大小以及窗的样式决定着建筑空间内是否具有满足使用功能的自然采光量。

(2) 通风。

窗是空气进出建筑的主要洞口之一，对空间中的自然通风起着重要的作用。

(3) 装饰。

窗在墙面上占有较大面积，无论是在室内还是室外，窗都具有重要的装饰作用。

5.1.2 门窗的分类

门窗的种类、形式很多，分类方法也多种多样，可按不同形式、不同材质、不同功能等进行分类。

1. 按开启形式分

(1) 窗分为固定窗、平开窗、推拉窗、旋转窗(上、中、下)及平开旋转组合窗。

(2) 门分为平开门、弹簧门、推拉门、旋转门、自动门、旋转自动组合门、折叠门、卷帘门。

2. 按材质分

按材质可分为木门窗、金属门窗(如铝合金、彩色钢板窗等)、塑料门窗、全玻璃门窗、复合门窗(如塑钢门窗)。

3. 按功能分

按功能可分为防火门窗、防盗门窗、安全门、保温门、隔声门、自动门、装饰门窗、特殊门窗。

5.1.3 门窗制作与安装的基本要求

1. 门窗的制作

门窗框、扇的制作关键是把握以下几点。

(1) 下料原则。对于矩形的，纵向通长，横向截断；对于其他形状需放大样(木门框上槛通长)，所有杆件应留足加工余量。

(2) 组装要点。保证各杆件在一个平面内，矩形对角线相等，其他形状应与大样重合。保证连接强度。留好扇与框之间的配合余量和框与洞的间隙余量。

2. 门窗的安装

安装是门窗能否正常使用的关键，也是对门窗安装质量检查的重要衡量标准。门窗安装必须把握下列要点。

(1) 门窗所有构件确保在一个平面内安装，而且同一立面上的门窗也必须在同一平面内，特别是外立面，否则出进不一，颜色不一致，立面不美观。

(2) 确保连接要求。框与洞口墙体之间的连接必须牢固，并且保证框不产生形变，以保证密封效果。框和扇之间的连接必须保证开启灵活、密封，搭接量不小于设计的80%。

3. 防水处理

门窗的防水处理，应先加强缝隙的密封，而后再打防水胶，阻断渗水，同时做好排水处理，以防在长期静水的渗透压力作用下而破坏密封防水材料。门窗框与墙体是两种不同材料的连接，须做好缓冲防变形处理，以免产生裂缝。一般须在框与墙体之间填充缓冲材料，材料要做好防腐处理。

4. 注意事项

(1) 门窗安装前，应根据设计和厂方提供的门窗节点图和结构图进行检查，核对品种、规格与开启形式是否符合要求，零件、附件、组合杆件是否齐全，是否有出厂合格证等。

(2) 门窗在运输和存放时，底部需垫缓冲物，一般采用200mm×200mm的木方，其间隔500mm，同时保证木方水平，表面光洁，并有可靠的刚性支撑，以保证门窗在运输和存放过程中不受损伤和变形。

(3) 金属门窗的存放处不得有酸碱等杂物，特别是易挥发性酸，如盐酸、硝酸等，并要求有良好的通风条件，以防止门窗被酸腐蚀。

(4) 塑料门窗在运输和存放时，不能平堆码放，应竖直排放，樘与樘之间用非金属软质材料(如玻璃丝毡片、粗麻编织物、泡沫塑料等)隔开，并固定牢靠。

(5) 门窗为非承重构件，金属门窗、塑料门窗在安装过程中，不得在门窗框、扇上安放脚手架或悬挂重物，以免引起门窗变形和损坏。

(6) 要注意保护金属门窗的表面。金属门窗表面的氧化膜或涂层，都有保护金属不受腐蚀的作用，一旦保护层受到破坏，将使金属锈蚀而影响门窗的装饰效果和使用寿命。

(7) 塑料门窗在运输和存放时，应采用非金属软质材料衬垫和非金属绳索捆扎，以防止搬运过程中磨损或擦伤表面，影响美观。

(8) 为了保证安装质量和使用效果，金属门窗和塑料门窗的安装，必须采用预留洞口后安装的方法，严禁采用边安装边砌口或先安装后砌口的做法。金属门窗中，除实腹钢门窗外都是空腹的，门窗壁较薄，锤击和挤压容易引起局部弯曲损坏。金属门窗表面都有一层保护装饰膜或防锈涂层，如保护装饰膜被磨损，是无法修复的。防锈层磨损后不及时修补，也会失去防锈作用。

(9) 门窗固定可采用焊接、膨胀螺栓或射钉等方式。但砖墙易碎，不得采用射钉。门窗固定中，普遍对地脚的固定重视不够，而是将门窗直接卡在洞口内，用砂浆挤严，这种做法不妥当，往往容易产生安全隐患。

(10) 门窗在安装过程中，应及时采用布或棉丝清理粘在门窗表面的砂浆和密封膏液，以免其凝固干燥后黏附在门窗表面，影响美观。

5.2 木 门 窗

5.2.1 木门窗的构造

木门适用范围较广，一般建筑除对外所开的大门、消防门及特殊用途房间门外，基本都可以采用木门，它造价便宜，质量轻，样式多，是一般建筑中常用的门的种类。

1. 木门的构造(以木平开门为例)

1) 平开门的组成

门一般由门框、门扇、亮子、五金零件及其附件组成。门扇按其构造方式不同，有镶板门、夹板门、拼板门、玻璃门和纱门等类型。亮子又称腰头窗，在门上方，为辅助采光和通风之用，有平开、固定及上、中、下悬几种。门框是门扇、亮子与墙的联系构件。五金零件一般有铰链、插销、门锁、拉手、门碰头等。附件有贴脸板、筒子板等，如图 5.2 所示。

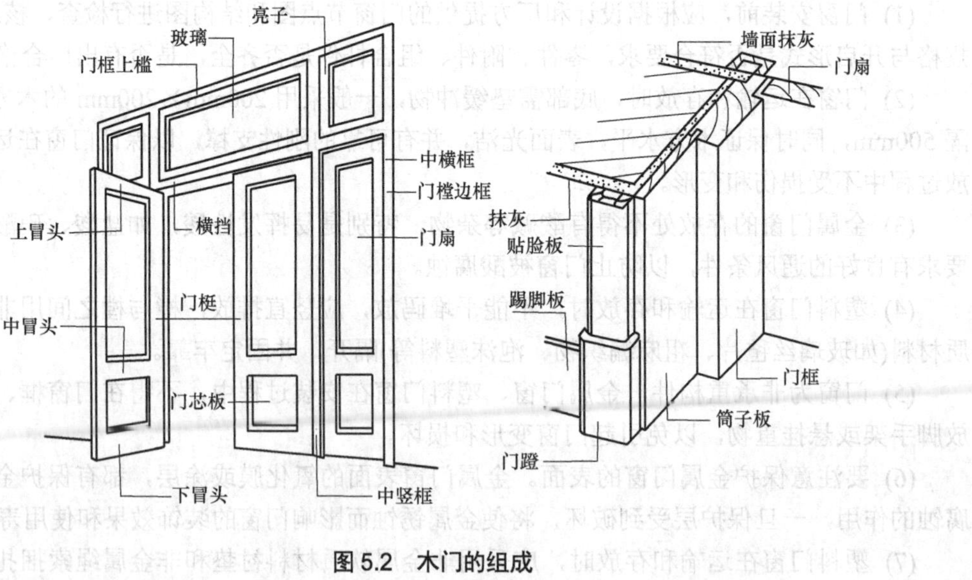

图 5.2 木门的组成

(1) 门框断面。一般由两根竖直的边框和上框组成。当门带有亮子时，还有中横框，多扇门则还有中竖框。

门框的断面形式与门的类型、层数有关，同时应利于门的安装，并应具有一定的密闭性，门框的断面形式与尺寸如图 5.3 所示。

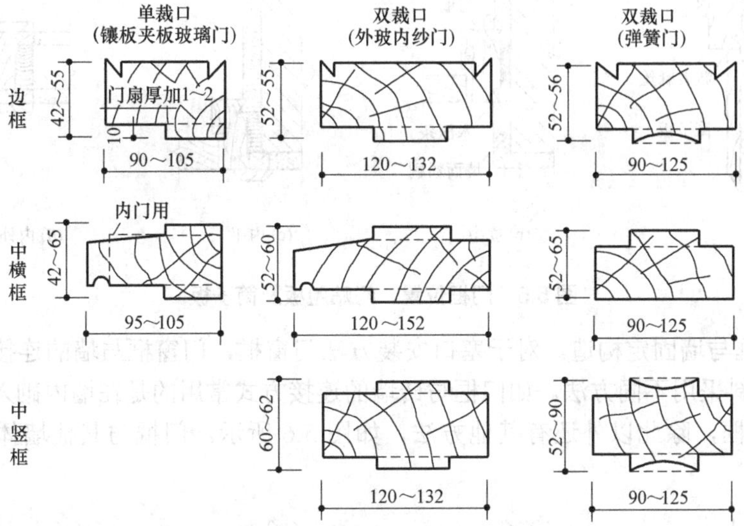

图 5.3　门框的断面形式与尺寸

(2) 门框安装。门框的安装根据施工方式分后塞口和先立口两种，门框的安装方式如图 5.4 所示。

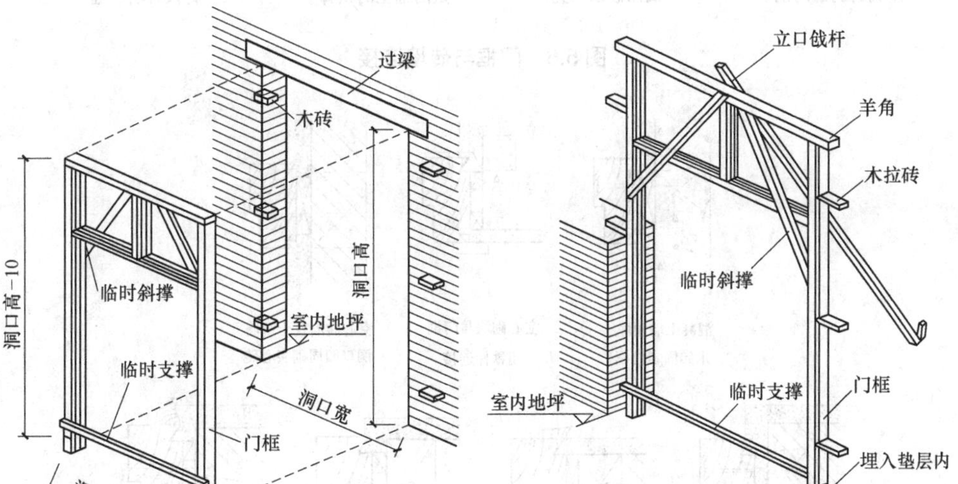

(a) 后塞口　　(b) 先立口

图 5.4　门框的安装方式

(3) 门框在墙中的位置。门框在墙中的位置，可在墙的中间或与墙的一边平。一般多与开启方向一侧平齐，尽可能使门扇开启时贴近墙面。门框位置、门贴脸板及筒子板如图 5.5 所示。

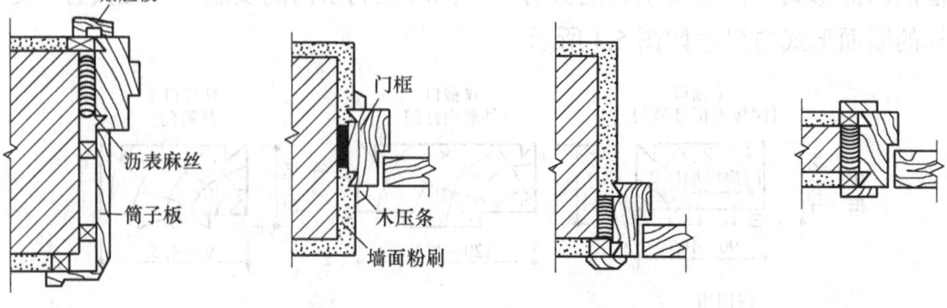

(a) 外平　(b) 立中　(c) 内平　(d) 内外平

图 5.5　门框位置、门贴脸板及筒子板

(4) 门窗框与墙固定构造。对于塞口安装方法门窗框，门窗框与墙的连接方式要视洞口周围墙体材料采用不同方法。如门框与砖墙的连接方式常用的是在墙内砌入防腐木砖，再用钉钉装门框，除此以外还有其他方法，如图 5.6 所示。门框与其他墙体的连接方式如图 5.7 所示。

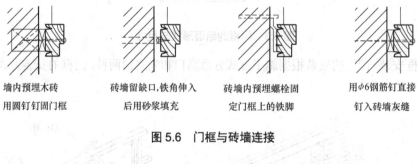

墙内预埋木砖用圆钉钉固门框　砖墙留缺口，铁角伸入后用砂浆填充　砖墙内预埋螺栓固定门框上的铁脚　用ϕ6钢筋钉直接钉入砖墙灰缝

图 5.6　门框与砖墙连接

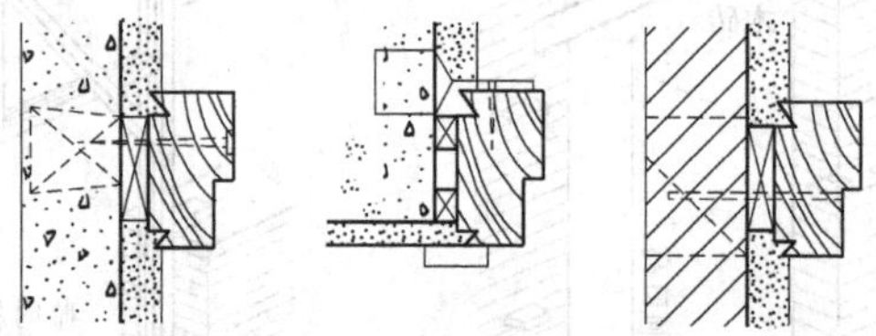

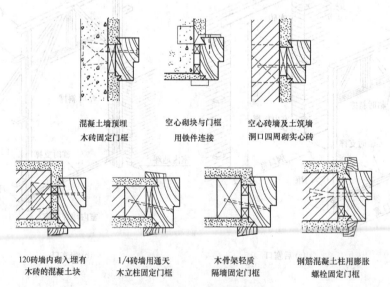

混凝土墙预埋木砖固定门框　空心砌块与门框用铁件连接　空心砖墙及土筑墙洞口四周砌实心砖

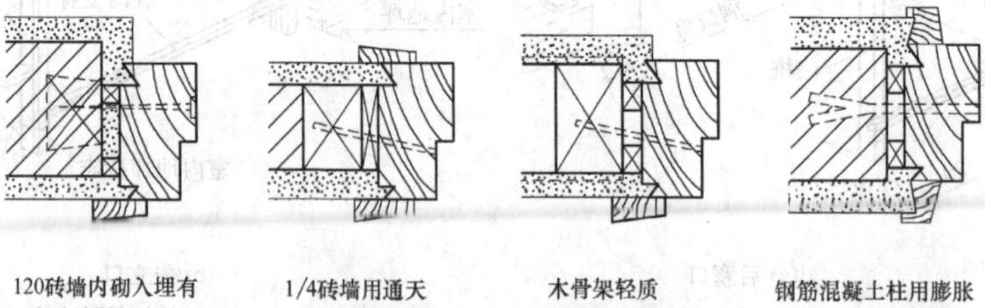

120砖墙内砌入埋有木砖的混凝土块　1/4砖墙用通天木立柱固定门框　木骨架轻质隔墙固定门框　钢筋混凝土柱用膨胀螺栓固定门框

图 5.7　门框与其他墙体连接

2) 门扇

木门扇按构造方式不同，一般常见的有镶板门(包括玻璃门、纱门)、夹板门和拼板门等。

(1) 镶板门。镶板门是广泛使用的一种门，门扇由边梃、上冒头、中冒头(可作数根)和下冒头组成骨架，内装门芯板构成。门扇的组合连接主要是指上、中、下冒头与扇边梃的组合方式。门芯板可用木板、胶合板、硬质纤维板、玻璃等。门芯板与扇冒头的连接可采用暗槽、单面槽及双边压条、单面油灰等构造形式，其共同的质量要求是门芯板与扇边梃、冒头结合牢固。门芯板换为玻璃，即为玻璃门，换为纱或百叶则为纱门或百叶门。门芯板也可根据需要组合，如上部玻璃，下部木板；或上部门板，下部百叶等。门扇边框的厚度一般为40～45mm，上冒头和两旁边梃的宽度为75～120mm，下冒头考虑踢脚比上冒头加大50～120mm，中冒头和竖梃同上冒头和边梃的宽度。中冒头如考虑门锁安装可适当加宽。门扇底端至地面应留5mm的门隙，以利门扇启闭。镶板门(大芯)具有自重大、构造简单、坚固耐用、保温隔音效果好、造价高等特点，适于一般民用建筑作内门和外门。门扇形式如图5.8所示，构造如图5.9所示。

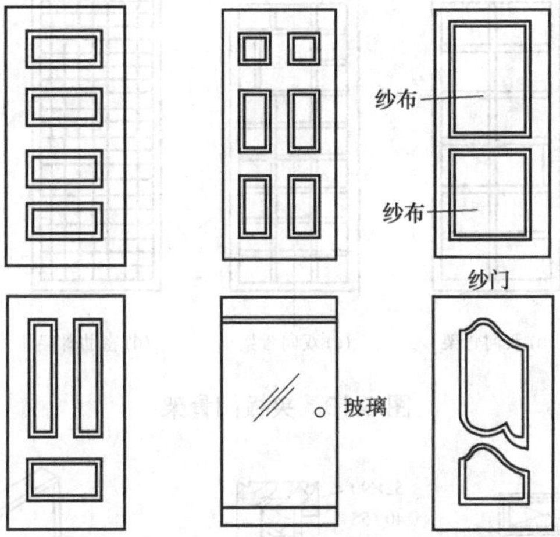

图5.8　镶板门常见立面形式

(2) 夹板门。夹板门由轻型木骨架和面板组成，先用断面较小的方木(35×35～50×50@300～400)钉成骨架，两面粘贴面板而成。门锁处附加木块。为了保持门扇内的干燥，一般应在骨架间设置透气孔贯穿上下框格。夹板门的各种骨架形式如图5.10所示。夹板门的面板一般为胶合板、硬质纤维板或塑料板，用胶结材料双面胶结，面板和骨架形成一个整体，共同抵抗变形。为整齐美观并且即使受到碰撞也不致使面板撕裂，四周应用15～20mm厚木条镶边。如功能上需要，可以做局部玻璃或百叶，以利视线和通风。

夹板门构造简单，可利用小料、短料，自重轻，外形简洁，便于工业化生产，但防潮、防变形性能较差，故在一般民用建筑中广泛应用，构造如图5.11所示。

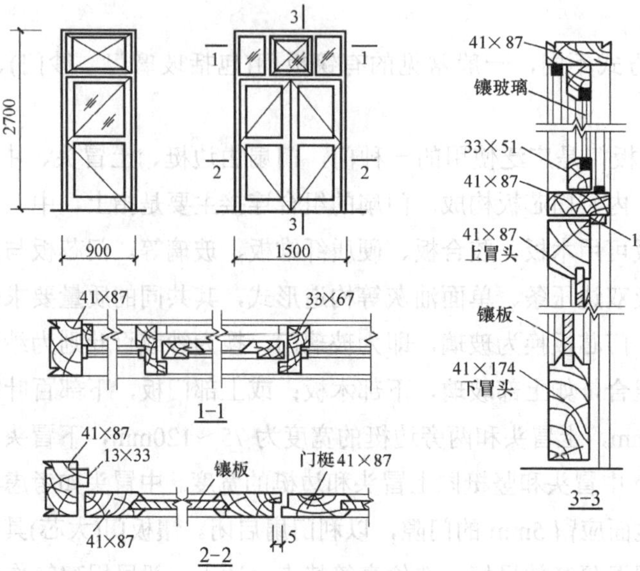

图 5.9 镶板门构造

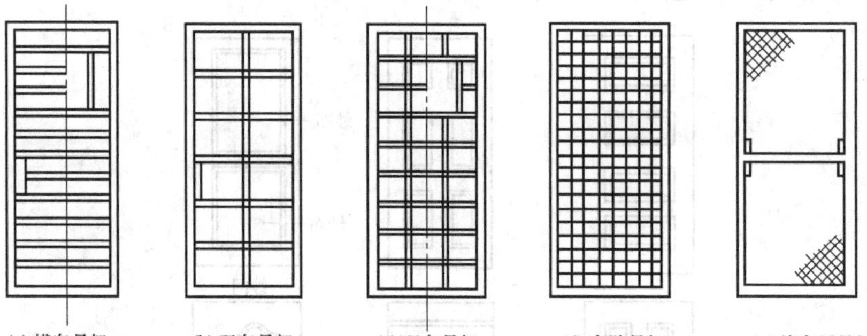

(a) 横向骨架　(b) 双向骨架　(c) 双向骨架　(d) 密肋骨架　(e) 蜂窝纸骨架

图 5.10 夹板门骨架

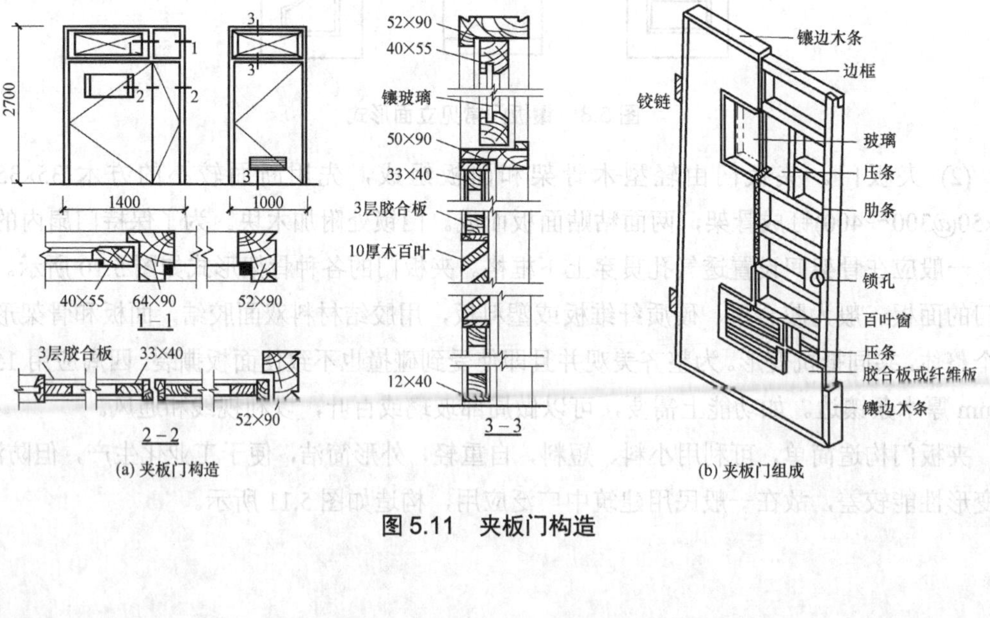

(a) 夹板门构造　(b) 夹板门组成

图 5.11 夹板门构造

(3) 拼板门。拼板门是由木板拼合而成的门。一般有厚板拼成的实拼门及单面或双面拼成的薄板拼板门。其特点是坚固耐久、费料、自重大。实拼门，一般由厚 40mm 的木板拼成，每块的宽度为 100～150mm，为了预防木料收缩裂缝常做成高低缝、企口缝、错口缝等，并在板面铲三角形或圆形槽。门扇由边梃、中梃、上冒头、中冒头、下冒头、门芯拼板组成。有的实拼门无冒头边梃，直接由木板用扁钢、螺栓连接而成，如图 5.12 所示。薄拼板门是由厚 15～25mm 的木板拼合成单面或双面的拼板门。

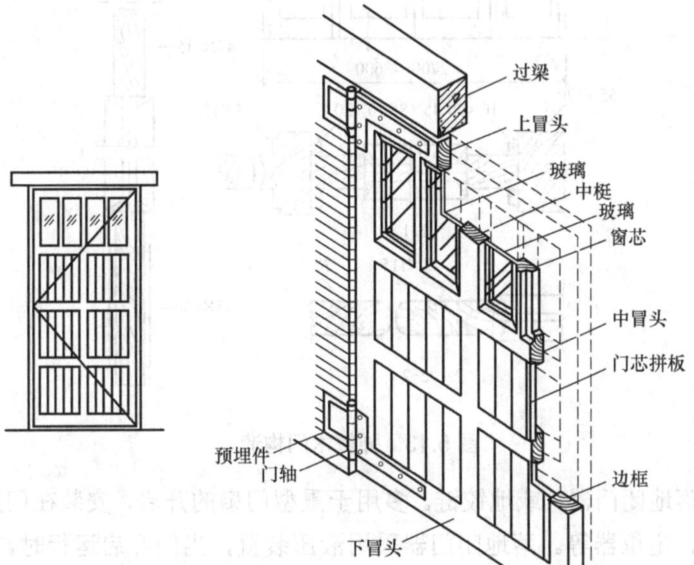

(a) 立面图　　(b) 构造示意图

图 5.12　拼板门的构造

(4) 弹簧门。弹簧门门扇的构造方式与普通镶板门是完全一样的，所不同的是它的特殊的铰链形式，开启后会自动关闭。常用的弹簧铰链有单面弹簧、双面弹簧、地弹簧、门顶闭门器等。常用于需要温度调节或视线及气味需要遮挡的房间，如厨房、厕所以及用做纱门等。

弹簧门按开启方向分为单向和双向。单向弹簧门常用于卫生间、厨房纱门等。双向弹簧门使用比较频繁，常用于公共建筑和人流较多的门，通常在人可视高度部分安装玻璃，防止出入人流碰撞。双向弹簧门扇必须用硬木，用料尺寸比一般镶板门稍大一些，扇厚度为 42～50mm，上冒头及边框宽度为 100～120mm，下冒头宽为 200～300mm。双向弹簧门为了门扇双向的自由开启，门框不能做限制门扇开启的裁口，为了避免门扇之间相互碰撞和门扇之间缝隙过大，门扇上、下与门框间通常做成平缝，门扇左、右两侧与门框间以及门扇之间则应做成圆弧缝，其弧面半径为门厚的 1～1.2 倍，如图 5.13 所示。

地弹簧门是使用地弹簧作开关装置的平开门，门可以向内或向外开启。铝合金地弹簧门分为有框地弹簧门和无框地弹簧门。

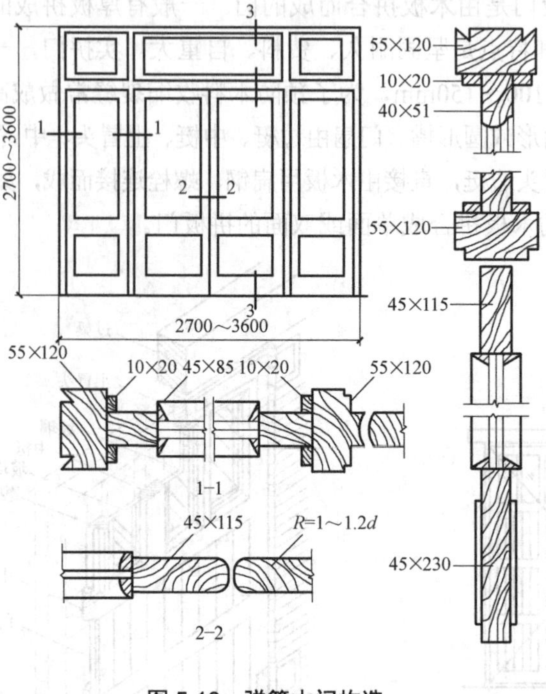

图 5.13　弹簧木门构造

地弹簧又称落地闭门器，或地铰链。多用于重型门扇的开启，安装在门扇底部地坪上，无需再安装合页、定位器等。落地闭门器采用液压装置，当门开启运行时，回转轴杆；动凸轮旋转，使活塞压缩弹簧，通过液压油路，使液压油进入阀体。调节快慢速度，地弹簧外露面有铜面、铝面、不锈钢面，壳体埋于地下，隐蔽性好。门顶闭门器又称多功能闭门器，速度可自动调节。一般安装在门的顶部有铰链的一侧，闭门器壳体可调节的一端应面向可开启的一边。

2. 木窗的构造(以木平开窗为例)

1) 木窗的组成

木窗主要由窗框、窗扇和建筑五金零件组成，如图 5.14 所示。但目前工程中很少采用，主要用于仿古建筑。

(1) 窗框断面形式与尺寸。窗框又称窗樘，一般由上框、下框及边框组成，在有亮子窗或横向窗扇数较多时，应设置中横框和中竖框。

窗框的断面形式与窗的类型有关，同时应利于窗的安装，并应具有一定的密闭性。窗框的断面尺寸应根据窗扇层数和榫接的需要确定。

(2) 窗框的安装。窗框的安装方法与门框基本相同，如图 5.15 所示。窗框与墙体之间的缝隙应用砂浆或油膏填实，以满足防风、挡雨、保温、隔声等要求。

(3) 窗框在墙上的位置。一般与墙的内表面平齐，安装时窗框突出砖面 20mm，以便墙面粉刷后与抹灰面平齐。窗框在墙中的位置如图 5.16 所示。

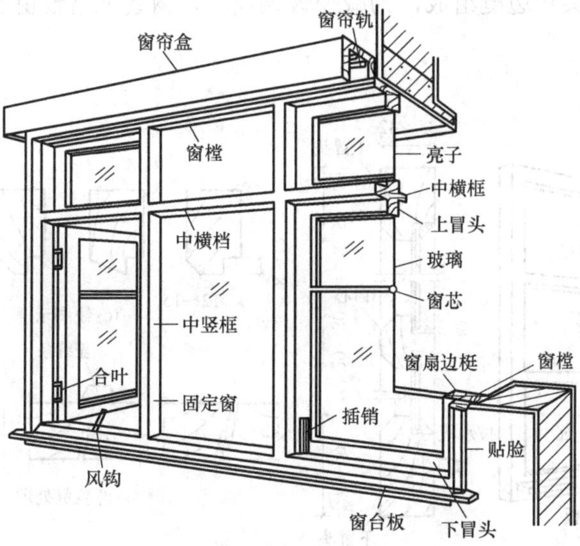

图 5.14　木窗的组成

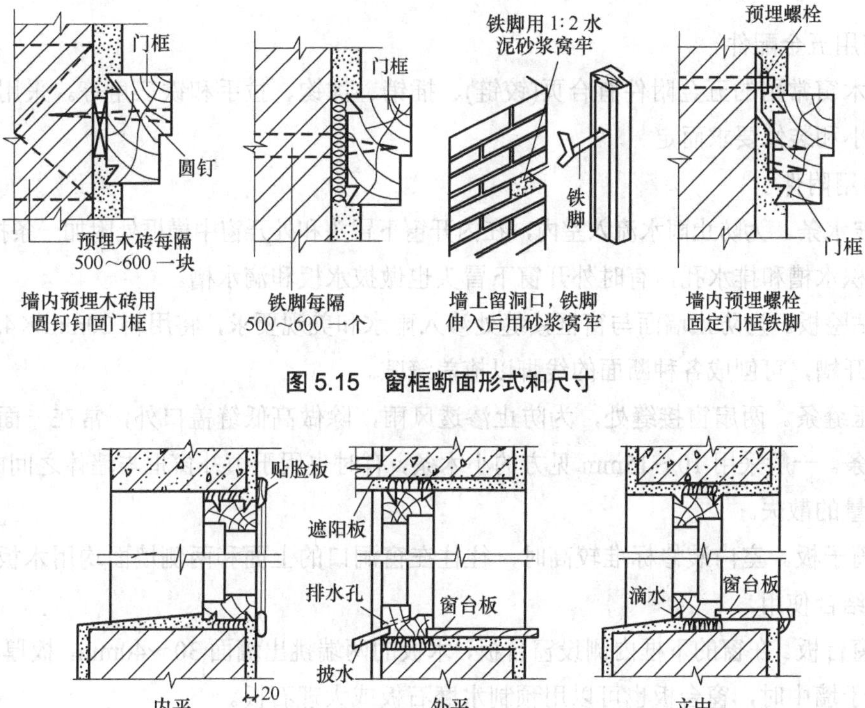

图 5.15　窗框断面形式和尺寸

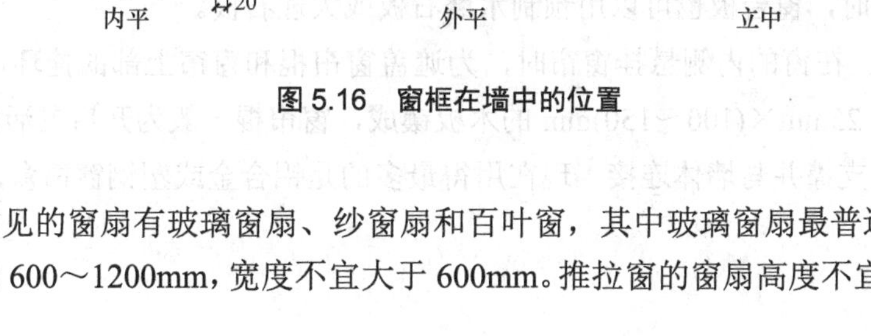

图 5.16　窗框在墙中的位置

2) 窗扇

平开窗常见的窗扇有玻璃窗扇、纱窗扇和百叶窗，其中玻璃窗扇最普遍。一般平开窗的窗扇高度为 600～1200mm，宽度不宜大于 600mm。推拉窗的窗扇高度不宜大于 1500mm，窗扇由上冒头、下冒头和边梃组成，为减少玻璃尺寸，窗扇上常设窗芯分隔，窗扇构造如图 5.17 所示。

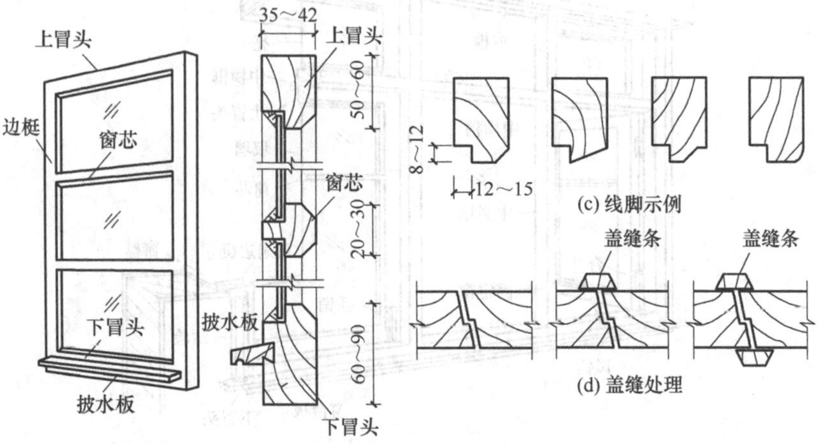

(a) 窗扇立面　(b) 窗扇剖面　(c) 线脚示例　(d) 盖缝处理

图 5.17　窗扇的构造处理

3) 窗用五金配件

平开木窗常用的五金附件有合页(铰链)、插销、撑钩、拉手和铁三角等。采用品种根据窗的大小和装修要求而定。

4) 窗用附件

(1) 披水条。为防止雨水流入室内，在内开窗下冒头和外开窗中横框处附加一条披水板，下边框设积水槽和排水孔，有时外开窗下冒头也做披水板和滴水槽。

(2) 贴脸板。为防止墙面与窗框接缝处渗入雨水和美观要求，将用料 20mm×45mm 木板条内侧开槽，可刨成各种断面的线脚以掩盖缝隙。

(3) 压缝条。两扇窗接缝处，为防止渗透风雨，除做高低缝盖口外，常在一面或两面加钉压缝条。一般采用 10～15mm 见方的小木条，有时也用于填补窗框与墙体之间的缝隙，以防止热量的散失。

(4) 筒子板。室内装修标准较高时，往往在窗洞口的上面和两侧墙面均用木板镶嵌，与窗台板结合使用。

(5) 窗台板。在窗的下框内侧设窗台板，木板的两端挑出墙面 30～40mm，板厚 30mm。当窗框位于墙中时，窗台板也可以用预制水磨石板或大理石板。

(6) 窗帘盒。在窗的内侧悬挂窗帘时，为遮盖窗帘棍和窗帘上部的拴环而设窗帘盒。窗帘盒三面采用 25mm×(100～150)mm 的木板镶成，窗帘棍一般为开启灵活的金属导轨，采用角钢或钢板支撑并与墙体连接。现在用得最多的是铝合金或塑钢窗帘盒，美观牢固、构造简单。

5.2.2　木门窗装饰细部构造

木门窗的节点构造见表 5.1。

表 5.1　木门窗节点构造

名称	结构部位	简　图
门窗框	框子冒头和框子梃割角榫头	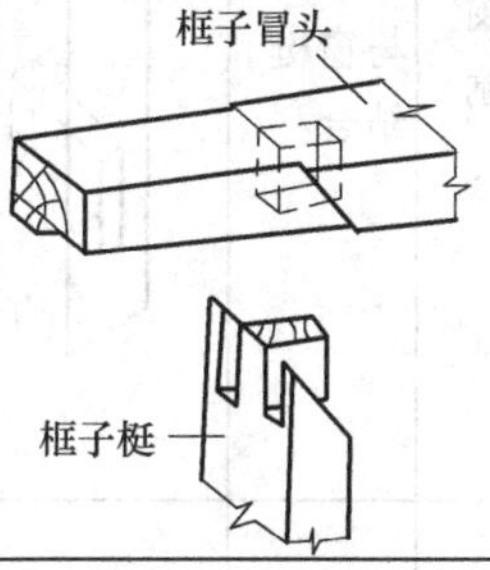
	框子冒头和框子梃不割角榫头	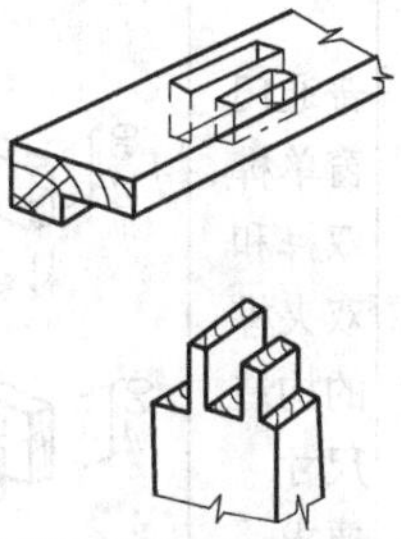
	框子冒头和框子梃双夹榫榫头	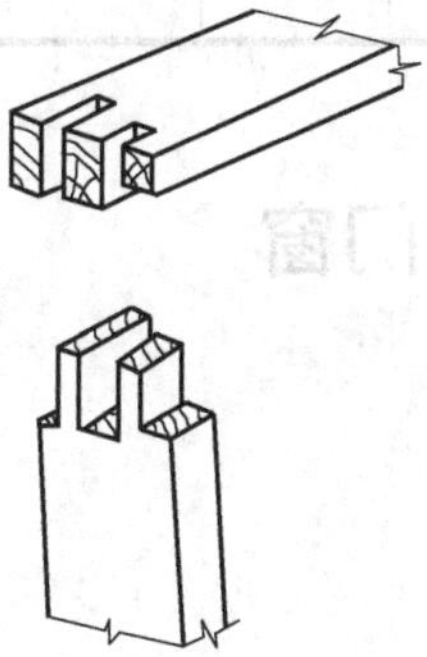
	框子梃与中贯挡结合	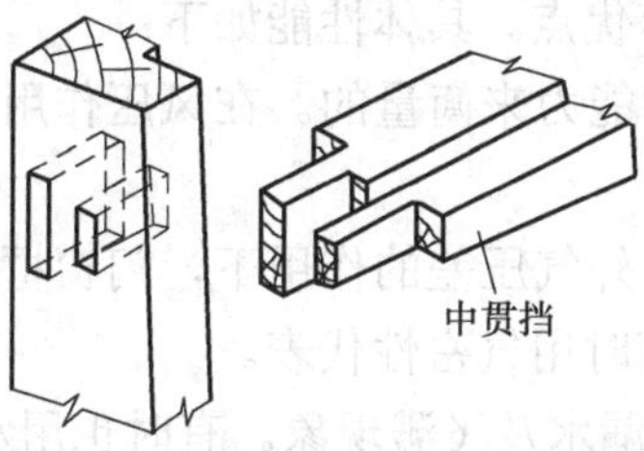

名称	结构部位	简　图
门扇	下冒头与门梃结合	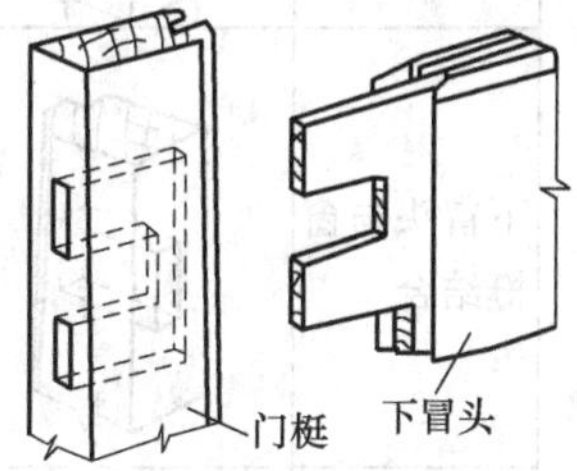
	上冒头与门梃结合	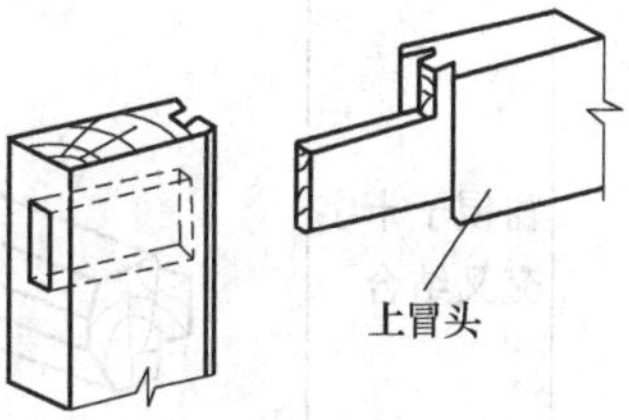
	中冒头与门梃结合	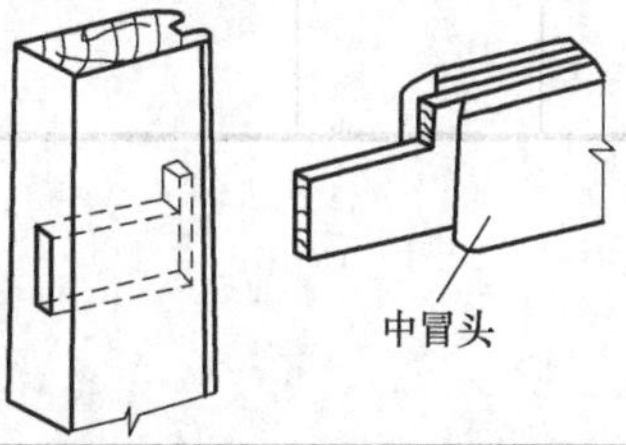
	棂子与门梃结合	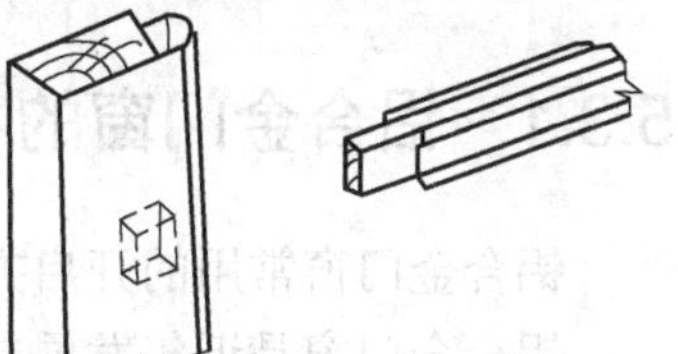
	棂子与棂子的十字结合	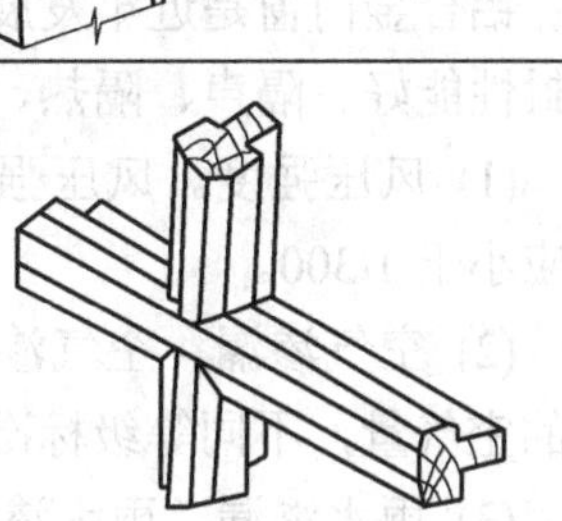

续表

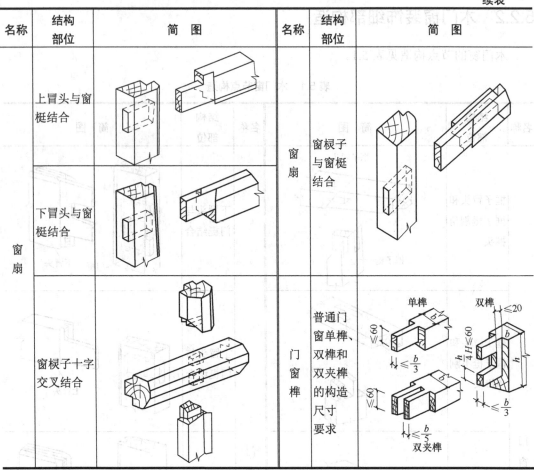

名称	结构部位	简　图	名称	结构部位	简　图
窗扇	上冒头与窗梃结合	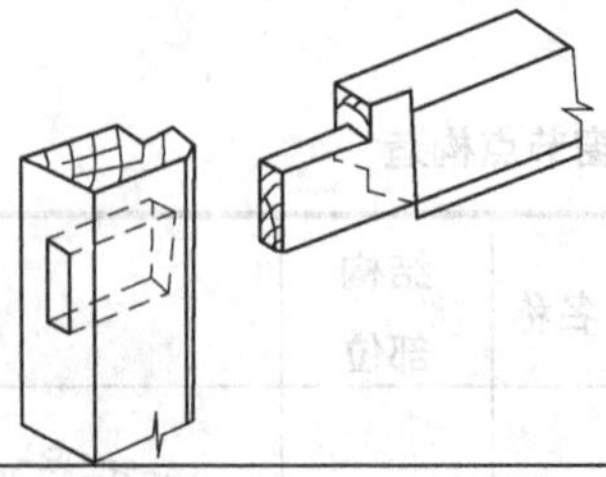	窗扇	窗棂子与窗梃结合	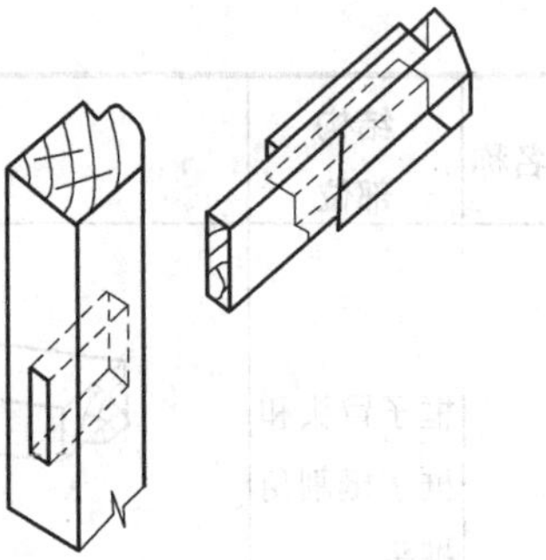
	下冒头与窗梃结合	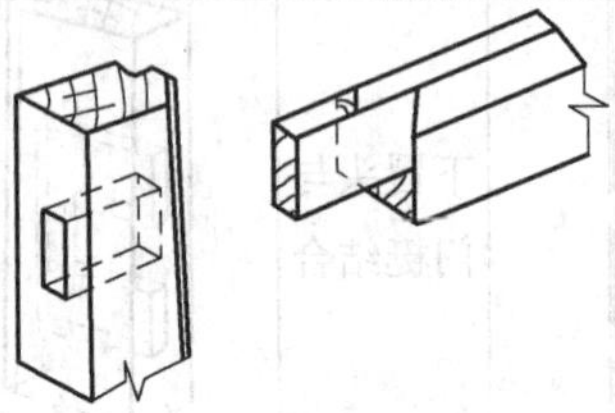			
	窗棂子十字交叉结合	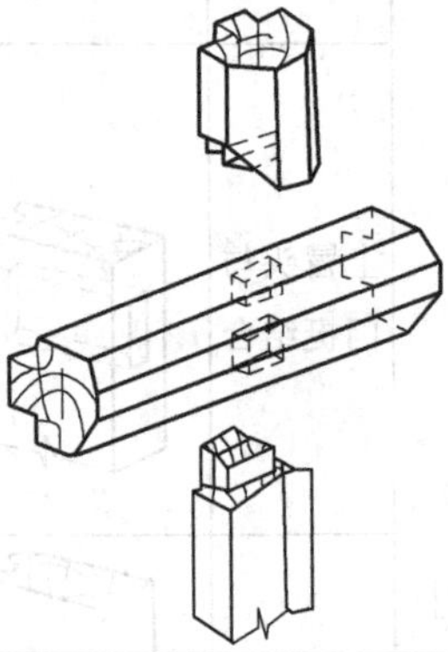	门窗榫	普通门窗单榫、双榫和双夹榫的构造尺寸要求	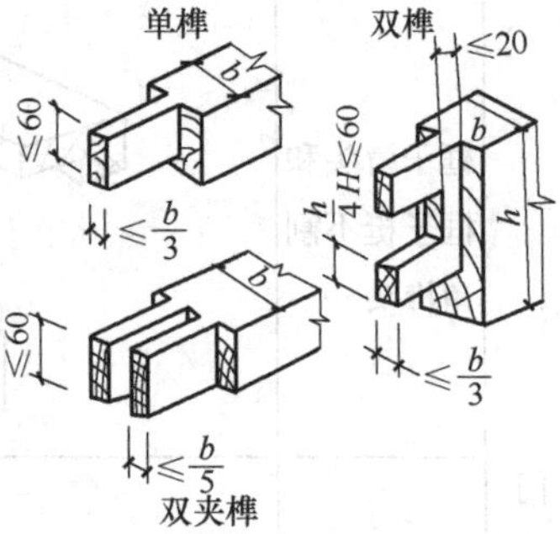

5.3　铝合金门窗

5.3.1　铝合金门窗的特点

铝合金门窗常用的开启方式有平开和推拉两种。

铝合金门窗是近年发展起来的一种门窗。具有透光系数大、强度大、重量轻、不生锈、密封性能好、隔声、隔热、耐腐蚀、易保养等优点。具体性能如下：

(1) 风压强度。风压强度是以抗风荷载的能力来衡量的。在风压作用下主要受力杆挠度应小于1/300。

(2) 空气渗漏。空气渗漏是指门窗在内、外气压差的作用下，门窗框每米每小时所通过的空气量，不同等级标准有不同的要求。有时用气密性代表。

(3) 雨水渗漏。雨水渗漏指门窗框不能有漏水及飞溅现象。有时也用水密性代表。

(4) 隔声性能。隔声性能指屏蔽声音的特性。

(5) 保温性能。保温性能是以其热阻和热对流阻抗值的大小衡量。

(6) 使用性能。使用性能包括开启力、强度、滑动耐久性、开闭锁耐久性等，要求门窗应开关灵活，关闭时四周严密等。

在上述几项基本性能中，风压强度、空气渗漏和雨水渗漏性是窗档次高低的重要指标。铝合金门窗框料型材表面经过氧化着色处理后，既可保持铝材的银白色，又可以制成各种柔和的颜色或带色的花纹，如古铜色、暗红色、黑色等。铝合金门窗适用于有密闭、保温、隔声要求的宾馆、会堂、体育馆、影剧院、图书馆、科研楼、办公楼、电子计算机房，以及民用住宅等现代化高级建筑的门窗工程。

5.3.2 铝合金门窗的设计要求

(1) 应根据使用和安全要求，确定铝合金门窗的风压强度性能、雨水渗漏性能、空气渗透性能综合指标。

(2) 组合门窗设计宜采用定型产品门窗作为组合单元。非定型产品的设计应考虑洞口最大尺寸和开启扇最大尺寸的选择和控制。

(3) 外墙门窗的安装高度应有限制。

5.3.3 铝合金门窗框料系列

铝合金门窗框料的系列名称是以门窗框的厚度构造尺寸来区分的，如平开门门框厚度构造尺寸为50mm宽，即称为50系列铝合金平开门；推拉铝合金窗的窗框厚度构造尺寸为90mm，即称为90系列铝合金推拉窗，如表5.2所示。实际工程中，通常根据不同地区、不同性质建筑物的使用要求选用相适应的门窗框。

表5.2 铝合金门窗的类型

门的类型	窗的类型
50系列平开铝合金门 55系列平开铝合金门 70系列平开铝合金门 70系列推拉铝合金门 90系列推拉铝合金门 70系列铝合金门地弹簧门 100系列铝合金门地弹簧门	40系列平开铝合金窗 50系列平开铝合金窗 70系列平开铝合金窗 55系列推拉铝合金窗 60系列推拉铝合金窗 70系列推拉铝合金窗 90系列推拉铝合金窗 90-1系列推拉铝合金窗

5.3.4 铝合金门窗的构造

1. 铝合金门窗的构造组成

铝合金门窗由门窗框、门窗扇、五金零件及连接件组成。铝合金门窗框一般由上槛、下槛及两侧边框组成。框料的拼接属于临时固定性质，框一旦固定在洞口上，其连接作用也就消失。所以边框与上、下槛的拼接一般为直口拼接，并通过碰口胶垫和自攻螺钉固定，如图5.18所示。铝合金门窗扇由上、下冒头、边梃及密封毛条组成。窗扇有玻璃窗扇和纱窗扇两种。玻璃窗扇使用的玻璃通常为5mm厚玻璃。窗扇和窗框之间为了开启和固定，需要设五金零件，如安装在窗扇下的冒头之中的导轨滚轮。

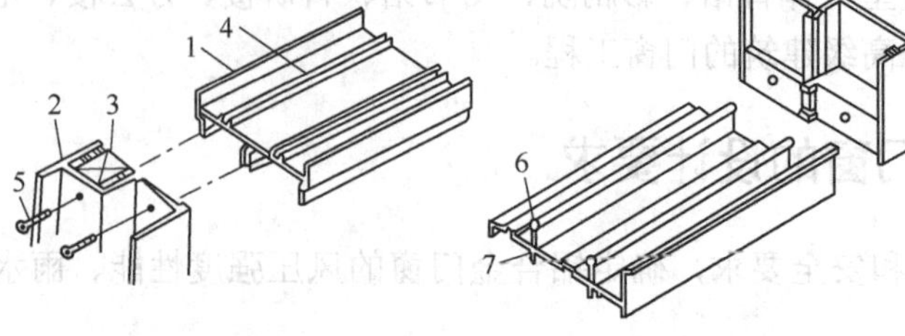

(a) 窗框上框的连接组装　　(b) 窗框下框的连接组装

图5.18　窗框的组合连接

1—上滑道；2—边封；3—碰口胶垫；4—上滑道上的固紧槽；5—自攻螺钉；
6—下滑道的滑轨；7—下滑道下的固紧槽孔

2. 铝合金门窗的构造方式

框料的安装一般采用塞口法。框与墙之间的缝隙大小视面层材料而定，一般情况下洞口抹灰处理，其间隙不小于20mm；洞口采用石材、陶瓷贴面，间隙可增大到35～40mm。并应保证面层与框垂直相交处正好与窗扇边缘相吻合，不能将框遮盖。

框与墙连接是将一端与框连接的镀锌连接板用射钉打入墙、梁或柱上，连接板的间距应小于500mm，如图5.19所示。铝合金门窗框固定好后，应按设计进行填缝。目前常用的做法有两种，一种是采用软质保温材料填塞，如泡沫塑料条、泡沫聚氨酯条、矿棉毡条、玻璃丝棉毡条等，分层填实，外表留5～8mm深的槽口用密封膏密封。这种做法能起到防寒、防风、隔热的作用。另一种是在与铝合金接触面作防腐处理后，用1∶2水泥砂浆将洞口与框之间的缝隙分层填实。

铝合金窗的常见形式有固定窗、平开窗、滑轴窗、推拉窗、立轴窗和悬窗等，一般多采用水平推拉式。

1) 铝合金推拉窗构造

铝合金推拉窗窗扇料的组装拼接包括窗扇料的拼接、锁钩安装和玻璃固定等。70系列推拉式铝合金窗如图5.20所示。

2) 平开窗构造

平开窗扇的连接组装，是采用钻孔，开榫眼，再用螺栓和榫连接。窗扇框料在组装拼接前，应先将密封条穿入槽内，窗扇框料为45°拼接。铝合金平开窗门窗附件包括扇拉手、风撑、扇扣紧件等。窗扇拉手装在窗扇边梃中部。风撑是平开窗窗扇的支撑铰链，起控制窗扇开启角度的作用。风撑有90°和60°两种。窗扇扣紧件是为了使窗扇关闭严密所安装的零件，它包括固定于窗扇上的扣件及固定在竖框上的拉手。

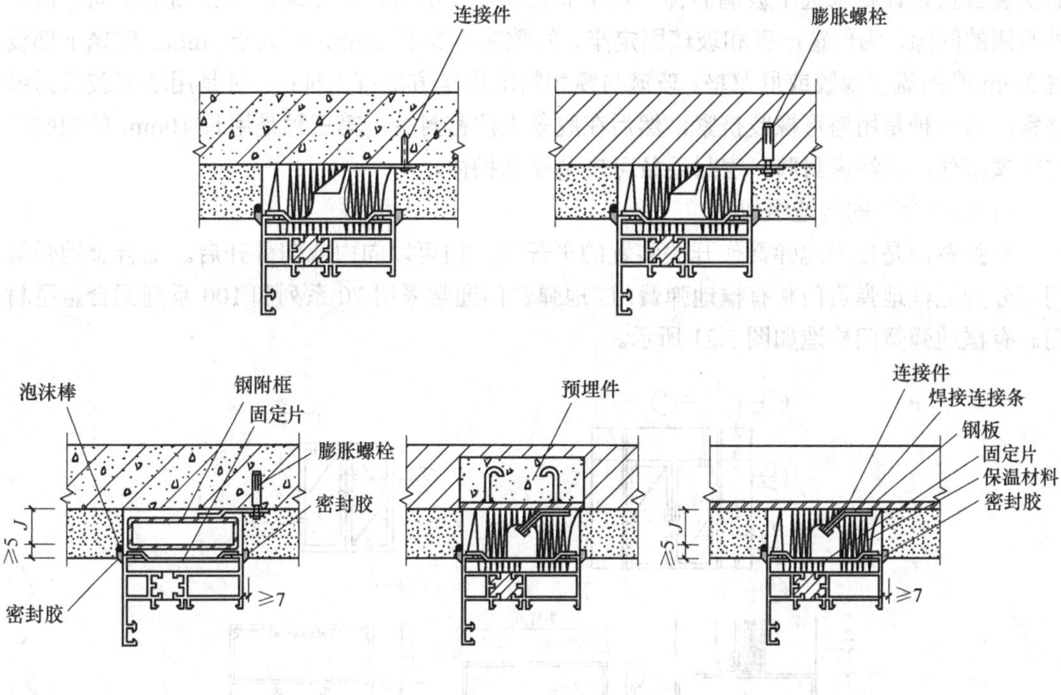

图 5.19　窗框的安装

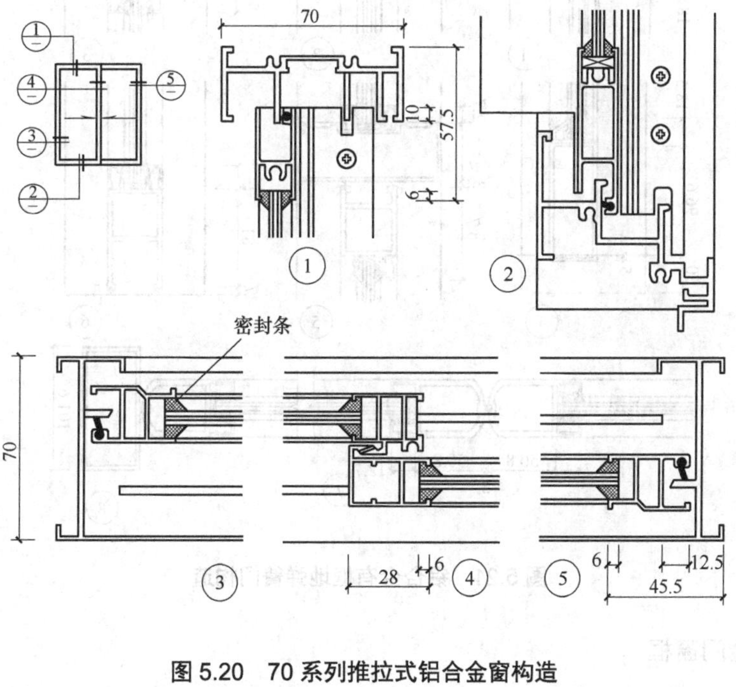

图 5.20　70 系列推拉式铝合金窗构造

玻璃是用石英砂、纯碱、石灰石等主要原料与其他一些辅助性材料，在 1550～1600℃的高温下熔融，并经拉制、压制、浮法等工艺成型，经急冷而成。用于门窗工程的玻璃有普通门窗玻璃、磨光玻璃、磨砂玻璃、压花玻璃、夹层玻璃、中空玻璃等几种。门窗扇玻璃的安装应按设计要求选用玻璃品种、规格和色彩。安装时应将玻璃板放在凹槽中间，内、外两侧的间隙，为使窗严密和玻璃固定牢，间隙应不少于 2mm，不大于 5mm。玻璃下部设置 3mm 厚的氯丁橡胶或尼龙垫。玻璃与窗扇料的固定方法有 3 种：一种是用塔形胶条封缝挤紧；另一种是用塔形橡胶挤紧，然后在胶条上注密封胶；第三种是用长 10mm 的橡胶块将玻璃挤住，再注密封胶。密封毛条可安装在凹槽内。

3) 铝合金门的构造组成

地弹簧门是使用地弹簧作开关装置的平开门，门可以向内或向外开启。铝合金地弹簧门可分为无框地弹簧门和有框地弹簧门。地弹簧门通常采用 70 系列和 100 系列铝合金型材门。有框地弹簧门构造如图 5.21 所示。

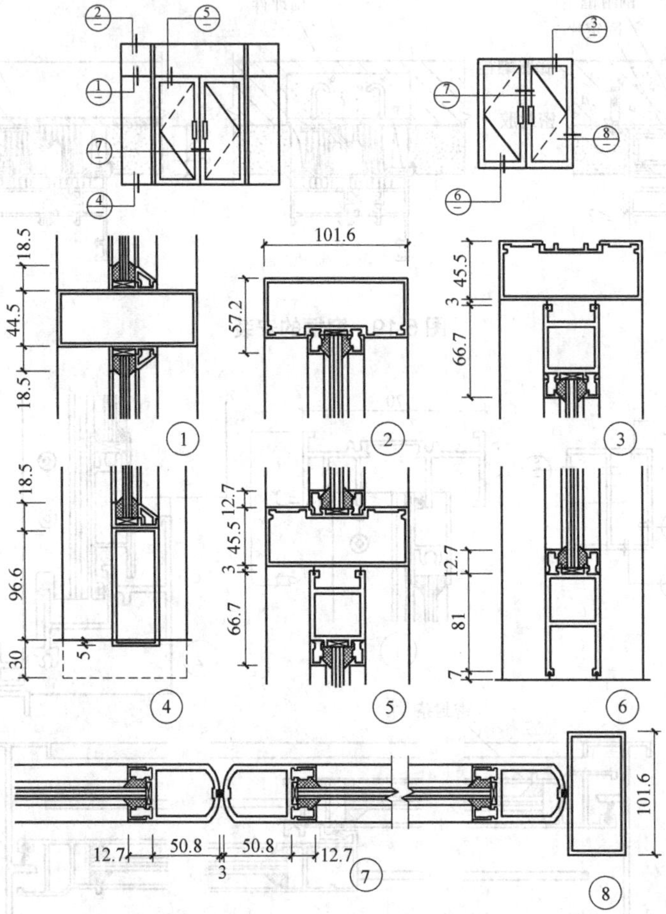

图 5.21 铝合金有框地弹簧门构造

3. 铝合金门窗框

铝合金门窗框根据铝合金型材系列不同，对应有不同的厚度和构造尺寸。常用射钉或预埋件焊接与框上的 Z 字形连接件固定，70 系列铝合金门窗框安装构造如图 5.22 所示，与墙体连接构造如图 5.23 所示。

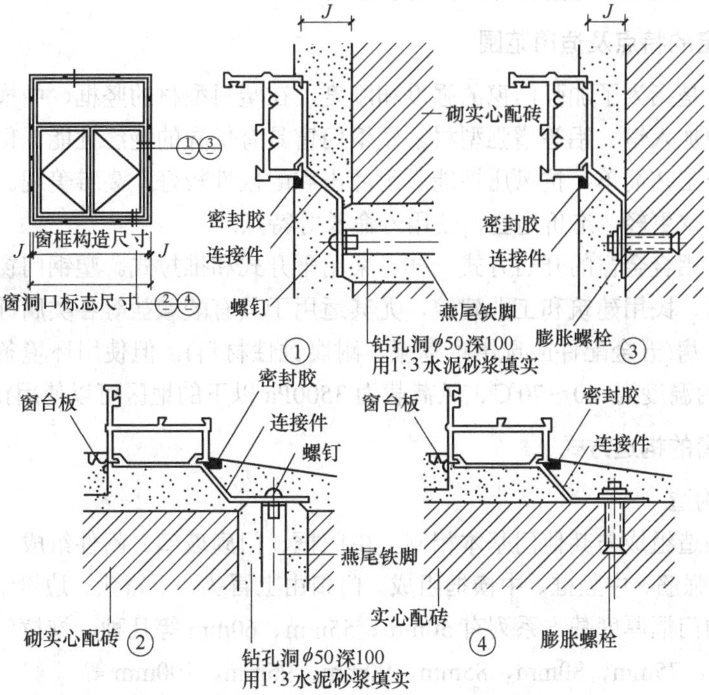

图 5.22　70 系列铝合金窗框的安装构造

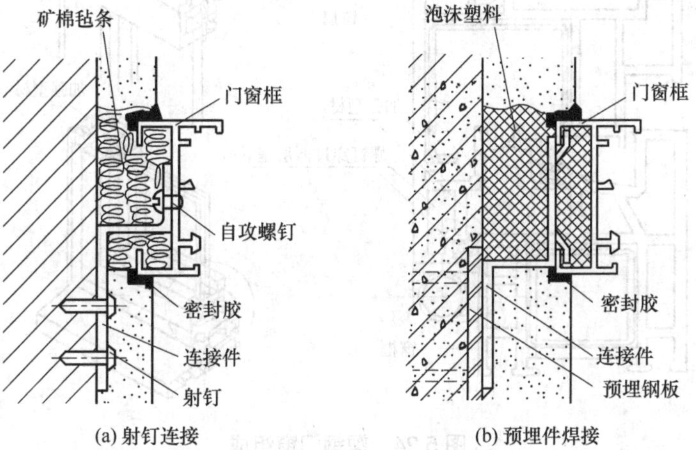

图 5.23　铝合金门窗框与墙体连接

5.3.5　塑钢门窗构造

塑钢门窗是以改性的硬质聚氯乙烯(简称 UPVC)为主要原料，加上一定比例的稳定剂、着色剂、填充剂、紫外线吸收剂等辅助剂，经挤出机挤出成型为各种断面的中空异型材。经切割后，在其内腔衬以型钢加强筋，用热熔焊接机焊接成型组装制作成门窗框、扇等，装上橡胶密封条、压条、五金件等附件而制成的门窗。

1. 塑钢门窗的特点及适用范围

塑钢门窗，是指为了加强门窗的强度和刚度，在塑料型材的竖框、中横框或拼樘料等主要受力杆件中加入钢、铝等增强型材。塑钢门窗具有优异的绝缘性能、保温隔热性能和耐腐蚀性，制作工艺简单，抗风压性能、耐冲击和耐候性较好，高雅美观。塑钢门窗还具有刚度更好，自重更轻，造价适宜，使用寿命长等特点。

塑钢门窗和铝合金窗的开启方式一样，采用平开式和推拉式。塑钢门窗适用于宾馆、住宅、高层楼房、民用建筑和工业建筑，尤其适用于具有酸碱盐等各类腐蚀性介质和潮湿性环境的工业厂房(五金配件应选用耐潮湿、耐腐蚀性材料)。但使用环境条件必须在允许范围之内(如使用温度为-40～70℃、风荷载为3500Pa以下的地区可以使用)。

2. 塑钢门窗的构造方式

1) 塑钢门构造

塑钢门的构造组成与其他门基本相同，由门框、门扇玻璃、附件组成。门框由上框、下框、边框、加强筋、中竖框、中横框组成。门扇由上冒头、下冒头、边梃组成，如图5.24所示。平开门的门框厚度基本系列有50mm、55mm、60mm等几种，推拉门的门框厚度基本系列有60mm、75mm、80mm、85mm、90mm、95mm、100mm等。

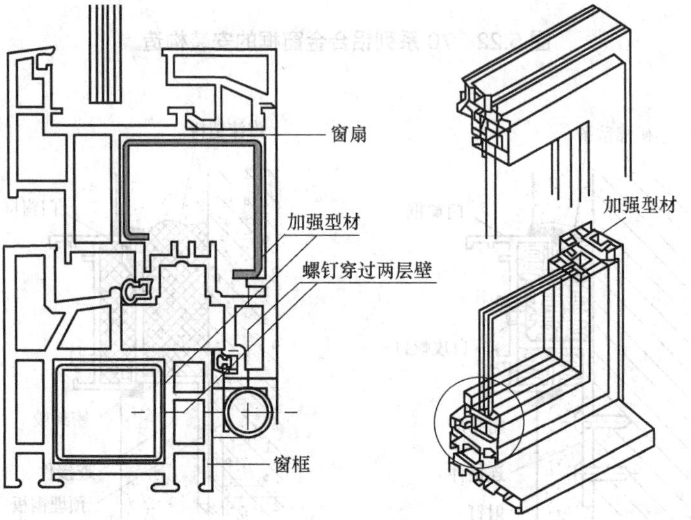

图5.24 塑钢门窗组成

塑钢门门框扇所用材料均为工厂加工的成品异型材，分为门框异型材、门扇异型材、增强异型材三类，如图5.25所示。

2) 塑钢窗的构造

塑钢窗框与墙体预留洞口的间隙可视墙体饰面材料而定，如表5.3所示。

常用的塑钢窗有固定窗、平开窗、水平悬窗、立式悬窗及推拉窗等。塑钢推拉窗的构造如图5.26所示。

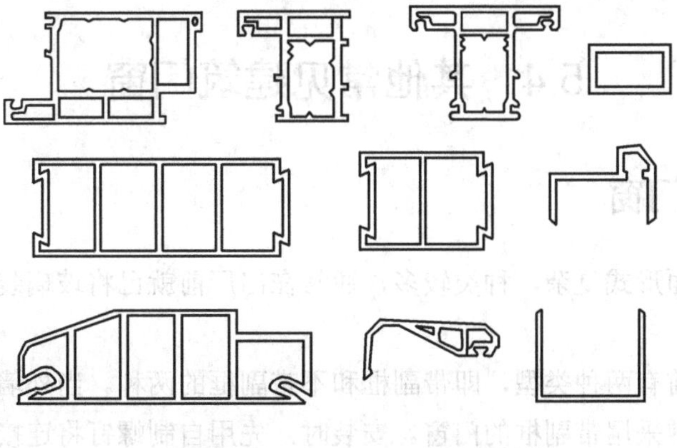

图 5.25 塑钢门用异型材

表 5.3 墙体洞口与窗框间隙

墙体面层材料	洞口与窗框间隙(mm)
清水墙	10
墙体外饰面抹水泥砂浆或贴马赛克	15～20
墙体外饰面贴釉面砖	20～25
墙体外饰面贴大理石或花岗岩	40～50

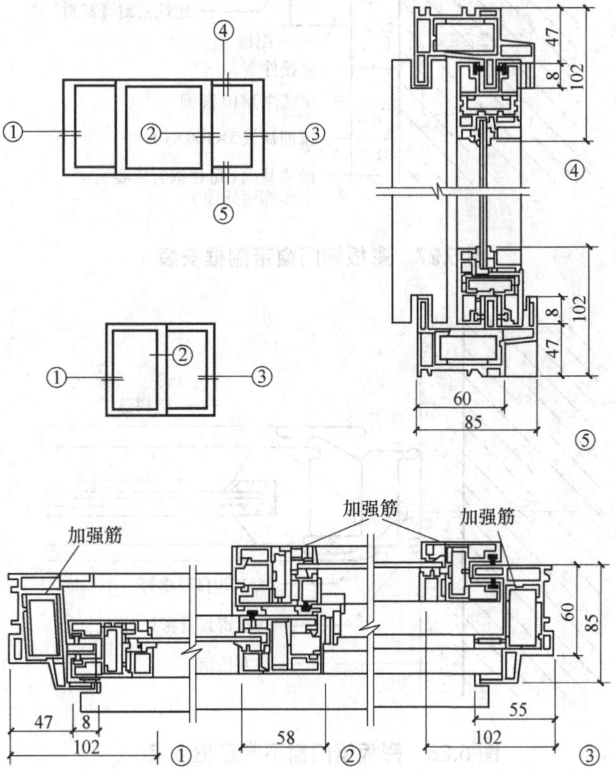

图 5.26 塑钢推拉窗构造

5.4 其他常见建筑门窗

5.4.1 彩板钢门窗

彩板钢门窗断面形式复杂，种类较多，通常在出厂前就已将玻璃装好，在施工现场进行成品安装。

彩板钢门窗目前有两种类型，即带副框和不带副框的两种。当外墙面为花岗石、大理石等贴面材料时，常采用带副框的门窗。安装时，先用自制螺钉将连接件固定在副框上，并用密封胶将洞口与副框及副框与窗樘之间的缝隙进行密封。当外墙装修为普通粉刷时，常用不带副框的做法，即直接用膨胀螺钉将门窗樘子固定在墙上，彩板钢门窗构造如图 5.27 和图 5.28 所示。(图 5.27 为带副框安装，图 5.28 为不带副框安装)

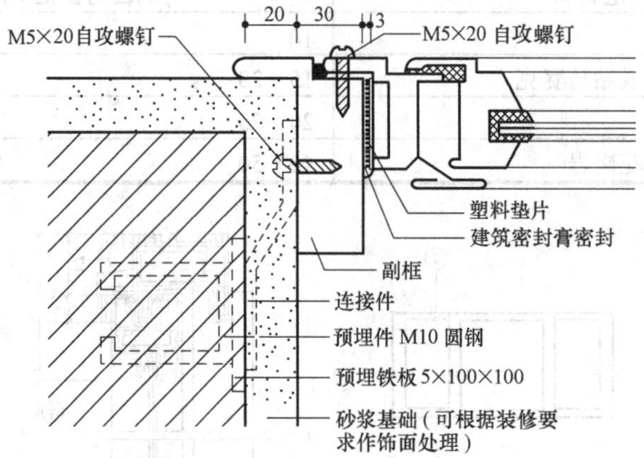

图 5.27 彩板钢门窗带副框安装

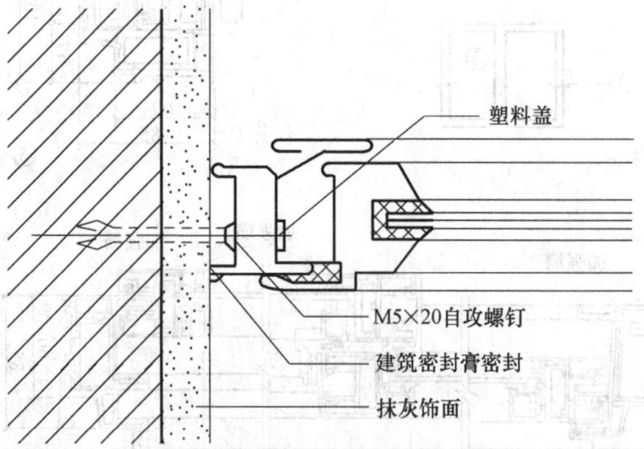

图 5.28 彩板钢门窗不带副框安装

5.4.2 隔声门窗

隔声门是指可以隔除噪声的门。多用于室内噪声允许较低的播音室、录音室等房间。隔声门的隔声效果，与门扇隔声量、门扇和门框间的密闭程度有关。普通木门的隔声能力为 19～25dB。双层木门，间距 50mm 时，隔声能力为 30～34dB。门扇构造与门缝处理要相适应，隔声门的隔声效果应与安装隔声门的墙体结构的隔声性能相适应。门扇隔声量与所用材料、材料组合构造方式有关。密度大、密实的材料，隔声效果较好。一般隔声门多采用多层复合结构，利用空腔和吸声材料提高隔声性能。复合结构不宜层次过多、厚度过大和重量过重。采用空腔处理时，空腔以 80～160mm 为宜。为避免产生缝隙，门扇的面层以采用整体板材为宜。

门缝处理对隔声效果有很大影响。门扇从构造上考虑裁口不宜多于两道，以避免变形失效或开关困难。铲口形式最好是斜铲口，容易密闭，可以避免门扇胀缩而引起的缝隙不严密。门框与门扇间缝的处理可用橡胶条钉在门框或门扇上，或将橡胶管用钉固定在门扇上，或将泡沫塑料条嵌入框用胶粘牢，或将海绵橡胶条用钢板压条固定在门扇上等方法。

门缝消声处理是门扇四周以及门框上贴穿孔板，如穿孔金属薄板、穿孔纤维板、穿孔电化铝板等，后衬多孔吸声材料。当声音透过门缝时，由于遇到布包吸声材料而减弱，如图 5.29 所示。

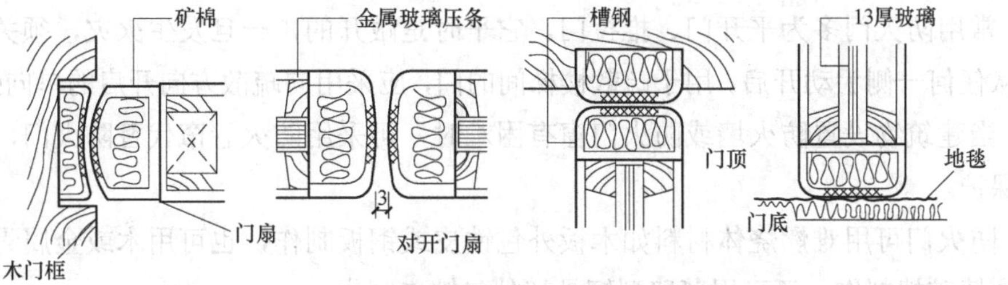

图 5.29 门缝的消声处理

门扇底部底缝的处理可用毛毡或海绵橡胶钉在门底，如图 5.30(a)所示；橡胶条或厚帆布用薄钢板压牢，如图 5.30(b)所示；盖缝是普通橡胶，压缝用海绵橡胶，如图 5.30(c)所示；用海绵橡胶外包人造革，门槛下垫浸沥青毡子，如图 5.30(d)所示。

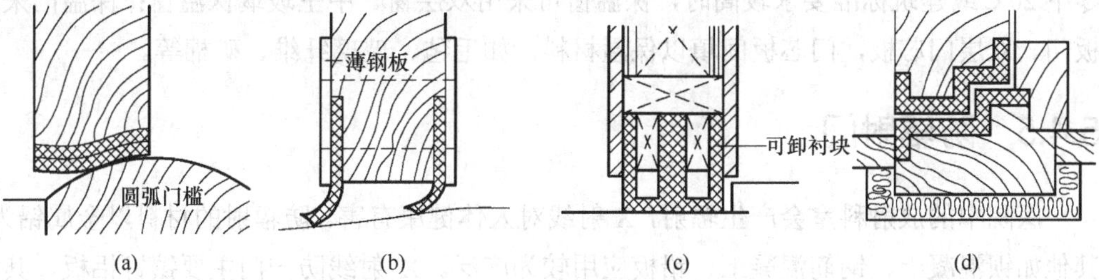

图 5.30 门扇底部的处理

5.4.3 防火门窗

建筑物为了满足消防防火要求，通常要分隔为若干个防火分区间，各防火分区之间应设置防火墙，防火墙上最好不要设置门窗，如必须开设时，应采用防火门窗。一般民用建筑中防火门按耐火极限分为三级，甲级防火门耐火极限为 1.2h，主要用于防火分区之间防火墙上的洞口；乙级防火门的耐火极限为 0.9h，主要用于疏散楼梯与消防电梯前室的进出口处；丙级防火门的耐火极限为 0.6h，用于管道井壁上的检修门。防火门按材料不同，分钢门、木板铁皮门等。防火钢门是由两片 1～1.5mm 厚的钢板做外侧面、中间填充岩棉、陶瓷棉等轻质耐火纤维材料组成的特种门。防火钢门使用的护面钢板应为优质冷轧钢板。甲级防火钢门使用的填充材料应为硅酸铝耐火纤维毡或陶瓷棉；乙级、丙级防火门则多为岩棉、矿棉等耐火纤维。

木板铁皮门是在木板门扇外钉 5mm 厚的石棉板及一层铁皮，门框上也包上石棉板和铁皮。单面包铁皮时，铁皮面应面向室内或有火源的房间。铁皮一般为 26 号镀锌铁皮。由于火灾发生时，木门扇受高温碳化，分解出大量气体，为了防止胀破门扇，在门扇上还应设置泄气孔。防火门应满足以下设计要求：

(1) 防火门不仅应具有一定的耐火性能，且应关闭紧密、开启方便。

(2) 防火门一般外包镀锌铁皮或薄钢板，美观性较差。

(3) 常用防火门多为平开门、推拉门。它平时是敞开的，一旦发生火灾，须关闭且关闭后能从任何一侧手动开启。用于疏散楼梯间的门，应采用向疏散方向开启的单向弹簧门。

(4) 当建筑物设置防火墙或防火门窗有困难时，可采用防火卷帘代替防火门，但必须用水幕保护。

(5) 防火门可用难燃烧体材料如木板外包铁皮或钢板制作，也可用木或金属骨架外包铁皮，内填矿棉制作，还可用薄壁型钢骨架外包铁皮制作。

5.4.4 保温门窗

保温门窗设计的要点在于提高门窗的热阻，以减少冷空气渗透量。因此室外温度低于零下 20℃或建筑标准要求较高时，保温窗可采用双层窗、中空玻璃保温窗；保温门采用拼板门、双层门芯板，门芯板间填以保温材料，如毛毡、玻璃纤维、矿棉等。

5.4.5 防辐射门

医院中的放射科室会产生辐射，X 射线对人体健康有害。防辐射的材料以金属铅为主，其他如钡混凝土、钢筋混凝土、铅板应用较为广泛。X 射线防护门主要镶钉铝板，其位置可以夹钉在门板内或用钉包于门板外。

5.5　常用建筑门窗装饰细部构造

5.5.1　木门窗套

1. 门窗套作用

建筑中为了保护门窗洞口处的墙体，常需要做门窗套。门窗套起着保护墙体边线的作用，还可以作为连接室内装饰材料的收口，使其工艺更加完美。门套还起着固定门扇的作用，没有门套，门扇就会安装不牢固、密封效果差等；窗套还能在装饰过程中修补窗框密封不实，通风漏气的毛病。

门窗套本身还有相当突出的装饰作用。门窗套是家庭装修的主要内容之一，它的造型、材质、色彩对整个家庭装修的风格有着非常重要的影响。绝大多数家庭都做门窗套，因此，做什么样的门窗套，在某种程度上决定了家装的个性。

2. 门窗套构造

门窗套可以采用木门套，也可以采用干挂石材等，木门窗套有实木和强化木门套线。木门窗套构造做法与墙面中罩面板类墙面构造相同，门窗套构造要解决好与墙面的交接构造，图 5.31 所示是某建筑木门窗套与轻钢龙骨纸面石膏板墙面的现场施工。

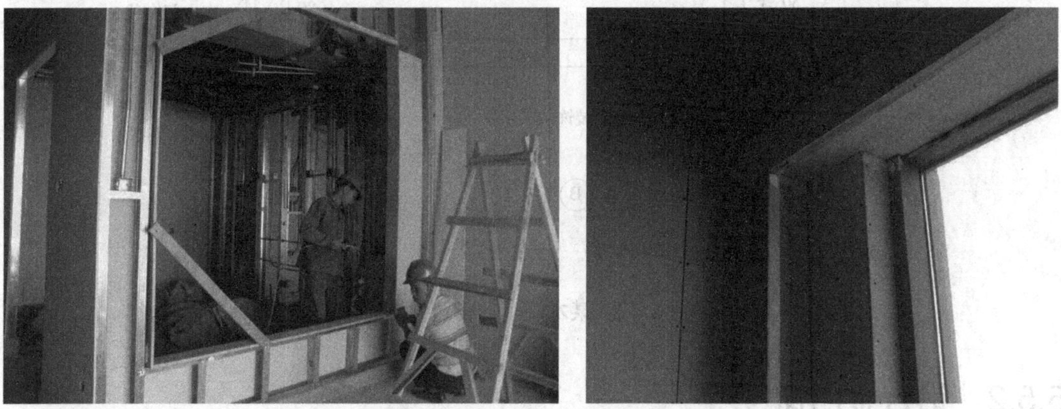

图 5.31　某建筑木门窗套与轻钢龙骨纸面石膏板墙面施工现场

3. 门窗套构造案例

图 5.32 所示为某建筑采用木门套的装饰构造实例。

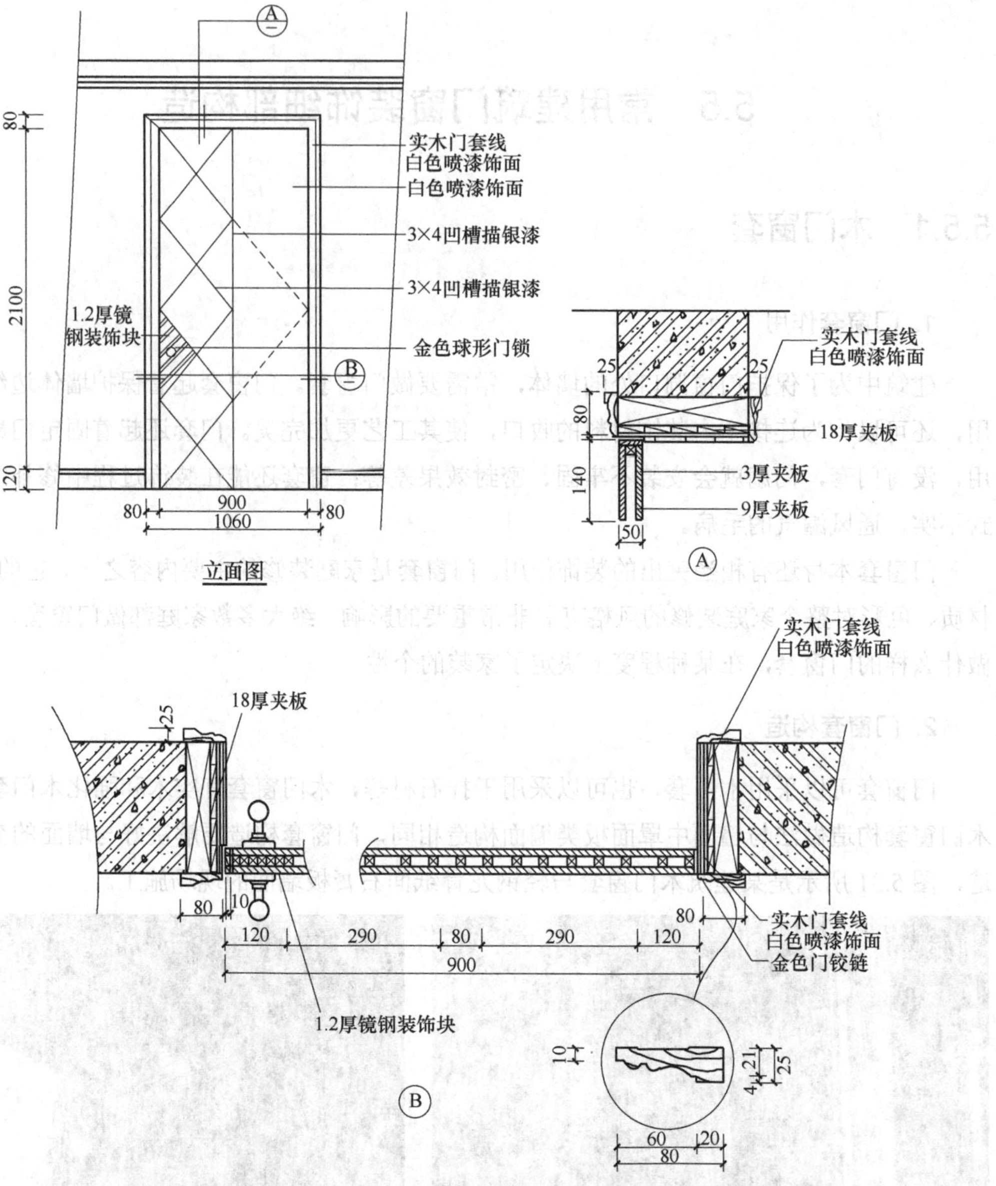

图 5.32　某木门套的构造做法

5.5.2　铝合金门窗

铝合金窗的构造做法如图 5.33 和图 5.34 所示。铝合金门框的构造做法，可参照铝合金窗标准图集的构造做法，由于其密封性和热工性较差，目前工程中较少采用。

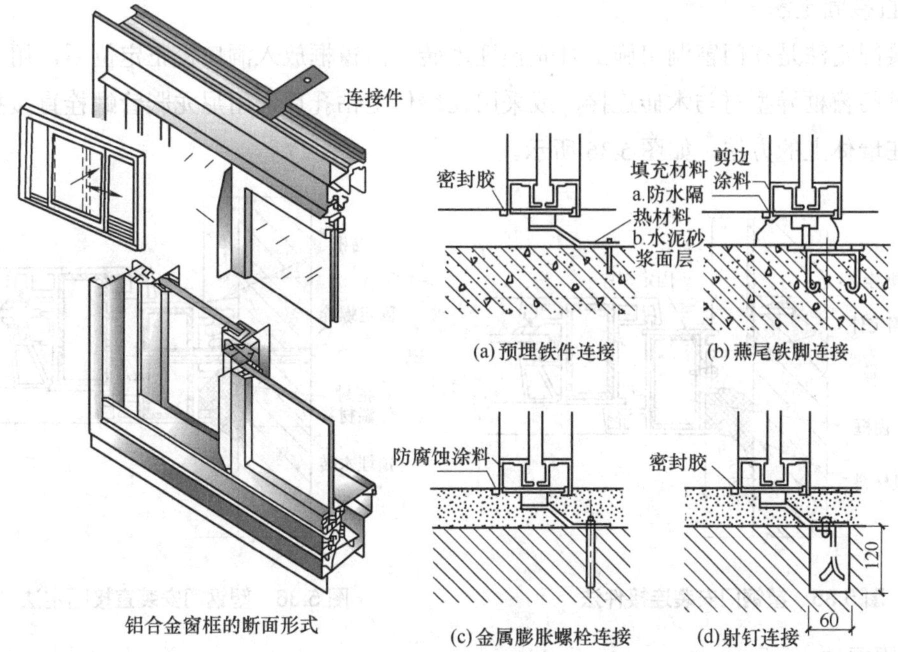

图 5.33　铝合金窗框断面形式及与墙体的连接细部构造

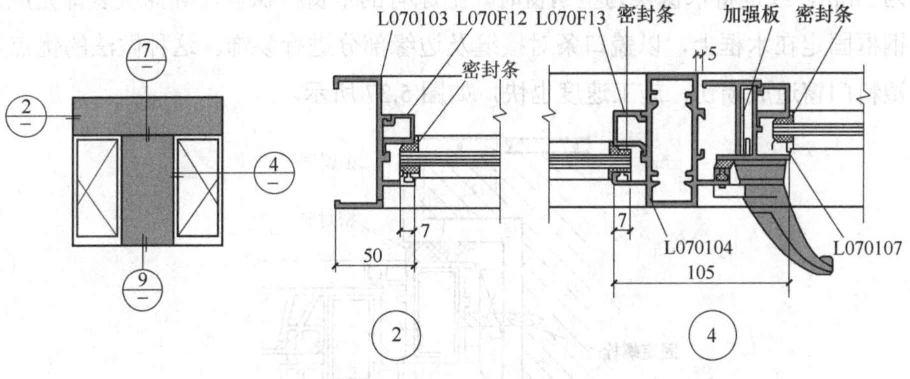

图 5.34　铝合金窗密封细部构造

5.5.3　塑钢门窗

1. 塑钢门框

塑钢门框与扇的连接是在工厂中组装。塑料门框在墙体中的连接方法和缝隙处理有连接件法、直接固定法和假框法三种。

1) 连接件法

连接件法指的是通过一个专门制作的 Z 形件将墙与框连接，其优点是比较经济，可以保证门的稳定性，如图 5.35 所示。

2) 直接固定法

直接固定法是在门窗洞口施工时先预埋木砖，门窗框放入洞口校正定位后，用木螺钉直接穿过门窗框异型材与木砖连接，或采用在墙体上钻孔后，用尼龙胀管螺栓直接把门窗框固定在墙体上的方法，如图 5.36 所示。

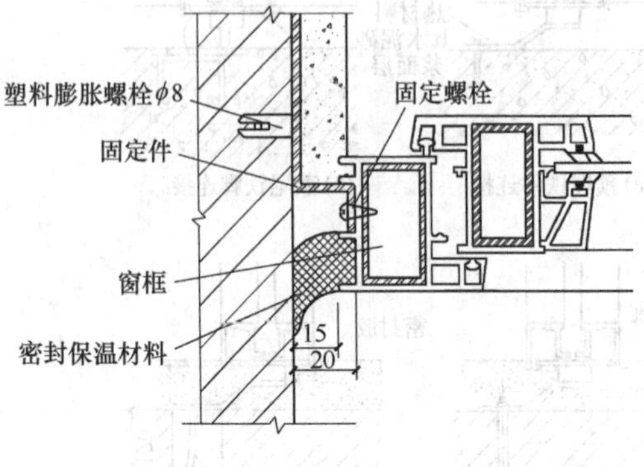

图 5.35　塑钢门安装连接件法

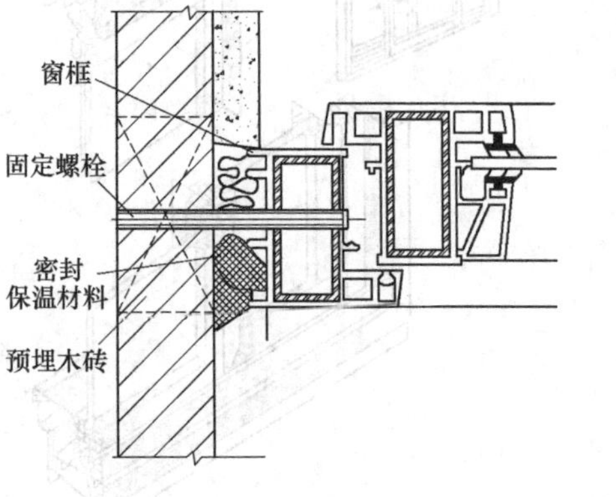

图 5.36　塑钢门安装直接固定法

3) 假框法

此方法是先在门框洞口内安装一个与塑钢门窗框相配套的“II”形镀锌钢板框，框材厚一般为 3mm，或是将木窗换为塑钢窗时，把原有的木窗框保留，等抹灰装饰完成后，直接把塑钢框固定在木框上，以盖口条对接缝及边缘部分进行装饰。这种做法的优点是可以避免对塑料门窗造成损伤，施工速度也快，如图 5.37 所示。

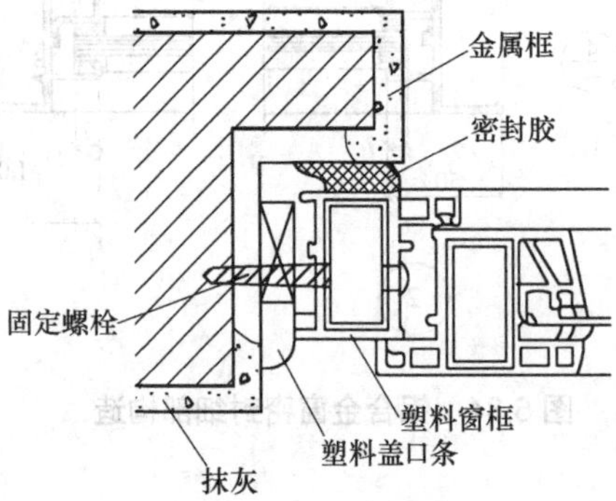

图 5.37　塑钢门安装假框法

由于塑料的膨胀系数较大，在框与墙之间应留出 10～20mm 的间隙。缝隙内填入矿棉、玻璃棉或泡沫塑料等材料作为缓冲层，缝口两侧采用弹性封缝材料加以密封，然后进行墙面抹灰封缝，也可加装塑料盖口条。这种方法具有封闭性好、造价高的特点。另一种构造方法是以毡垫缓冲层替代泡沫材料缓冲层，不用封缝材料而直接用水泥砂浆抹灰。这种方法具有封闭性好、造价低的特点。

2. 塑钢窗框

塑钢窗框与墙体固定应采用金属固定片，固定片的位置应距墙角中竖框、中横框 150～200mm，固定片之间的间距应不大于 600mm。塑钢窗型材是指内部有空腔、壁薄、材质较脆，因此先钻孔后用自攻螺钉拧入。塑钢窗与墙体连接构造如图 5.38 所示。不同的墙体材料，安装固定的方法也不一样。混凝土墙洞口应采用射钉或塑料膨胀螺钉固定，如图 5.39 所示。砖墙洞口应采用塑料膨胀螺钉或水泥钉固定，不得固定在砖缝处，当采用预埋木砖方法与墙体连接时，木砖应进行防腐处理，加气混凝土墙应先预埋胶黏圆木，然后用木螺钉将金属固定片固定于胶黏圆木之上，设有预埋铁件的洞口应采用焊接的方式固定，也可在预埋件上按紧固件规格打孔，然后用紧固件固定。

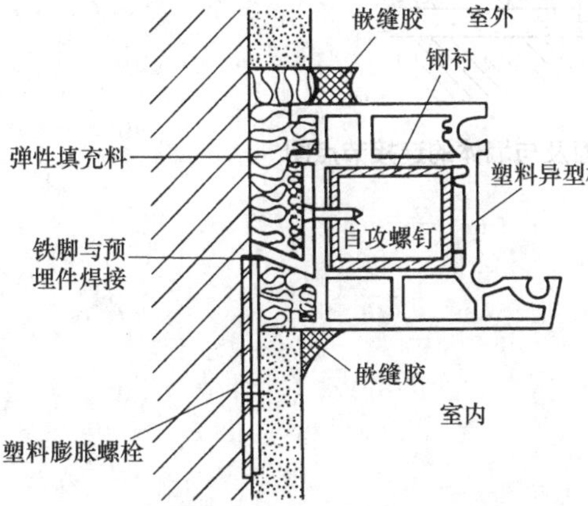

图 5.38　塑钢窗与墙体连接构造

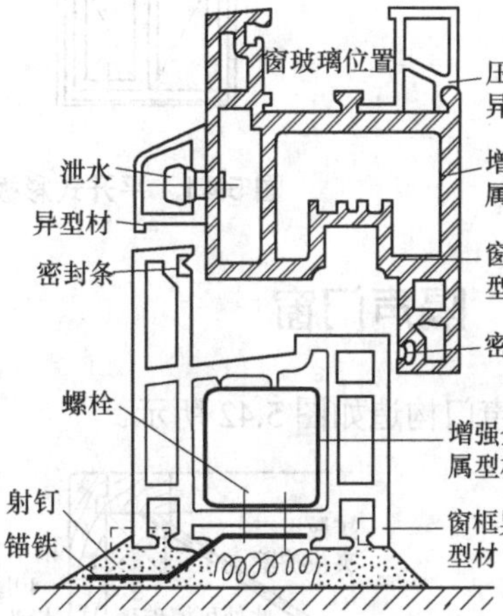

图 5.39　塑钢窗安装节点

5.5.4　彩板钢门窗

彩板钢门窗与墙体的连接如图 5.40 和图 5.41 所示。

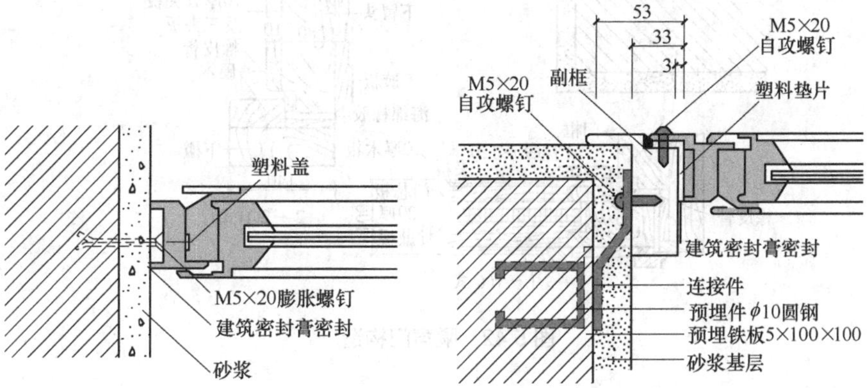

图 5.40　推拉式彩色钢板窗与墙体连接

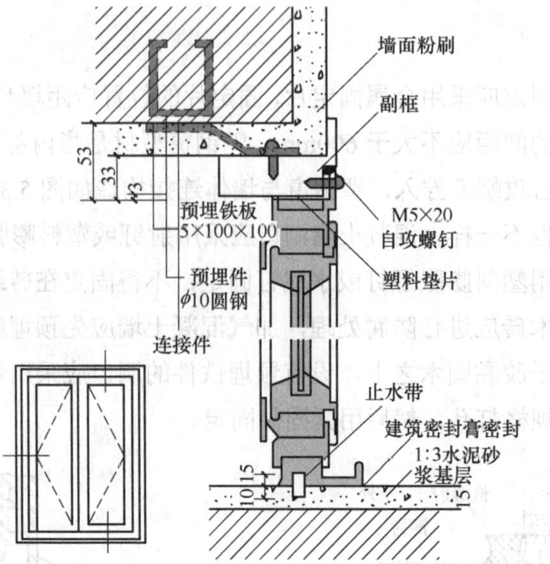

图 5.41　平开式彩板门窗框断面及与墙体的连接节点图

5.5.5　隔声门窗

隔声门构造如图 5.42 所示。

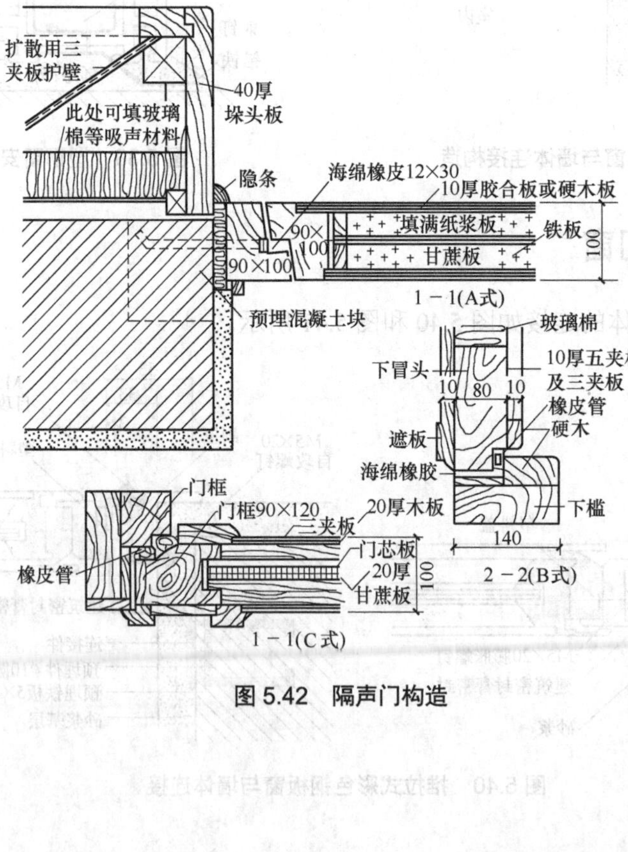

图 5.42　隔声门构造

5.5.6 防火门窗

防火门构造如图5.43所示。

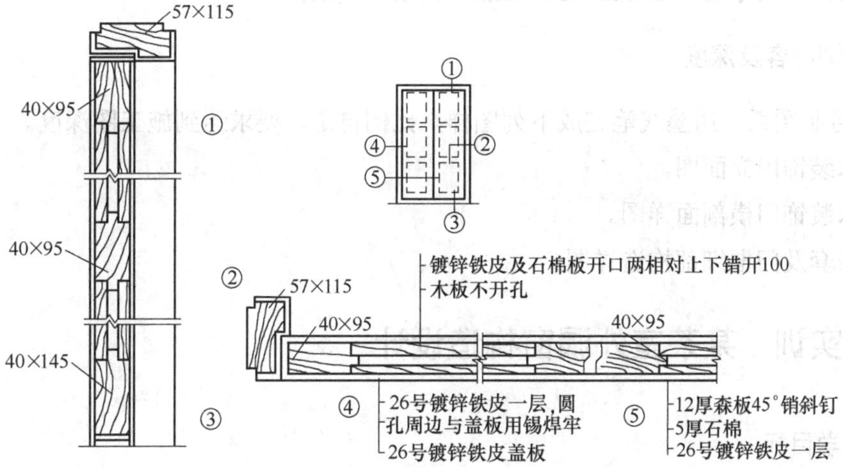

图5.43 防火门构造

民用建筑采光等级表见表5.4。

表5.4 民用建筑采光等级表

采光等级	视觉工作特征		房间名称	窗地面积比
	工作或活动要求精确程度	要求识别最小尺寸(mm)		
Ⅰ	极精密	小于0.2	绘图室、制图室、画廊、手术室	1/3～1/5
Ⅱ	精密	0.2～1	阅览室、医务室、健身房、专业实验室	1/4～1/6
Ⅲ	中精密	1～10	办公室、会议室、营业厅	1/6～1/8
Ⅳ	粗糙	大于10	观众厅、居室、盥洗室、厕所	1/8～1/10
Ⅴ	极粗糙	不作规定	储藏室、门厅、走廊、楼梯间	1/10以下

5.6 课堂实训题

5.6.1 实训 某酒店豪华套房木装饰门构造设计

1. 教学目标

掌握装饰木门施工图的绘制内容，能根据环境特征，设计装饰效果好的木门造型。

2. 实训条件

(1) 某酒店豪华套间，要求设计中式、西式两种风格的木装饰门。
(2) 门洞口尺寸为 1000mm×2100mm，门扇为单扇门。

3. 实训内容及深度

以 2 号制图纸，用墨线笔完成下列图样，比例自定。要求达到施工图深度。
(1) 木装饰门立面图。
(2) 木装饰门横剖面详图。
(3) 门套及门框细部构造详图。

5.6.2 实训 某茶室外漏窗构造设计

1. 教学目标

掌握中式古典木装饰窗的构造，并能根据设定的环境，设计木装饰窗的造型。

2. 实训条件

(1) 教师提供茶室建筑平面图。
(2) 窗洞口尺寸为 1200mm×1200mm 和 3300mm×1500mm。

3. 实训内容及深度

以 2 号制图纸，用墨线笔完成下列图样，比例自定。要求达到施工图深度。
(1) 木装饰窗立面图。
(2) 木装饰门纵剖面详图。
(3) 木装饰窗框安装构造详图。
注：实训中各条件如尺寸、材质、环境等，可根据各授课教师具体情况进行变更。

附：部分参考资料

(1) 窗截面形式及尺寸(如图 5.44 所示)

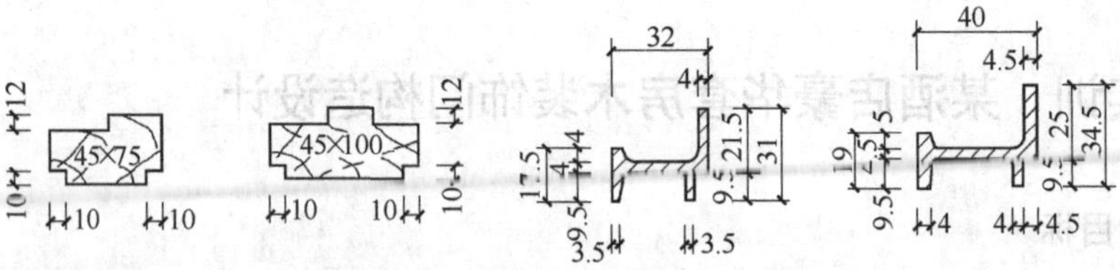

(a) 木窗料截面 (b) 钢窗料截面

图 5.44 窗料截面及尺寸

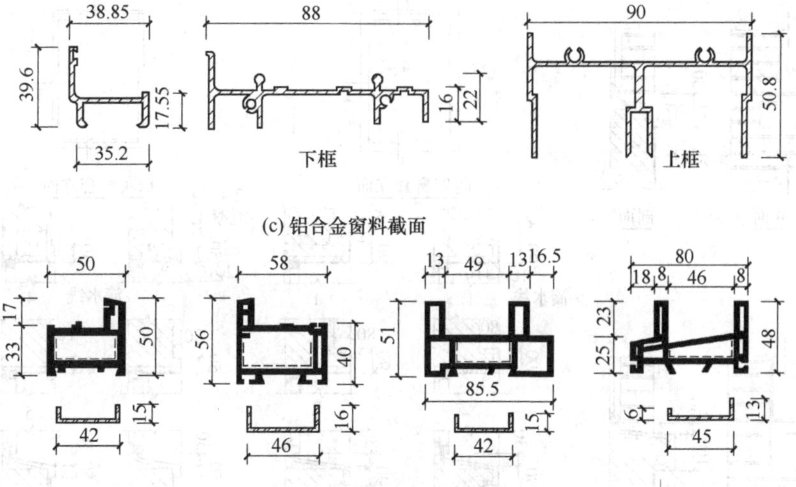

(c) 铝合金窗料截面

(d) 铝塑窗料截面

图 5.44　窗料截面及尺寸(续)

门窗过梁截面参考见表 5.5。

表 5.5　门窗过梁截面参考

截面形式	窗洞宽度	荷载(kN/ m)	*b*(mm)	*h*(mm)
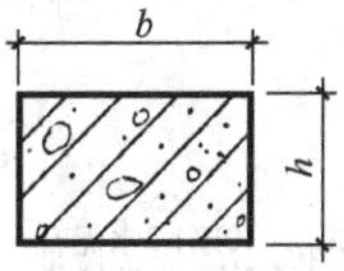	1200	100	240	180
	1500	0	180	120
		150	240	180
	1800	0	180	120
		150	240	180
	2100	0	180	120
		150	240	180
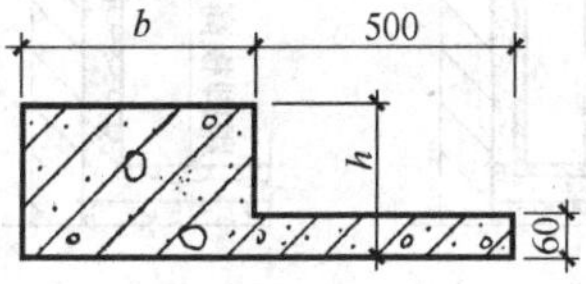	1200	100	240	180
	1500	0	240	120
		150		180
	1800	0	240	120
		150		180
	2100	0	240	120
		150		180

(2) 窗套、窗台参考构造(如图 5.45 所示)。

(3) 踢脚参考构造(如图 5.46 所示)。

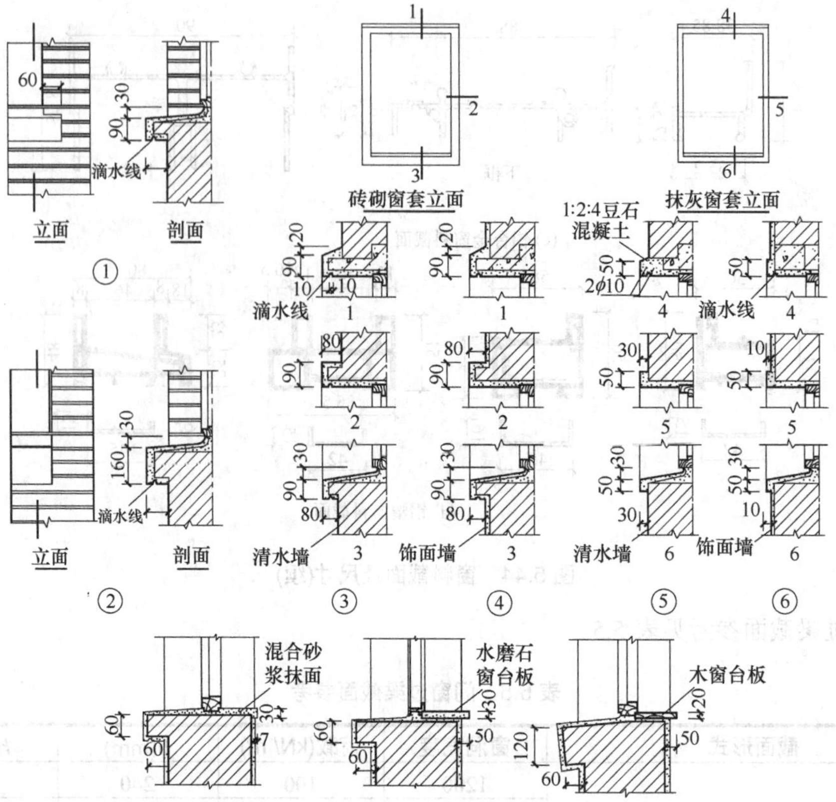

图 5.45　外窗套、窗台参考构造

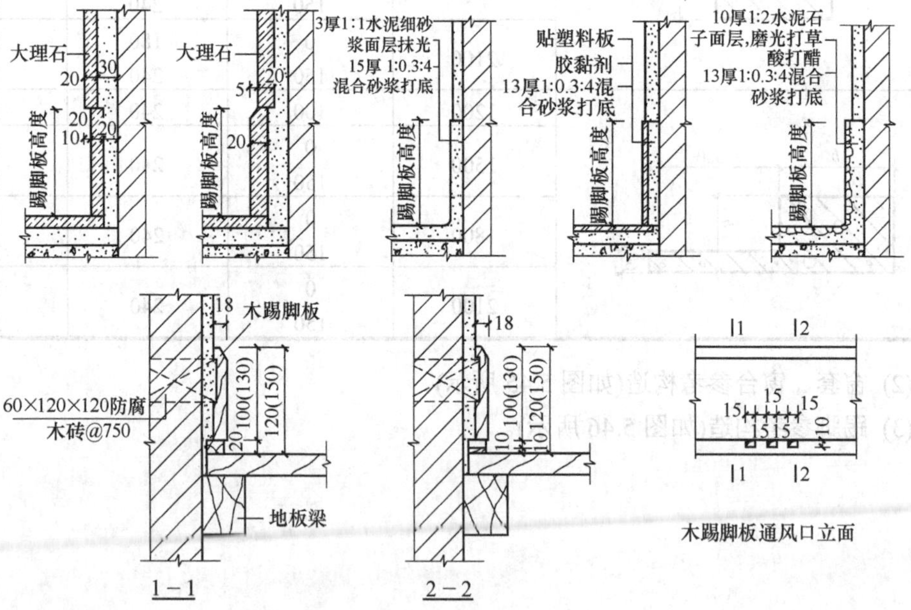

图 5.46　踢脚参考构造

第 6 章　其他装饰配件装饰构造

内容提要

本章主要介绍常见的隔墙和隔断的装饰构造和窗帘盒的构造等。

教学目标

- 了解常见隔墙和隔断的形式，掌握常见隔墙和隔断的基本组成和构造知识。
- 重点掌握轻钢龙骨纸面石膏板的基本组成和构造知识及木质门窗套的构造知识。
- 能熟练进行常见隔墙和隔断的平面和剖面的设计与表达。
- 能熟练地对常见隔墙和隔断的细部详图进行阅读与表达。

项目案例导入： 某酒店轻钢龙骨纸面石膏板的隔墙施工过程中的照片，如图 6.1 所示。

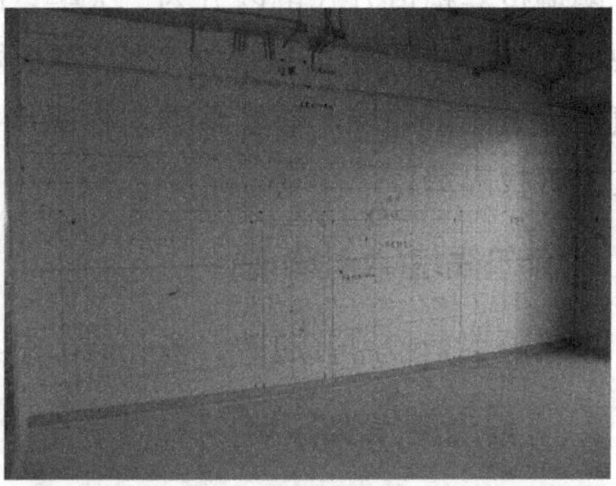

图 6.1　轻钢龙骨纸面石膏板隔墙龙骨和面层施工示意

6.1　概　　述

利用隔墙和隔断灵活地分割室内空间，是室内装饰设计中经常采用的方法。

隔墙和隔断由于使用功能的需要，通过设计手段并采用一定的材料来分割房间和建筑物内部大空间，对空间做更深入、更细致的划分，使装饰空间更丰富、功能更完善。现代室内隔墙、隔断要求隔断物自身质量轻，厚度薄，拆移方便，并具有一定刚度及隔声能力。

人们往往把到顶的非承重墙称为隔墙，把不到顶的隔墙称为隔断。这种分类方法及称呼是不严谨的。隔墙与隔断的区分可以从两个方面来考虑。一是它们在分隔空间的程度及特点上不同，通常认为，隔墙都是到顶的，既能在较大程度上限定空间，又能在一定程度上满足隔声、遮挡视线等要求。与隔墙相比，隔断限定空间的程度比较小，在隔声、遮挡视线等方面往往并无要求，甚至要求其具有一定的空透性能，以使两个分隔空间有一定的视觉交流等。从高度上说，隔断一般为不到顶的，但也可以是到顶的。如玻璃隔断，虽然也做到顶，但隔声和遮挡视线的能力较差。二是它们的拆装灵活性不同。隔墙一经设置，往往具有不可更改性，不能经常变动。而对隔断来说，它具有隔声和遮挡视线等能力，有时还应是容易移动或拆装的，从而可在必要时使被分隔的相邻空间连通在一起。如推拉、折叠式隔断，虽然也可以做到顶，关闭时也具有一定的隔声能力和遮挡视线的能力，但是根据需要可以随时打开，使分隔的两空间连通在一起，而空透式及屏风式隔断在分隔空间上就更灵活了。

6.2 隔墙形式及构造

隔墙一般应满足自重轻、厚度薄、隔声性能好等功能要求，对于一些特殊部位的隔墙，还应具有防火、防潮、防水能力。

6.2.1 隔墙的分类

隔墙按其构造方式可以分为三大类，即砌块式隔墙(如普通黏土砖、空心砖、加气混凝土块等)、立筋式隔墙(如板条抹灰墙、钢板网抹灰墙、轻钢龙骨石膏板墙等)和板材式隔墙(如加气混凝土条板隔墙、石膏珍珠岩板隔墙、碳化石灰板隔墙、空心石膏板隔墙以及各种各样的复合板隔墙)。

1. 砌筑隔墙(块材隔墙)

砌筑隔墙是指用普通砖、多孔砖、空心砖以及各种轻质砌块等砌筑的墙体。

2. 立筋隔墙(骨架隔墙)

立筋隔墙是指由骨架两侧钉装饰面板形成的隔墙。按骨架不同，有木骨架隔墙和轻钢骨架隔墙之分。

3. 板材隔墙(条板隔墙)

板材隔墙指单板高度相当于房间的净高，面积较大，且不依赖骨架，直接装配而成的隔墙，如泰柏板、碳化石灰板隔墙、加气混凝土板隔墙及纸蜂窝板隔墙等。

6.2.2 隔墙构造设计要求

(1) 自重轻。
(2) 强度、刚度、稳定性好。
(3) 墙体薄。
(4) 隔声性能好。
(5) 满足防火、防水、防潮等特殊要求。
(6) 便于拆除。

6.2.3 常见隔墙的构造

1. 砌筑隔墙的构造

1) 砖隔墙

砖隔墙有 1/2 砖隔墙和 1/4 砖隔墙两种。1/2 砖隔墙施工简便，防水性好、隔声性较好，但自重较大。由于墙的厚度小，稳定性较差，因此，高度不宜大于 3m，长度不宜大于 5m。否则，沿高度方向每隔 1.2～1.5m 设一道 30～50mm 厚的水泥砂浆层，内放 2ϕ6 通长钢筋予以加固，每 1m 左右应放 2ϕ6 钢筋与主墙连接；沿长度方向可加壁柱。此外，砖隔墙的上部与楼板或梁的交接处，应留有约 30mm 的空隙或将上两皮砖斜砌，以预防楼板结构产生挠度，致使隔墙被压坏，如图 6.2 所示。

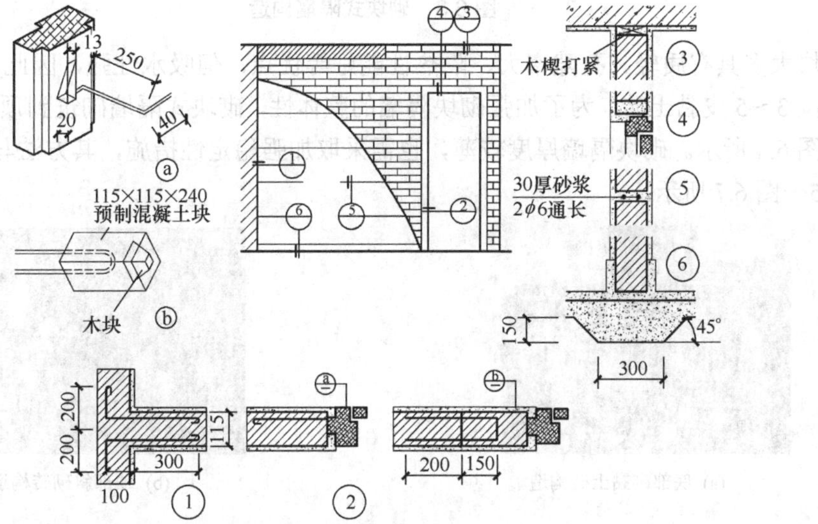

图 6.2 半砖隔墙

1/4 砖隔墙节省面积，适用于砌小面积的墙。面积较大时，沿长度方向每 1m 左右可加设与墙同厚的细石混凝土小立柱，内配 2ϕ10 钢筋，上下与楼板或地面垫层锚固，沿高度方向每 1m 左右放 1ϕ16 钢筋与主墙连牢。墙面上开设门洞时，门框最好到顶，门上部可钉灰板条抹灰。

2) 空心砖隔墙

为了减少隔墙的质量，可采用质量较轻、块大的各种砌块，目前最常用的是加气混凝土砌块、粉煤灰硅酸盐砌块、水泥炉渣空心砖等砌筑的隔墙。隔墙厚度由砌块尺寸决定，一般为 90～120mm。空心砖隔墙可减轻墙体自重，一般以整砖砌筑，不足整砖的部位用实心砖填充。当隔墙面积较大时，要采取增强稳定性的措施。空心砖的孔一般上下贯通，以利于插入钢筋，横向插筋需要用过梁砖，其上面或下面有凹槽。空心砖插筋后可灌细石混凝土或水泥砂浆，使插筋部位有类似构造柱和构造梁的功能，如图 6.3 所示。

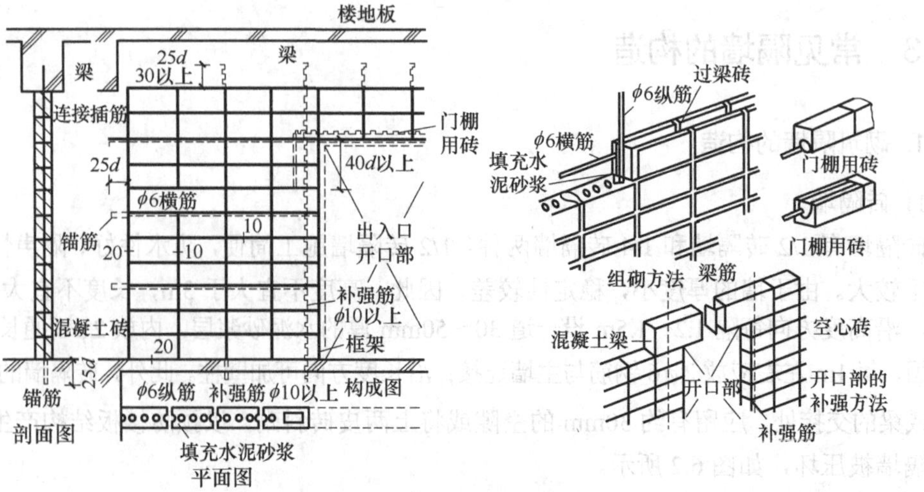

图 6.3 砌块式隔墙构造

砌块大多具有质轻、孔隙率大、隔热性能好等优点，但吸水性强，因此，砌筑时应在墙下先砌 3～5 皮黏土砖，为了加强砌块隔墙的整体性，砌块式隔墙砌筑到顶时，砖块要侧砌，如图 6.4 所示。砌块隔墙厚度较薄，也需采取加强稳定性措施，其方法与砖隔墙类似，如图 6.5～图 6.7 所示。

(a) 底部砌黏土砖构造　　(b) 顶部斜砌砖构造

图 6.4 砌块式隔墙

图 6.5 砌块式隔墙与主体墙拉结构造

图 6.6 通常拉结筋与构造柱关系

2. 玻璃砖隔墙的构造

玻璃砖隔墙因其具有半透明性，不仅用于空间分隔，还可以起到通透采光作用，在室内玻璃砖隔墙也能起到很强的装饰效果，如图 6.8 所示。玻璃砖常用规格有 150mm×150mm×40mm、200mm×200mm×90mm、220mm×220mm×90mm 等，常用的形式如图 6.9 所示。

图 6.7　砌块式隔墙洞口两侧构造

图 6.8　玻璃砖隔墙的装饰效果

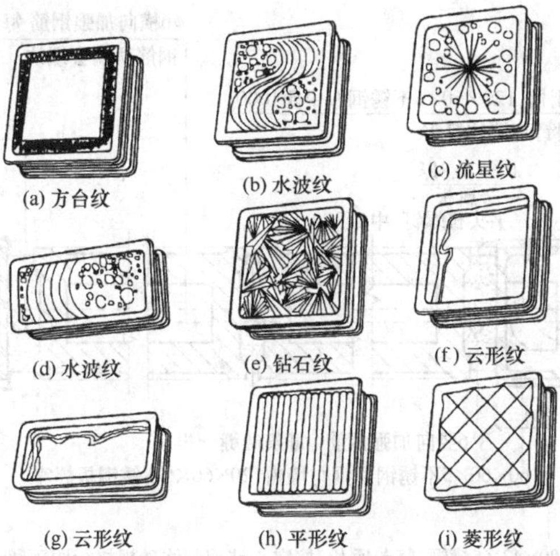

图 6.9　玻璃砖形式

1) 空心玻璃装饰砖墙的砌筑法

砌筑法是将空心玻璃装饰砖用 1∶1 的白水泥石英彩色砂浆(白砂或彩砂)，与加固钢筋砌筑成空心玻璃砖墙(或隔断)的一种构造做法，如图 6.10 所示。

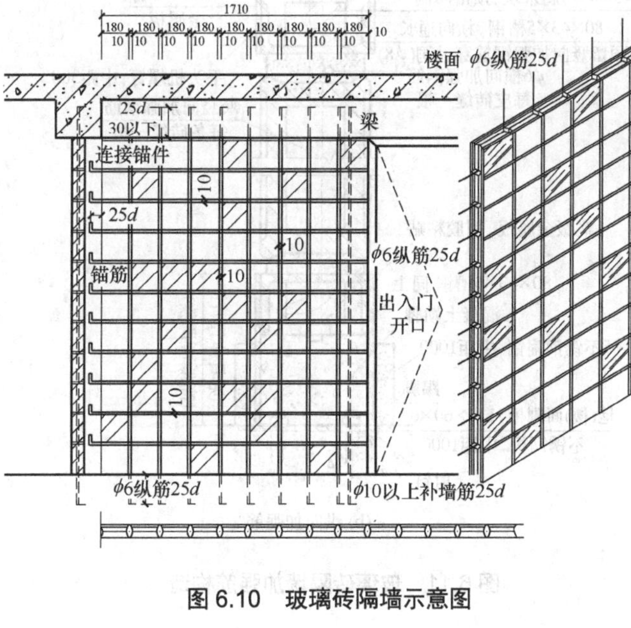

图 6.10　玻璃砖隔墙示意图

在砌筑空心玻璃砖之前先在四周安装槽钢框，即将上下左右的槽钢安装就位，并用平头机螺钉将槽钢与 60mm×60mm×5mm 不锈钢扁钢拧牢，每块扁钢上一般拧 4 个平头机螺钉。然后用配合比为 1∶1 的白水泥石英彩砂浆砌筑空心玻璃砖。砌筑时每砌一皮空心玻璃砖，在横向砖缝内加配一根直径为 6mm 的横向加强钢筋；整个空心玻璃砖每条竖向砖缝内，也加配一根直径为 6mm 的竖向钢筋，玻璃砖灰缝宽应根据玻璃砖的排列及调整而定，一般在 10～20mm。钢筋应拉紧，两端与槽钢用螺钉固定，构造如图 6.11 所示。每砌完一层，须用湿布将空心玻璃砖面上所沾的水泥彩砂浆擦拭干净。

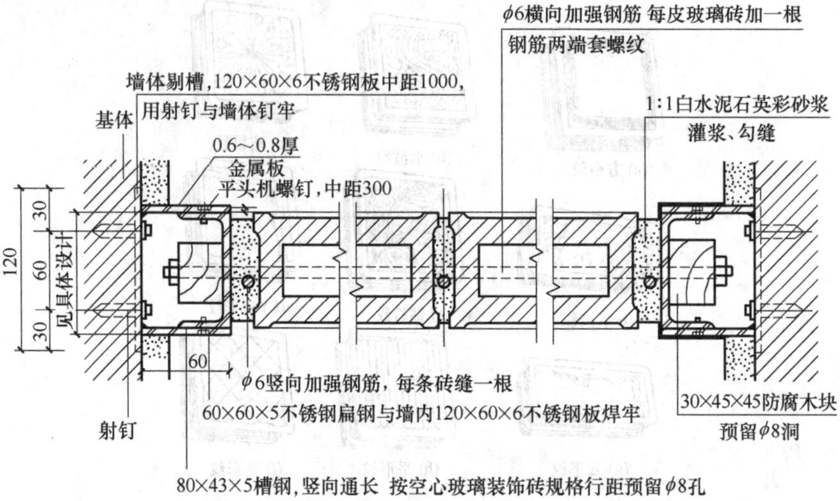

(a) 横向加强筋

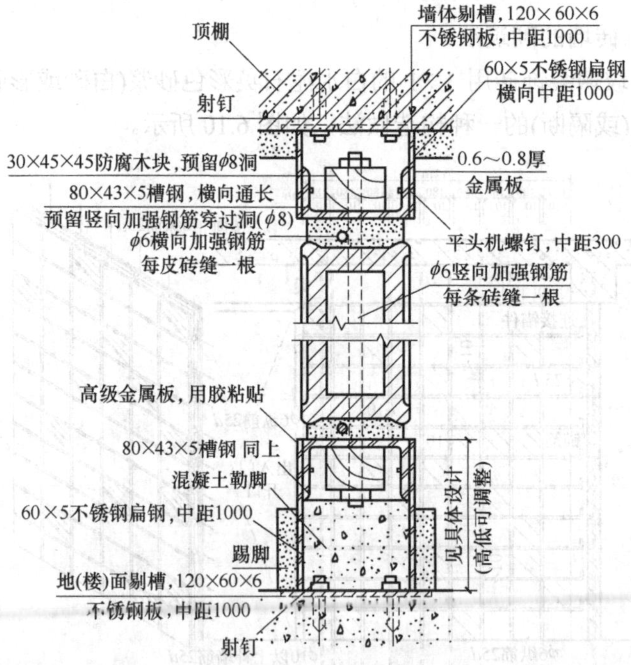

(b) 纵向加强筋

图 6.11　玻璃砖隔墙加强筋构造

2) 空心玻璃装饰砖墙的胶筑法

胶筑法是将空心玻璃装饰砖用胶黏结成空心玻璃砖墙(或隔断)的一种新型构造做法，其构造如图 6.12 所示。

(1) 将玻璃砖墙两侧原有的砖墙或钢筋混凝土墙剔槽，槽剔完毕清理干净，将 120mm×60mm×6mm 不锈钢板放入槽内，用射钉与墙体钉牢。

(2) 在每块 120mm×60mm×6mm 不锈钢板上，将 80mm×6mm 通长不锈钢扁钢与该板焊牢，使之形成固定件，供固定防腐木条及硬质泡沫塑料(胀缝)用。

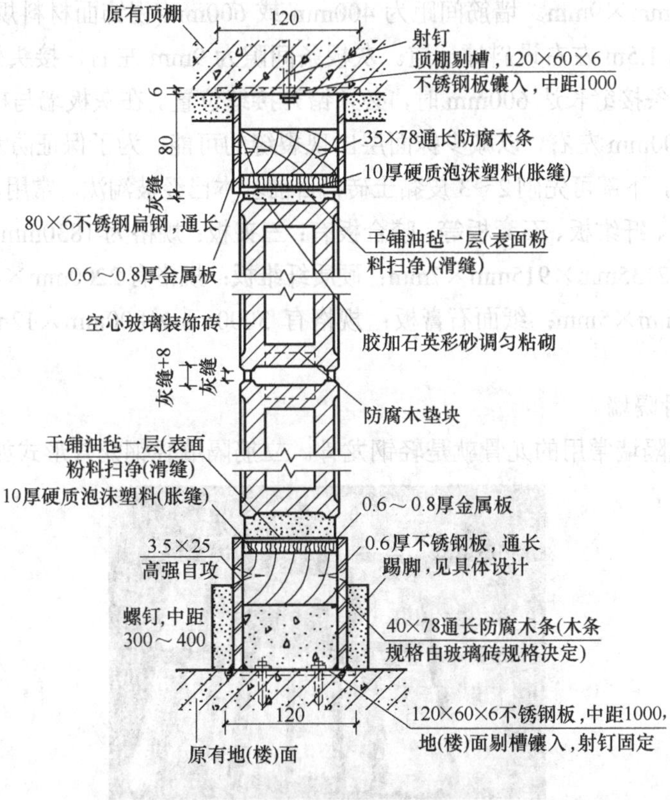

图 6.12　胶筑法玻璃砖隔墙构造

胶筑法空心玻璃装饰砖隔墙与两侧墙体连接形式很多，常用不锈钢 L 形板、U 形板、平板不锈钢或在墙体开槽镶嵌等形式，如图 6.13 所示。

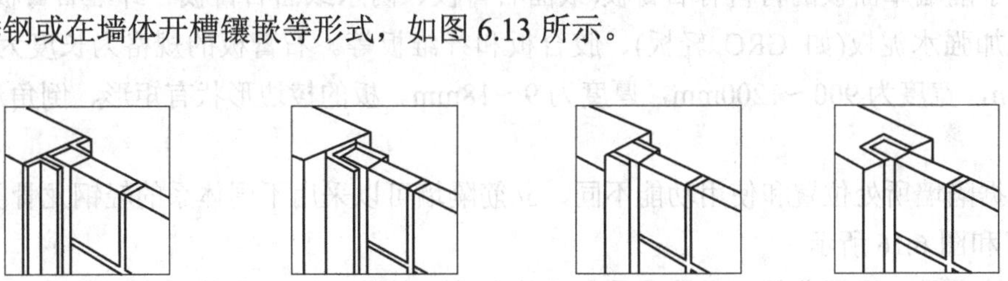

(a) L形不锈钢板镶嵌法　(b) U形不锈钢板镶嵌法　(c) 平板不锈钢镶嵌法　(d) 墙体开槽镶嵌法

图 6.13　胶筑法玻璃砖隔墙不同镶嵌形式

3. 立筋隔墙的构造

立筋隔墙由龙骨和罩面板组成。立筋隔墙的龙骨有轻钢龙骨、铝合金龙骨、木龙骨等，目前常用的是轻钢龙骨。

1) 木龙骨隔墙

木龙骨按饰面材料不同，可分为灰板条抹灰隔墙和人造板隔墙，灰板条抹灰隔墙以上槛、下槛、墙筋、斜撑或横撑组成骨架，钉以板条，然后进行抹面。上、下槛及墙筋断面通常为50mm×70mm或50mm×100mm。灰板条尺寸有两种，即1200mm×24mm×6mm和1200mm×38mm×9mm。墙筋间距为400mm或600mm(视饰面材料规格而定)，墙筋间沿高度方向每隔1.5m左右设斜撑一道。灰板条间隙为9mm左右，接头处要留出3～5mm的伸缩余地。板条接缝长达600mm时，必须错开接缝位置。在灰板墙与砖墙相接处加钉钢丝网，每侧宽200mm左右，以减少抹面层出现裂缝的可能。为了保证防水、防潮和抹水泥砂浆踢脚的质量，下部可先砌2～3皮黏土砖；目前基本已经被淘汰。常用人造板隔墙的人造板主要有胶合板、纤维板、石膏板等。胶合板有：三夹板：规格为1830mm×915mm×4mm；五夹板：规格为2135mm×915mm×7mm；硬质纤维板：规格有2200mm×1050mm×4mm和2350mm×1150mm×5mm；纸面石膏板：规格有3000mm×800mm×12mm和3000mm×800mm×9mm。

2) 轻钢龙骨隔墙

目前立筋式隔墙常用的龙骨就是轻钢龙骨。立筋隔墙轻钢龙骨形式如图6.14所示。

图6.14　轻钢龙骨形式

用于隔墙罩面板的材料有石膏板(纸面石膏板、防水纸面石膏板、纤维石膏板等)、各种纤维加强水泥板(如GRC轻板)、胶合板和纤维板等。石膏板的规格为长度为1800～3600mm，宽度为900～1200mm，厚度为9～18mm。板的棱边形状有矩形、倒角形、半圆形等。

根据隔墙所处位置和使用功能不同，立筋隔墙可以采用不同体系的轻钢龙骨类型，如图6.15和图6.16所示。

沿地龙骨、沿顶龙骨、沿墙龙骨和沿柱龙骨，统称为边框龙骨。边框龙骨和主体结构的固定，一般采用膨胀螺栓法或射钉法，即按间距不大于1m打入射钉与主体结构固定，也可以采用电钻打孔打入膨胀螺栓或在主体结构上留预埋件的方法固定，如图6.17所示。

竖龙骨用拉铆钉与沿地龙骨和沿顶龙骨固定，也可以采用自攻螺钉或点焊的方法连接。常用立筋隔墙龙骨、自攻螺钉、支撑卡、卡托、角托等配件形式及规格见表 6.1 和表 6.2。

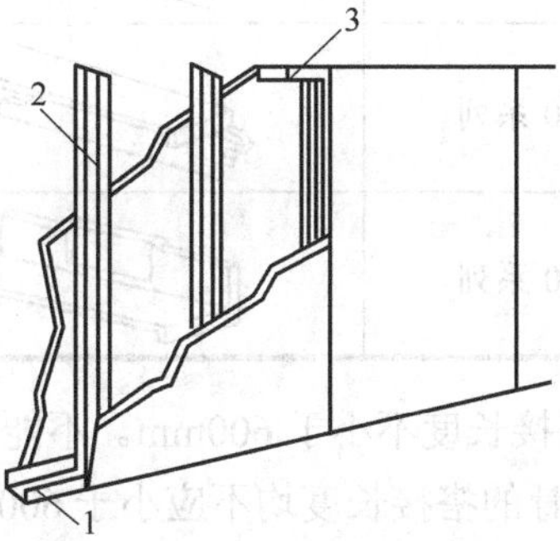

图 6.15　隔墙龙骨布置示意图一

1—沿地龙骨；2—竖向龙骨；3—沿顶龙骨

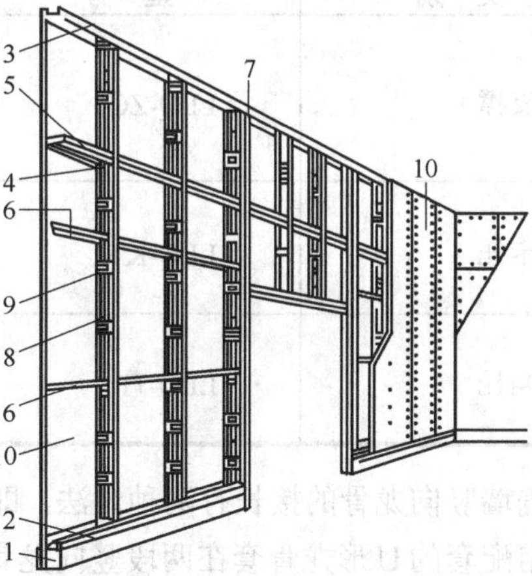

图 6.16　隔墙龙骨布置示意图二

1—混凝土踢脚座；2—沿地龙骨；3—沿顶龙骨；4—竖向龙骨；5—通贯横撑龙骨；6—横撑小龙骨；7—加强龙骨；8—贯通孔；9—支撑卡；10—石膏板

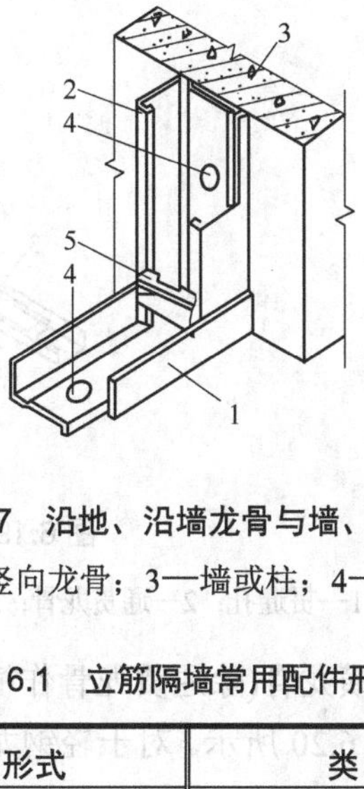

图 6.17　沿地、沿墙龙骨与墙、地固定

1—沿地龙骨；2—竖向龙骨；3—墙或柱；4—射钉及垫圈；5—支撑卡

表 6.1　立筋隔墙常用配件形式

类　别	断面形式	类　别	断面形式
石膏板	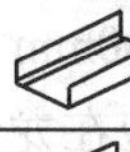	14mm 平头自攻螺钉	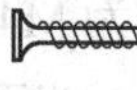
U 形龙骨	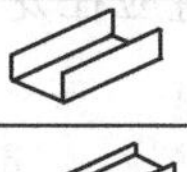	25mm 石膏板自攻螺钉	
C 形龙骨	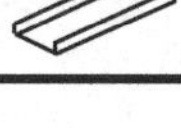	38mm 石膏板自攻螺钉	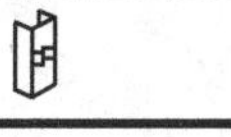
贯通龙骨(38 主龙骨)		端部支撑卡	

表 6.2　立筋隔墙常用卡型号及规格

类　别	型　号	尺　寸	断面形式
支撑卡	LLQ-ZC	75、100 系列	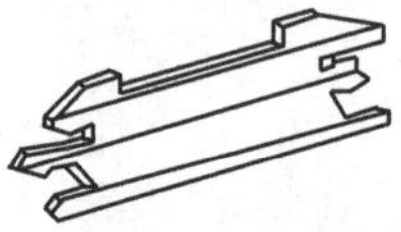
卡托	LLQ-KT	75、100 系列	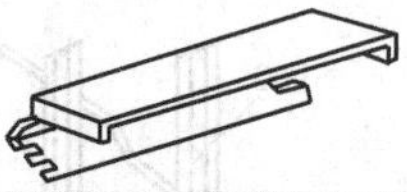
角托	LLQ-JT	75、100 系列	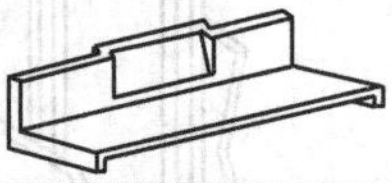

隔墙竖向龙骨的接长有两种做法，即对扣接长，搭接长度不小于 600mm。不能对扣的龙骨用配套的 U 形龙骨套在两段竖向龙骨上，与两段龙骨的搭接长度均不应小于 600mm(即总的 U 形龙骨的搭接长度不小于 1200mm)。

为增强隔墙轻钢骨架的强度和刚度，每道隔墙应保证最少设置一条通贯龙骨，通贯龙骨穿通竖龙骨而在隔墙骨架横向通长布置。通贯龙骨与竖龙骨要采用支撑卡锁紧构造，如图 6.18 所示。通贯龙骨横穿隔墙的全长，如果隔墙的长度较大，势必采取接长措施，通贯龙骨使用连接件(接长件)进行接长，如图 6.19 所示。

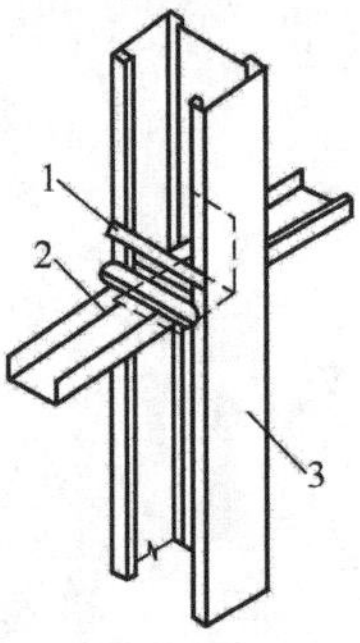

图 6.18　通贯龙骨与竖龙骨的连接

1—支撑卡；2—通贯龙骨；3—竖龙骨

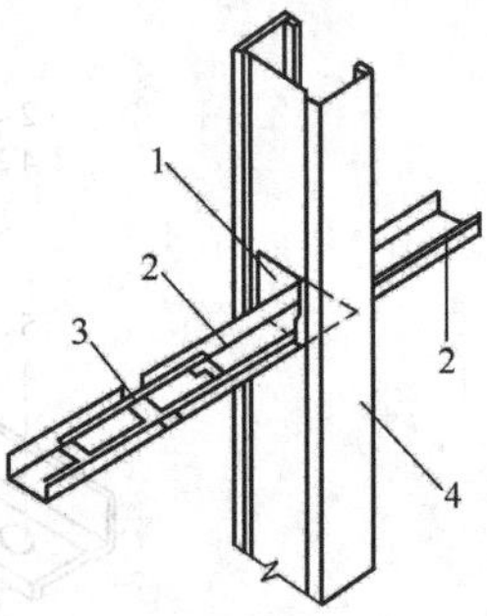

图 6.19　通贯龙骨的接长

1—贯通孔；2—通贯龙骨；3—U 形连接件；4—竖龙骨(或加强龙骨)

隔墙龙骨在组装时，竖龙骨与横龙骨(除通贯龙骨作横向布置外，往往需要设置加强龙骨)相交部位的连接采用角托，如图 6.20 所示。对于轻钢龙骨隔墙内装设的配电箱和开关盒的构造做法，如图 6.21 所示。

(1) 轻钢龙骨纸面石膏板隔墙的构造。在轻钢龙骨上用平头自攻螺钉固定纸面石膏板，其规格通常为 M4×25 或 M5×25 两种，螺钉的间距为 200mm 左右。固定纸面石膏板应将板竖向放置，当两块板在一条竖龙骨上对缝时，其对缝应在龙骨之间，对缝的缝隙不得大于 3mm，如图 6.22 所示。

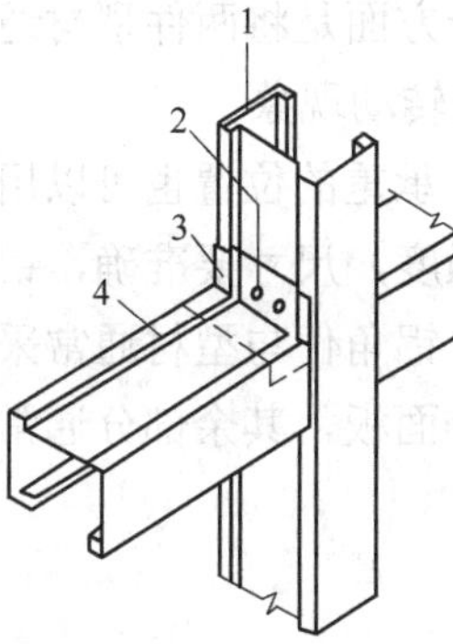

图 6.20　竖龙骨与横龙骨或加强龙骨的连接

1—竖龙骨或加强龙骨；2—拉铆钉或自攻螺钉；3—角托；4—横龙骨或加强龙骨

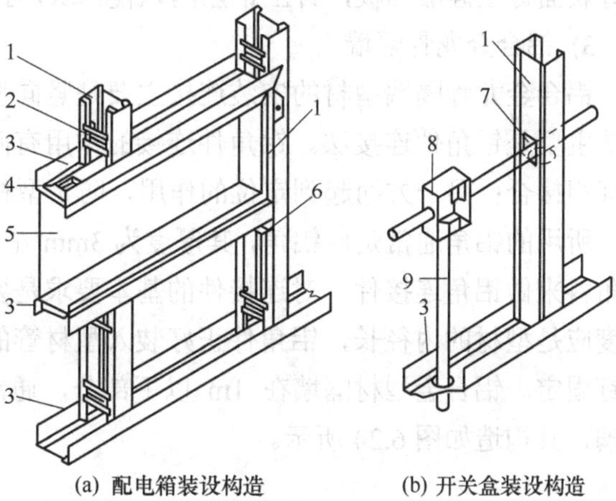

(a) 配电箱装设构造　　(b) 开关盒装设构造

图 6.21　配电箱和开关盒的构造示意图

1—竖龙骨；2—支撑卡；3—沿地龙骨；4—穿管开洞；5—配电箱；6—卡托；7—穿线孔；8—开关盒；9—电线管

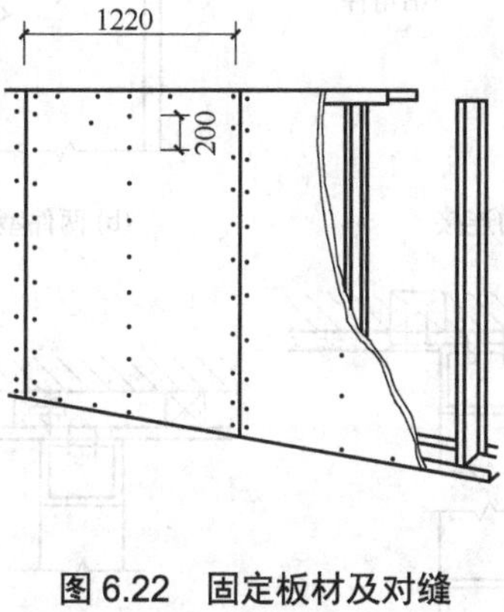

图 6.22　固定板材及对缝

板边螺钉的距离不超过 200mm，板中不超过 300mm，并且两侧的石膏板一定要错缝安装。板和四周的结构层之间的缝隙也要用密封胶密封。隔声棉的填充：填充的厚度应保证墙体内留有一定空腔，并不一定填满就好，因为如果填满了，隔音棉反而成为一道声桥，降低了墙体的隔音性能。根据隔墙刚度、隔声要求不同，隔墙有单层和双层之分，如图 6.23 所示。

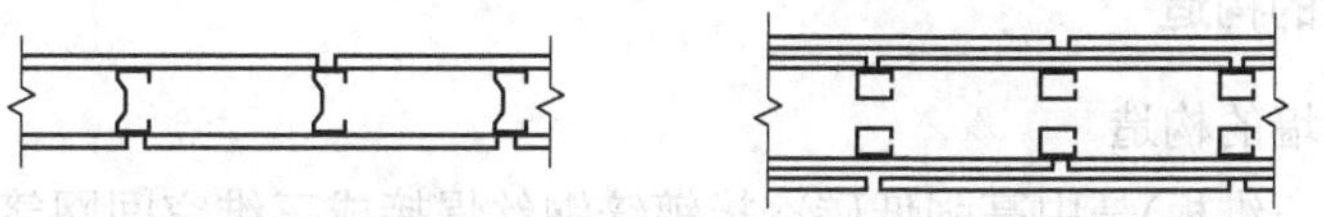

(a) 单排龙骨单层石膏板墙　　(b) 双排龙骨双层石膏板墙

图 6.23　单层和双层纸面石膏板隔墙构造示意图

(2) 轻钢龙骨硅酸钙板隔墙的构造。这种隔墙主要用于卫生间、浴室、厨房、更衣室、洗衣房、健身房等潮湿的空间。先固定轻钢龙骨(固定的方法同纸面石膏板隔墙)，然后在龙骨表面钉上硅酸钙板，钉上钢筋网以便抹灰，抹灰找平后贴瓷砖。

3) 铝合金龙骨隔墙

铝合金龙骨隔墙型材的安装连接主要是竖向型材与横向型材的垂直结合，目前采用的方法主要是铝角件连接法。铝角件连接的作用有两个方面：一方面是将两件型材通过铝角件互相接合；另一方面起到定位的作用，防止型材安装后产生转动现象。

所用的铝角通常是厚铝角，其厚度为3mm左右，在一些非承重的位置也可以用型材的边角料来做铝角连接件。对连接件的基本要求是要有一定的强度，尺寸要准确，铝角件的长度应是型材的内径长，铝角件正好装入型材管的内腔之中。铝角件与型材通常采用自攻螺钉固定。铝合金型材隔墙在1m以下部分，通常用铝合金饰面板，其余部分通常是安装玻璃，其构造如图6.24所示。

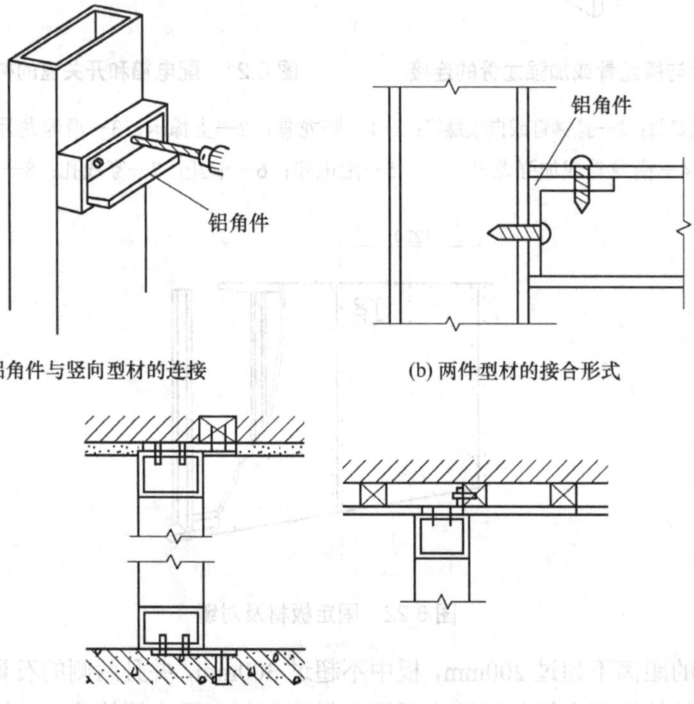

(a) 铝角件与竖向型材的连接　　(b) 两件型材的接合形式

(c) 铝框架与墙地面的固定

图 6.24　铝合金龙骨隔墙构造

4. 板材隔墙的构造

1) 泰柏板隔墙的构造

泰柏板(又名三维板)是由高强低碳冷拔镀锌钢丝焊接成三维空间网笼，中间填充50mm厚的阻燃聚苯乙烯泡沫塑料构成的轻质板材，厚度为75～76mm，宽度为1200～1400mm，长度为2400～4000mm，如图6.25所示。泰柏板隔墙是在现场将泰柏板安装并双面抹灰或喷涂水泥砂浆而组成的复合墙体，用膨胀螺栓与地坪、楼板或吊顶连接，构造如图6.26所示。

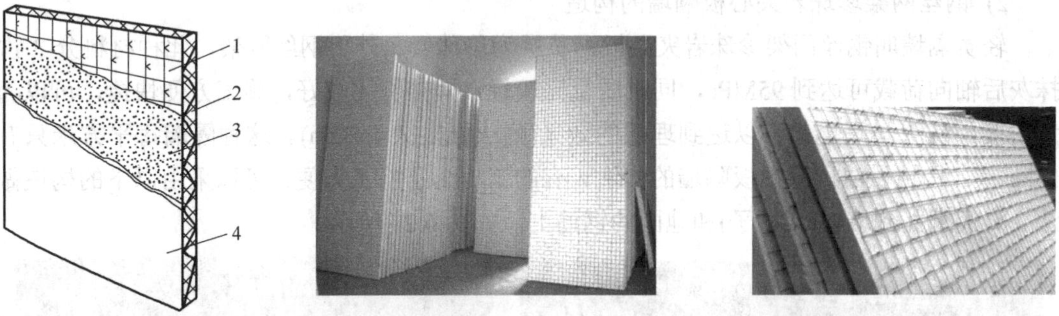

图 6.25　泰柏板隔墙组成

1—14 号镀锌钢丝制成的桁条网笼骨架；2—厚 57mm 聚苯乙烯泡沫塑料；3—水泥砂浆；4—饰面层

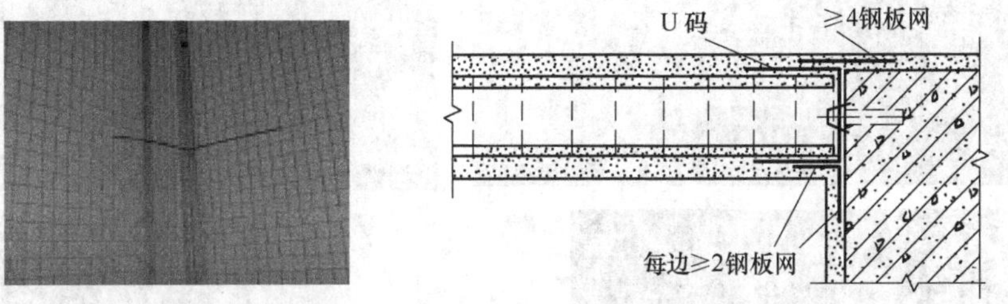

(a) 泰柏墙板与墙体的连接

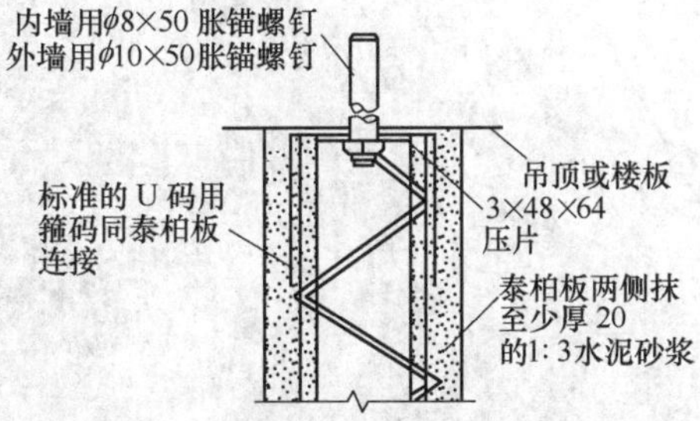

(b) 泰柏墙板与吊顶或楼板的连接

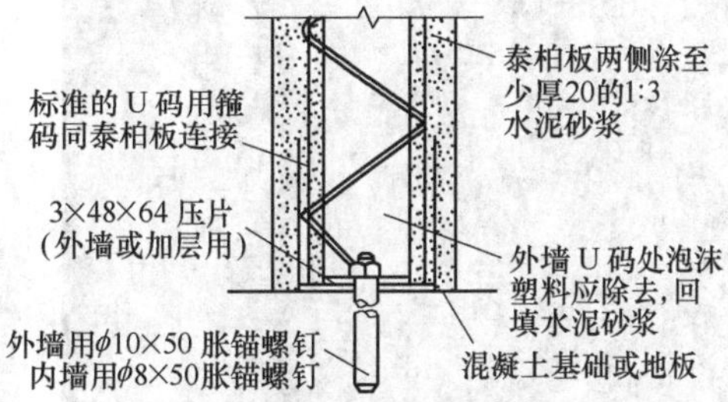

(c) 泰柏墙板与地板的连接

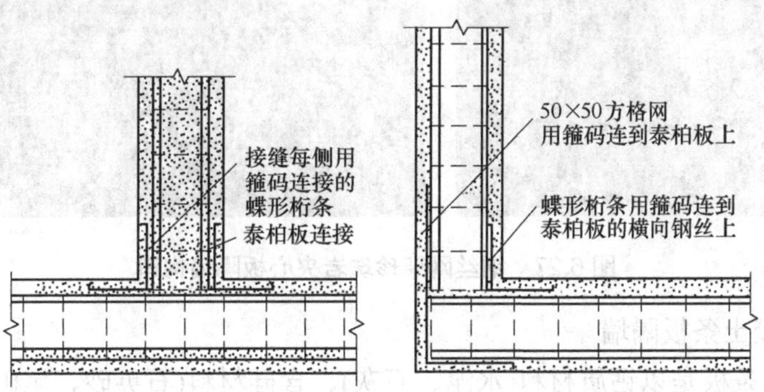

(d) 转角泰柏墙板的连接

图 6.26　泰柏板隔墙构造

2) 钢丝网架珍珠岩夹心板隔墙的构造

轻质隔墙叫钢丝网架珍珠岩夹心板，芯层为珍珠岩，外附钢丝网架，此种材料分 3 次抹灰后轴向荷载可达到 95MPa，同时质量比较轻，隔热性比较好，施工方便快捷，可以随意拼接，防火与隔声都可以达到理想的效果(耐火极限大于 3.5h)。这种隔墙每平方米只有 15kg 重。构造做法同泰柏板隔墙的构造。有的工程为了施工方便，可以采用以下的构造做法。将板绑扎到墙体(或柱子)和地面的钢筋上，如图 6.27 所示。

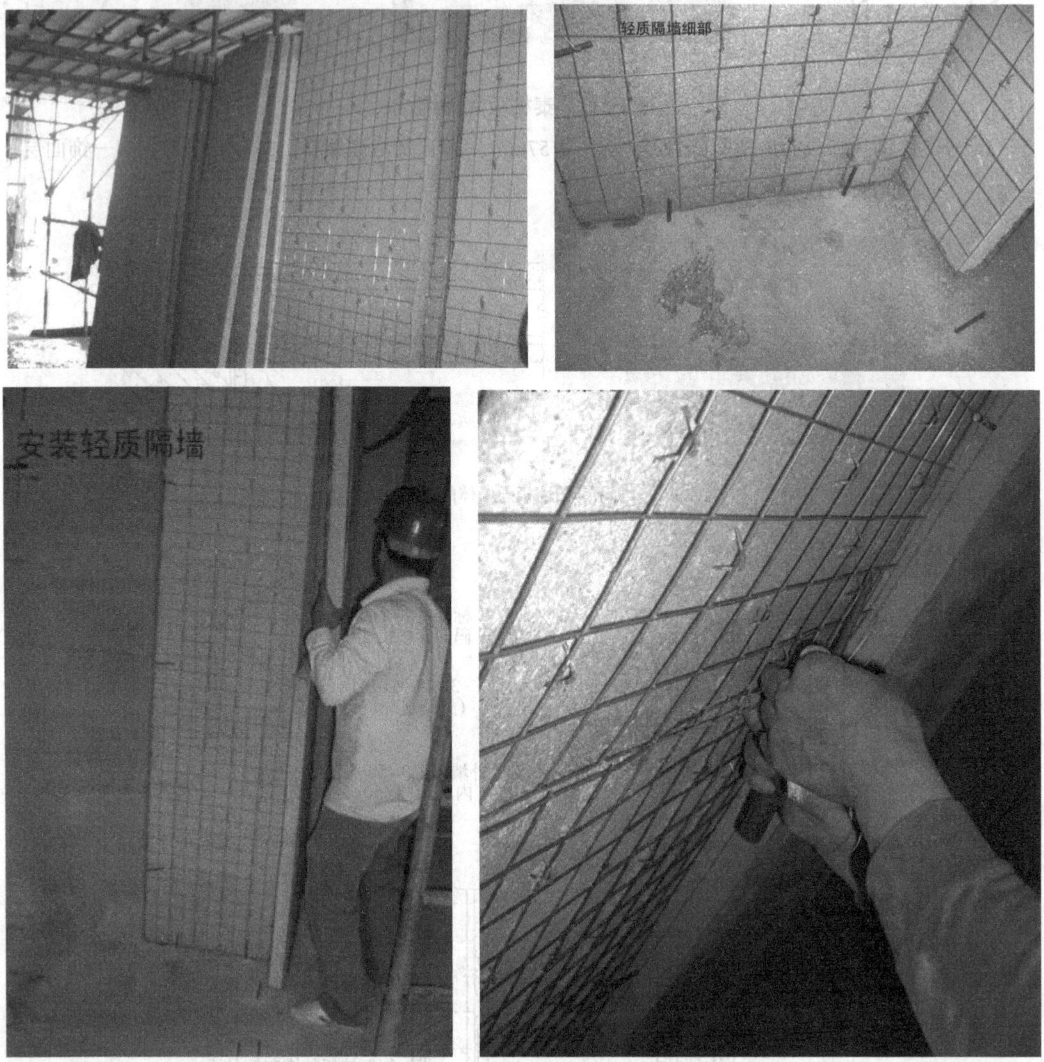

图 6.27　钢丝网架珍珠岩夹心板隔墙构造

3) 加气混凝土条板隔墙

加气混凝土条板是以钙质材料(水泥、石灰)、含硅材料(石英砂、尾矿粉、粉煤灰、粒化高炉矿渣、页岩等)和加气剂作为原料，经过磨细、配料、搅拌、浇筑、切割和压蒸养护(8 或 15 个大气压下养护 6～8h)等工序制成的一种多孔轻质墙板。条板内配有适量的钢筋，钢筋宜预先经过防锈处理，并用点焊加工成网片。

不同类型、不同规格的轻钢龙骨，可以组成不同的隔墙骨架构造。一般是用沿地、沿顶龙骨与沿墙、沿柱龙骨(用竖龙骨)构成隔墙边框，中间立若干竖向龙骨，它是主要承重龙骨。有些类型的轻钢龙骨，还要加通贯横撑龙骨和加强龙骨；竖向龙骨间距应根据石膏板宽度而定，一般在石膏板板边、板中各放置一根，间距不大于600mm；当墙面装修层面积较大，如贴瓷砖，龙骨间距以不大于420mm为宜；当隔墙要增高时，龙骨间距亦应适当缩小。

轻质隔墙要限制高度，它是根据轻钢龙骨的断面、刚度和龙骨间距、墙体厚度、石膏板层数等方面的因素而定。

加气混凝土条板隔墙一般采用垂直安装，板的两侧应与主体结构连接牢固，板与板之间用黏结砂浆黏结，沿板缝上下各1/3处按30°钉入金属片，如图6.28所示。在转角墙和丁字墙交接处，板高上下1/3处，应斜向钉入长度不小于200mm、直径8mm的铁件，如图6.29所示。

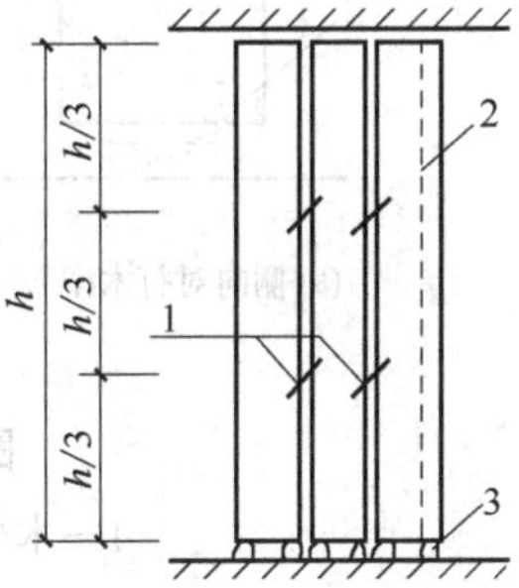

图6.28　用铁销、铁钉横向连接示意图

1—铁销；2—铁钉；3—木楔

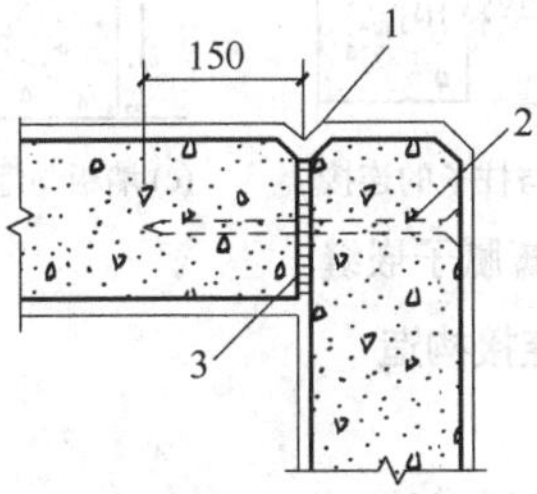

(a) 垂直转角墙节点构造

1—八字缝；2—ϕ8钢筋打尖；3—黏结砂浆

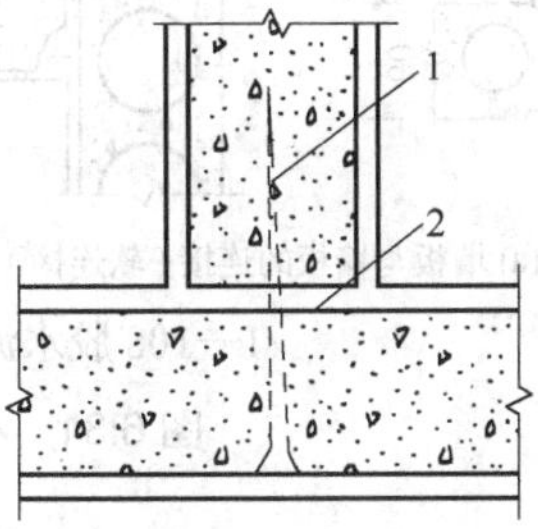

(b) 丁字墙节点构造

1—ϕ8钢筋打尖；2—黏结砂浆

图6.29　墙体转角构造

加气混凝土条板上下部的连接，一般采用刚性节点做法，即在板的上端抹黏结砂浆，与梁或楼板的底部黏结，下部两侧用木楔顶紧，最后下部的缝隙用细石混凝土填实，如图6.30所示。

4) 石膏条板隔墙

石膏空心条板的一般规格：长度为2500～3000mm，宽度为500～600mm，厚度为60～90mm。石膏空心条板表面应平整光滑，且具有质轻、比强度高、隔热、隔声、防火、加工性好、施工简便等优点。

墙板的固定一般常用下楔法，先在板顶和板侧浇水，满足其吸水性的要求，再在其上涂抹胶黏剂，使条板的顶面与顶棚顶紧，底面用木楔从板底两侧打入，调整条板的位置达到设计要求后，用细石混凝土灌缝，构造如图6.31所示。

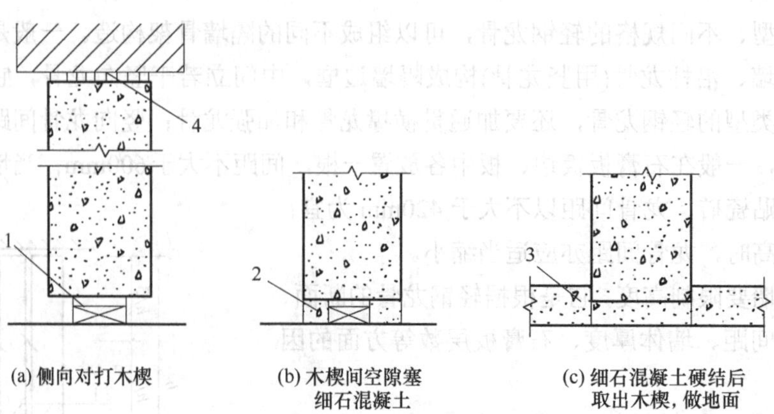

图 6.30　隔墙板上下连接构造方法之一

1—木楔；2—细石混凝土；3—地面；4—黏结砂浆

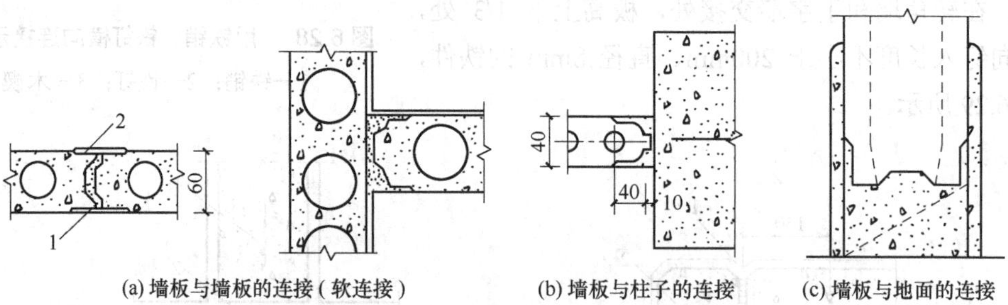

1—108 胶水泥砂浆黏结；2—石膏腻子嵌缝

图 6.31　石膏条板隔墙墙板连接构造

6.3　隔断形式及构造

隔断是指分隔室内空间的装修构件，与隔墙有相似之处，但也有根本性的区别。隔断的作用在于变化空间或遮挡视线。利用隔断分隔的空间，在空间的变化上，可以产生丰富的意境效果，增加空间的层次和深度，使空间既分又合，且互相连通。隔断能创造一种似隔非隔、似断非断、虚虚实实的景象，是当今居住和公共建筑，如住宅、办公室、旅馆、展览馆、餐厅、门诊部等在设计中常用的一种处理手法。隔断的形式很多，常见的隔断有屏风式、镂空式、玻璃墙式、移动式和家具式等。

6.3.1　屏风式隔断

通常是不隔到顶，顶棚与隔断保持一段距离，空间通透性强，形成大空间中的小空间。隔断高一般为 1050mm、1350mm、1500mm、1800mm 等，根据不同的使用要求选用。屏风式隔断有固定式和活动式两种，固定式又有立筋骨架式和预制板式之分。预制板式隔断借预埋铁件与周围墙体和地面固定；立筋骨架式隔断则与隔墙相似，它可在骨架两侧铺钉罩面板，亦可镶嵌玻璃。玻璃可用磨砂玻璃、彩色玻璃、棱花玻璃等。骨架与地面的固定可用膨胀螺钉或预埋铁件焊接等方式。

活动式屏风隔断可以移动放置，支撑方式为屏风下安装一金属支撑架，直接放在地面上，也可在支架下安装橡胶滚动轮或滑动轮以方便移动。

6.3.2　镂空花格式隔断

镂空花格式隔断是公共建筑门厅、住宅客厅等处分隔空间常用的一种形式，有竹、木和混凝土多种形式，如图 6.32 所示。隔断与地面、顶棚的固定可用射钉或预埋铁件焊接等方式。

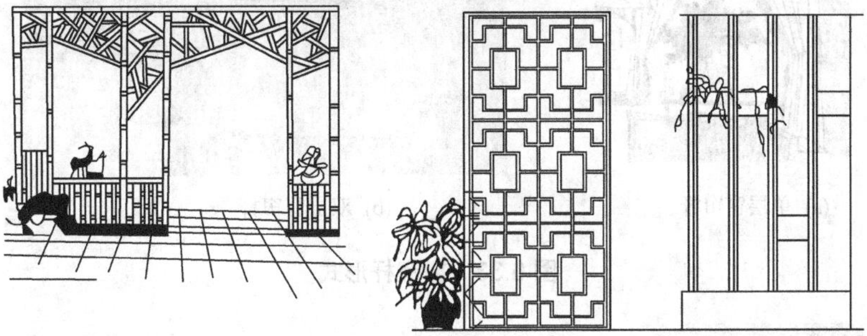

图 6.32　镂空式隔断

6.3.3　玻璃隔断

玻璃砖隔断是采用玻璃砖砌筑而成，既分隔空间又能透光线，常用于公共建筑的接待室、会议室等处。透空玻璃隔断是采用普通平板玻璃、磨砂玻璃、刻花玻璃、压花玻璃、彩色玻璃以及各种颜色的有机玻璃等嵌入木框或金属框的骨架中，具有透光性、遮挡性和装饰性。当采用普通玻璃时，还具有可视性。它主要用于幼儿园、医院病房、精密车间走廊以及仪器仪表控制室等处。对采用彩色玻璃、压花玻璃或彩色有机玻璃，除遮挡视线外，还具有丰富的装饰性，可用于餐厅、会客室、会议室等。

6.3.4　其他隔断

隔断形式还有拼装式、滑动式、折叠式、悬吊式、帐幕式和起落式等多种，可以达到随意闭合、开启等灵活多变的特点。家具式隔断是利用各种使用的家具来分隔空间的一种方式。这种方式把空间分隔使用，其功能与家具巧妙地结合起来，既节约费用又节省面积，是室内装饰的重要手段。

6.4　窗帘杆及窗帘盒

6.4.1　窗帘杆

窗帘杆的作用就是吊挂窗帘，美观装饰。两端长度可伸出窗洞各 150mm 或通长设置。

形式按窗帘重量和层数分为轻型—单层(薄窗纱)和重型—双层(一厚一薄)，如图 6.33 所示。采用铜棍、铝合金棍、不锈钢管、塑钢、车木棍等作窗帘杆，适合窗洞口宽度为 1.5～1.8m 的窗，跨度超过时要增加中间支点。利用支撑架固定在墙上，构造如图 6.34 所示，美观大方，施工方便。

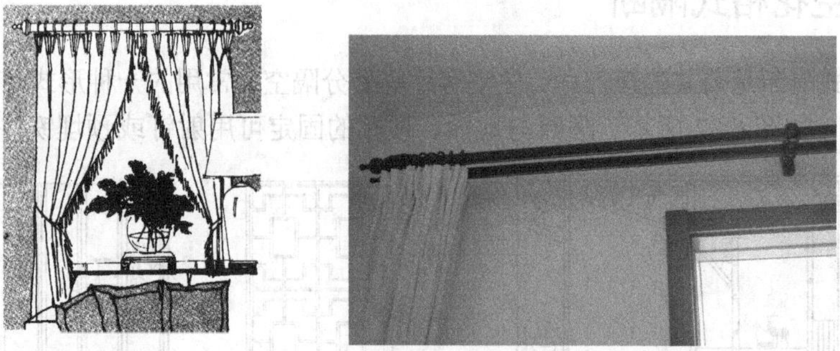

(a) 单层窗帘杆　　(b) 双层窗帘杆

图 6.33　窗帘杆形式

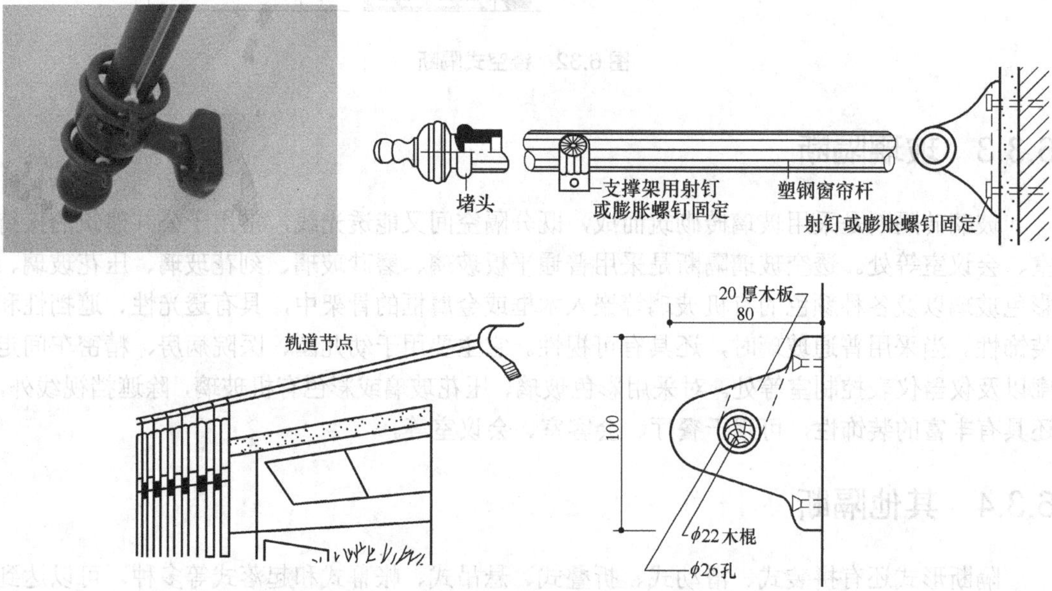

图 6.34　窗帘杆支撑架构造

6.4.2　木窗帘盒

窗帘盒按其与吊顶的关系分为两种形式：一种是房间有吊顶的，窗帘盒应隐蔽在吊顶内，与吊顶的龙骨结合固定，即暗窗帘盒；另一种是房间不设吊顶，窗帘盒固定在墙上或过梁上，即明窗帘盒形式，如图 6.35 所示。

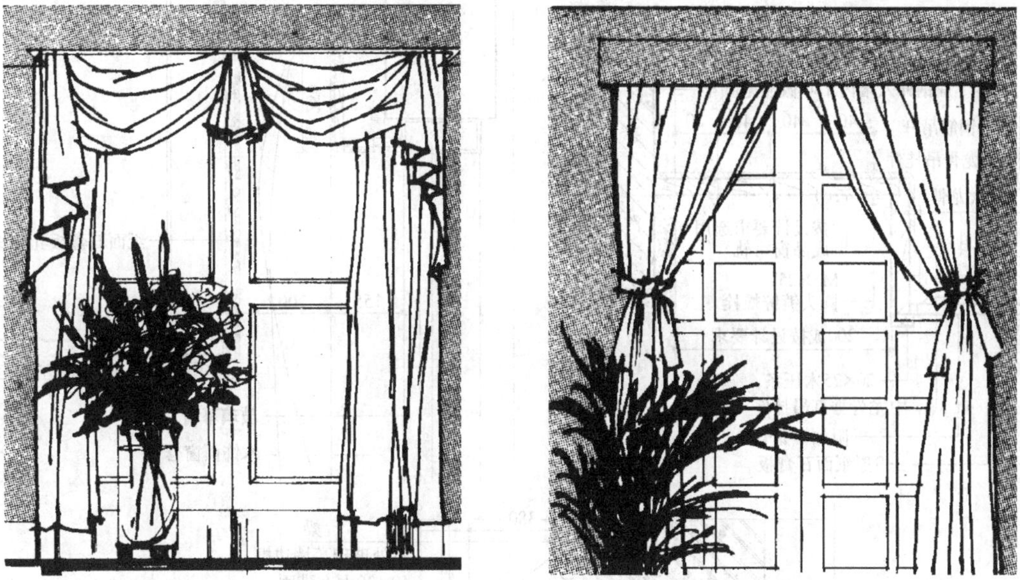

(a) 暗窗帘盒　　(b) 明窗帘盒

图 6.35　窗帘盒形式

1. 明窗帘盒构造

窗帘盒开口宽度为 140～200mm；开口深度为 100～150mm。使用大芯板制作窗帘盒，饰面用清油涂刷，应做与窗框套同材质的饰面板粘贴，粘贴面为窗帘盒的外侧面及底面。贯通式窗帘盒可直接固定在两侧墙面及顶面上，非贯通式窗帘应使用金属支架，为保证窗帘盒安装平整，两侧距窗洞口长度应相等，安装前应先弹线，构造如图 6.36 所示。

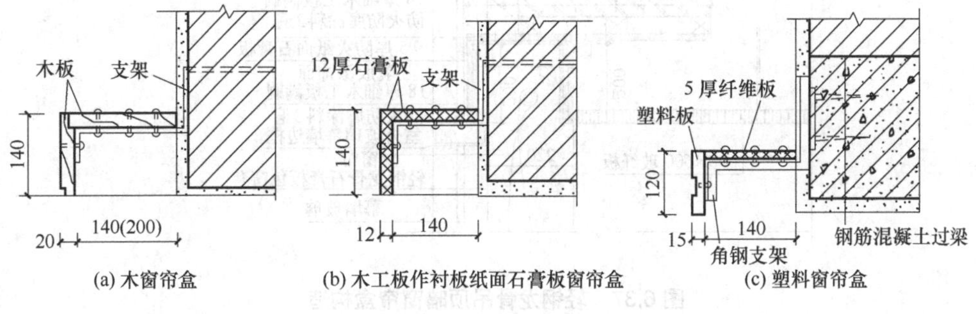

(a) 木窗帘盒　　(b) 木工板作衬板纸面石膏板窗帘盒　　(c) 塑料窗帘盒

图 6.36　明窗帘盒构造

2. 暗窗帘盒构造

暗窗帘盒构造如图 6.37 所示。

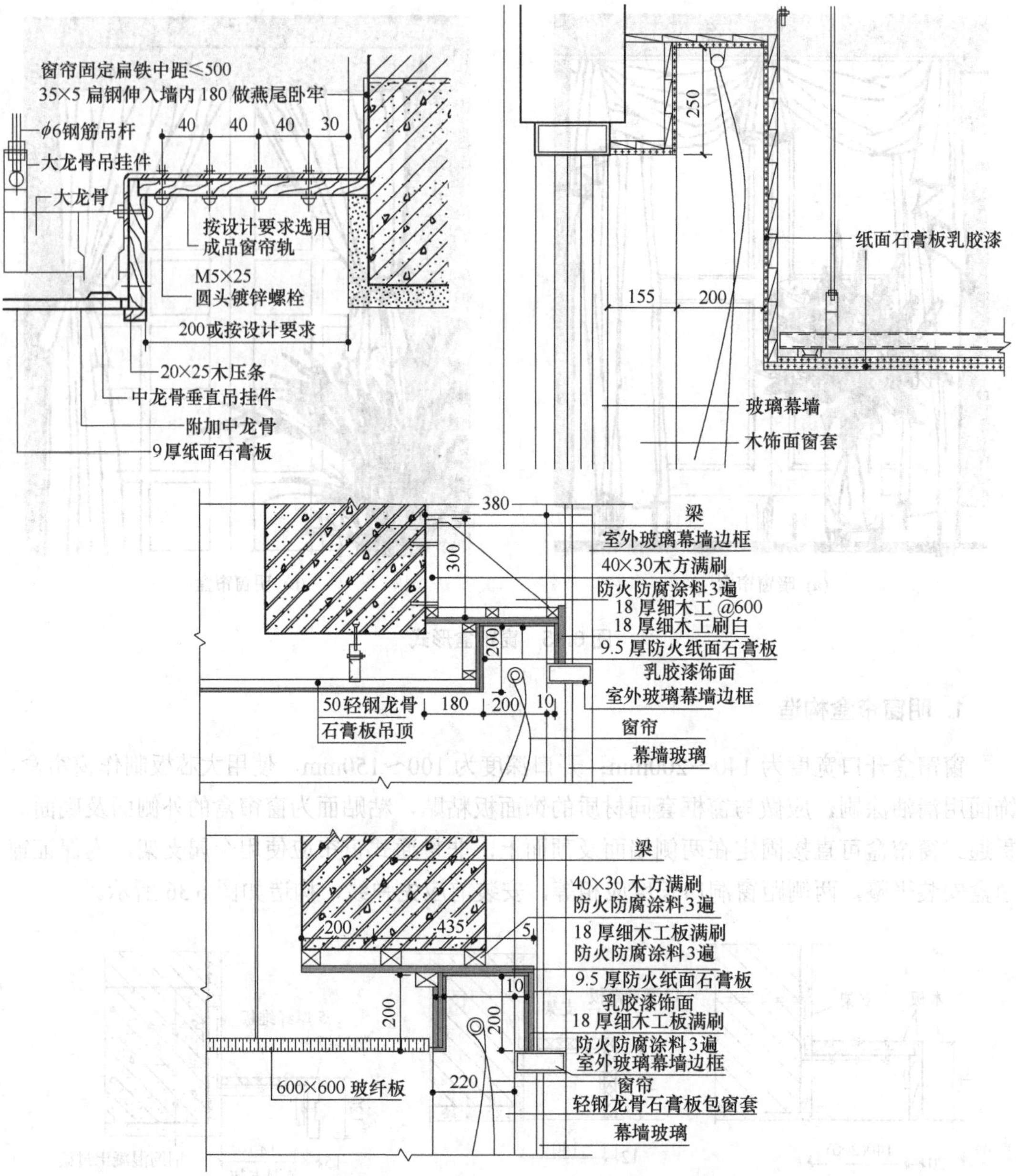
窗帘固定扁铁中距≤500
35×5 扁钢伸入墙内 180 做燕尾卧牢
ϕ6钢筋吊杆
大龙骨吊挂件
大龙骨
40
40
40
30
按设计要求选用
成品窗帘轨
M5×25
圆头镀锌螺栓
200或按设计要求
20×25木压条
中龙骨垂直吊挂件
附加中龙骨
9厚纸面石膏板
250
纸面石膏板乳胶漆
155
200
玻璃幕墙
木饰面窗套
380
300
200
梁
室外玻璃幕墙边框
40×30木方满刷
防火防腐涂料3遍
18 厚细木工 @600
18 厚细木工刷白
9.5 厚防火纸面石膏板
乳胶漆饰面
室外玻璃幕墙边框
50轻钢龙骨
石膏板吊顶
180
200
10
窗帘
幕墙玻璃
梁
200
435
5
40×30 木方满刷
防火防腐涂料3遍
18 厚细木工板满刷
防火防腐涂料3遍
9.5 厚防火纸面石膏板
乳胶漆饰面
18 厚细木工板满刷
防火防腐涂料3遍
室外玻璃幕墙边框
10
200
200
600×600 玻纤板
220
窗帘
轻钢龙骨石膏板包窗套
幕墙玻璃

图 6.37　轻钢龙骨吊顶暗窗帘盒构造

图 6.38 所示为某工程窗帘盒构造大样图。

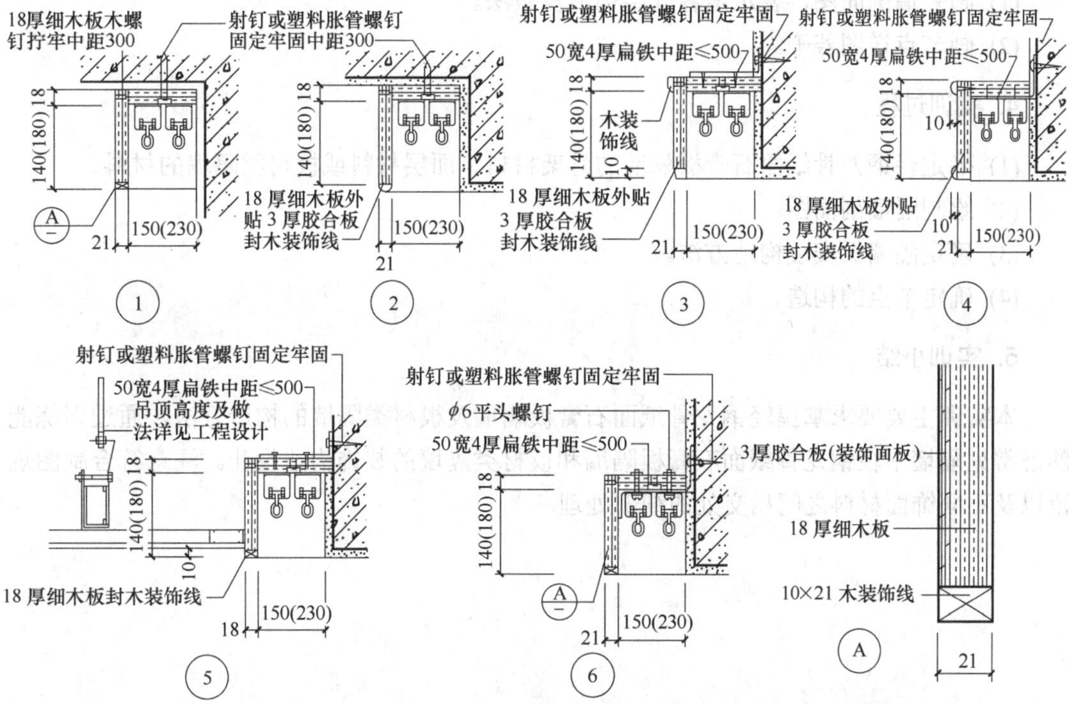

注：1.窗帘轨、轨扣、滚轮和滚阻均采用成品；2. 窗帘盒长为窗洞宽加 400mm，也可做通开间式由设计人定；3. 括号内尺寸用于双轨窗帘盒；4. 窗帘盒装饰面板的材质及颜色由设计人定。

图 6.38　某工程窗帘盒构造大样图

6.5　课堂实训课题

实训　某办公室隔墙装饰构造设计

因实际需要把 9000mm×6000mm 的教室分隔成两个办公室。试选择一种隔墙，并画出构造图。

1. 实训目的

掌握轻钢龙骨纸面石膏板和板材类隔墙的构造及做法，正确绘制纸面石膏板和板材类隔墙的平面图和节点详图。

2. 实训要点

自己选择合适的隔墙种类，进行隔墙的剖面设计及细部构造设计。

3. 实训内容及深度

用 3 号白图纸，以铅笔绘制。图纸规格符合国家制图标准。

(1) 画隔墙剖面图，表示出各分层构造及做法。

(2) 画节点详图若干。

4. 实训过程

(1) 确定轻钢龙骨纸面石膏板隔墙的骨架材料、面层材料或板材类隔墙的材料。

(2) 绘制隔墙剖面图。

(3) 确定隔墙板安装构造方法。

(4) 确定节点的构造。

5. 实训小结

本实训主要要求掌握轻钢龙骨纸面石膏板隔墙及板材类隔墙的构造方法，通过训练能熟悉常见隔墙中轻钢龙骨纸面石膏板隔墙和板材类隔墙的装饰构造设计。注意符合制图规范以及不同饰面材料之间相交处的细部处理。

第 7 章　楼梯装饰装修构造

内容提要

本章主要介绍了楼梯的基本组成与构造要求；楼梯设计基本尺度与要求；楼梯的细部装饰构造以及电梯厅门套的装饰构造。

教学目标

- 掌握楼梯的基本组成和构造要求。
- 重点掌握楼梯的各部分的尺度确定、细部装饰的构造要求。
- 能熟练进行楼梯的平面和剖面的设计与表达。
- 能熟练地对楼梯部分的细部详图进行阅读与表达。
- 掌握电梯厅门套的装饰构造。

项目案例导入：室内楼梯装饰设计平面图

楼梯是建筑物的重要垂直交通设施。楼梯的设置及恰当的细部构造处理，对人流交通和安全疏散、建筑空间环境气氛和美观都产生积极的影响。对楼梯进行装饰装修时，应根据不同的使用目的和装饰要求选择相应的楼梯类型、装饰材料、构造方法，以达到设计的实用性、经济性、装饰性。某宾馆大堂楼梯设计与装饰的平面图如图 7.1 所示，它利用石材、木材、铸铁等材料营造了古朴、典雅的艺术氛围，成为大堂的一个视觉亮点，丰富了整个大堂的艺术氛围。

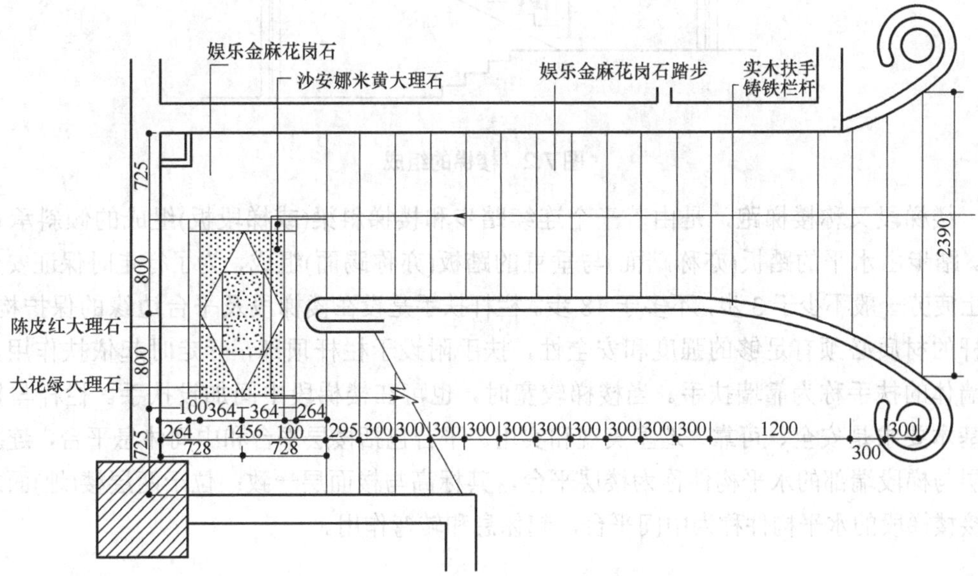

图 7.1　楼梯装饰平面图

7.1 概　　述

楼梯是建筑中常用的垂直交通设施。楼梯应满足人们正常的垂直交通、搬运家具设备和紧急情况下安全疏散的要求。其数量、位置、形式应符合有关规范和标准的规定。同时，楼梯作为空间结构的重要因素，以其特有的尺度、体量，多变的空间方位，丰富的材料，多变的结构形式和装饰手法，在建筑造型和空间装饰中成为一个越来越活跃的要素，受到人们的重视。楼梯已不仅仅是垂直交通和安全疏散的设施，更成为影响建筑整体环境空间艺术效果的重要因素。

7.1.1 楼梯的基本组成与分类

1. 楼梯的基本组成

楼梯主要由楼梯段、栏杆(栏板)扶手和平台三部分组成，如图 7.2 所示。

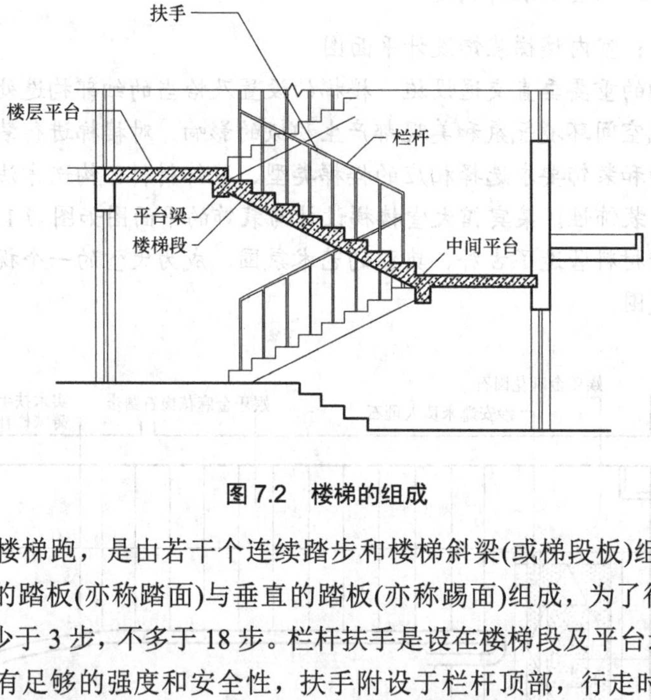

图 7.2　楼梯的组成

楼梯段又称楼梯跑，是由若干个连续踏步和楼梯斜梁(或梯段板)组成的倾斜承重构件。踏步由水平的踏板(亦称踏面)与垂直的踏板(亦称踢面)组成，为了行走时保证安全和防止疲劳一般不少于 3 步，不多于 18 步。栏杆扶手是设在楼梯段及平台边缘的保护构件，栏杆的材质必须有足够的强度和安全性，扶手附设于栏杆顶部，行走时起依扶作用，设于墙体的扶手称为靠墙扶手。当楼梯较宽时，也可在楼梯段中间加设扶手。栏杆与扶手的基本要求是安全、可靠、造型美观和实用。平台包括楼层平台和中间休息平台，连接楼板层与梯段端部的水平构件称为楼层平台，其标高与楼面层一致；位于两层楼(地)面之间连接楼梯段的水平构件称为中间平台，起休息和转弯作用。

2. 楼梯的分类

楼梯的类型和形式取决于设置的具体部位，楼梯的用途、通过的人流、楼梯间的形状、大小、楼层高低及造型、材料等因素。

(1) 按材料分类。主要有钢筋混凝土、木、铝合金、钢及复合材料楼梯等。钢筋混凝土楼梯应用较广，目前大多数建筑采用钢筋混凝土楼梯；铝合金和木楼梯则灵活亲切，在家庭居室、小别墅中常常使用；钢楼梯较为轻巧，连接跨度大，在一些特殊场所使用较多，如室外疏散楼梯等；复合材料楼梯是利用不同材料的受力特性将其组合拼接而成的楼梯，如钢木楼梯，常用于居住建筑或餐厅中的装饰楼梯。

(2) 按平面布置形式分类。楼梯的平面形式是根据其使用要求、建筑功能、平面和空间的特点以及楼梯在建筑中的位置等因素确定的。楼梯的平面形式主要有直跑楼梯、双跑楼梯、三跑(或多跑)楼梯及弧形楼梯等，如图 7.3 所示。

(3) 按使用性质分类。分为主要楼梯、辅助楼梯、疏散楼梯及消防楼梯等。

(4) 按位置分类。分为室内楼梯和室外楼梯。

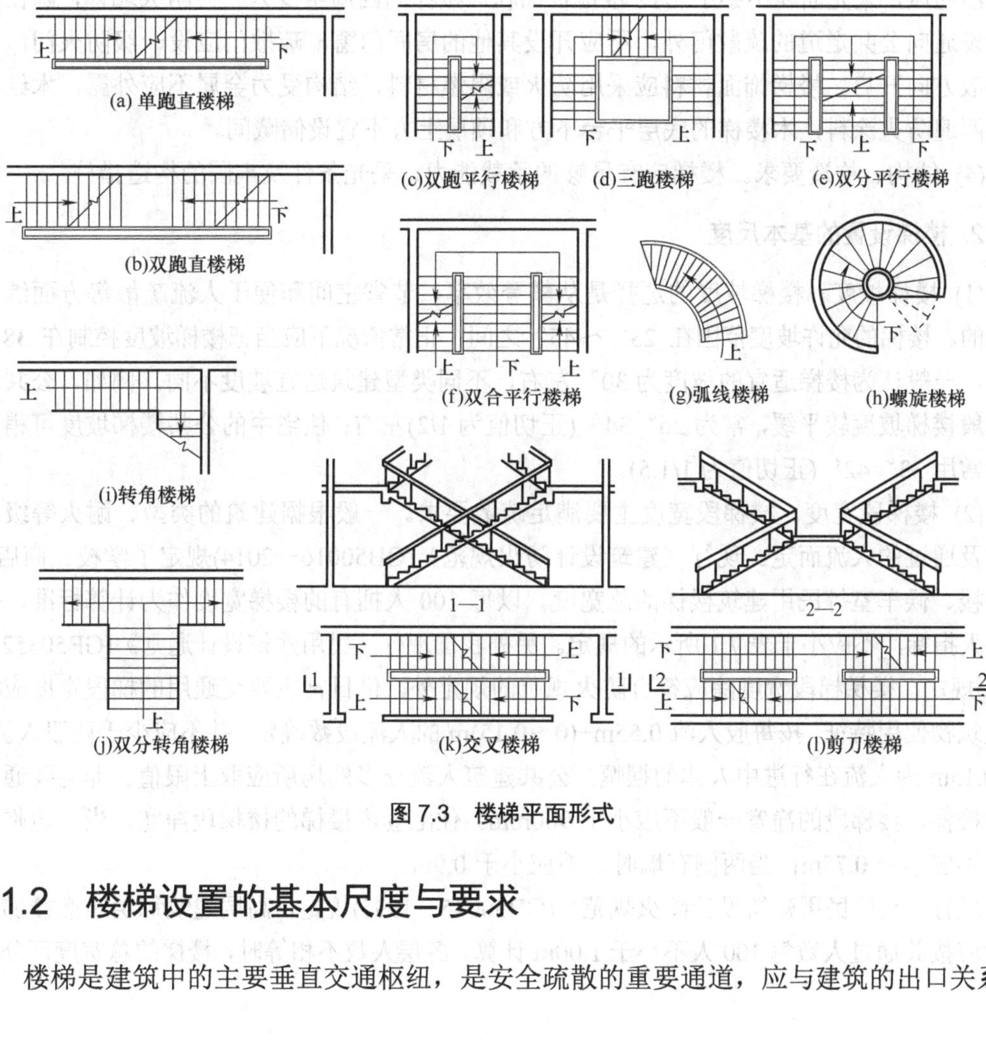

图 7.3　楼梯平面形式

7.1.2　楼梯设置的基本尺度与要求

楼梯是建筑中的主要垂直交通枢纽，是安全疏散的重要通道，应与建筑的出口关系紧密、连接方便，同时，在建筑中标志明显、便于到达。平面中楼梯的布置数量和布置间距必须符合有关现行建筑防火规范和疏散要求，使楼梯满足足够的通行和疏散能力。楼梯在室内装修中占有非常重要的地位，所以楼梯的设计除满足基本的实用功能外，还应充分考虑艺术形式、装饰手法及空间环境关系。

1. 楼梯设置的要求

(1) 功能要求。楼梯形式必须符合通行和疏散方面要求，不同类型的建筑空间分隔可以采用相应的楼梯形式、坡度和尺寸来解决。

(2) 美观要求。建筑装饰常把楼梯作为一个重要部位。如螺旋楼梯、悬臂楼梯常被用作建筑立面或中庭空间的衬景；双分双合楼梯在公共建筑门厅中能显示一定的气派；而轻巧灵活的多折楼梯则更易衬托像别墅、居室一类小空间的优雅别致的情调。

(3) 防火要求。楼梯是安全疏散的重要通道，有较高的防火要求。公共建筑的室内疏散楼梯及消防楼梯宜设置封闭楼梯间，医院、疗养院大楼和有空调的多层旅馆以及超过 5 层的其他公共建筑的室内疏散楼梯均应设置封闭楼梯间。楼梯间要求靠外墙，能直接采光和自然通风，采光面积不小于 1/12 楼地板面积。楼梯间四周至少为一砖耐火墙体，除在同层开设通向公共走道的疏散门外，不应开设其他的房间门窗，疏散门应设一级防火门，并向疏散方向开启。楼梯饰面材料应采用防火或阻燃材料，结构受力金属不应外露，木结构应刷两遍防火涂料，木楼梯的底层平台下方和顶层上方不宜设储藏间。

(4) 结构、构造要求。楼梯应有足够的承载能力、采光条件及牢固的构造措施。

2. 楼梯设置的基本尺度

(1) 楼梯坡度。楼梯坡度的选择是从攀登效率、节省空间和便于人流疏散等方面综合考虑的。楼梯的允许坡度范围在 23° ～45° 之间，正常情况下应当把楼梯坡度控制在 38° 以内，一般认为楼梯适宜的坡度为 30° 左右，不同类型建筑适宜坡度不同。例如，公共场所一般楼梯坡度较平缓，常为 26° 34′ (正切值为 1/2)左右；住宅中的公共楼梯坡度可稍陡些，常用 33° 42′ (正切值为 1/1.5)。

(2) 楼梯段宽度。楼梯段宽度主要满足疏散要求。一般根据建筑的类型、耐火等级、层数及通过的人流而定。现行《建筑设计防火规范》(GB50016—2014)规定了学校、商店、办公楼、候车室等民用建筑楼梯的总宽度。以每 100 人拥有的楼梯宽度作为计算标准，俗称百人指标，不应小于表 7.1 所示的规定。另外我国现行《民用建筑设计通则》(GB50352—2005)规定，楼梯梯段宽度除应符合防火规范的规定外，供日常主要交通用的梯段宽度应根据建筑物使用特征，按每股人流 0.55m+(0～0.15)m 的人流股数确定，并不应少于两股人流。0～0.15m 为人流在行进中人体的摆幅，公共建筑人流众多的场所应取上限值。非主要通行用的楼梯，楼梯段的净宽一般不应小于 900mm。住宅套内楼梯的楼梯段净宽，当一边临空时，不应小于 0.75m；当两侧有墙时，不应小于 0.9m。

现行《高层民用建筑设计防火规范》(GB50045—1995)规定，高层建筑每层疏散楼梯总宽度应按其通过人数每 100 人不小于 1.00m 计算。各层人数不相等时，楼梯的总宽度可分段计算，下层疏散楼梯总宽度按其上层人数最多的一层计算。疏散楼梯的最小净宽不应小于表 7.2 所示的规定。

表 7.1　一般建筑楼梯的宽度指标

单位：m/100 人

层数 \ 耐火等级	一、二级	三级	四级
一、二层	0.65	0.75	1.00
三层	0.75	1.00	
≥四层	1.00	1.25	

表 7.2　高层建筑疏散楼梯的最小净宽度

单位：m

高层建筑	疏散楼梯的最小净宽度
医院病房楼	1.30
居住建筑	1.10
其他建筑	1.20

(3) 踏步尺寸。踏步是由踏面和踢面组成，二者投影长度之比决定了楼梯的坡度，如图 7.4 所示。一般认为踏面的宽度应大于成年男子脚的长度，使人们在上、下楼梯时脚可以全部落在踏面上，保证行走时的舒适。踢面的高度取决于踏面的宽度，二者之和宜与人的自然跨步长度相近，若过大或过小，行走时均会感到不方便。

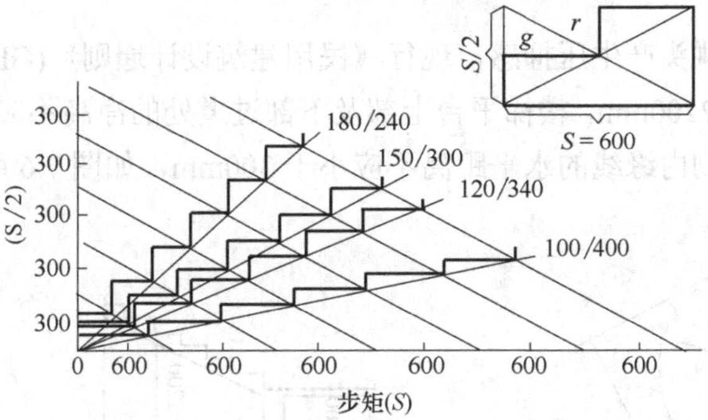

图 7.4　楼梯坡度与踏步尺寸关系

计算踏步宽度和高度可以利用下面的经验公式：

$$2r+g=600\sim620\text{mm}$$

式中：r 为踏步高度；g 为踏步宽度；600～620mm 为人的跨步长度。

踏步尺寸一般是根据建筑的使用功能及楼梯的通行量综合确定的，现行《民用建筑设计通则》对楼梯踏步最小宽度和最大高度具体规定如表 7.3 所示。各类建筑常用踏步尺寸取值范围如表 7.4 所示。

表 7.3　楼梯踏步最小宽度和最大高度

单位：m

楼梯类别	最小宽度	最大高度
住宅共用楼梯	0.26	0.175
幼儿园、小学校等楼梯	0.26	0.15
电影院、剧院、体育馆、商场、医院、旅馆和大型中小学校等楼梯	0.28	0.16
其他建筑楼梯	0.26	0.17
专用疏散楼梯	0.25	0.18
服务楼梯、住宅套内楼梯	0.22	0.20

表 7.4　常用适宜踏步尺寸

单位：mm

建筑类别	住　宅	学校、办公楼	剧院、会堂	医院(病人用)	幼儿园
踏步高	156～175	140～160	120～150	150	120～150
踏步宽	250～300	280～340	300～350	300	260～300

为了安全适用，每个楼梯段一般不应超过 18 步，也不应少于 3 步，不同层间的踏步尺寸可以根据不同的建筑层高加以变化(一般也应相同)，但同一楼梯段的踏步尺寸必须一致。

(4) 楼梯段净空高度。楼梯段净空高度包括楼梯段净高 H 和楼梯段净空 C，楼梯段净高是指下层楼梯段踏步前缘至其正上方楼梯段下表面的垂直距离；楼梯段净空是指下层楼梯段踏步前缘至其上方楼梯段下表面的最短距离。楼梯段净高、楼梯段净空尺寸关系如图 7.5 所示。

为了防止行进中碰头产生压抑感，现行《民用建筑设计通则》(GB50352—2005)规定，梯段的净高不应小于 2200mm，楼梯平台上部及下部过道处的净高不应小于 2000mm。起止踏步前缘与顶部突出物内缘线的水平距离不应小于 300mm，如图 7.6 所示。

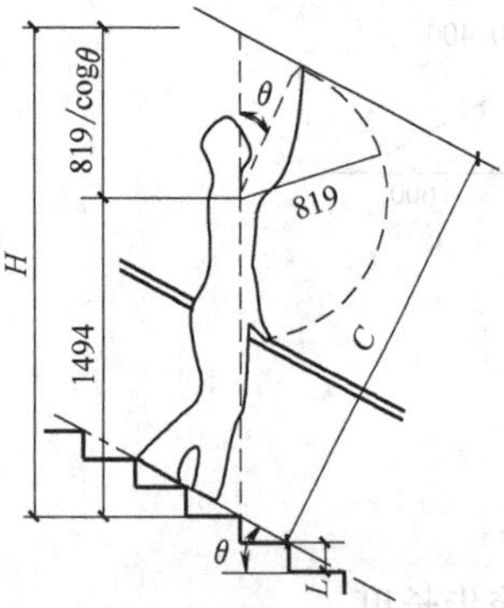

图 7.5　楼梯段净高、净空关系

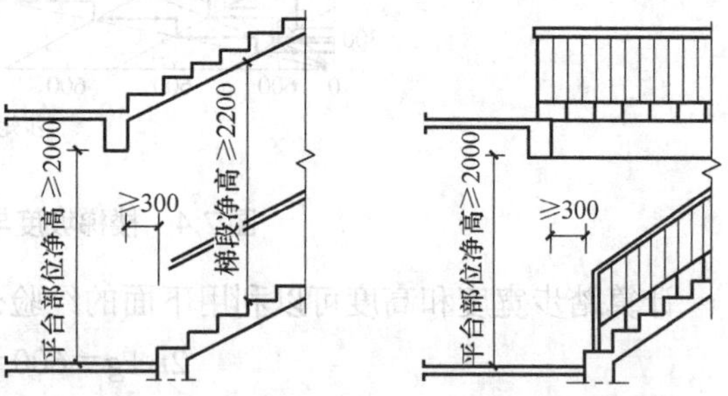

图 7.6　楼梯及平台部位净高要求

(5) 楼梯栏杆扶手高度。楼梯栏杆扶手的高度是指踏步前沿至上方扶手中心线的垂直距离。楼梯栏杆高度与楼梯的坡度、使用要求、位置等有关。现行《民用建筑设计通则》

规定，一般室内楼梯栏杆高度不宜小于 0.9m。如果楼梯水平栏杆的长度超过 0.5m 时，其扶手高度不应小于 1.05m。室外楼梯栏杆高度：当临空高度在 24m 以下时，其高度不应低于 1.05m；当临空高度在 24m 及 24m 以上时，其高度不应低于 1.1m。幼儿园建筑，楼梯除设成人扶手外还应设幼儿扶手，其高度不应大于 0.60m，如图 7.7 所示。

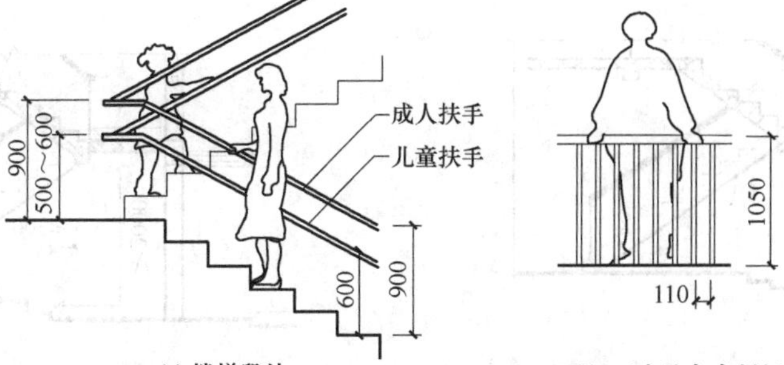

(a) 楼梯段处　　(b) 顶层平台处安全栏杆

图 7.7　栏杆与扶手的高度

(6) 平台净宽。为了搬运家具设备的方便和通行的顺畅，现行《民用建筑设计通则》规定楼梯平台净宽不应小于楼梯段净宽，并不得小于 1.2m，当有搬运大型物件需要时应适当加宽，如图 7.8 所示。

开放式楼梯间的楼层平台同走廊连在一起，此时平台净宽可以小于上述规定，为了不使楼梯间处的交通过分拥挤，把楼梯段起步点自走廊边线后退一段距离作为缓冲空间，如图 7.9 所示。

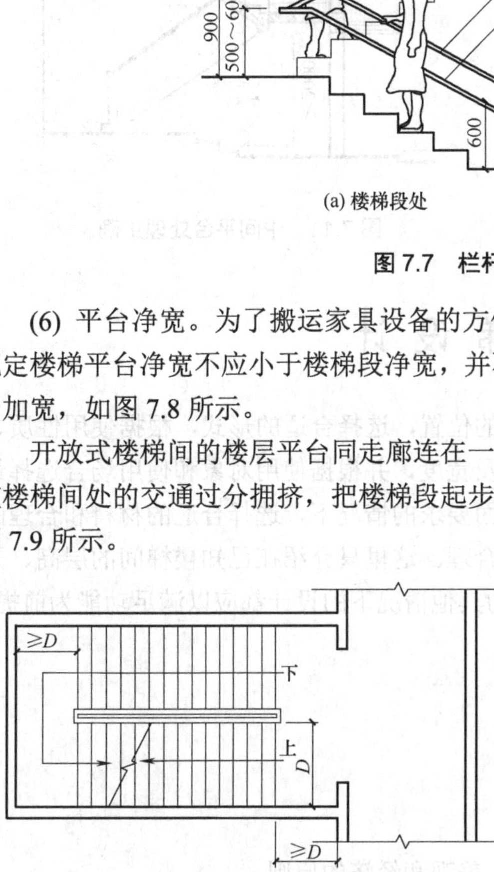

图 7.8　楼梯段和平台的尺寸关系

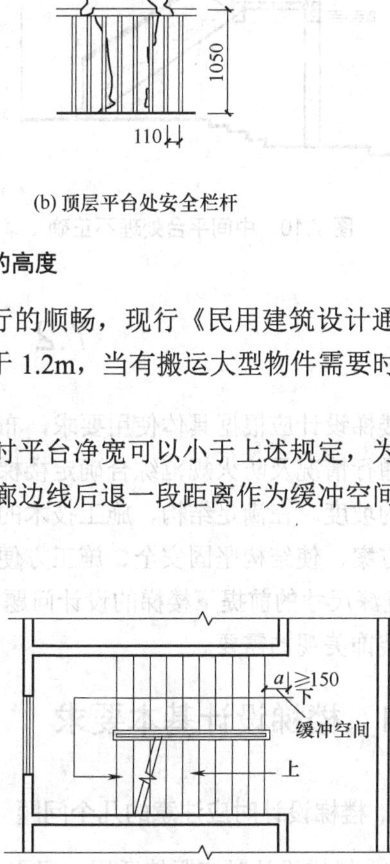

图 7.9　开放式楼梯间楼层平台宽度

(7) 楼梯梯井宽度。梯井系指楼梯段之间形成的空当，此空当从顶层到底层贯通，为了楼梯段安装和平台转弯缓冲，平行双跑楼梯一般为 60～200mm。超过 200mm 应作防护设施。

7.1.3　案例分析

图 7.10 所示为某底层中间平台下设通道时楼梯间剖面图的一部分，分析这样处理有什么不妥？并根据本节所学内容，提出合理做法。

分析：楼梯底层中间平台下设通道时，常常将部分台阶移至室内，以提高中间休息平台的净高，满足交通的需要，但是要注意台阶移至的位置。图 7.10 所示的做法就是为了提高中间休息平台的净高，将台阶移至了室内，但未注意移至的位置，将台阶设在了平台梁的下面，这样做会导致平台梁下净高不满足要求。

正确的做法是台阶应设在平台梁以内不小于 300mm 的地方，如图 7.11 所示。

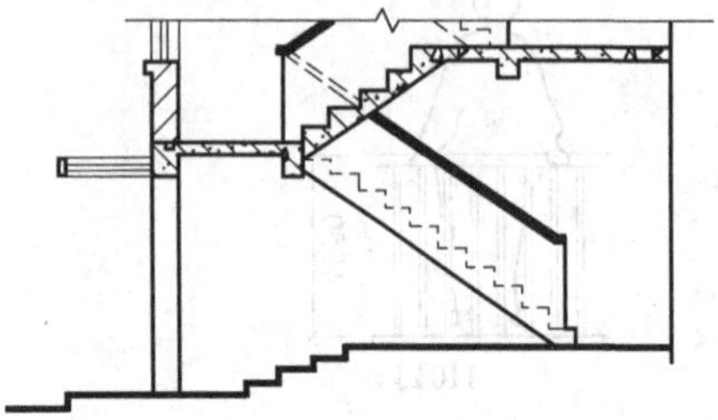

图 7.10　中间平台处理不正确

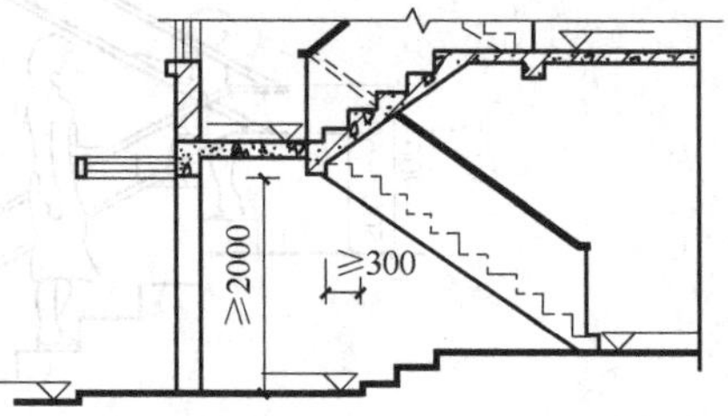

图 7.11　中间平台处理正确

7.2　楼 梯 设 计

楼梯设计应根据具体使用要求，布置恰当的位置，选择合适的形式，根据使用性质、人流通行情况及防火规范综合确定楼梯的数量及宽度，并根据使用对象和使用场合选择最合适的坡度。在满足结构、施工技术的经济方面要求的情况下，选择合适的材料和合理的构造方案，使结构坚固安全、施工方便、经济合理。这里只介绍在已知楼梯间的层高、开间、进深尺寸的前提下楼梯的设计问题。楼梯的其他情况下的设计都应以满足功能为前提，实现装饰美观的需要。

7.2.1　楼梯设计基本要求

1. 楼梯设计时应注意的几个问题

(1) 楼梯设计时应坚持适用、坚固、耐久、美观和经济的原则。

(2) 楼梯的类型选择和基本尺度的确定应首先满足建筑空间交通(包括搬运家具)的方便和安全疏散的要求；其次材料和构配件的选用要达到符合规范要求的防火等级，不能以牺牲规范和标准为代价实现美观和新潮。

(3) 对于一些新型的构件组装式的楼梯，要注意它的细部构造和构件的尺度设置应符合安全、坚固的要求，构配件的承载力和构造组合应满足楼梯的使用要求。

(4) 楼梯在细部设计时应体现以人为本的概念，如踏步在满足尺寸要求和美观的前提下要考虑好防滑的处理；栏杆在满足连接坚固的前提下应注意栏杆立杆间的间距的安全；扶手在满足构造要求的前提下应注意人们抓扶的感受等。

(5) 在选择楼梯平面形式时，要注意与建筑环境的协调，在追求美观、得体的同时，还要兼顾楼梯的交通效率。

2. 楼梯的设计步骤和方法

(1) 确定踏步的宽和高。根据建筑物的性质和楼梯的使用要求，确定踏步尺寸。设计时结合表 7.4，可选定踏步宽度，由经验公式 $g+2r=600\sim620\text{mm}$ 或 $g+r=450\text{mm}$(g 为踏步宽，r 为踏步高)，可求得踏步高度，各级踏步高度应相同。

(2) 确定楼梯段宽度(B_1)。根据楼梯间的开间、楼梯形式和楼梯的使用要求，确定梯段宽度。

如双跑平行楼梯：

$$梯段宽度(B_1)=\frac{楼梯间净宽(B)-梯井宽度(B_2)}{2}$$

梯井宽度(B_2)一般为 60～200mm，梯段宽度采用 M 或 $1/2M$ 的整数倍。

(3) 确定踏步数量(N)。根据楼梯间的层高(H)和初步确定的楼梯踏步高度(r)，计算楼梯各层的踏步数量，即踏步数量为：

$$N=\frac{层高(H)}{踏步高度(r)}$$

(4) 确定各梯段踏步数(n)$18\geqslant n\geqslant3$。根据各层踏步数量、楼梯形式等，确定各楼梯段的踏步数量。

如双跑平行楼梯：

$$各梯段踏步数量(n)=\frac{各层踏步数量(N)}{2}$$

各层踏步数量宜为偶数。若为奇数，每层的两个梯段的踏步数量相差一步。

(5) 确定楼梯水平投影长度(L)和梯段高度(H)。根据踏步尺寸和各梯段的踏步数量，计算梯段的水平投影长度和高度，即：

$$梯段水平投影长度(L)=(n-1)r;$$

$$梯段高度(H)=nr$$

(6) 确定平台宽度。根据楼梯间的尺寸、梯段宽度等，确定平台深度。平台深度不应小于梯段净宽，并不小于 1200mm。对直接通向走廊的开放式楼梯间而言，其楼层平台的深度不受此限制，但为了避免走廊与楼梯的人流相互干扰及便于使用，应留有一定的缓冲余地，一般楼层平台深度至少为 500～600mm。

(7) 确定底层楼梯中间平台下的地面标高和中间平台面标高。若底层中间平台下设通道，平台梁底面与地面之间的垂直距离应满足平台净高的要求，即不小于 2.000m。否则，应将地面标高降低，或同时抬高中间平台面标高。此时，底层楼梯各梯段的踏步数量、梯段长度和梯段高度需进行相应调整。

(8) 校核。根据以上设计所得结果，确定楼梯间的开间和进深尺寸。若计算的结果比已知的楼梯间尺寸小，通常只需调整平台深度；当计算结果大于已知的楼梯间尺寸，而平台深度又无调整余地时，应调整踏步尺寸，按以上步骤重新计算，直到与已知的楼梯间尺寸一致为止。

(9) 绘制楼梯各层平面图和楼梯剖面图。楼梯平面图通常有底层平面图、标准层平面图和顶层平面图。

3. 设计举例

已知某单元住宅层高为2.700m，楼梯开间2.700m，进深5.400m；室内外高差为600mm，共3层，采用双跑平行楼梯，底层平台下供人通行，楼梯间承重墙厚240mm，轴线居中，试设计该楼梯。

设计步骤如下：

(1) 确定踏步尺寸。根据住宅楼梯的特点，初步取踏步宽度为260mm，由经验公式$g+2r=600\sim620$mm求得踏步高度$r=170\sim190$mm，初步取$r=170$mm。

(2) 确定各层踏步数量。

$$各层踏步数量N=\frac{层高(H)}{踏步高度(r)}=\frac{2700}{170}\approx15.9$$

取$N=16$级，则踏步高度调整为：$r=\frac{H}{N}=\frac{2700}{16}\approx169$(mm)

(3) 确定各梯段踏步数量，二层以上采用等跑，则各梯段踏步数量为：

$$n_1=n_2=\frac{N}{2}=\frac{16}{2}=8(级)$$

由于底层中间平台下设通道，当底层楼梯段采用等跑时，则底层中间平台面的标高为

$$\frac{H}{2}=\frac{2.7}{2}=1.35(m)$$

假定平台梁的高度为300mm，则底层中间平台净高为1350-300＝1050mm＜2000mm，不能满足要求。

采取的处理方法为：将平台下地面标高降至－0.450m，则平台净高为1050＋450＝1500mm＜2000mm，仍不能满足要求。再将第一个梯段的踏步数量增加(2000-1500)÷169≈2.4级，取3级，此时平台净高为1500＋169×3≈2007mm＞2000mm，满足要求。那么，底层第一个梯段的踏步数量为8＋3＝11级，第二个梯段的踏步数量为8-3＝5级。

(4) 确定梯段长度和梯段高度。楼梯底层的梯段长度分别为：

$$L_1=(n_1-1)r=(11-1)\times260=2600(mm);$$

$$L_2=(n_2-1)r=(5-1)\times260=1040(mm)$$

楼梯二层以上的梯段长度为

$$L_1=L_2=(n-1)r=(8-1)\times260=1820(mm)$$

底层楼梯的梯段高度分别为

$$H_1=n_1r=11\times169\approx1860(mm);$$

$$H_2=n_2r=5\times169\approx840(mm)$$

二层及以上楼梯的梯段高度为

$$H_1=H_2=nr=8\times169\approx1350(mm)$$

(5) 确定梯段宽度。住宅公共楼梯的梯段净宽不小于1100mm，假定扶手中心线至楼梯

边缘尺寸为 50mm，取楼梯宽度为 1150mm，取楼梯井为 160mm，此时刚好满足楼梯间的开间尺寸 2700mm，即：

梯段宽度×2＋梯井宽度＋240＝1150×2＋160＋240＝2700(mm)

(6) 确定平台深度。平台深度不小于梯段宽度。根据已知进深尺寸 5400mm 和第一个梯段长度 2600mm，取中间休息平台为 1200mm，底层楼层平台深度为 1360mm，即

进深尺寸＝第一个梯段长度＋中间休息平台深度＋楼层平台深度＋墙厚
＝2600＋1200＋1360＋240
＝5400(mm)

(7) 绘制楼梯各层平面图和楼梯剖面图，如图 7.12 所示，楼梯节点详图略。

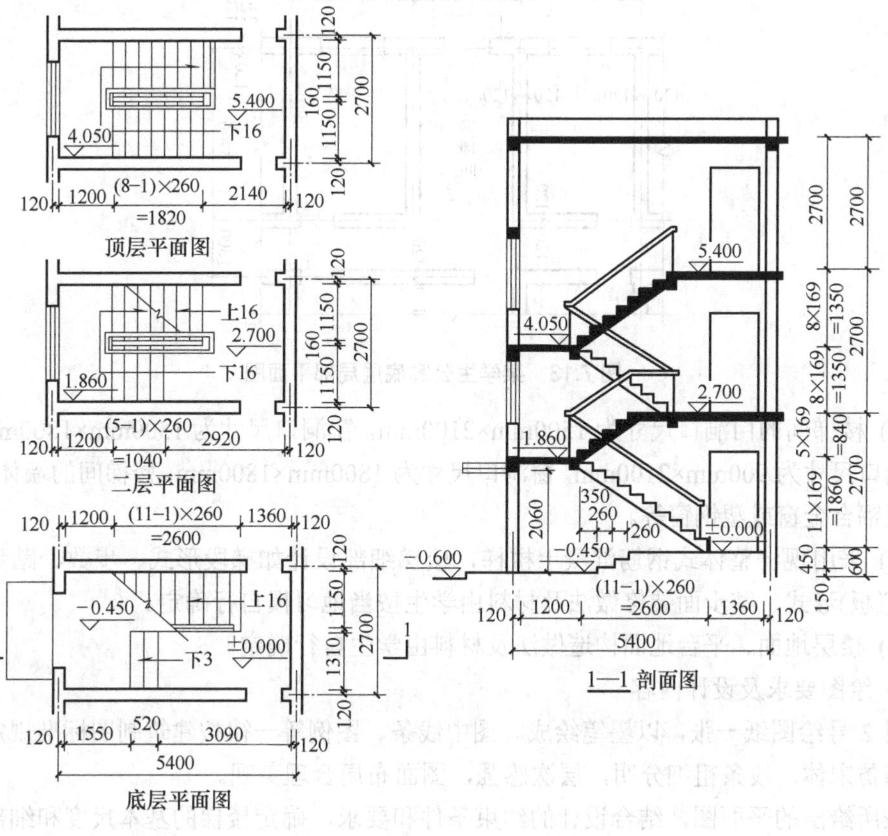

图 7.12　楼梯平面图及剖面图

7.2.2　楼梯设计课堂实训

1. 目标要求

通过楼梯设计的学习，掌握楼梯设计的步骤和方法及楼梯构造设计的主要内容和深度要求，并提高识读和绘制施工图的能力。

2. 设计案例导入

本案例通过对楼梯设计的条件、内容及深度要求的列举，提出了楼梯设计与构造表达的基本任务。初步指出了楼梯设计举例及课堂实训开展的教学内容和目标。

1) 设计的条件

(1) 某5层砖混结构学生公寓的底层局部平面图如图7.13所示。学生公寓层高为3.000m，室内外地面高差为0.600m，内墙厚240mm，轴线居中，外墙厚370mm，轴线距内缘120mm。

(2) 楼梯间开间为3.300m，进深为5.700m，楼梯底层中间平台下设通道，要求采用双跑平行楼梯。

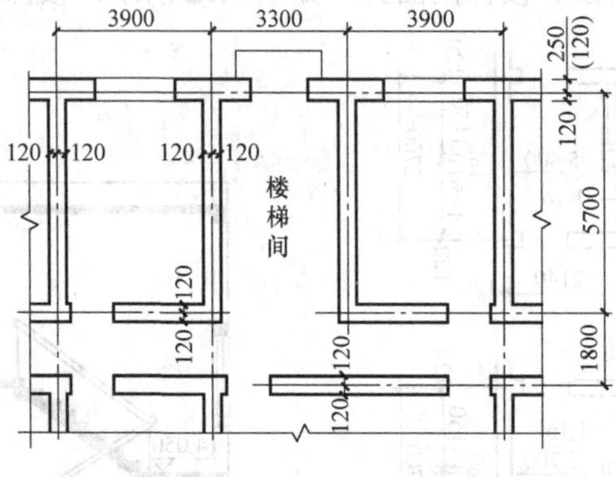

图7.13 某学生公寓底层局部平面图

(3) 楼梯间的门洞口尺寸为1500mm×2100mm，窗洞口尺寸为1500mm×1800mm，房间的门洞口尺寸为900mm×2100mm，窗洞口尺寸为1800mm×1800mm。楼梯间的墙体为砖墙，窗可用铝合金窗或塑钢窗等。

(4) 采用现浇整体式钢筋混凝土楼梯，楼梯细部设计如梯段形式、步数、踏步尺寸、栏杆(栏板)形式、踏步面装修做法及材料由学生按当地习惯自行确定。

(5) 楼层地面、平台地面构造做法及材料由学生自行确定。

2) 绘图要求及设计内容

用2号绘图纸一张，以墨笔绘成。图中线条、图例等一律按建筑制图标准规定。字体要求用仿宋体，线条粗细分明，层次感强，图面布局合理美观。

按所给出的平面图，结合设计的约束条件和要求，确定楼梯的基本尺度和细部构造做法，在各层平面图、剖面图和详图中规范地表达出来。绘制内容如下：

(1) 楼梯间底层、二层、顶层平面图，比例为1∶50。

(2) 楼梯间剖面图，比例为1∶20。

(3) 楼梯节点详图(3～5个)。

3) 设计深度

(1) 在楼梯各平面图中绘出定位轴线，标出定位轴线至墙边的尺寸。

(2) 在楼梯各层平面图中注明中间平台及各层(楼)地面的标高。

(3) 在首层楼梯平面图上注明剖面剖切线的位置及编号，注意剖切线的剖视方向。剖切线应通过楼梯间的门和窗。

(4) 平面图上尺寸标注要求。

① 进深方向 3 道。

第一道：平台净宽，梯段投影长(踏面宽×步数)。

第二道：楼梯间净长。

第三道：进深轴线尺寸及编号。

② 开间方向 3 道。

第一道：梯段宽度和楼梯井宽度。

第二道：楼梯间净宽。

第三道：开间轴线尺寸及编号。

③ 内部标注楼层和中间平台标高、室内外地面标高，标注楼梯上下行指示线和踏步数。

④ 注写图名、比例，底层平面图还应标注剖切符号。

(5) 首层平面图上要绘出室外(内)台阶，散水；二层平面图应绘出雨篷，三层及三层以上平面图不再绘雨篷。

(6) 剖面图应注意剖视方向，不要把方向弄错。剖面图可绘制顶层栏杆扶手，其上用折断线切断，暂不绘屋顶。

(7) 剖面图的内容为：楼梯的断面形式，栏杆(栏板)、扶手的形式，墙、楼板和楼层地面，顶棚、台阶，室外地面，首层地面等。

(8) 标注标高：楼梯间底层地面、室内地面、室外地面、各层平台、各层楼(地)面、窗台及窗顶、门顶、雨篷上、下皮等处。

(9) 在剖面图中绘出定位轴线，并标注定位轴线间的尺寸，注出详图索引号。

(10) 详图应注明材料、做法和尺寸。与详图无关的连续部分可用折断线断开，注出详图编号。

7.2.3　案例分析

下面是对某公共楼梯(底层下设通道)设计时的一些做法，分析其中不恰当的做法并提出合理的做法。

(1) 踏步尺寸取值为 250mm×180mm。

(2) 同一层内，一部分踏步尺寸取 300mm×150mm，另一部分为 300mm×160mm。

(3) 梯段长度计算时采用的公式是

$$梯段长度=踏步数量\times踏步宽度$$

(4) 平台深度取值小于梯段宽度。

(5) 为了提高底层中间平台下净高采用的处理办法，具体处理方法如图 7.14(a)所示。

分析：

问题一：踏步尺寸取值不恰当。公共楼梯踏步的取值范围应为(260～300)mm×(150～170)mm，同一层内踏步尺寸应相同，各层踏步也应统一；因此踏步取值应重新调整。

问题二：梯段长度计算错误。由于梯段上行的最后一个踏步面与平台面标高一致，其踏步宽度已计入平台深度。因此，在计算梯段长度时，应减去一个踏步宽度。正确的计算

公式是

$$梯段长度=(踏步数量-1)\times踏步宽度$$

问题三：平台深度不符合要求。正确的做法是平台深度不应小于梯段净宽。

问题四：楼梯间地面标高与室外相同，不利于防水，且降得太低。正确的做法是：平台下地面标高至少应比室外地面高出 100～150mm，应调整为图 7.14(b)所示才满足梯段中间平台下的要求。

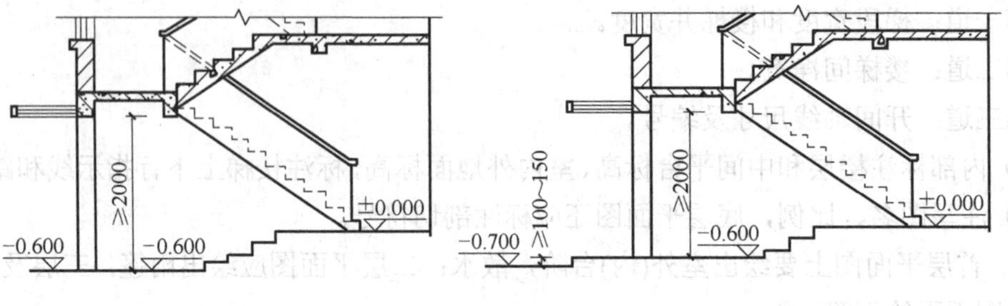

(a) (b)

图 7.14　中间平台下地面标高处理

7.3　楼梯的细部构造设计

楼梯细部构造设计主要是对踏步面层、栏杆(栏板)、扶手等部位在满足楼梯基本构造要求的前提下，利用具有一定装饰性的材料所做的富有视觉审美需求的细部构造处理。通过这些细部的、具有人性化的设计处理后，楼梯将获得更适用、更美观以及和楼梯周围的整体氛围更协调的效果，如图 7.15 所示为楼梯细部装饰全图示例。

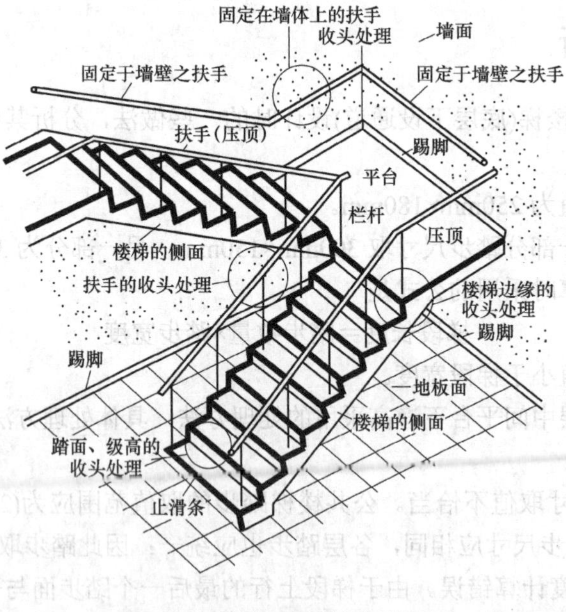

图 7.15　楼梯细部装饰全图示例

7.3.1　梯段与踏步的基本构造

1. 整体踏步

踏步板与梯段整体浇筑在一起，形成整体踏步。整体踏步常为钢筋混凝土楼梯，分为板式和梁式。梁式即梯梁承重，一般适用于荷载较大的楼梯，当梁和踏板分开制作时，也可以采用预制混凝土、钢、木或组合材料结构，当梁与踏步板整体制作时，可以用钢筋混凝土结构。板式适用于层高不大的现浇钢筋混凝土楼梯。

2. 装配式踏步

每个踏步独立，通过装配处理与梯段梁、栏杆等连接形成梯段。常见的有钢板踏步、木踏步、铝合金踏步、玻璃踏步及组合材料踏步等，图 7.16 所示为组合材料楼梯示例。

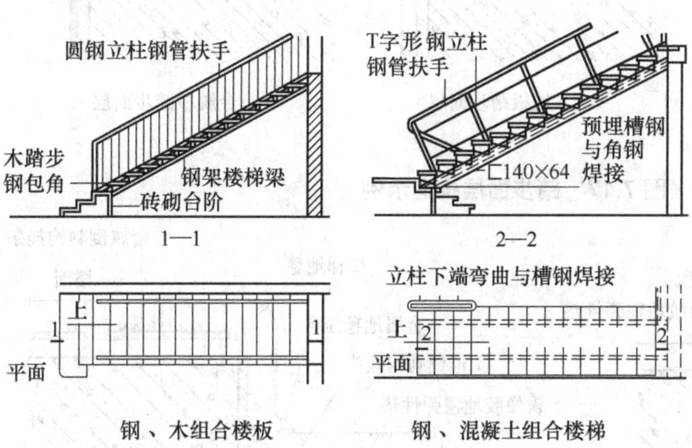

图 7.16　组合材料楼梯

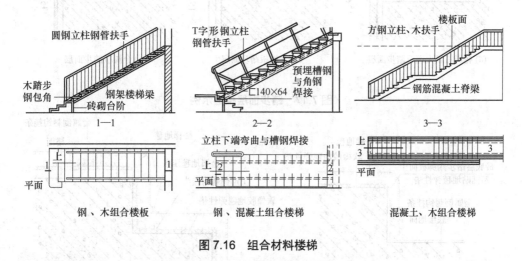

装配式踏步按受力特点又分悬挑式和悬挂式，悬挑式一般适合于居住建筑或辅助楼梯，占室内空间少；悬挂式金属连接件较多，安装要求较高。

7.3.2　楼梯面层构造设计

楼梯面层的构造做法和楼(地)面面层的构造做法大致相同，要求坚硬、耐磨、防滑、便于清洁及具有一定装饰性。楼梯面层一般有抹灰类、铺钉类、贴面类及地毯铺设类等几类做法。装饰面层常用的材料主要有木板、地砖、石材、锦砖、地毯、金属板等。住宅类还可以用安全玻璃作为踏步面层装饰。不管选用哪种材料作为踏步面层，应注意收口部位的处理，特别是在不同材料的连接处。设计选择时应根据建筑的类型、装饰设计的档次以及楼梯的不同类型和建筑的整体氛围，选择相应的面层做法，图 7.17 所示为踏步面层构造示例，图 7.18 所示为地毯铺设的楼梯收口的处理示例。

为了楼梯使用的安全、舒适和防止滑倒，踏步表面应设防滑条，在边口作防滑收口等处理。防滑条应高出踏面2～3mm，宽为10～20mm，常用的材料有金刚砂、水泥铁屑、陶瓷地砖、锦砖、塑料条及各种金属条。为了便于清洁和打扫卫生，防滑条离踏面两侧应留150～200mm不做，图7.19所示为防滑条的做法示例。

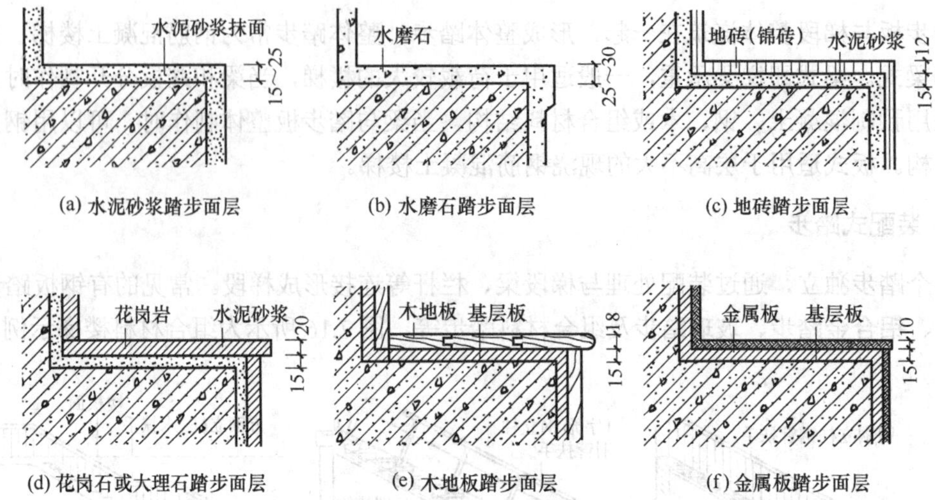

图7.17　踏步面层构造示例

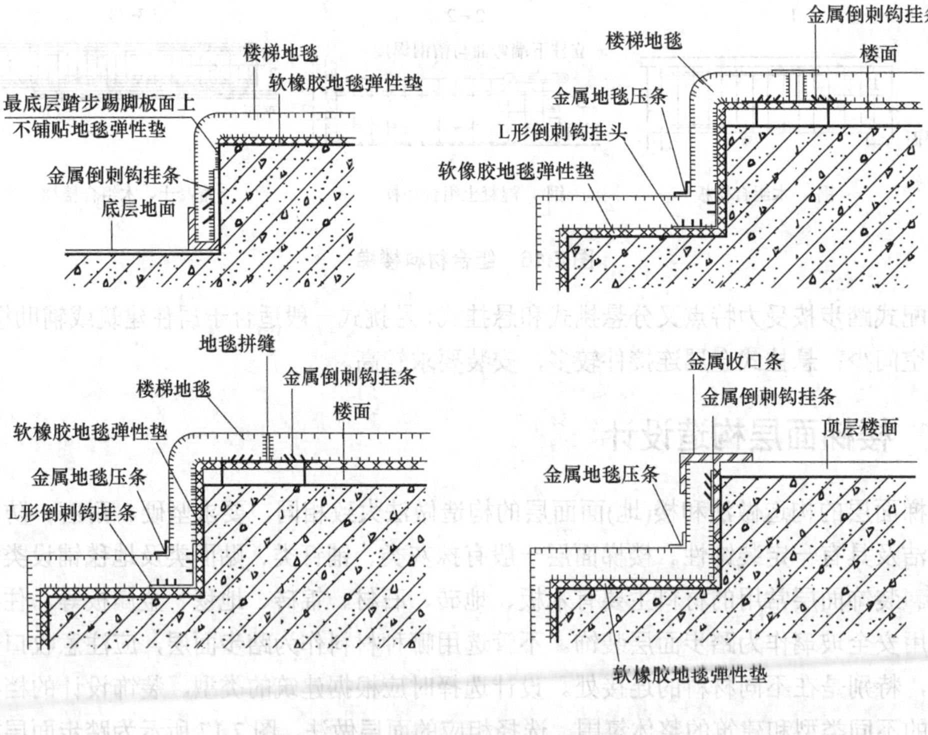

图7.18　地毯铺设的楼梯收口的处理示例

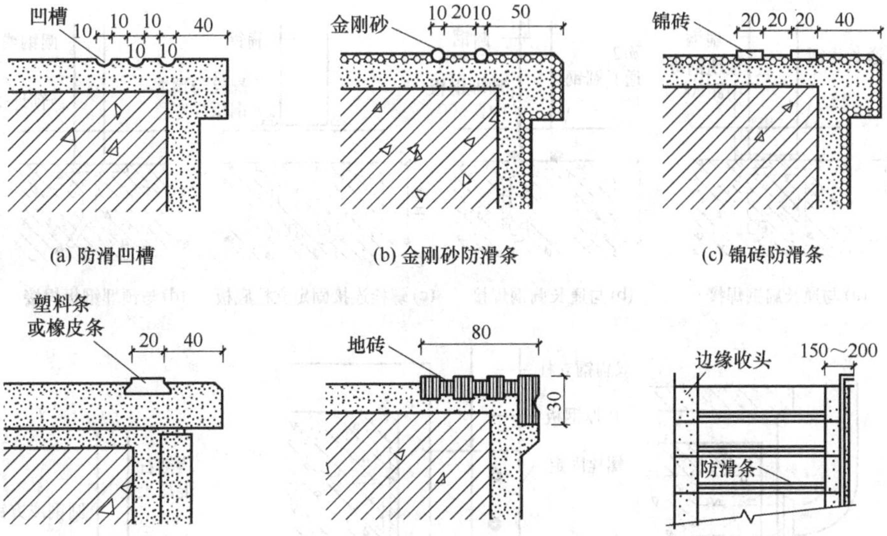

(a) 防滑凹槽　(b) 金刚砂防滑条　(c) 锦砖防滑条

(d) 橡皮防滑条　(e) 石材或地砖防滑条　(f) 踏步防滑条平面图

图 7.19　踏步防滑条的做法示例

7.3.3　楼梯栏杆和扶手

楼梯栏杆(栏板)和扶手是梯段与平台边所设的安全设施，也是重要的装饰性构件。当人流密集场所的梯段高度超过 1000mm 时，宜设栏杆(栏板)。梯段净宽达 3 股人流时在靠墙一侧还要设靠墙扶手，达 4 股人流时应加设中间扶手。楼梯栏杆(栏板)和扶手的基本要求是安全、可靠、造型美观。其可靠性体现在各类建筑的楼梯栏杆(栏板)应具有一定的高度、一定的强度和抗侧推力，并符合单项建筑设计规范。有儿童活动的场所，栏杆应采用不易攀登的构造，垂直栏杆间净距不大于 110mm。玻璃栏板应采用安全玻璃等。栏杆与梯段的安装常分为踏步面上安装和梯段侧面安装两种，其固定方式有多种，常用的有预埋件电焊、栓接、预留孔埋设及膨胀螺栓固定等，如图 7.20 所示。

扶手按材料分有金属扶手、木扶手、塑料扶手、石扶手等，扶手的形式、质感、尺度必须与栏杆一致，扶手的尺度必须便于人们抓扶，扶手的转弯连接处应光滑、流畅和自然。

1. 金属栏杆和扶手

楼梯栏杆一般由方钢、圆钢、扁钢、管料及钢丝绳等材料组成。它们的组合多为电焊或螺栓连接，栏杆立柱与梯段的连接一般用电焊或螺栓的方式与预埋件连接，也可以用水泥砂浆埋入混凝土构件的预留孔内。为了加强栏杆抵抗侧推力的能力，栏杆和扶手的立柱也可以从梯段侧面连接。

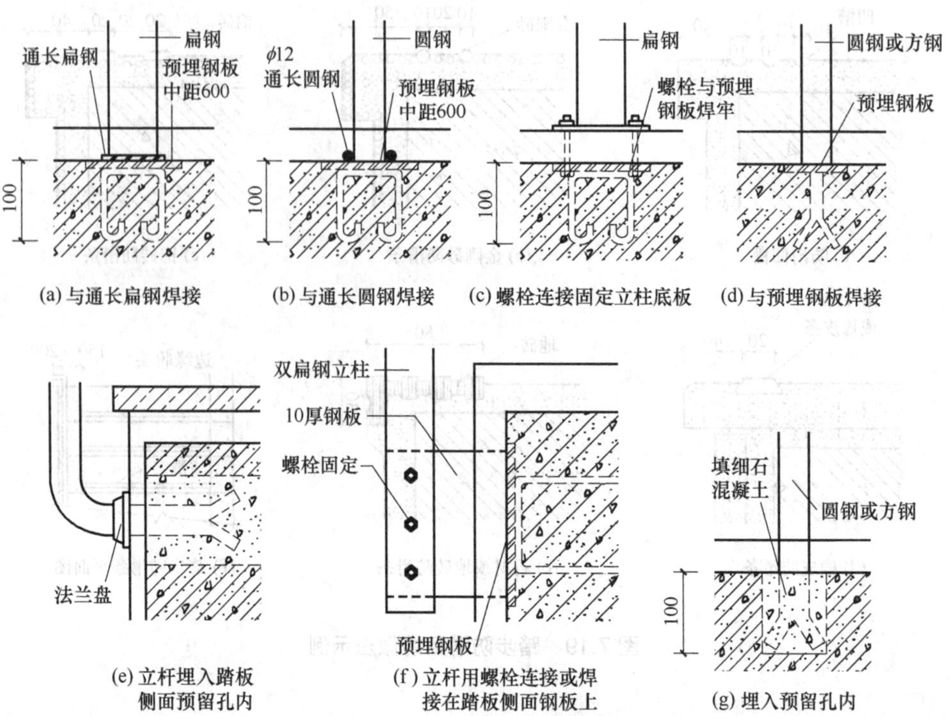

图 7.20 栏杆与梯段的固定实例

金属栏杆除了采用型材制作以外，还可以采用古典式铸铁件，还可以与木扶手相配合，获得古朴典雅的装饰效果，如图 7.21 所示。

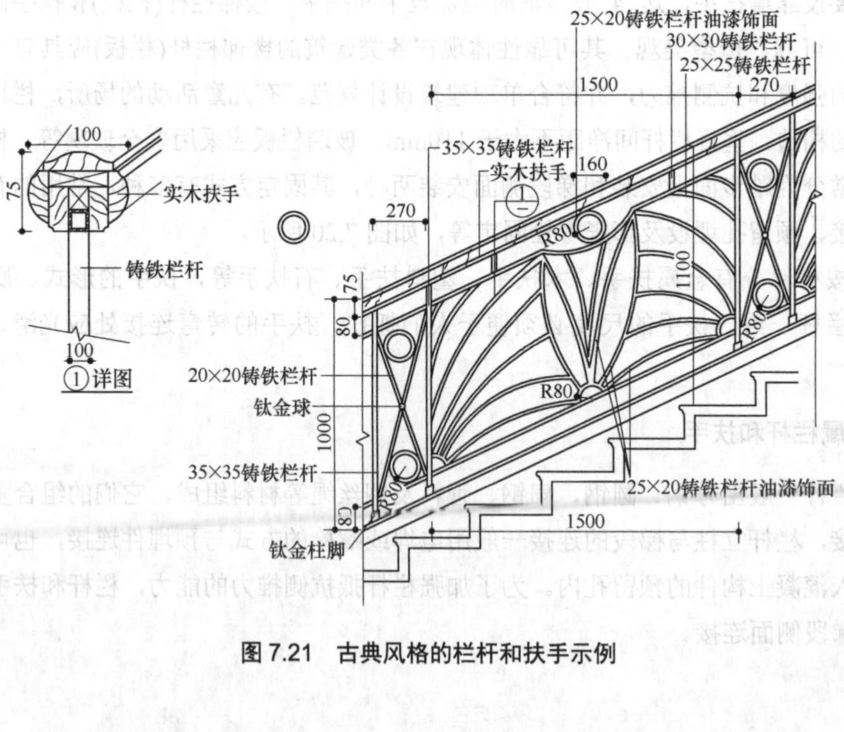

图 7.21 古典风格的栏杆和扶手示例

金属管栏杆扶手是目前采用比较广泛的一种形式。金属扶手包括普通焊管、无缝钢管、铜管、铝合金管和不锈钢管。一般大立柱和扶手的管壁厚度不宜小于1.2mm，以防止刚度过小，导致管材煨弯时发生变形及凹瘪。转角弯头、装饰件、法兰均为工厂生产的成品，应尽量采用同一类别和牌号的配件，以防止管件需要镀钛时表面色差大。金属管扶手需要现场焊接安装。钢管扶手表面采用涂漆处理。铜、不锈钢表面采用抛光处理。

2. 木栏杆和木扶手

木栏杆和木扶手采用传统装饰制作工艺，形式较为简单，大多为立杆纵向排列。它通常由木工机械加工出各种形式的木栏杆和立柱成品，然后现场安装。木扶手具有加工简单、手感好、温馨亲切等优点，所以至今仍有广泛的应用。

图7.22 木栏板与木扶手

木扶手和木栏杆的一般构造做法如下：

(1) 木扶手和木立柱的连接通常采用木方中榫安装，如图7.22所示。

(2) 木扶手和金属立柱的连接应采用通长扁钢木螺丝固定。

(3) 木扶手有时必须固定在侧面的砖墙或混凝土柱上，如顶层安全栏杆扶手、休息平台护窗扶手、靠墙扶手等。扶手与砖墙连接时，一般是在砖墙上预留120mm×120mm×120mm预留孔洞，将扶手或扶手铁件伸入洞内，用细石混凝土或水泥砂浆填实固牢，扶手与混凝土墙或柱连接时，一般是将扶手铁件与墙或柱上的预埋铁件焊接，也可用膨胀螺栓连接或预留孔洞插接，如图7.23所示。

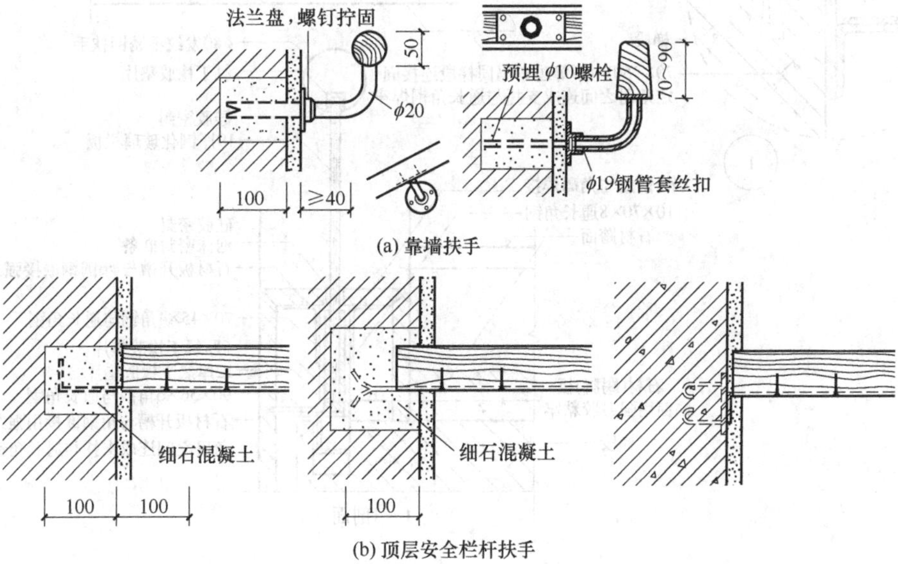

图7.23 扶手与墙的连接实例

3. 玻璃栏板

玻璃栏板有两种构造类型。一种是完全采用 10～14mm 的平板玻璃、钢化玻璃代替常用的金属立柱，这种玻璃除了具有一定的装饰效果和围护功能外，同时也是受力的构件，所以选用的玻璃应是安全玻璃，如加丝玻璃、夹层玻璃、钢化玻璃等，称为玻璃栏板，如图 7.24 和图 7.25 所示；另一种是分段设立金属立柱，玻璃装嵌在两金属立柱之间或与专用紧固件连接，受力构件主要由金属立柱和栏杆组成，玻璃一般采用 8～12mm 厚的钢化玻璃，如图 7.26 所示。

玻璃栏板构造设计要点如下：

(1) 楼梯玻璃栏板的单块尺寸一般采用 1.5m 宽；楼梯水平部位及跑马廊所用玻璃单块宽度多为 2m 左右。

(2) 楼梯玻璃栏板通常高为 0.9m 左右，多层走廊部位的栏板或扶手高度应为 1.1～1.2m。

(3) 栏板玻璃的块与块之间宜留出 8mm 的间隙，间隙内注入硅酮密封胶。玻璃栏板与金属扶手、金属立柱及基座饰面等相交的缝隙处，均应注入密封胶。栏板玻璃的边缘一定要磨平，在高级装饰中玻璃的外露部分还应该磨光倒角。栏板玻璃周边切口必须平整，这样不但可以减少玻璃自爆的可能，也提高了施工的安全性。

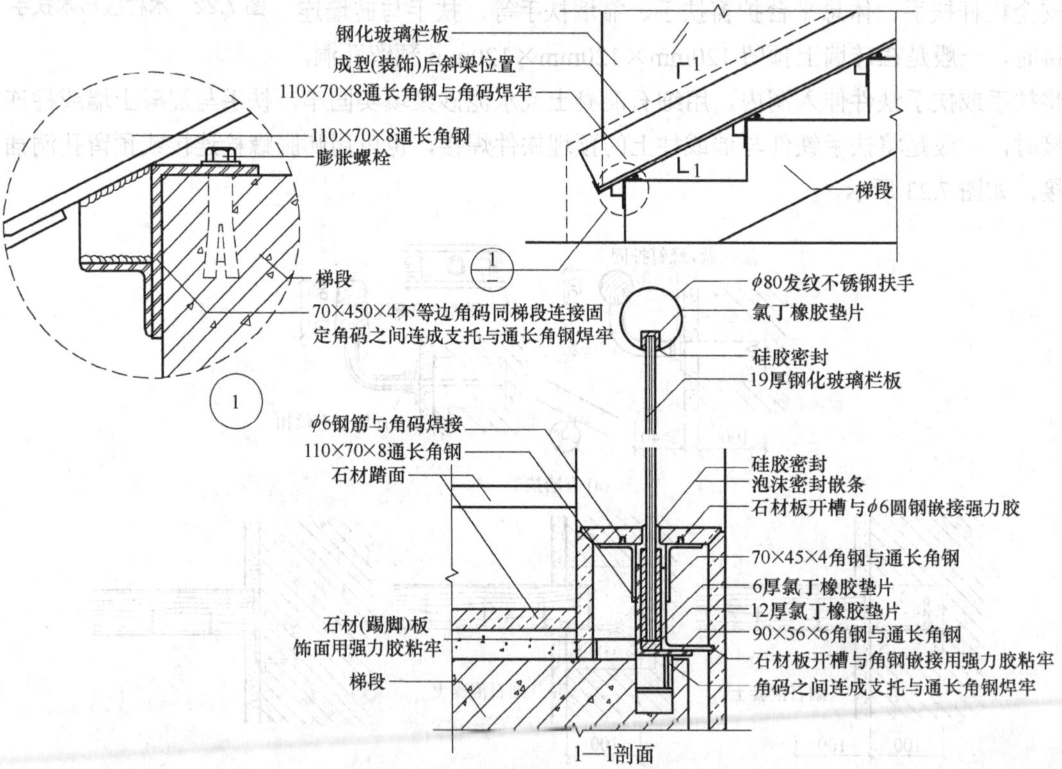

图 7.24　楼梯栏板构造示例

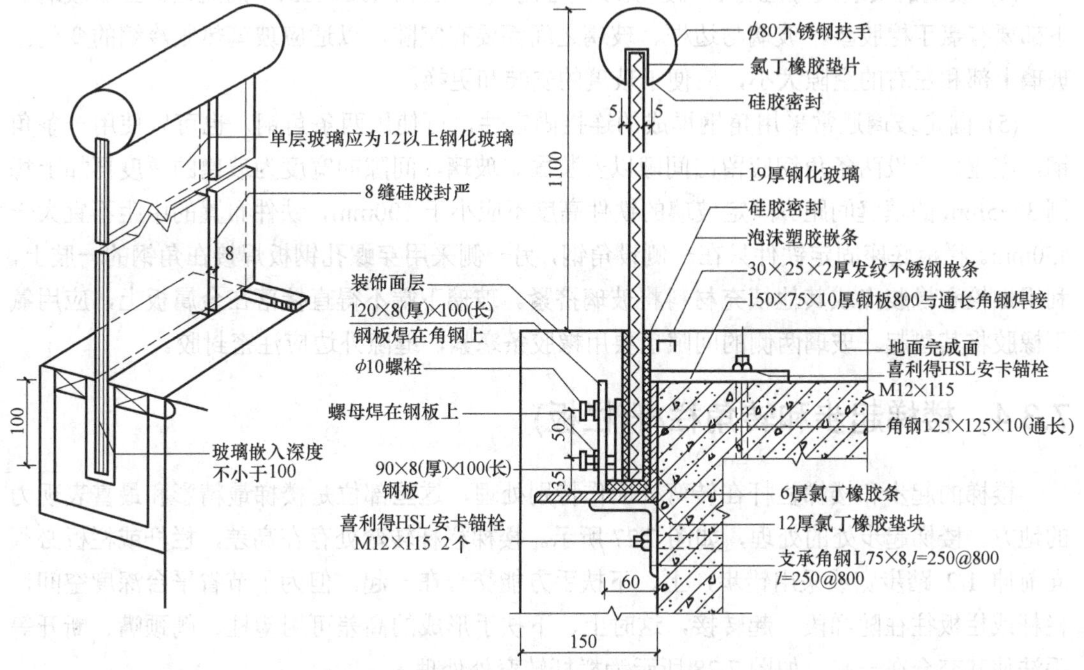

图 7.25 走廊玻璃栏板的构造示例

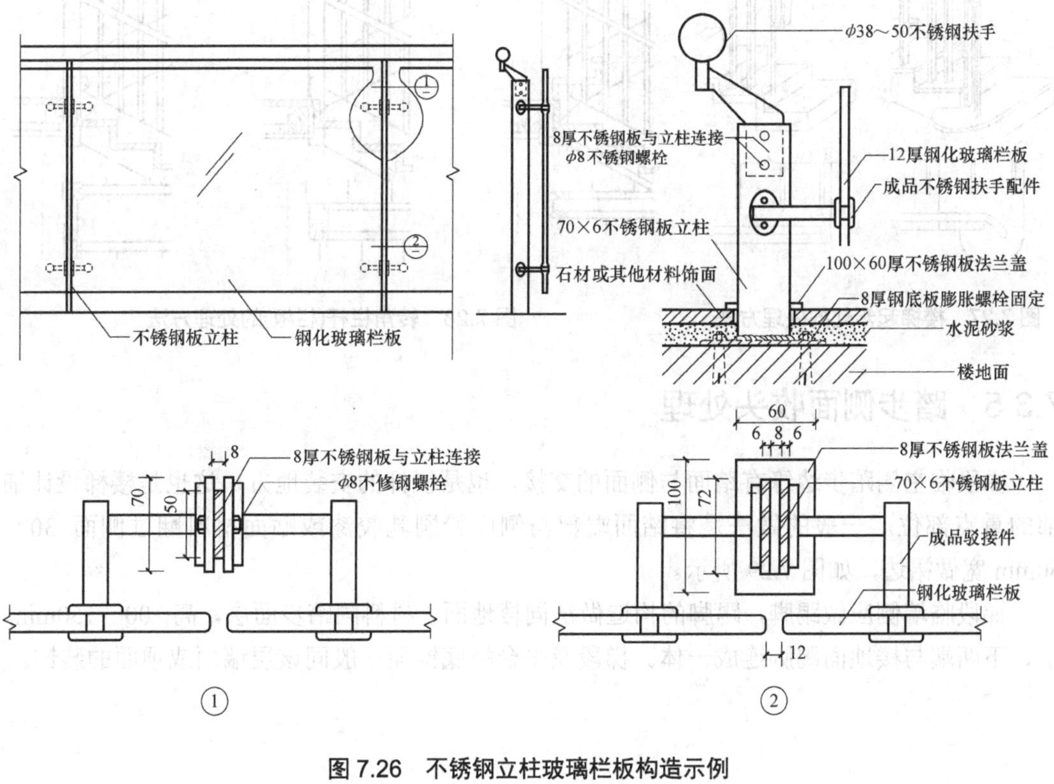

图 7.26 不锈钢立柱玻璃栏板构造示例

(4) 玻璃的安装尺寸应符合《建筑玻璃应用技术规程》(JGJ113)中的规定。立放玻璃的下部要有氯丁橡胶垫，玻璃与边框、玻璃之间都要有空隙，以适应玻璃热胀冷缩的变化。玻璃上部和左右的空隙大小，应便于玻璃的安装和更换。

(5) 固定玻璃通常采用角钢焊成的连接固定件，可使用两条角钢，也可以使用一条角钢，底座部位设两条角钢应留出间隙以安装固定玻璃，间隙的宽度为玻璃的厚度再加上每侧 3～5mm 的填缝间距。固定玻璃的铁件高度不应小于 100mm，铁件布置的中距不宜大于 450mm。栏板底座固定铁件只在一侧设角钢，另一侧采用穿螺孔钢板焊接在角钢的一肢上，利用螺栓和橡胶点或其他填充材料将玻璃挤紧。玻璃下端不得直接落在金属板上，应用氯丁橡胶将其垫起。玻璃两侧的间隙也要用橡胶条塞紧，缝隙外边应注密封胶。

7.3.4 楼梯起步和转角栏杆(栏板)

楼梯的起步和楼梯栏杆在转弯处应作特别处理，这些部位是楼梯最精彩和最富表现力的地方。楼梯起步处的处理，如图 7.27 所示。楼梯栏杆转弯处存在高差，栏杆或栏板必须向前伸 1/2 踏步宽或采用错步，上、下扶手方能交合在一起。但为了节省平台深度空间，栏杆或栏板往往随梯段一起转接，这时上、下扶手形成的高差可用望柱、鹤颈嘴、断开等手法使其交合在一起，如图 7.28 所示为栏杆转弯处处理。

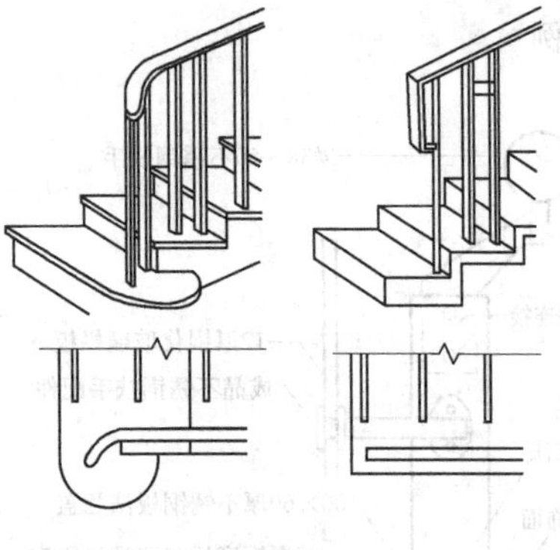

图 7.27 楼梯起步处的处理方法

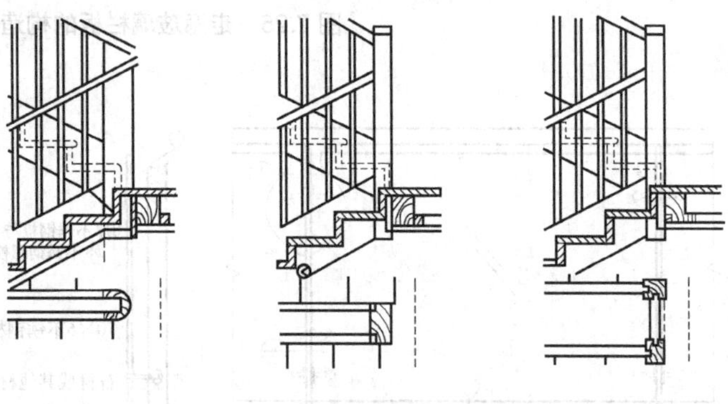

图 7.28 转角栏杆(栏板)的处理方法

7.3.5 踏步侧面收头处理

梯段临空侧踏步边缘有踏面与侧面的交接，也是栏杆的安装地方，这也是楼梯设计细部的重点部位。一般的做法是将踏面端部与侧面粉刷乳胶漆或贴面材料翻过侧面 30～60mm 宽做裙边，如图 7.29 所示。

梯段临墙侧应做踢脚，踢脚的构造做法同楼地面，材料同踏步面层，高 100～150mm，上、下两端与楼地面踢脚连成一体。梯段及平台板底饰面一般同该层墙面或顶面的装饰。

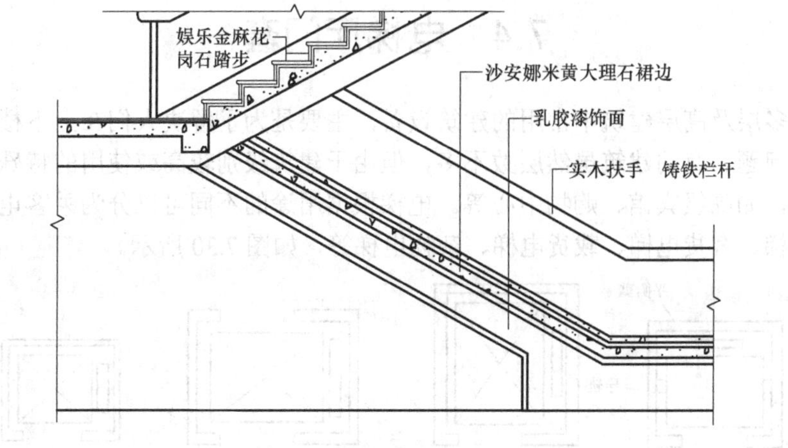

图 7.29　踏步侧面收头处理示例

7.3.6　案例分析

网上搜索楼梯事故，会发现有很多中小学或娱乐场所在楼梯间常有意外事件发生，下面试从楼梯细部构造的角度分析可能导致事故的原因。

分析：楼梯细部构造基本要求是坚固、安全、美观、经济。当为了美观或节约成本而忽视坚固、安全的设计出现时，就埋下了隐患。

(1) 由于踏步防滑的设置不符合要求导致安全隐患。对于人流量大的楼梯踏步必须做防滑处理，一般在离踏口 40～50mm 处设置防滑条两道或做凹槽收口，若是使用比较光滑的饰面材料，防滑条要高出踏面 2～3mm，高出太多也不安全。特别是室外楼梯的防滑要求更高。

(2) 栏杆的设置不合理最可能导致意外事故发生。栏杆的设置首先应根据具体的情况采用安全的构造措施保证与梯段的连接安全；其次栏杆的形式应满足安全要求，如不易儿童攀爬，对于镂空造型栏杆应注意不应形成让儿童可以用头穿越的空隙；另外栏杆的材料应有足够的强度和抗侧推力，栏杆的高度设置必须符合相应的规范要求。

(3) 扶手应与栏杆连接坚固，靠墙扶手的设置应满足构造要求。

(4) 很多事故的发生往往是在临空栏杆一侧和栏杆转角处，所以在进行楼梯细部设计时应注意处理好栏杆的抗水平侧推力以及转角处扶手的连接的圆滑自然。金属栏杆接头处的焊口应吻合密实，弯拐角圆顺光滑，弧形扶手弧线自然流畅。

(5) 玻璃栏板设计时，应注意玻璃的规格和安装时的构造要求。玻璃的厚度、安全性以及玻璃的磨边与倒角都是提高玻璃栏杆安全性的重要细节，玻璃与梯段的连接一定要按构造要求施工。

总之，做楼梯细部构造设计时，一定要做到构造设计合理、施工符合规范、材料满足安全要求，才能杜绝隐患，减少意外事故的发生。

7.4 电梯厅门套

电梯是多层及高层建筑中常用的建筑设备，主要是为了解决人们在上下楼时的体力及时间的消耗问题。有的建筑虽然层数不多，但由于建筑级别较高或使用的特殊要求，往往也设置电梯，如高级宾馆、购物中心等。电梯根据用途的不同可以分为乘客电梯、住宅电梯、病床电梯、客货电梯、载货电梯、杂物电梯等，如图 7.30 所示。

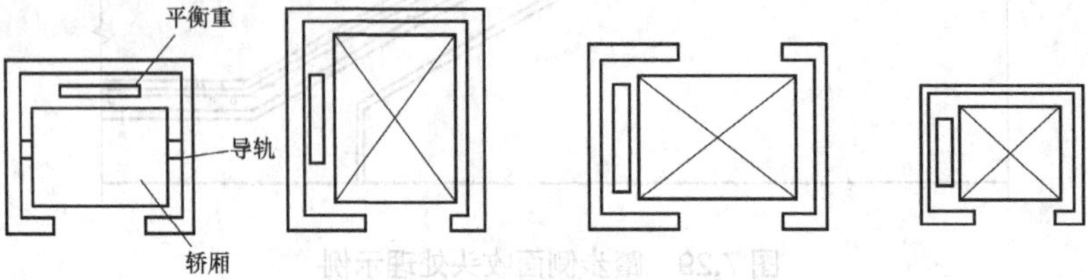

(a)普通客梯　(b)病床梯　(c)货梯　(d)小型杂物梯

图 7.30　电梯与井道平面示例

7.4.1 电梯的基本构造

电梯由井道、机房和轿厢三部分组成，如图 7.31 所示。电梯的井道是电梯轿厢运行的通道，一般采用现浇混凝土墙；当建筑物高度不大时，也可以采用砖墙；观光电梯可采用玻璃幕墙。电梯井道的构造重点是解决防火、隔声、通风及检修等问题。机房一般设在电梯井道的顶部，其平面及剖面尺寸均应满足设备的布置、方便操作和维修要求，并具有良好的采光和通风条件。

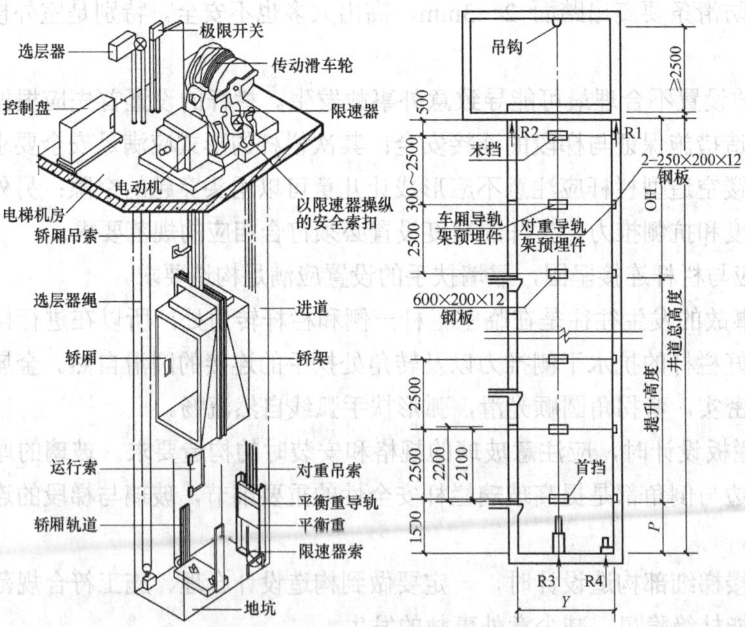

图 7.31　电梯井内部构造与组成

P—顶层高；OH—地坑深

7.4.2　电梯门套的装饰构造

电梯间门套的装饰及其构造做法应与电梯厅的装饰统一考虑。电梯门套可用水泥砂浆抹灰、水磨石或木装饰，高级的还可采用大理石或金属装饰，如图 7.32 所示。电梯门一般为双扇推拉门，宽 900～1300mm，有中央分开推向两边的和双扇推向一边的两种。推拉门的滑槽通常安置在门套下楼板边梁如牛腿状挑出部分，其构造如图 7.33 所示。

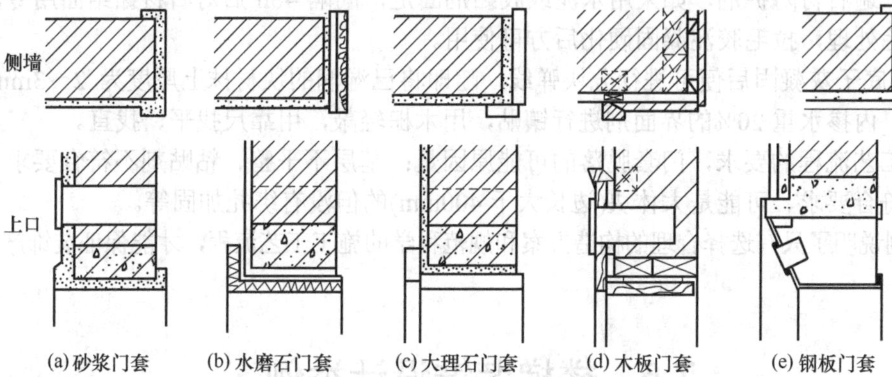

图 7.32　电梯门套装饰构造做法示例

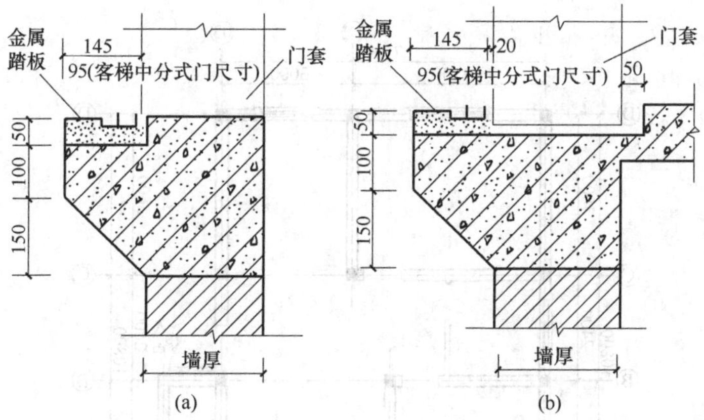

图 7.33　推拉门牛腿滑槽构造

7.4.3　案例分析

一名小区物业清洁工在楼层电梯厅候梯时，一大块硬物“从天而降”，在其头顶上砸出一道口子，“肇事者”是电梯门套顶部坠落的大理石。试结合前面所学内容分析大理石门套脱落的可能原因。

分析：薄型小规格块材(一般厚度 10mm 以下)：边长小于 400mm，可采用粘贴方法固定。工艺流程有以下几个步骤：

(1) 进行基层处理和吊垂直、套方、找规矩。

(2) 在基层湿润的情况下，先刷胶界面剂素水泥浆一道，随刷随打底；底灰采用 1∶3 水泥砂浆，厚度约 12mm，分两遍操作，第一遍约 5mm，第二遍约 7mm，待底灰压实刮平后，将底子灰表面刮毛。

(3) 石材表面处理。石材表面充分干燥(含水率应小于 8%)后，用石材防护剂进行石材六面体防护处理，此工序必须在无污染的环境下进行，需将石材平放于木枋上，用羊毛刷蘸上防护剂，均匀涂刷于石材表面，涂刷必须到位，第一遍涂刷完间隔 24h 后用同样的方法涂刷第二遍石材防护剂，如采用水泥或胶黏剂固定，间隔 48h 后对石材黏结面用专用胶泥进行拉毛处理，拉毛胶泥凝固硬化后方可使用。

(4) 待底子灰凝固后便可进行分块弹线，随即将已湿润的块材抹上厚度为 2～3mm 的素水泥浆，内掺水重 20%的界面剂进行镶贴，用木槌轻敲，用靠尺找平、找直。

根据工艺流程的要求，门套脱落的可能原因是：基层不平整、粘贴剂不符合要求、施工工艺不符合要求、可能是大体块(边长大于 400mm)的但没有绑扎加固等。

本案例说明了只有选择合理的构造方案和规范科学的施工工艺流程，才能保证装饰产品的安全。

7.5 楼梯装饰设计举例

楼梯装饰设计的具体示例如图 7.34 至图 7.37 所示。

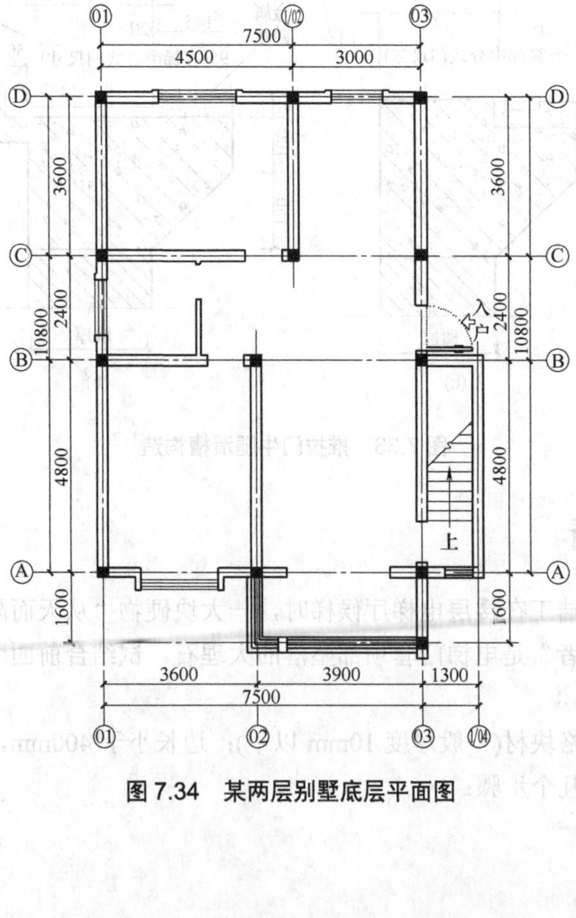

图 7.34　某两层别墅底层平面图

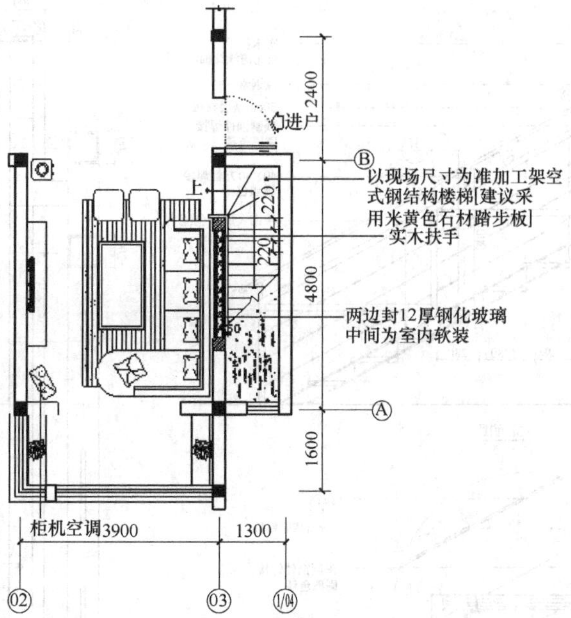

图 7.35　某两层别墅二层楼梯平面图

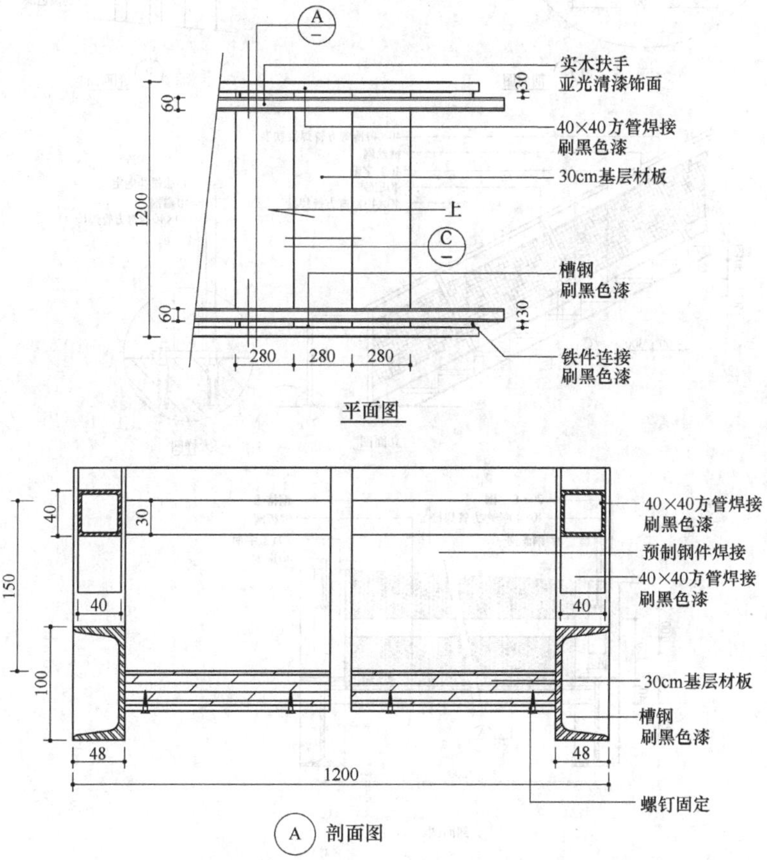

图 7.36　楼梯平面图、剖面图及节点详图举例

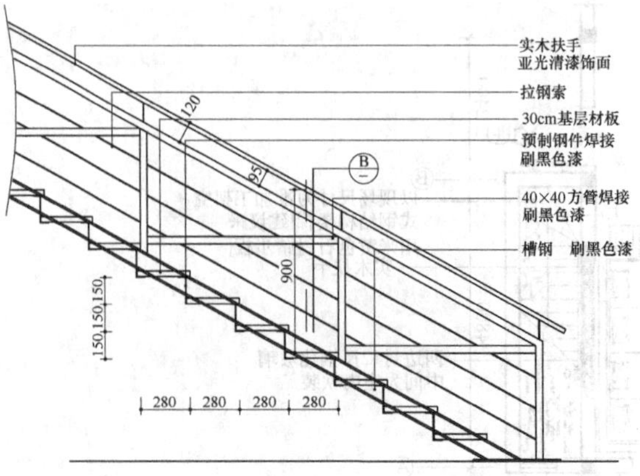

立面图

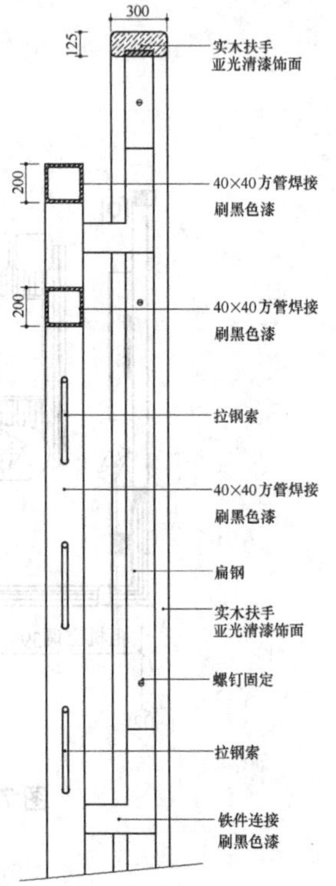

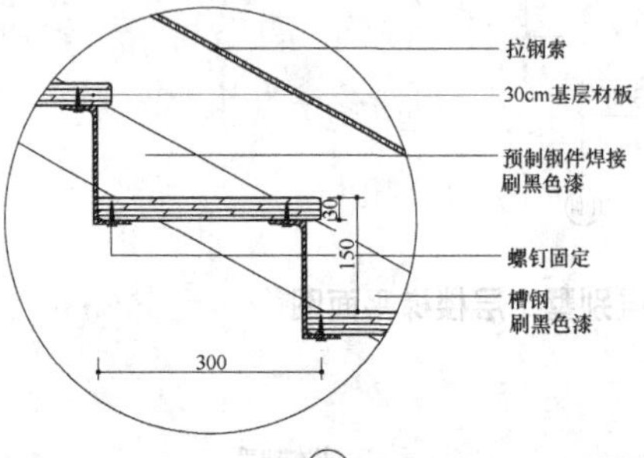

Ⓒ 剖面图

Ⓑ 剖面图

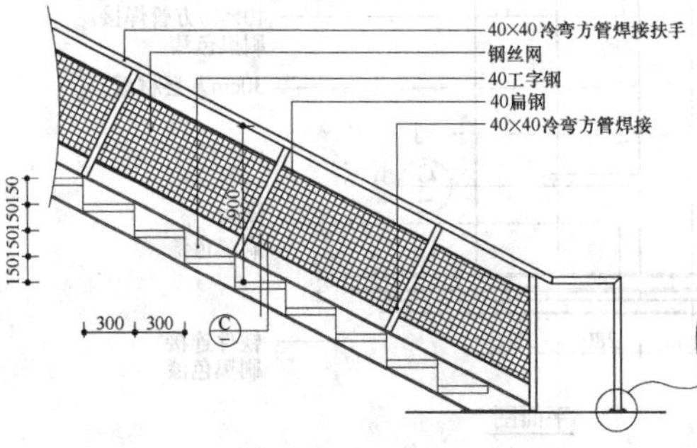

立面图

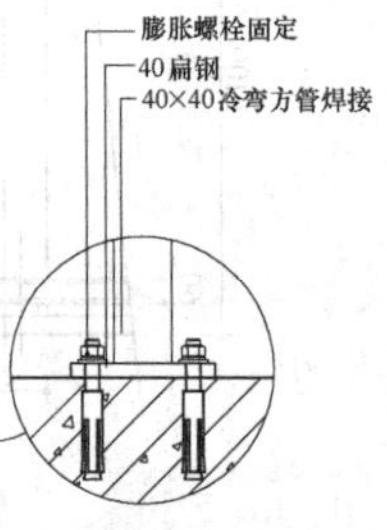

大样图

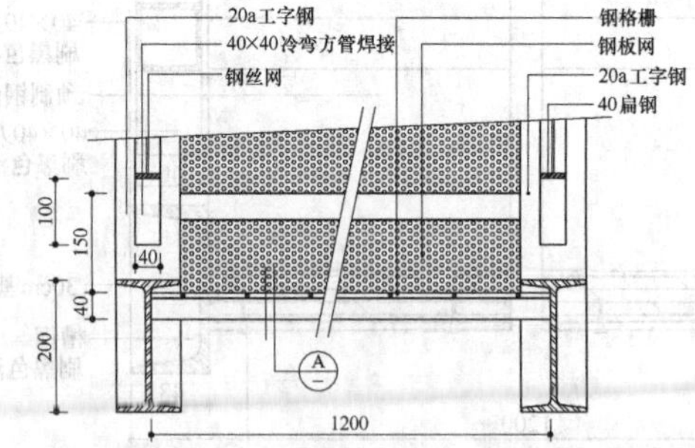

Ⓒ 剖面图

图 7.36　楼梯平面图、剖面图及节点详图举例(续)

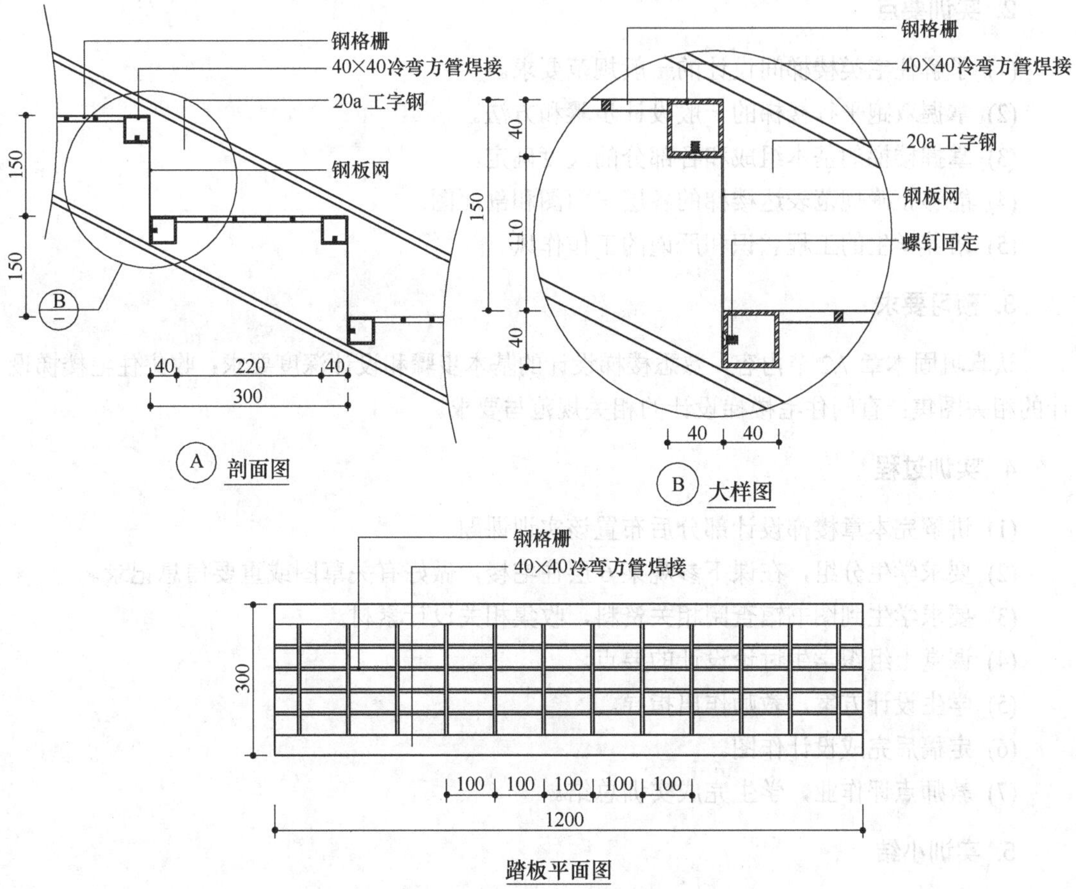

图 7.37 某别墅楼梯设计图

7.6 课堂实训

7.6.1 实训 楼梯设计

设计 6 层砖混结构住宅的楼梯间。要求其开间为 2.7m，进深为 6.0m，层高为 3.0m，室内外高差为-0.75m，墙厚 240mm。

1. 教学目标

通过课堂实训使学生熟练掌握楼梯设计的基本步骤和方法，结合实际工程具体的约束条件，能正确选择楼梯的类型，并且准确确定踏高、踏宽、踏步数、梯段长度、平台宽度、梯井等楼梯各部分的基本尺度。能够准确、规范、全面地绘制出楼梯的底层平面图、二层平面图、顶层平面图和剖面图。通过模拟工作过程来进行教学，提高学生的工程意识。

2. 实训要点

(1) 了解住宅类楼梯间设计的一般规范要求。
(2) 掌握双跑平行楼梯的一般设计步骤和方法。
(3) 掌握楼梯的基本组成和各部分的尺度确定。
(4) 能够正确规范表达楼梯的各层平面图和剖面图。
(5) 培养学生的工程意识和严谨的工作作风。

3. 预习要求

认真巩固本章7.2节内容，熟悉楼梯设计的基本步骤和设计深度要求；收集住宅楼梯设计的相关图集；查阅住宅楼梯设计的相关规范与要求。

4. 实训过程

(1) 讲解完本章楼梯设计部分后布置该实训课题。
(2) 要求学生分组，在课下参观某6层住宅楼，做好有关草图或重要信息记录。
(3) 要求学生到图书馆查阅相关资料，收集相关设计素材。
(4) 课堂上组织学生讨论设计的要点。
(5) 学生设计方案，教师作出指导。
(6) 定稿后完成设计作图。
(7) 教师点评作业，学生完成实训总结。

5. 实训小结

通过本次实训，培养了学生主动观察的意识；通过查阅、收集资料，培养学生解决实际问题的意识和工程意识；通过设计、画图与实际工程的联系提高了学生的动手能力、解决实际工程的能力；进一步明确了学生的学习目标，为今后从事设计行业打好基础。

7.6.2 实训 楼梯细部构造设计

选用两种以上材料(如钢-木组合、钢-玻-木组合等)完成学校某办公楼的楼梯细部构造设计的改造工程，要求表达出楼梯踏面面层的构造处理和防滑处理、楼梯栏杆和梯段连接的细部构造处理以及栏杆和扶手的细部构造处理。

1. 教学目标

通过课堂实训，使学生进一步掌握楼梯细部装饰构造的内容和不同材料组合的楼梯细部构造做法；提高楼梯细部节点详图的阅读能力；提高工程意识。

2. 实训要点

(1) 分组对选中的楼梯进行现场测量和数据整理，培养学生的合作意识和对改建楼梯数据的收集整理能力。

(2) 训练学生如何结合具体任务有条理地做好各个必要环节。

(3) 通过教师指导，培养学生对楼梯细部构造的设计与表达能力。

(4) 培养学生能够恰当利用不同材料的特点，进行正确选择构造方案的能力。

3. 预习要求

了解办公楼梯的基本要求和结构特点；查阅关于办公类楼梯细部构造的常见做法；收集办公楼梯的细部节点详图；查阅该办公楼梯的设计图纸及相关设计说明。

4. 实训过程

(1) 布置实训课题和相关要求。

(2) 收集该楼梯的相关图纸，并到现场参观，结合图纸，在现场进一步测量和记录相关数据。

(3) 收集相关设计资料。

(4) 根据要求和收集的资料设计出新的楼梯装饰平面图和侧立面图。

(5) 教师审核后进行细部构造设计，在平面图和侧立面图标注清楚剖切符号和详图符号。

(6) 按制图标准完成各部分图纸。

(7) 把完成的图纸和收集的资料以及实训总结整理装订后上交。

(8) 教师进行典型案例点评和总结。

5. 实训小结

通过本次实训，培养了学生的测量能力、资料收集能力、正确选择材料和楼梯细部节点构造方案的设计能力；全面了解了楼梯装饰改造工程的各个环节，为学生提供了工程体验的机会并培养了学生的工程意识；更真实地了解了楼梯细部装饰工程需要的知识要点和必须具备的能力要求；更有效地启发了学生通过实训的方式获取知识的愿望，进一步明确了学生的学习目标。

【新知识链接】楼梯无障碍设计

楼梯的人性化设计应考虑残疾人的使用方便，特别是腿部和眼部有残疾的人群。目前一些残疾人主要活动的场所在进行楼梯设计时进行了很多无障碍设计，一些重要的公共场合也应该进行楼梯的无障碍设计。进行楼梯的无障碍设计时，一般应考虑以下几个方面。

1) 楼梯形式

残疾者或盲人使用的室内楼梯，应采用直行形式，如图 7.38 所示。楼梯的坡度应尽量平缓，且每步踏步应保持等高。楼梯的梯段宽度不宜小于 1200mm。踏步不宜采用弧形梯段或设置扇形平台，踢面高不宜大于 170 mm。残疾者或盲人使用的楼梯踏步应选用合理的构造形式及饰面材料，无立角突出，且表面不滑，以防发生勾绊行人或助行工具而引起的意外事故，如图 7.39 所示。

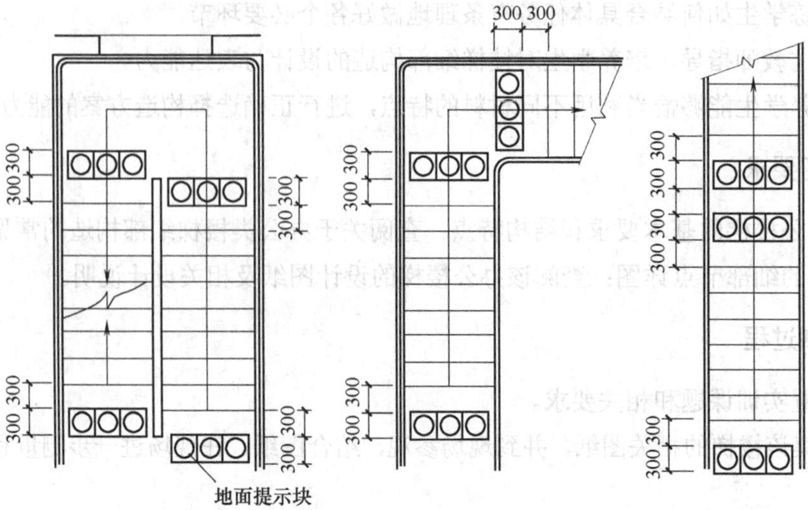

图 7.38　直行形式楼梯

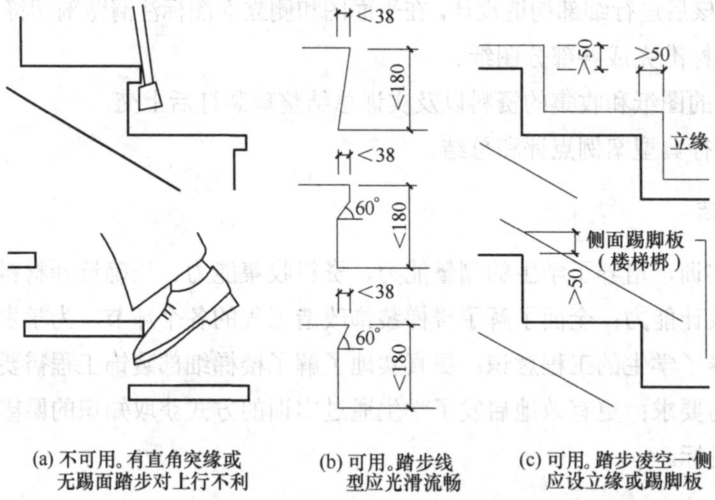

图 7.39　踏步处理

2) 扶手栏杆

楼梯应在两侧内设扶手，公共楼梯可设上、下双层扶手。在楼梯梯段的坡段起始及终结处，扶手应自其前缘向前伸出 300mm 以上，如图 7.40(a)所示。两个相邻梯段的扶手应该连通，扶手末端应向下或伸向墙面，如图 7.40(b)和图 7.40(c)所示。扶手的断面形式应便于抓握，如图 7.41 所示。

3) 导盲块的设置

导盲块又称地面提示块，一般设置在有障碍物、需要转折、存在高差等场所。是利用其表面上的特殊构造形式，向视力残疾者提供触感信息，提示该停步或需改变行进方向等。如图 7.42 所示为常用的导盲块的两种形式，导盲块的设置位置已在图 7.38 中标明。

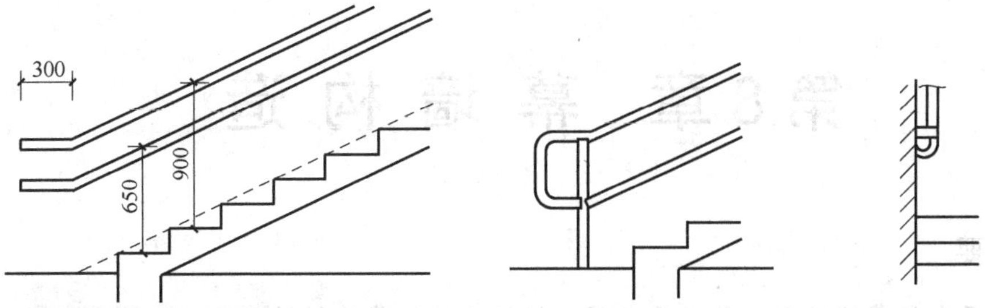

(a) 扶手高度及起始、终踏步处外伸尺寸　(b) 扶手末端向下　(c) 扶手末端伸向墙面

图 7.40　扶手处理

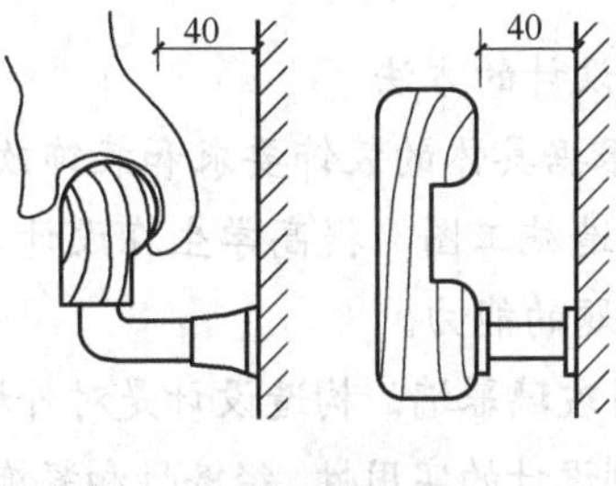

扶手断面应便于抓握

图 7.41　扶手断面

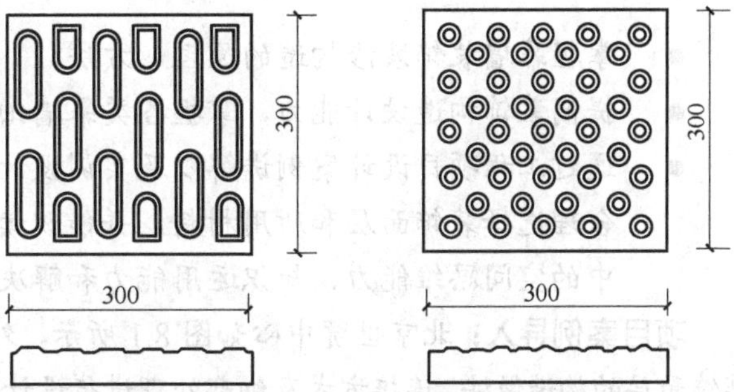

(a) 地面提示行进块材　(b) 地面提示停步块材

图 7.42　导盲块的形式

4) 构件边缘处理

鉴于安全方面的考虑，凡有凌空处的构件边缘，都应该向上翻起，包括楼梯的凌空面、室内外平台的凌空边缘等。这样可以防止拐杖或导盲棍等工具向外滑出，对轮椅也有制约作用，如图 7.43 所示。

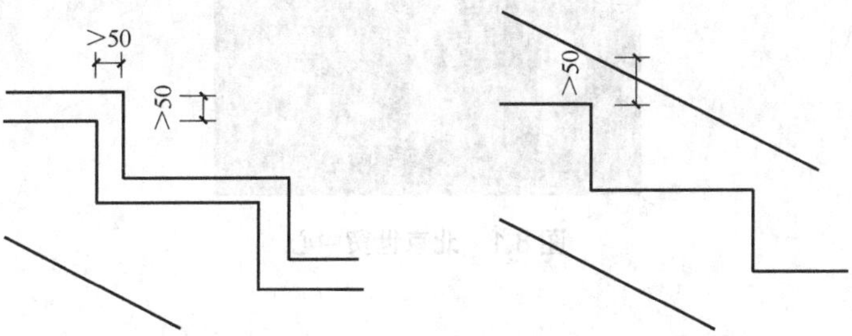

(a) 立缘　(b) 踢脚板

图 7.43　构件边缘处理

第8章 幕墙构造

内容提要

本章主要介绍幕墙类型、技术要求等。根据建筑物幕墙材料和施工工艺的不同，分别介绍玻璃幕墙、石材幕墙和金属幕墙装饰构造等。

教学目标

- 掌握幕墙装饰装修构造的原理、方法。
- 提高装饰构造设计能力，掌握各类幕墙细部构造设计的方法。
- 通过工程项目设计案例讲解以及实训设计，能够根据具体的装饰要求和装饰效果，合理选择装饰面层和所用材料，并能识读装饰构造施工图。提高学生在设计过程中的空间思维能力、知识运用能力和解决实际问题的能力。

项目案例导入：北京世贸中心如图 8.1 所示，外墙采用玻璃幕墙。构造设计是对外墙玻璃饰面层的构造做法、连接方式及细部处理进行设计，以达到设计的实用性、经济性和装饰性。

图 8.1　北京世贸中心

8.1 概　　述

8.1.1 幕墙类型

用板材悬挂在主体结构外侧，有玻璃、金属、石板、复合材料墙板等。幕墙不承重，但要承受风荷载，并通过连接件将自重和风荷载传到主体结构。

幕墙按材料分为轻质幕墙和重质幕墙。轻质幕墙如玻璃幕墙、金属板材幕墙、纤维水泥板幕墙、复合板材幕墙等；钢筋混凝土外墙挂板则属于重质幕墙。

幕墙按幕面材料分，有玻璃、金属、轻质混凝土挂板、天然花岗石板等幕墙。其中玻璃幕墙是当代的一种新型墙体，不仅装饰效果好，而且质量轻，安装速度快，是外墙轻型化、装配化较理想的形式。

幕墙按施工方式，可分为分件式幕墙(现场组装)和板块式幕墙(预制装配)两种。

8.1.2　幕墙设计中的技术要求

(1) 自身强度。
(2) 风压变形性能。
(3) 雨水渗透性能。
(4) 空气渗透性能。
(5) 保温隔热性能。
(6) 隔声性能。
(7) 平面内变形性能。
(8) 耐撞击性能。
(9) 防火设计。
(10) 防雷设计。
(11) 保养与维修。

8.2　玻璃幕墙的构造

8.2.1　玻璃幕墙的特点

玻璃幕墙是当代的一种新型墙体，它的最大特点是将建筑美学、建筑功能、建筑节能和建筑结构等因素有机地统一起来。具有装饰效果好、质量轻(是砖墙重量的 1/10)、安装速度快、更新维修方便等特点。但也受到价高、材料及施工技术要求高、光污染、能耗大等因素的制约。但这些问题已随着新材料、新技术的不断出现而逐步被克服或减轻。

8.2.2　玻璃幕墙的类型

玻璃幕墙按其构造方式分为有框和无框两类。在有框玻璃幕墙中，又有明(露)框和隐框两种。明框玻璃幕墙的金属框暴露在室外，形成外观上可见的金属格构，如图 8.2 所示；隐框玻璃幕墙的金属框隐蔽在玻璃的背面，室外看不见金属框。隐框玻璃幕墙又可分为全隐框玻璃幕墙和半隐框玻璃幕墙两种，半隐框玻璃幕墙可以是横明竖隐，如图 8.3 所示，也可以是竖明横隐，如图 8.4 所示。无框玻璃幕墙则不设边框，以高强黏结胶将玻璃连接成整片墙，又可分为全玻璃幕墙和点式玻璃幕墙(DPG)。无框幕墙的优点是透明、轻盈、空间渗透力强。有框玻璃幕墙可现场组装，也可预制装配；无框玻璃幕墙则只能现场组装。

玻璃幕墙按施工方法分为现场组装(元件式玻璃幕墙)和预制装配(单元式玻璃幕墙)两种。

玻璃幕墙按框架材料分，有钢框、铝合金框、铜合金框和不锈钢框等。

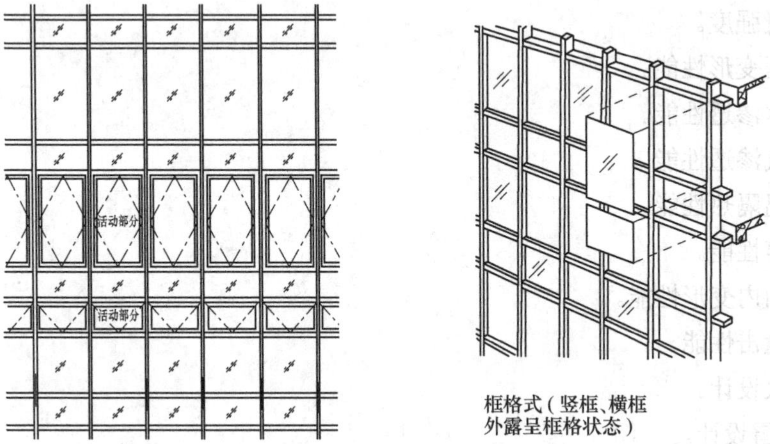

图 8.2　明框玻璃幕墙示意图

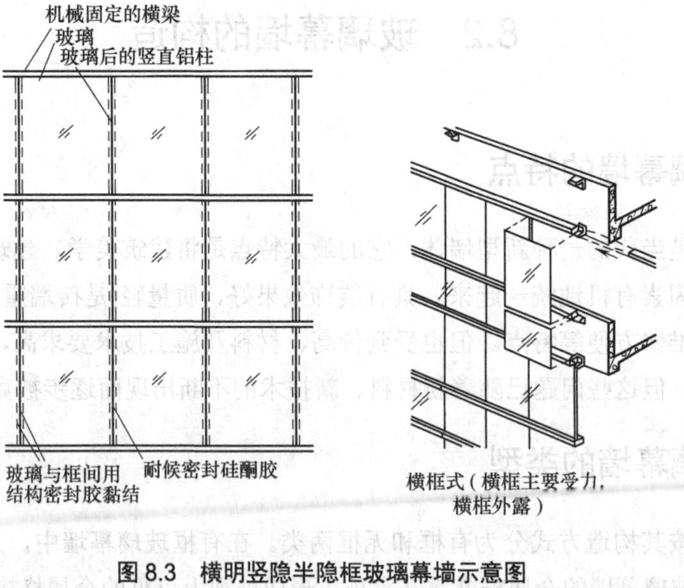

图 8.3　横明竖隐半隐框玻璃幕墙示意图

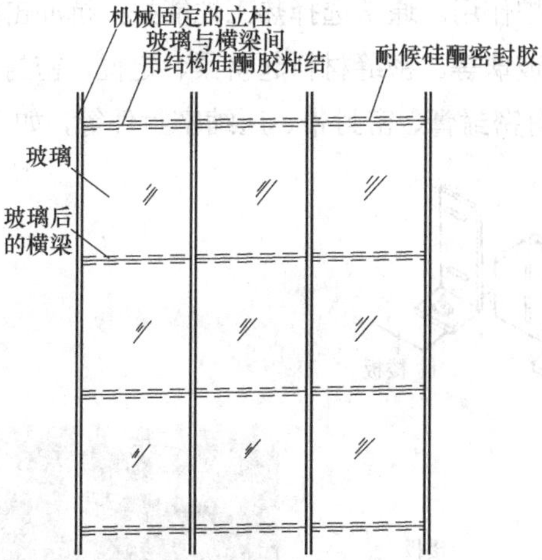

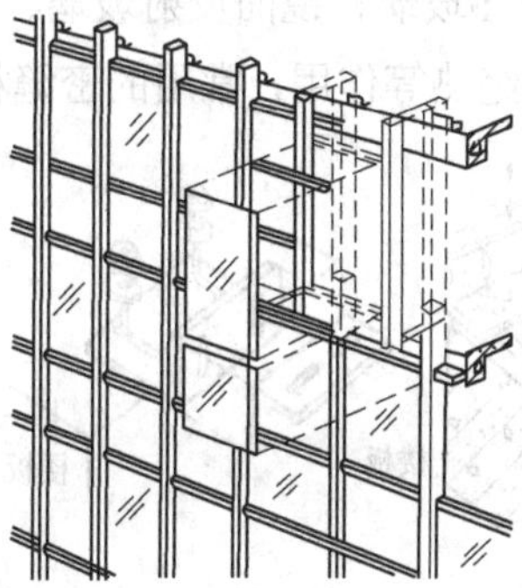

竖框式(竖框主要受力，竖框外露)

图 8.4　竖明横隐半隐框玻璃幕墙示意图

8.2.3　元件式玻璃幕墙的构造

1. 元件式玻璃幕墙的构造组成

元件式玻璃幕墙是在施工现场将金属边框(竖梃、横挡)、固定连接件、玻璃面板、填充层和内衬墙，以一定顺序进行安装组合而成，如图 8.5 所示。元件式玻璃幕墙施工速度较慢，但其安装精度要求并不高。目前，这种幕墙在国内应用较广。

金属边框起骨架和传递荷载作用，常用的是铝合金框，铝合金型材易加工、外表美观、耐久、质轻，是玻璃幕墙最理想的边框材料，铝合金边框的工程实例如图 8.6 所示。连接固定件在幕墙及主体结构之间以及幕墙元件与元件之间起连接固定作用，常用的有预埋件、转接件、连接件、支承用材等，幕墙骨架与主体的连接件如图 8.7 所示。

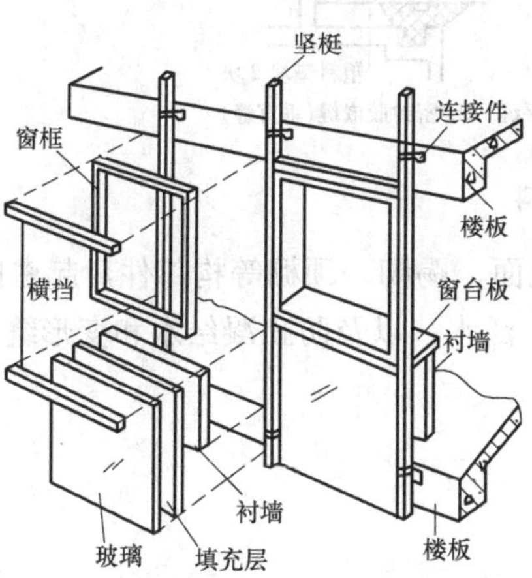

图 8.5　元件式玻璃幕墙组成

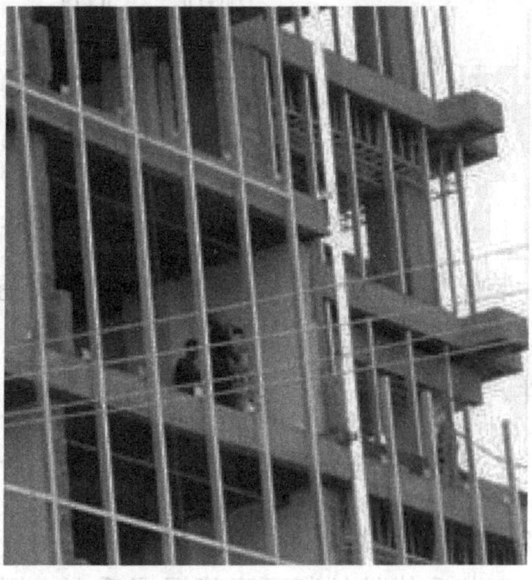

图 8.6　铝合金边框的工程实例

玻璃起采光、通风、隔热、保温等围护作用。通常选择热工性能好，抗冲击能力强的钢化玻璃、吸热玻璃、镜面反射玻璃、中空玻璃等。密缝材料起挤紧、定位、密封、黏结、防水、保温、绝热等作用，常用的密缝材料有密封膏、密封带、压缩密封件等，如图 8.8 所示。

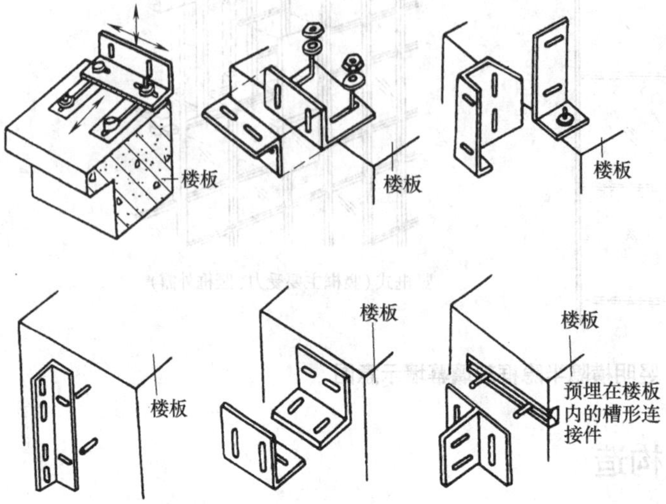

(a) 连接件与转接件形式

(b) 骨架与主体的连接件实例

图 8.7　幕墙骨架与主体的连接件

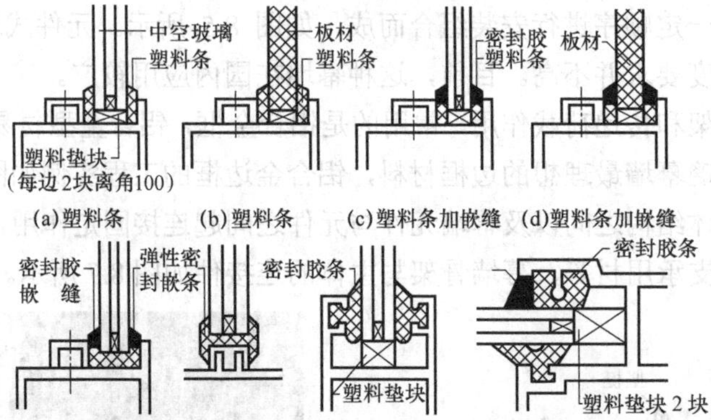

(a)塑料条　(b)塑料条　(c)塑料条加嵌缝　(d)塑料条加嵌缝

(e)、(f)预制弹性密封嵌条　(g)密封胶条(水平缝)　(h)密封胶嵌缝(垂直缝)

图 8.8　密封材料

装修件包括后衬板(墙)、扣盖件及窗台、楼地面、踢脚、顶棚等构部件，起密闭、装修、防护等作用。此外，还有窗台板、压顶板、泛水，以及防止凝结水和变形缝的专用件。

2. 元件式玻璃幕墙构造

1) 金属框的断面

竖梃和横挡的断面形状根据受力、框料连接方式、玻璃安装固定、幕墙凝结水的排除等因素确定。图 8.9 和图 8.10 所示是玻璃幕墙采用的边框型材断面示意图。

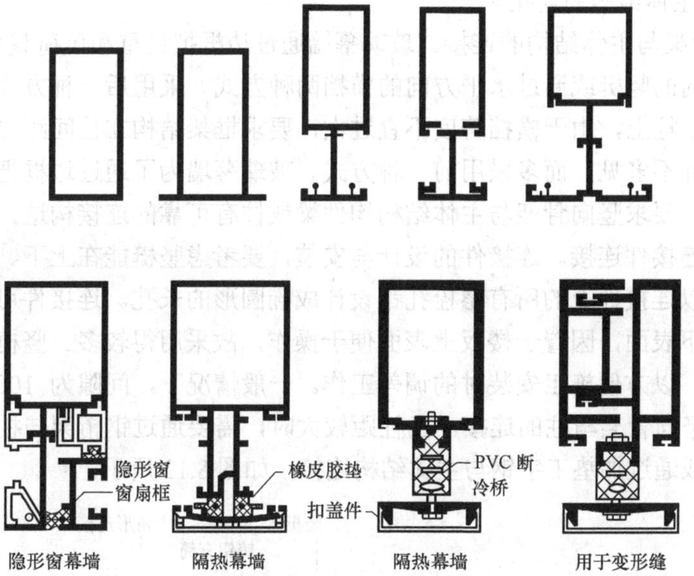

(a) 竖梃断面形式

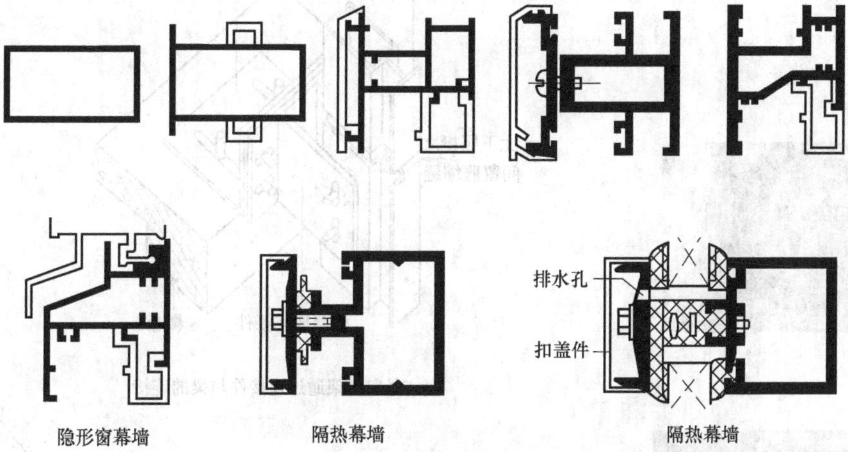

(b) 横挡断面形式

图 8.9　金属框的断面与玻璃连接方式

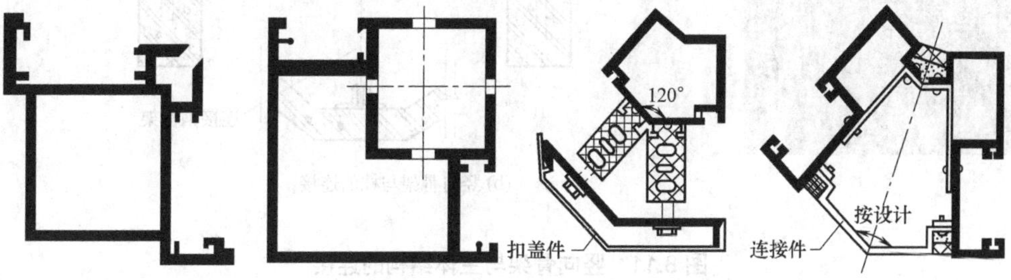

图 8.10　转角竖梃形式

2) 骨架与主体结构的连接

(1) 竖向骨架与主体结构的连接。玻璃幕墙通过边框把自重和风荷载传递到主体结构，有通过垂直方向的竖梃或通过水平方向的横挡两种方式。采用后一种方式时，需将横挡支搁在主体结构立柱上，由于横挡跨度不宜过大，要求框架结构立柱间距也不能太大，所以在实际工程中并不多见，而多采用前一种方式。玻璃幕墙为了通过边框把自重和风荷载传递到主体结构，要求竖向骨架与主体结构构件梁或柱有可靠的连接构造，竖向骨架与梁或楼板可以采用连接件连接。连接件的设计与安装，要考虑竖梃能在上下、左右、前后均可调节移动，所以连接件上的所有螺栓孔都设计成椭圆形的长孔。连接件可以置于楼板的上表面、侧面和下表面，因置于楼板上表面便于操作，故采用得较多。竖梃与楼板之间应留有一定的间隙，以方便施工安装时的调差工作。一般情况下，间隙为 100mm 左右，如图 8.11(a)所示。竖向骨架与柱的连接，当柱距较大时，需要通过钢桁架与柱进行连接，如图 8.11(b)所示，或通过加垫工字钢与主体结构连接，如图 8.12 所示。

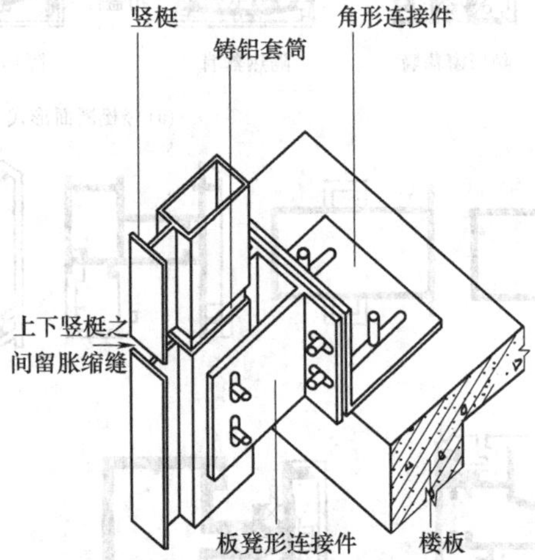

(a) 竖向骨架通过连接件与梁的连接

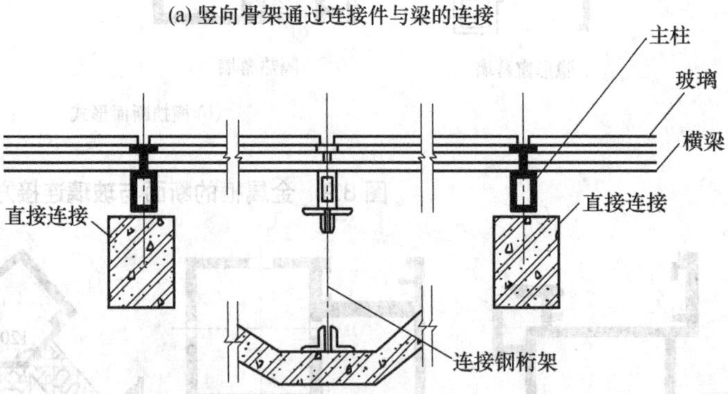

(b) 竖向骨架与柱的连接

图 8.11 竖向骨架与主体结构的连接

(2) 竖向骨架与横向骨架的连接。玻璃幕墙竖向骨架与横向骨架的连接通过角铝铸件及铝型材连接件，铝角与竖梃、铝角与横挡均用螺栓固定，构造如图 8.13 所示。

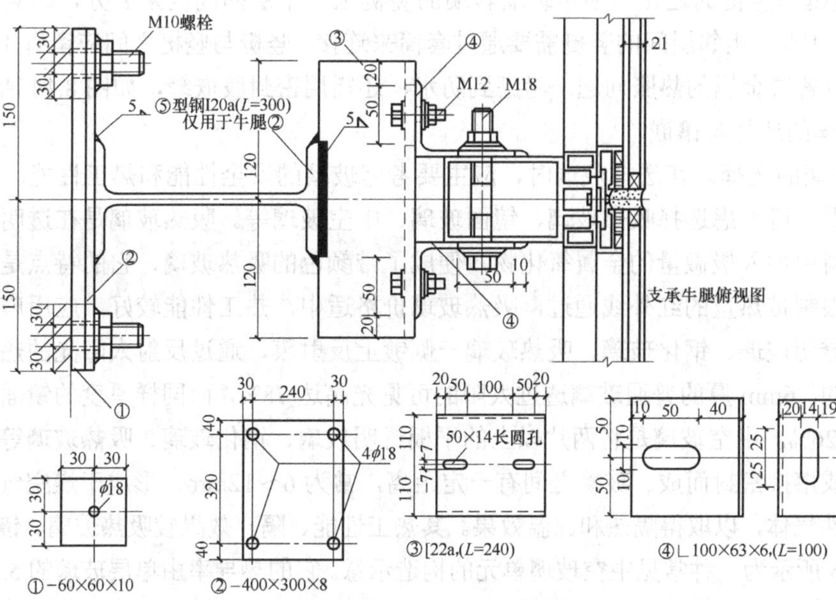

图 8.12　竖向骨架通过加垫工字钢与主体结构的连接

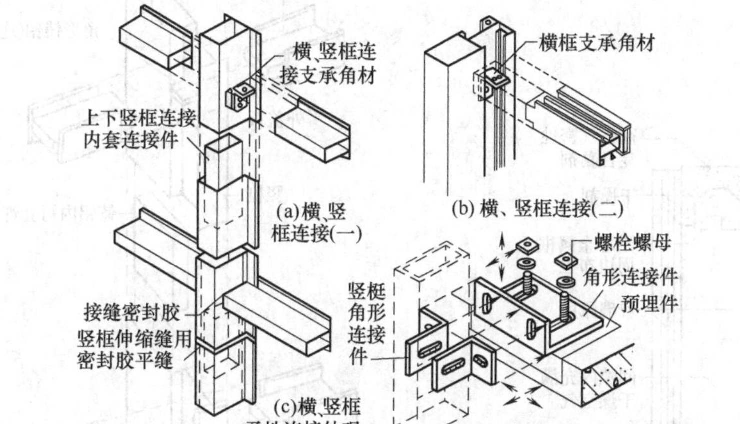

(a) 竖向骨架与横向骨架的连接构造

(b) 横向骨架的连接件实例

(c) 竖向骨架与横向骨架的连接实例

图 8.13　竖向骨架与横向骨架的连接

(3) 竖梃与竖梃的连接。通常玻璃幕墙的竖梃依一个层间高度来划分，即竖梃的高度等于层高。因此，相邻层间的竖梃需要通过套筒来连接，竖梃与竖梃之间应留有 15～20mm 的空隙，以解决金属的热胀问题。考虑到防水，还需用密封胶嵌缝，如图 8.14 所示。

3) 玻璃的选择与镶嵌

(1) 玻璃的选择。在选择玻璃时，应主要考虑玻璃的安全性能和热工性能。从热工性能方面来看，可考虑选择吸热玻璃、镜面玻璃、中空玻璃等。吸热玻璃是在透明玻璃生产时，在原料中加入极微量的金属氧化物，便成了带颜色的吸热玻璃，它的特点是能使可见光透过而限制带热量的红外线通过，吸热玻璃价格适中，热工性能较好，应用广泛。镜面玻璃是在透明玻璃、钢化玻璃、吸热玻璃一侧镀上反射膜，通过反射太阳光的热辐射而达到隔热目的。6mm 厚的普通玻璃透过太阳的可见光高达 78%，而同样厚度的镜面反射玻璃仅能透过 26%。中空玻璃是将两片以上的平板透明玻璃、钢化玻璃、吸热玻璃等与边框焊接、胶接或熔接密封而成。玻璃之间有一定距离，常为 6～12mm，形成干燥空气间层，或者充以惰性气体，以取得隔热和保温效果。其热工性能、隔声效果较吸热玻璃、镜面玻璃更佳。图 8.15 所示为一种常见中空玻璃单元的构造示意。它的热导率由单层玻璃的 5.8W/(m·K) 降为 1.7W/(m·K)，透过的阳光可降低 10%左右。

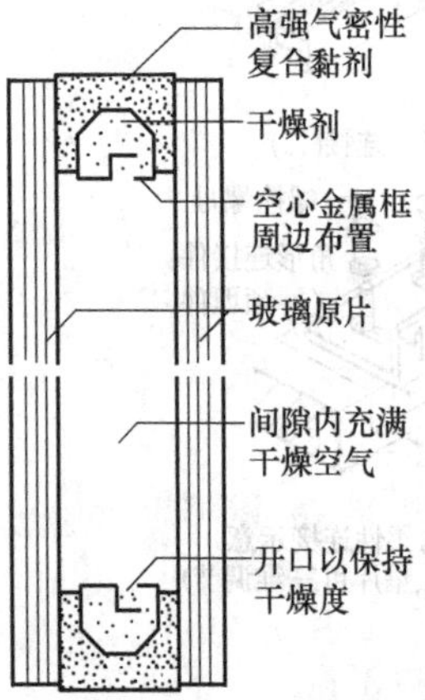

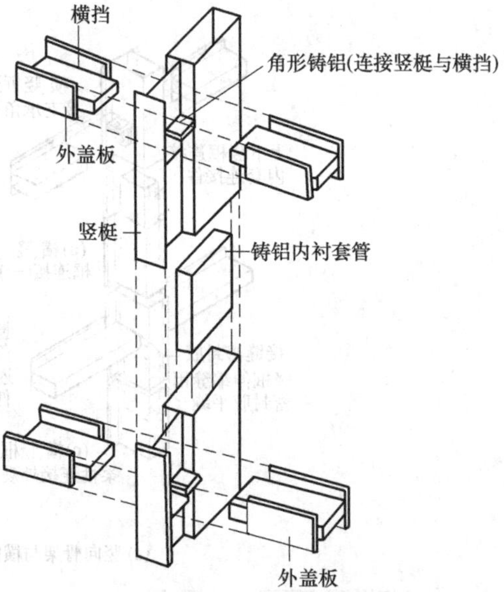

图 8.14　竖梃与竖梃接长——内衬铝套管连接　　**图 8.15　中空玻璃构成及性能比较**

从安全性能方面来看，可考虑选择钢化玻璃、夹层玻璃、夹丝玻璃等。钢化玻璃是把浮法玻璃加热至 650℃，并同时在玻璃表面统一吹入空气，而使玻璃迅速冷却制作的。钢化玻璃的强度是普通玻璃的 1.53～3 倍，当被打破时，它变成许多细小、无锐角的碎片，从而避免伤人。夹层玻璃是一种性能优良的安全玻璃，它是由两片或多片玻璃用透明的聚乙烯醇酯丁醛(PVB)胶片牢固黏结而成。夹层玻璃具有良好的抗冲击性能和破碎时的安全性能。因为当夹层玻璃受到冲击破碎时，碎片粘在中间的 PVB 膜上，不会有玻璃碎片伤人，透光系数为 28%～55%。夹丝玻璃是将金属丝网嵌入玻璃内部压延成型的玻璃。这种玻璃受到机械冲击后，即便破裂碎片挂在金属网上，也不掉落。它是一种生产工艺简单，价格低廉的安全玻璃。由于它对视线及透光性有一定的阻碍作用，因此不如钢化玻璃和夹层玻璃应用广泛。

(2) 玻璃与框架的固定。

① 明框幕墙玻璃嵌固。在明框玻璃幕墙中，玻璃是镶嵌在竖梃、横挡等金属框上，并用金属压条卡住。玻璃与金属框接缝处的防水构造处理是保证幕墙防风雨性能的关键。接缝构造目前采用的方式有 3 层构造层，即密封层、密封衬垫层、空腔，如图 8.16(a)所示。

密封层是接缝防水的重要屏障，它应具有很好的防渗性、防老化性、抗腐蚀性，并具有保持弹性的能力，以适应结构变形和温度伸缩引起的移动。密封层有现注式和成型式两种，现注式接缝严密，密封性好，应用较广泛。成型式密封层是将密封材料在工厂挤压成一定形状后嵌入缝中，施工简便。

密封衬垫具有隔离层的作用，使密封层与金属框底部脱开，减少由于金属框变形引起密封层变形。密封衬垫常为成型式。根据它的作用，密封衬垫应以合成橡胶等黏合性不大而延伸性好的材料为佳。

玻璃是由定位垫块支撑在金属框内，玻璃与金属框之间形成空腔。空腔可防止挤入缝内的雨水因毛细现象进入室内。图 8.16(b)所示为玻璃镶嵌在金属框中的节点详图，图 8.17 所示为玻璃与边框连接构造。

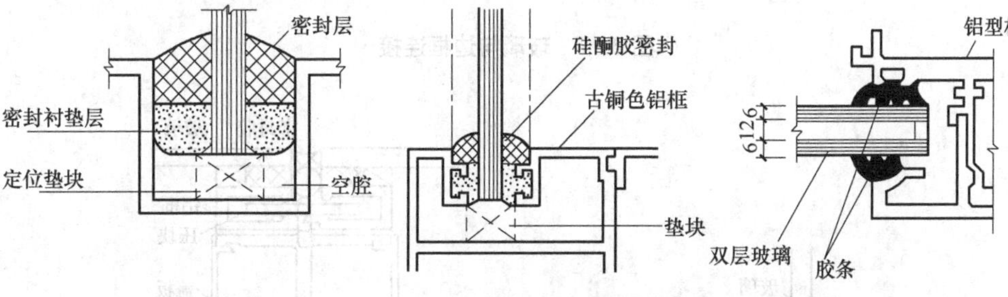

(a) 接缝构造　　(b) 玻璃镶嵌在金属框中的节点详图

图 8.16　明框幕墙玻璃嵌固

② 隐框幕墙玻璃固定。在隐框玻璃幕墙中，金属框隐蔽在玻璃的背面。因此，它需要制作一个从外面看不见框的玻璃板块，然后采用压块、挂钩等方式与幕墙的主体结构连接，如图 8.18 所示。

玻璃板块由玻璃、附框和定位胶条、黏结材料组成，如图 8.19 所示。

附框通常采用铝合金型材制作，然后用双面贴胶带将玻璃与附框定位，再现注结构胶。待结构胶固化并达到强度后，方可进行现场的安装工作。在玻璃的安装过程中，板块与板块之间形成的横缝与竖缝都要进行防水处理。首先是在缝中填塞泡沫垫杆，垫杆尺寸应比缝宽稍大，以便嵌固稳当。然后用现注式耐候密封胶灌注。

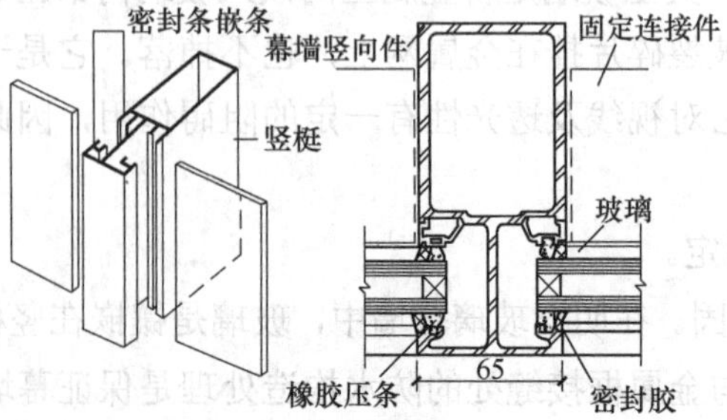

(a) 与竖梃连接

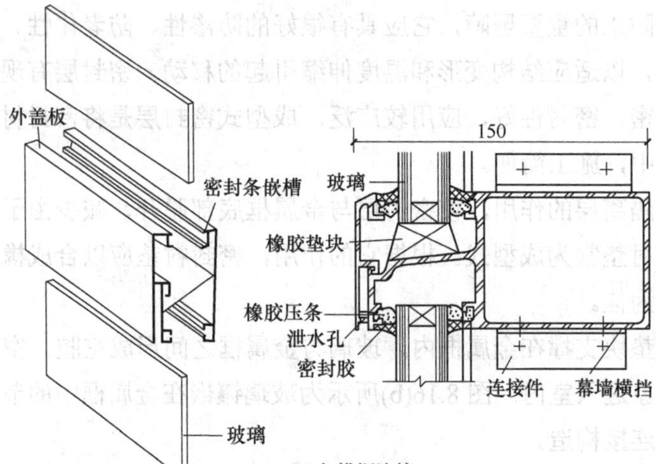

(b) 与横框连接

图 8.17　玻璃与边框连接

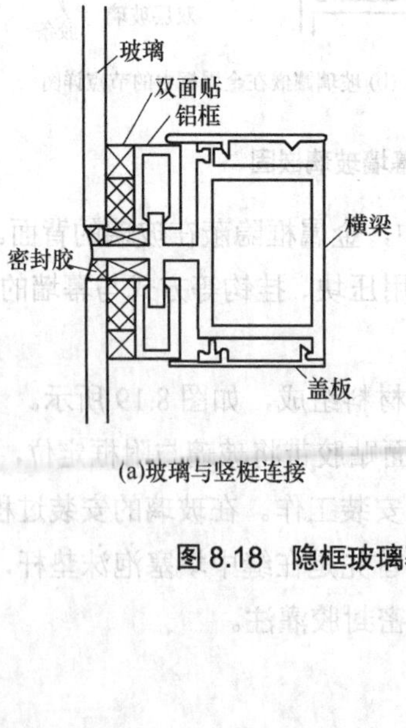

(a)玻璃与竖梃连接

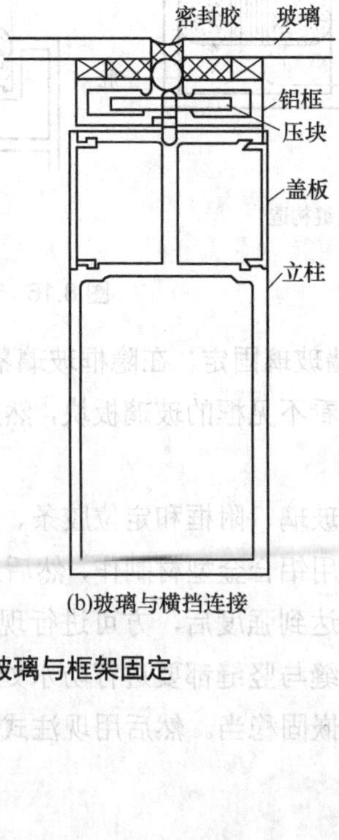

(b)玻璃与横挡连接

图 8.18　隐框玻璃幕墙玻璃与框架固定

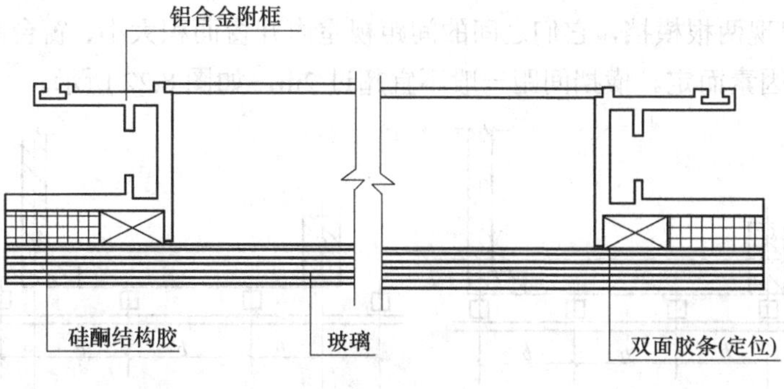

图 8.19 玻璃板块构造

4) 幕墙立面的划分

玻璃幕墙立面的划分就是确定竖梃和横挡的位置。应考虑玻璃规格、风荷载大小、开启扇的位置、室内装饰要求、防火与分隔构造、立面造型等因素。元件式幕墙的立面划分形式如图 8.20 所示。幕墙框格的大小必须考虑玻璃的规格，太大的框格容易造成玻璃破碎。

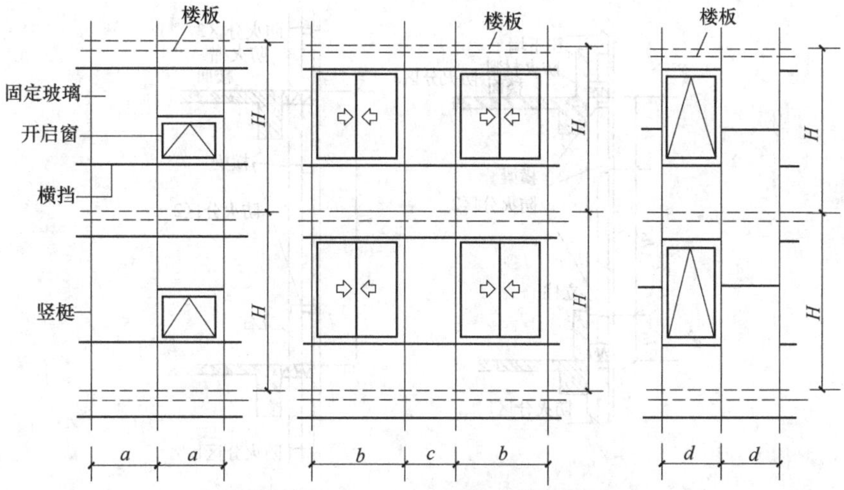

图 8.20 元件式幕墙的立面划分

风荷载是玻璃幕墙的主要荷载，一般不仅做正风力计算，对高层建筑还应该作负风向力(吸力)计算。后者易被忽略，但却是最危险的，刮台风时许多玻璃是被吹离建筑物，而不是吹进建筑物。

风荷载的选取应视地区、气候和建筑物的高度而定。我国一般地区 100m 以下的高层建筑承受 1.97kPa 的风压，沿海地区为 2.60kPa，而我国台湾、海南地区则可达 4.90kPa。通常竖梃间距不宜超过 1.5m。

竖梃是元件式玻璃幕墙的主要受力杆件，竖梃间距应根据其断面大小和风荷载确定，一般为 1.5m，并尽量与墙柱重合，如图 8.21 所示。横挡的间距除了考虑玻璃的规格外，更重要的是如何与开启窗位置、室内吊顶棚位置相协调。一般情况下，窗台处和吊顶棚标高处均应设一根横挡，这样可使窗台与幕墙、吊顶棚与幕墙的连接更方便。在一个楼层高度(H)范围内平均出现两根横挡，它们之间的间距视室内开窗面积大小、窗台高低、吊顶棚位置、立面造型等因素而定。横挡间距一般不宜超过 2m，如图 8.22 所示。

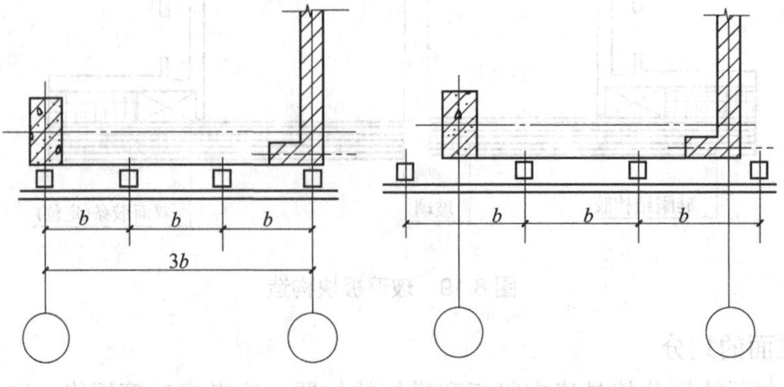

图 8.21　幕墙竖梃的布置

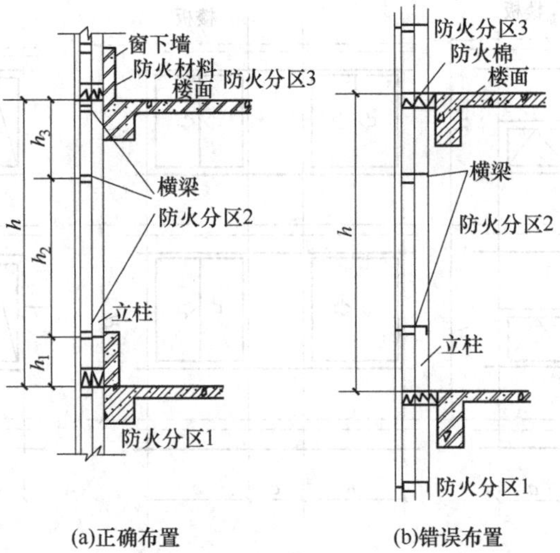

图 8.22　幕墙横挡的布置

8.2.4　元件式玻璃幕墙细部构造

1. 幕墙内衬墙

由于建筑造型的需要，玻璃幕墙建筑常常设计成面积很大的整片玻璃墙面，这给建筑功能带来一系列问题，多数情况下，室内不希望用这么大的玻璃面来采光通风，加之玻璃的热工性能差，大片玻璃墙面难以达到保暖隔热要求，幕墙与楼板和柱子之间均有缝隙，这对防火、隔声均不利，这些缝隙会成为左右相邻房间、上下楼层之间噪声传播的通路和火灾蔓延的突破口。因此，在玻璃幕墙背面一般要另设一道内衬墙，以改善玻璃幕墙的热工性能和隔声性能。内衬墙也是内墙面装修不可缺少的组成部分。

内衬墙可按隔墙构造方式设置，通常用轻质块材作砌块墙，或在金属骨架外装钉饰面板材作成轻骨架板材墙。内衬墙一般支搁在楼板上，并与玻璃幕墙之间形成一道空气间层，它能够改善幕墙的保温隔热性能。如果在寒冷地区，还可用玻璃棉、矿棉一类轻质保暖材料填充在内衬墙与幕墙之间。如果再加铺一层铝箔，则隔热效果更佳，如图 8.23 和图 8.24 所示。

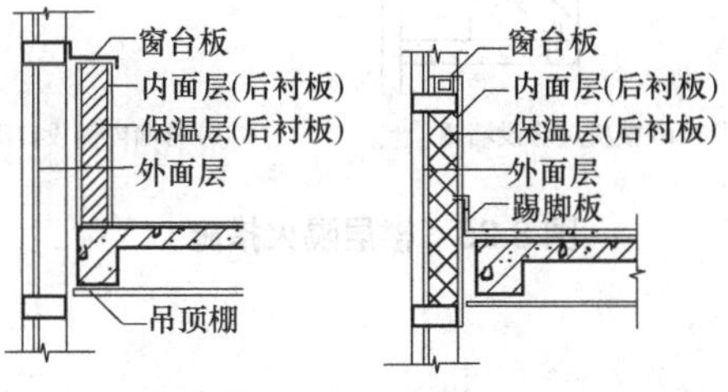

图 8.23　幕墙内衬墙保温构造

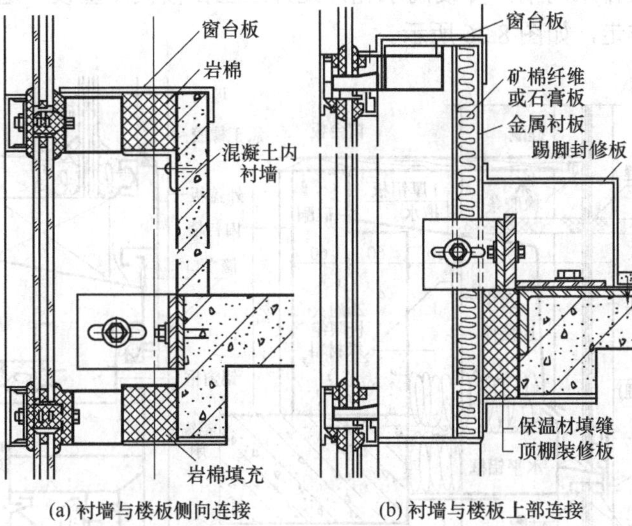

图 8.24　幕墙内衬墙与楼板连接构造

2. 幕墙隔火与防火构造

根据《高层民用建筑设计防火规范》(GB 50045—1995)中的规定，窗间墙、窗槛墙的填充材料应采用不燃烧材料。当外墙面采用耐火极限不低于 1.00h 的不燃烧体时，其墙内填充材料可采用难燃烧材料。

无窗间墙和窗槛墙的玻璃幕墙，应在每层楼板外沿设置耐火极限不低于 1.00h、高度不低于 0.80m 的不燃烧实体裙墙，如图 8.25 所示。玻璃幕墙与每层楼板、隔墙处的缝隙，应采用不燃烧材料严密填实。

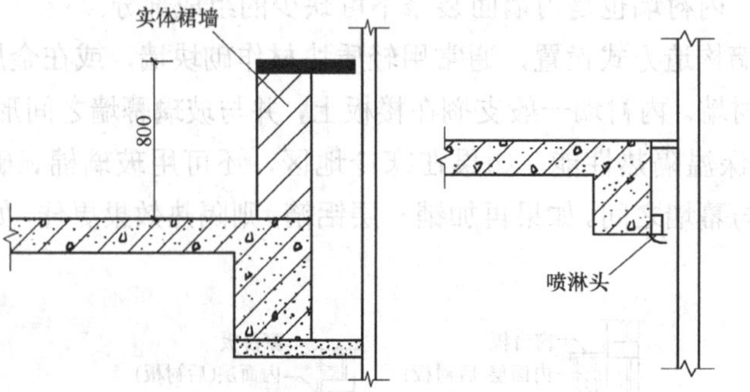

图 8.25　楼层隔火措施

3. 幕墙排冷凝水构造

在明框幕墙中，由于金属框外露，不可避免地形成了“冷桥”。因此，在玻璃、铝框、内衬墙和楼板外侧等处，在寒冷天气会出现凝结水。因此，要设法将这些凝结水及时排走，可将幕墙的横挡作成排水沟槽，并设滴水孔，此外还应在楼板侧壁设一道铝制披水板，把凝结水引至横挡中排走，如图 8.26 所示。

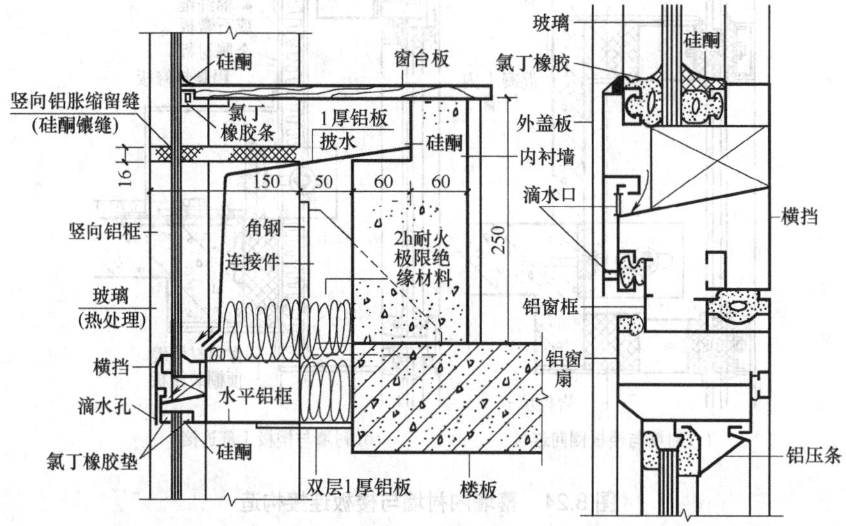

图 8.26　玻璃幕墙内衬墙和防火、排水构造

在隐框幕墙中，金属框是隐蔽在玻璃背面的，因而避免了“冷桥”的出现，它的热工性能优于明框幕墙。

4. 幕墙转角构造

幕墙转角构造如图 8.27～图 8.32 所示。

5. 幕墙收口构造

幕墙收口构造如图 8.33～图 8.35 所示。

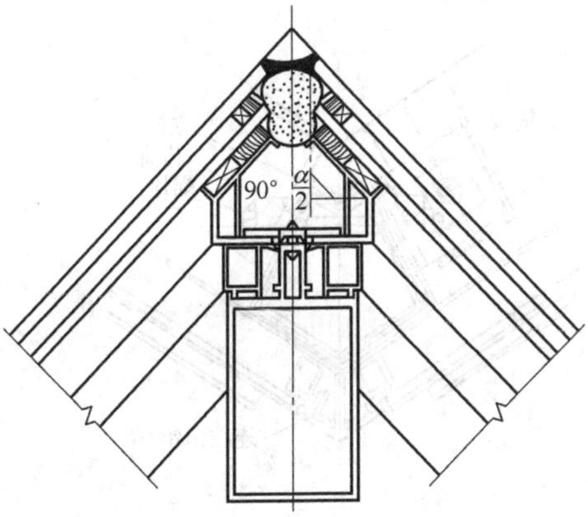

图 8.27　单竖梃隐框玻璃幕墙 90° 阳角转角节点

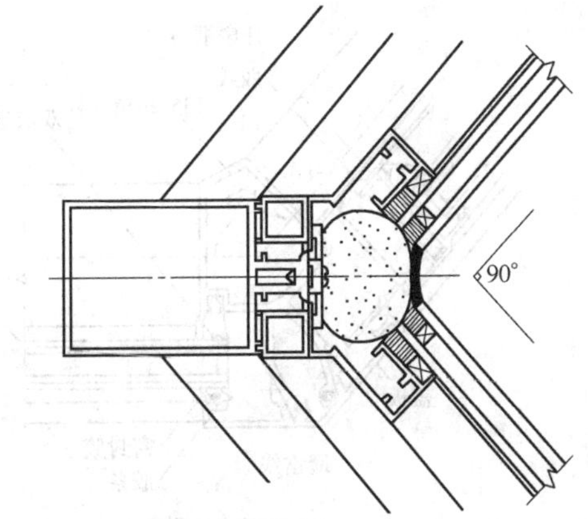

图 8.28　单竖梃隐框玻璃幕墙 90° 阴角转角节点

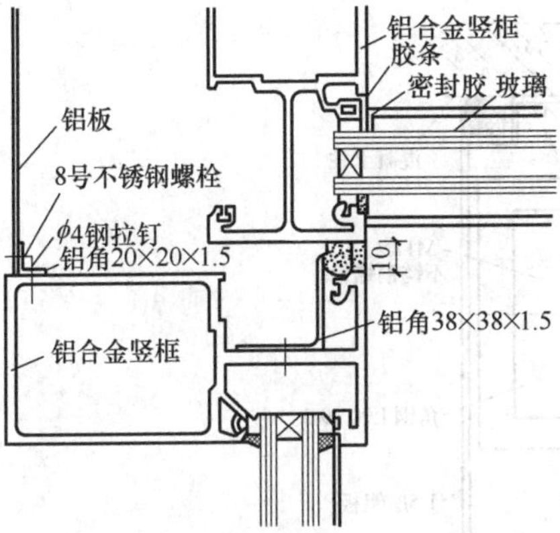

图 8.29　双竖梃明框玻璃幕墙 90° 阴角转角节点

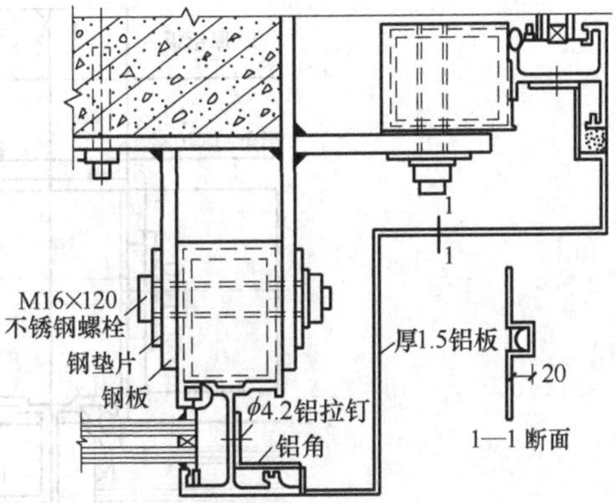

图 8.30　双竖梃明框玻璃幕墙 90° 阳角转角节点

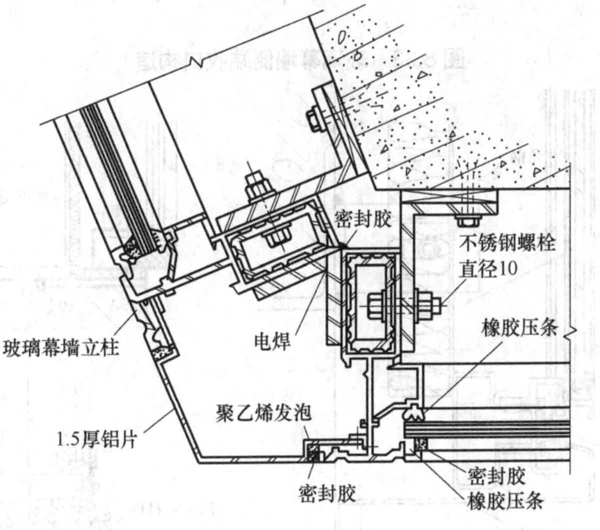

图 8.31　双竖梃明框玻璃幕墙任意转角节点

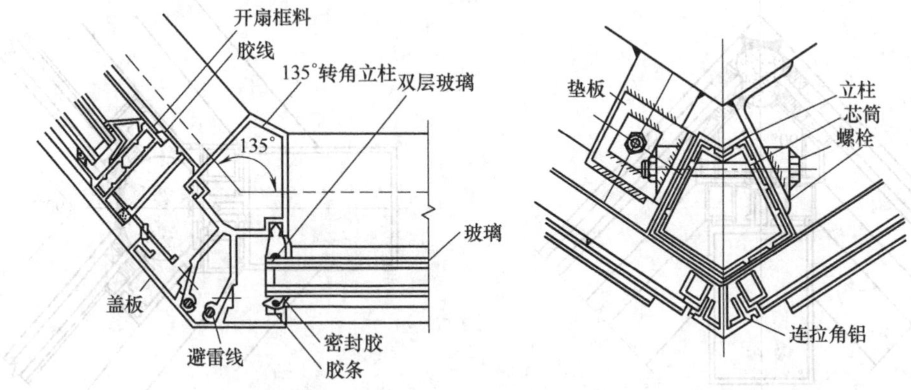

(a) 明框玻璃幕墙　　(b) 隐框玻璃幕墙

图 8.32　单竖梃玻璃幕墙任意转角节点

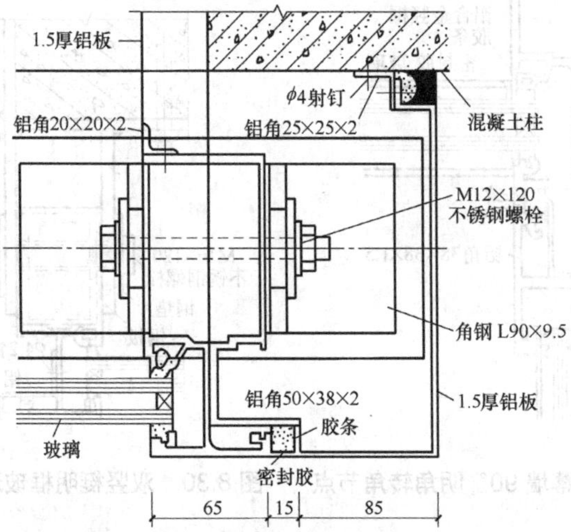

图 8.33　玻璃幕墙侧端收口构造

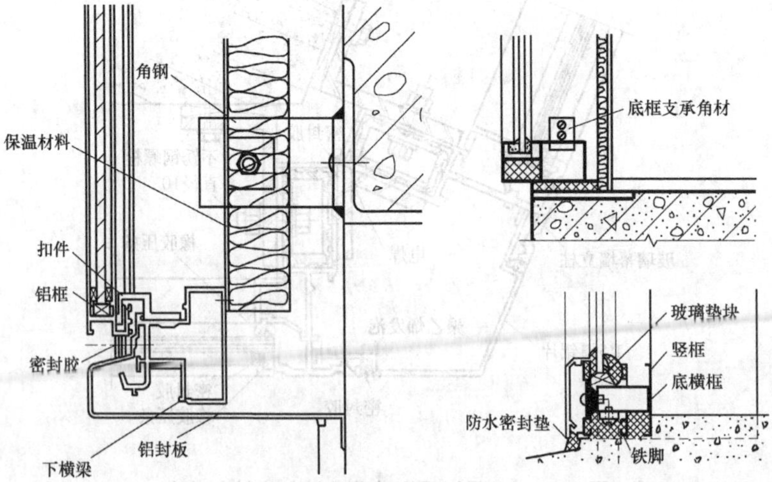

图 8.34　玻璃幕墙底部收口构造

6. 幕墙转角连接节点构造

幕墙转角连接节点构造如图 8.36～图 8.38 所示。

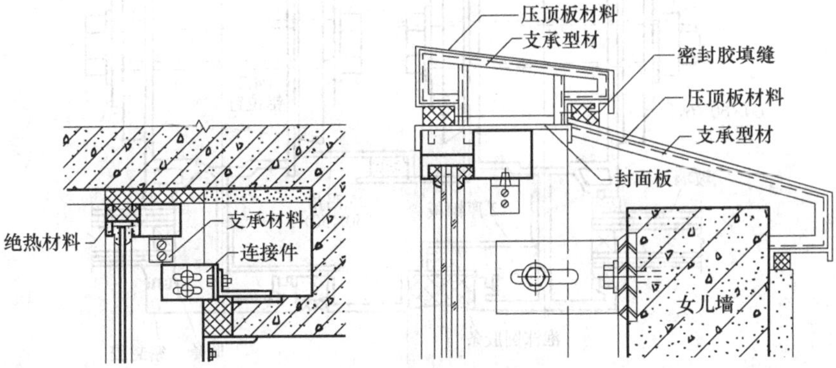

图 8.35　玻璃幕墙顶部收口构造

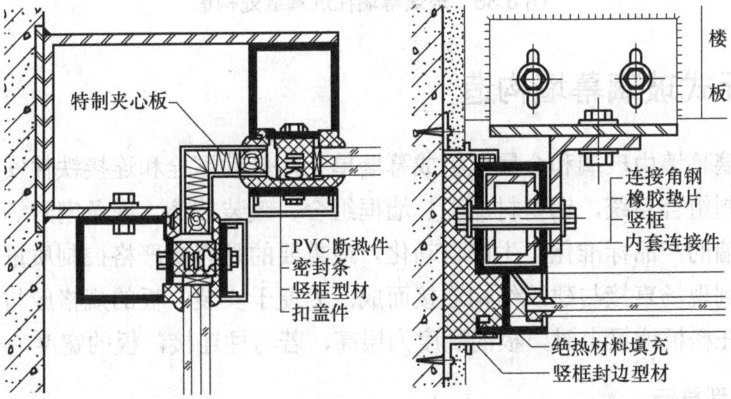

(a) 幕墙阴转角　　(b) 幕墙边转角

图 8.36　玻璃幕墙阴转角连接构造

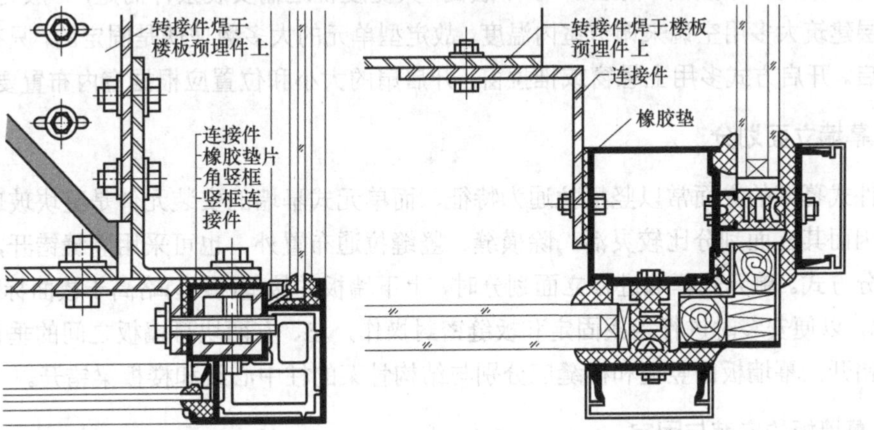

(a)　　(b)

图 8.37　玻璃幕墙阳转角连接构造

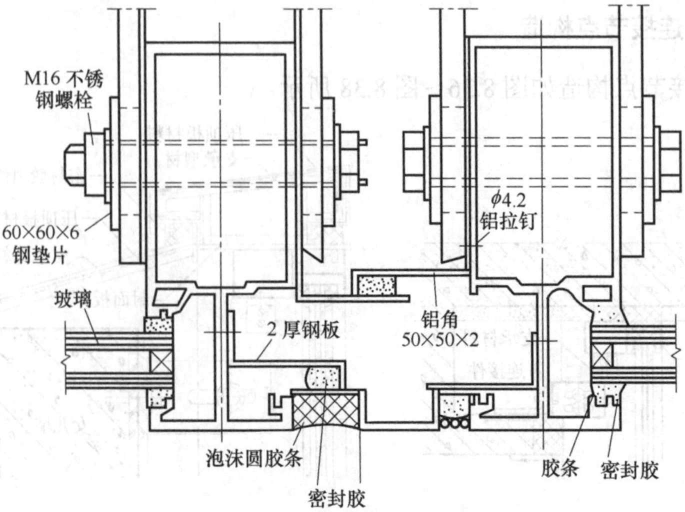

图 8.38　玻璃幕墙在沉降缝处构造

8.2.5　单元式玻璃幕墙构造

单元式玻璃幕墙由玻璃和金属框组成幕墙单元，借助螺栓和连接铁件安装到框架上。是一种工厂预制组合系统，铝型材加工、墙框组合、镶装玻璃、嵌条密封等工序都在工厂进行，玻璃幕墙的产品标准化、生产自动化，最重要的是容易严格控制质量。预制组合好的幕墙板，运到现场直接与建筑结构连接而成。为便于安装，板的规格应与结构相一致。当幕墙板悬挂在楼板或梁上时，板的高度为层高，若与柱连接，板的宽度为一个柱距。

1. 幕墙定型单元

单元式玻璃幕墙在工厂将玻璃、铝框、保温隔热材料组装成一块块的幕墙定型单元，每一单元一般为一个层高，甚至 2～3 个层高，其宽度视运输安装条件而定，一般为 3～4m。由于高层建筑大多用空调来调节室内温度，故定型单元的大多数玻璃是固定的，只有少数玻璃扇开启。开启方式多用上悬窗或推拉窗，开启扇的大小和位置应根据室内布置要求确定。

2. 幕墙立面划分

元件式幕墙的立面常以竖梃拉通为特征，而单元式幕墙的安装元件是整块玻璃组成的墙板，因而其立面划分比较灵活。除横缝、竖缝拉通布置外，也可采用竖缝错开，横缝拉通的划分方式。单元式幕墙进行立面划分时，上下墙板的接缝(横缝)略高于楼面标高(200～300mm)，以便安装时进行墙板固定和板缝密封操作，左、右两块幕墙板之间的垂直缝宜与框架柱错开，幕墙板的竖缝和横缝应分别与结构骨架的柱中心线和楼板梁错开。

3. 幕墙板的安装与固定

幕墙板与主体结构的梁或板的连接通常有扁担支撑式和挂钩式两种方式。

1) 扁担支撑式

先在幕墙板背面装上一根镀锌方钢管(俗称铁扁担)，幕墙板通过这根铁扁担支搁在角形钢牛腿上，为了防止振动，幕墙板与牛腿接触处均垫上防振橡胶垫。当幕墙板就位找正后，随即用螺栓将铁扁担固定在牛腿上，而牛腿是通过预埋槽铁与框架梁相连的。

2) 挂钩式

相邻幕墙单元的竖框通过钢挂钩固定在预埋铁角上。

4. 幕墙板之间的接缝构造

由于幕墙板之间都留有一定的空隙，因此该处的接缝应做好防水构造，通常有三种构造处理方法，即内锁契合法、衬垫法和密封胶嵌缝法，这三种方法是利用等压腔原理，保证防水效果。

8.2.6　无框式玻璃幕墙构造

1. 全玻璃幕墙形式

这种玻璃幕墙在视线范围不出现金属框料，又称无框型玻璃幕墙。为增强玻璃刚度，每隔一定距离用条形玻璃板作加强肋板，玻璃板加强肋垂直于玻璃幕墙表面设置，如图 8.39 所示。因其设置的位置如板的肋一样，又称为肋玻璃，玻璃幕墙称为面玻璃，面玻璃和肋玻璃有双肋、单肋、通肋等多种连接方式，如图 8.40 所示。面玻璃与肋玻璃相交部位宜留出一定的间隙，用硅酮系列密封胶注满。为避免出现“冷桥”，并减少金属型材的温度应力，玻璃上下结合处也采用密封胶密封，以达到很高的安全性。间隙尺寸可根据玻璃的厚度而略有不同，具体详细的尺寸如图 8.41 所示。

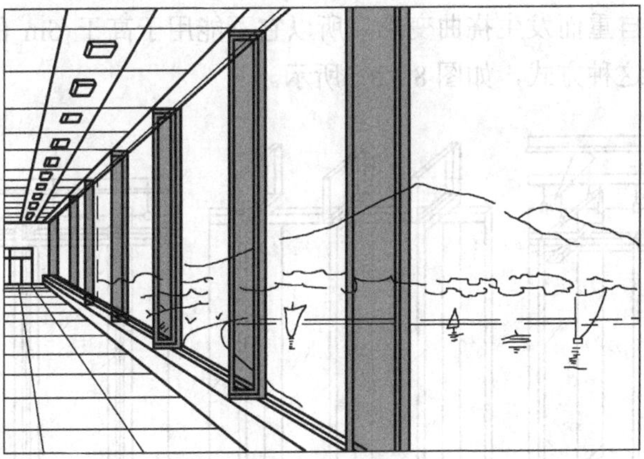

图 8.39　肋玻璃幕墙形式

无框型玻璃幕墙一般选用比较厚的钢化玻璃和夹层钢化玻璃，以增大玻璃的刚度和加强其安全性能。为了使其通透性更好，通常分格尺寸较大。单片玻璃面积、厚度和肋玻璃的宽度及厚度，主要根据最大风压情况下的使用要求选用。

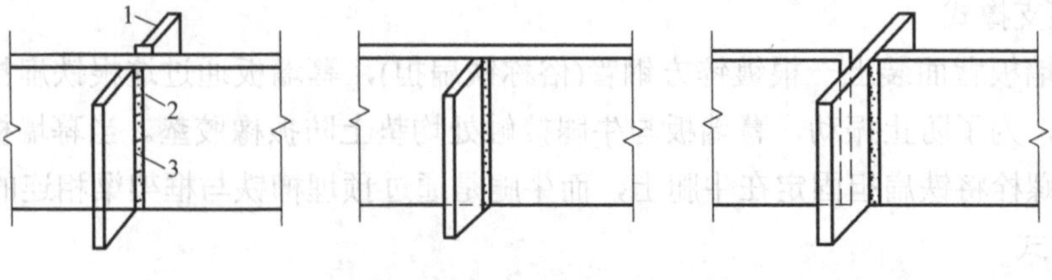

图 8.40　肋玻璃与面玻璃连接

1—肋玻璃；2—面玻璃；3—密封胶

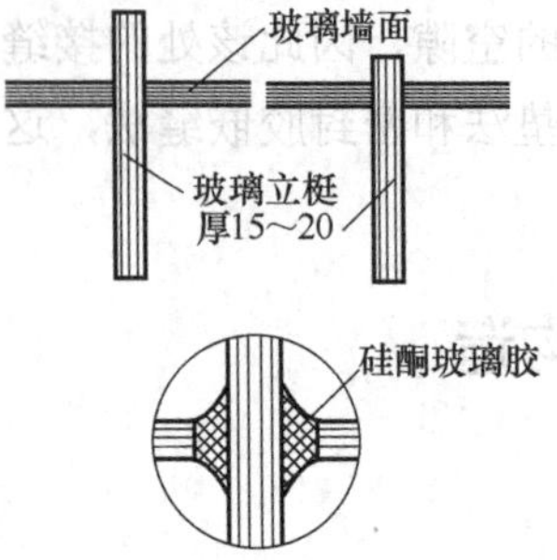

图 8.41　间隙尺寸

玻璃的固定方式有两种，即上部悬挂式和下部支承式。上部悬挂式是用悬吊的吊夹，将肋玻璃及面玻璃悬挂固定，它由吊夹及上部支承钢结构受力，可以消除玻璃因自重而引起的挠度，从而保证其安全性。当全玻璃幕墙的高度大于 5m 时，必须采用悬挂方法固定，如图 8.42(a)、图 8.42(b)所示。

下部支承式是用特殊型材，将面玻璃及肋玻璃的上、下两端固定。它的重量支承在其下部，由于玻璃会因自重而发生挠曲变形，所以它不能用于高于 5m 的全玻璃幕墙。室内的玻璃隔断也可采用这种方式，如图 8.42(c)所示。

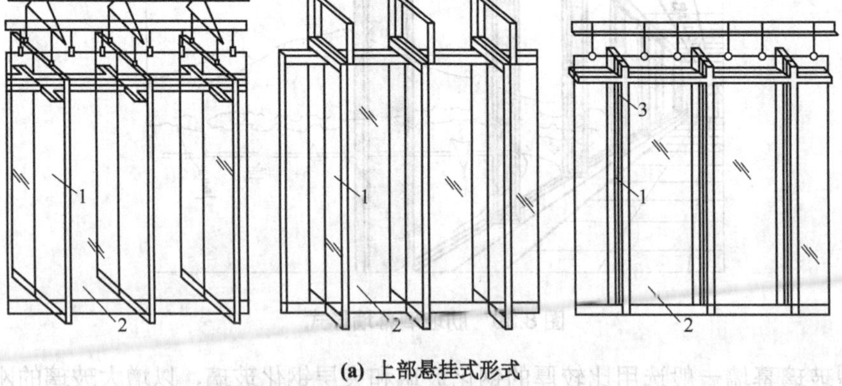

(a) 上部悬挂式形式

1—肋玻璃；2—面玻璃；3—密封胶

图 8.42　玻璃安装固定方式

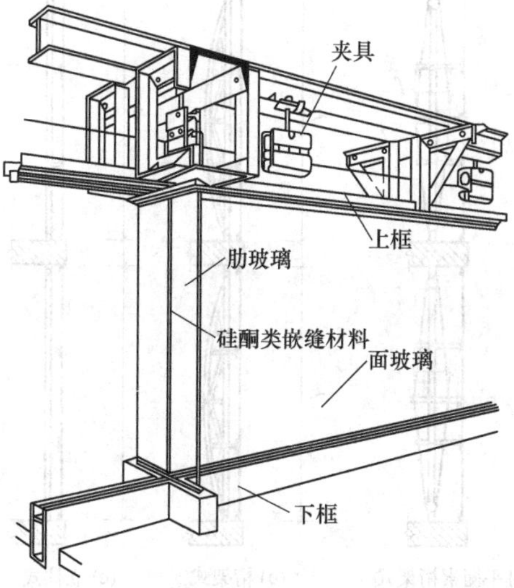

(b) 上部悬挂式安装构造

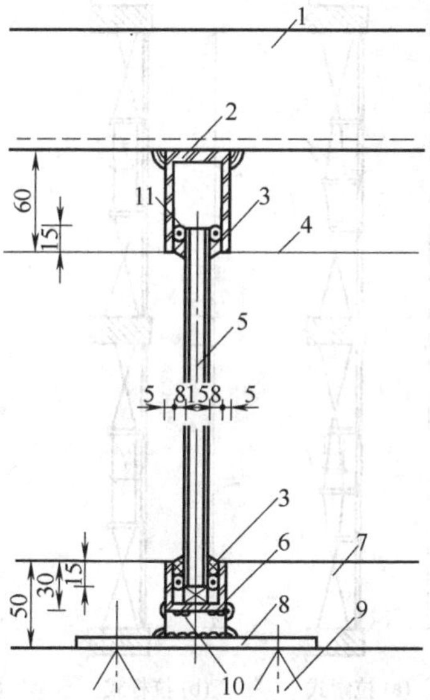

(c) 上下镶嵌固定的全玻璃幕墙剖面

1—顶部角铁吊架；2—5mm 厚钢顶框；3—硅胶嵌缝；4—平顶面；5—15mm 厚玻璃；6—5mm 厚钢底框；7—地平面；8—6mm 厚铁板；9—M12 膨胀螺栓；10—垫块；11—氯丁胶条

图 8.42 玻璃安装固定方式(续)

2. 点支式玻璃幕墙组成

点支式玻璃幕墙(Dot Point Glass Curtain Wall)是指幕墙玻璃每一分格用钢爪以点连接形式将幕墙的各种荷载和作用传到中间结构，再由中间结构传到主体结构的无金属框，视野广阔的玻璃幕墙，如图 8.43 所示。点支式玻璃幕墙支撑结构常用的形式有拉索式、拉杆式、自平衡索桁架式、桁架式和立柱式等，如图 8.44 所示。

点支式玻璃幕墙的结构示例如图 8.45 所示，节点结构如图 8.46～图 8.49 所示。

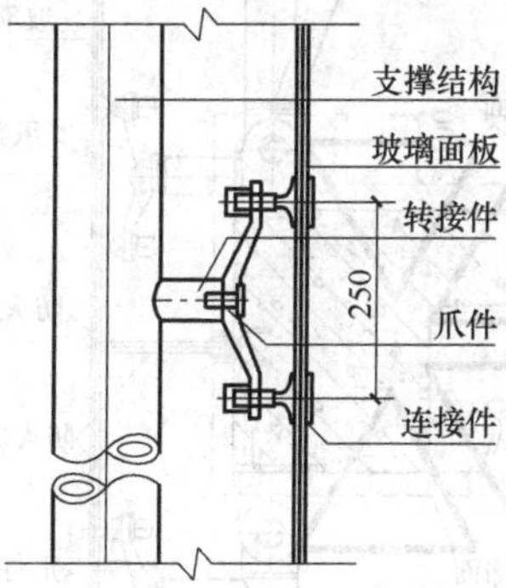

图 8.43 点支式玻璃幕墙

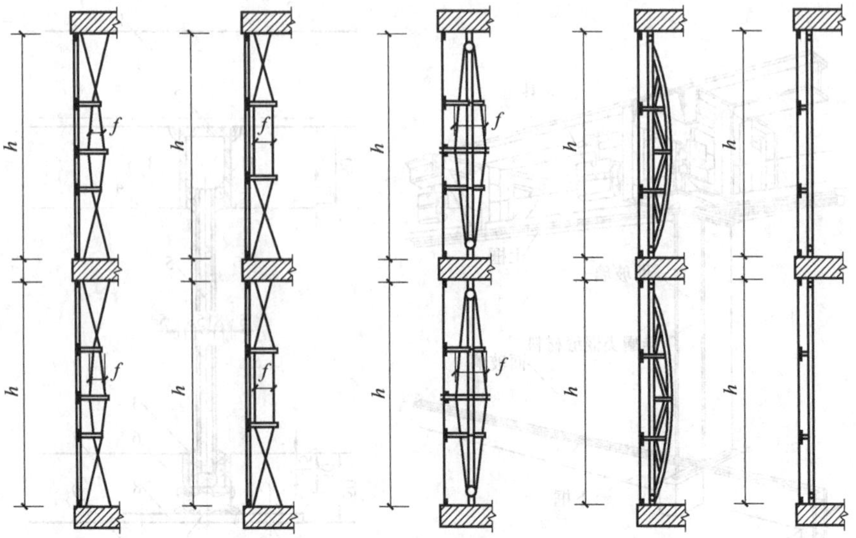

(a) 拉索式　(b) 拉杆式　(c) 自平衡索桁架式　(d) 桁架式　(e) 立柱式

图 8.44　点支式玻璃幕墙支撑结构形式

(a) 拉杆式　(b) 桁架式　(c) 立柱式　(d) 拉索式

图 8.45　点支式玻璃幕墙支撑结构形式实例

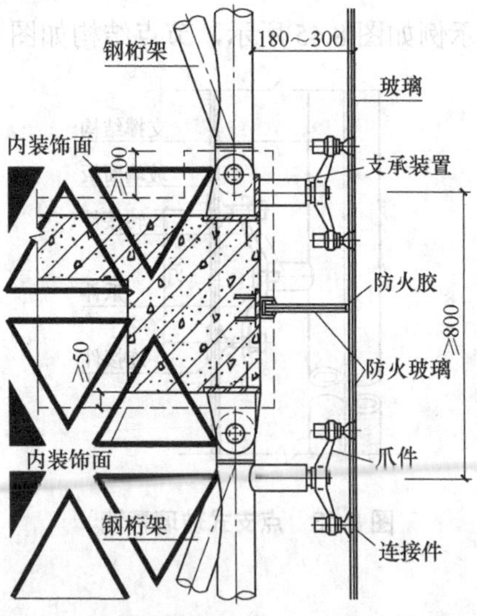

图 8.46　桁架式点支式幕墙楼层间节点

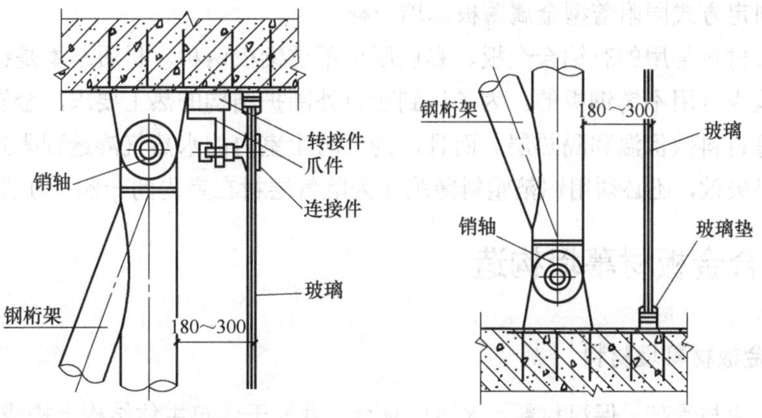

(a) 上封口节点　　(b) 下封口节点

图 8.47　点支式玻璃幕墙拉杆上下固定节点

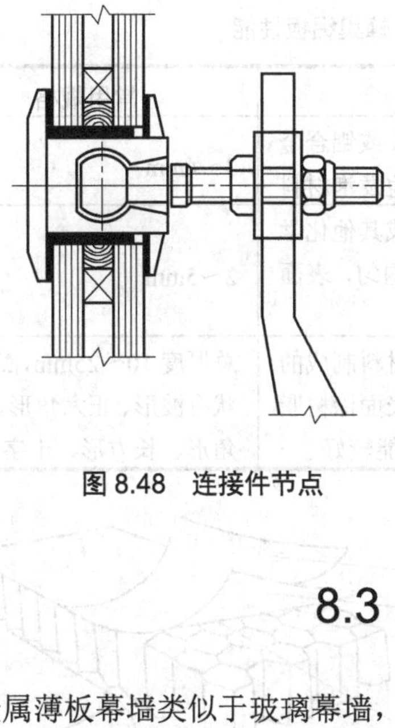

图 8.48　连接件节点

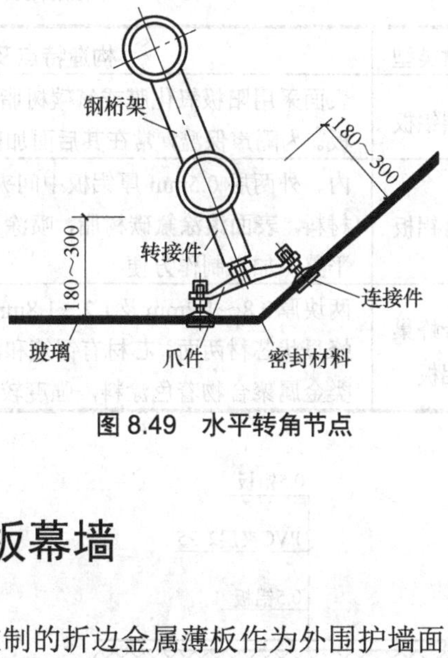

图 8.49　水平转角节点

8.3　金属薄板幕墙

金属薄板幕墙类似于玻璃幕墙，它是用工厂定制的折边金属薄板作为外围护墙面，与窗一起组合成幕墙，形成闪闪发光的金属墙面，有其独特的现代艺术感。

8.3.1　金属薄板幕墙类型

金属薄板幕墙有两种体系，一种是幕墙附在钢筋混凝土墙体上的附着型金属薄板幕墙，一种是自成骨架体系的构架型金属薄板幕墙。

附着型金属薄板幕墙是在混凝土墙面基层用螺母锁紧锚栓固定角钢，在角钢上固定轻钢型材，在轻钢型材上用 E 形压条固定金属薄板。金属薄板之间用防水填缝橡胶填充。外窗框与金属板之间的缝也必须用防水密封胶填充。

构架型金属薄板幕墙是将受力骨架固定在楼板梁或结构柱上，在受力骨架上固定轻钢型材，板的固定方式同附着型金属薄板幕墙一样。

金属薄板材料常用的有铝合金板、彩色压型不锈钢板两种。材质基本是铝合金板，比较高级的建筑也有用不锈钢板的。为了达到建筑外围护结构的热工要求，金属墙板的内侧均要用矿棉等材料做保温和隔热层。而且，为了防止室内的水蒸气渗透到隔热保温层中，造成保温材料失效，还必须用铝箔塑料薄膜作为隔气层衬在室内的一侧。内墙面另做装修。

8.3.2 铝合金板材幕墙构造

1. 铝合金板材幕墙材料

铝塑复合板与骨架、保温材料、水泥板复合，悬挂于建筑主体结构上构成铝合金幕墙。常用铝板类型有单层铝板、复合铝板(如图 8.50 所示)、复合蜂巢铝板(如图 8.51 所示)等，其性能见表 8.1 所示。

表 8.1 单层铝板、复合铝板、复合蜂巢铝板性能

板材类型	构造特点及性能	常用规格
单层铝板	表面采用阳极氧化膜或氟碳树脂喷涂。多为纯铝板或铝合金板。为隔声保温，常在其后面加矿棉、岩棉或其他发泡材料	3～4mm
复合铝板	内、外两层 0.5mm 厚铝板中间夹 2～5mm PVC 或其他化学材料，表面滚涂氟碳树脂，喷涂罩面漆。其颜色均匀，表面平整，加工制作方便	2～5mm
复合蜂巢铝板	两块厚 0.8～1.2mm 及 1.2～1.8mm 铝板夹在不同材料制成的蜂巢状芯材两面，芯材有铝箔和混合纸芯材等。表面涂树脂类金属聚合物着色涂料，强度较高，保温隔声性能较好	总厚度 10～25mm，蜂巢形状有波形、正六角形、扁六角形、长方形、十字形等

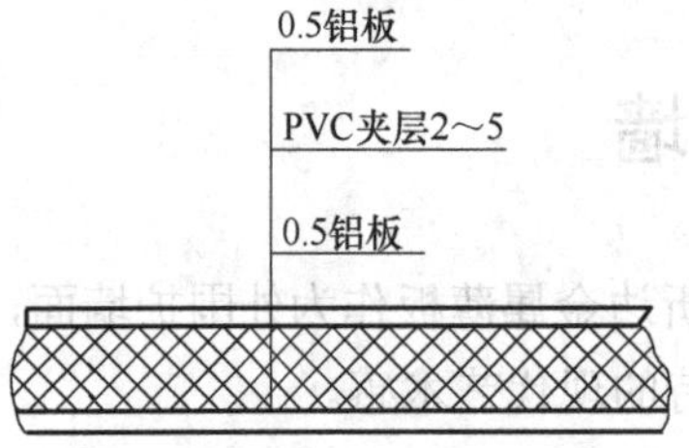

图 8.50 复合铝板

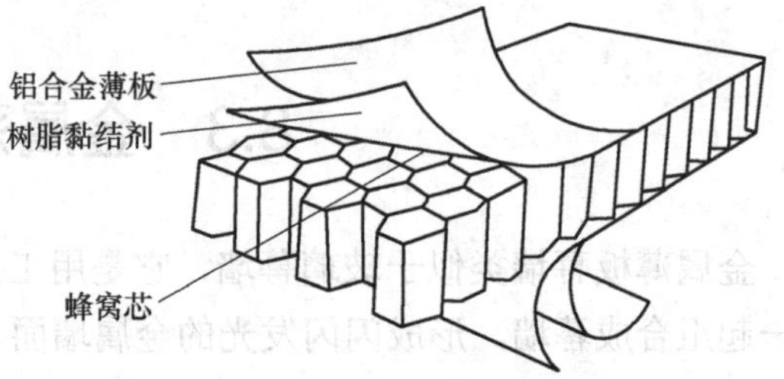

图 8.51 复合蜂巢铝板

2. 断面形式

铝板常见断面形式有平板式、槽板式、波纹铝板和压型铝板，如图 8.52、图 8.53 所示。

3. 加强形式

为了增加单层铝板和双层铝板的刚度，常用角铝加固、加劲肋加固，如图 8.54、图 8.55 所示。

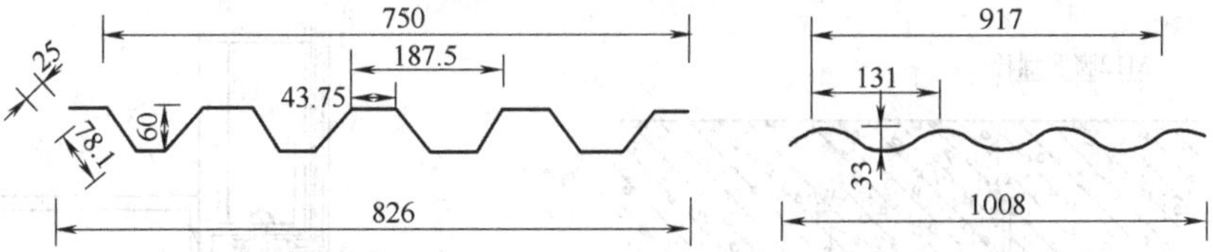

图 8.52　槽板式与波纹铝板

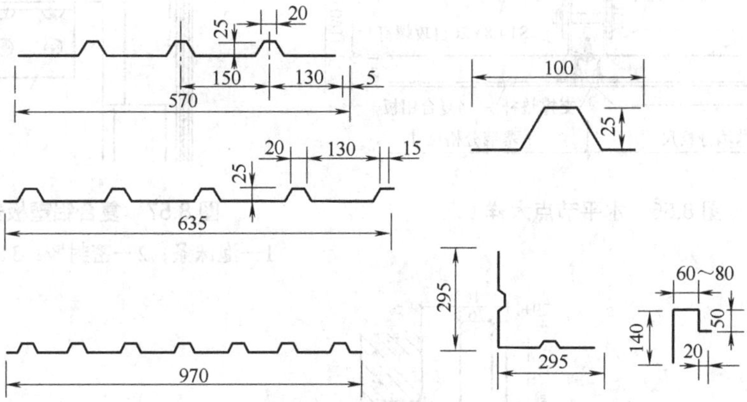

图 8.53　压型铝板

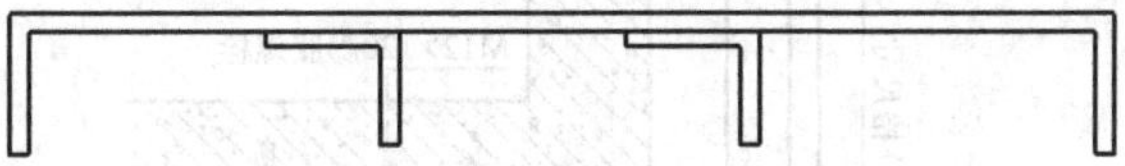

(a) 角铝加固

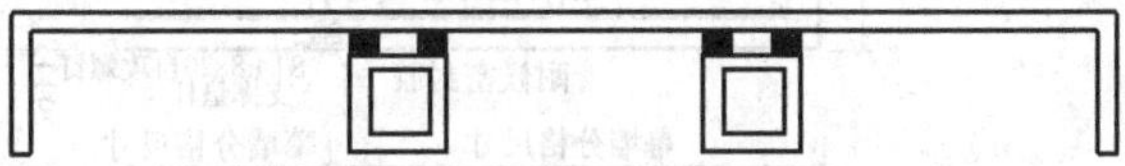

(b) 加劲肋加固

图 8.54　单层铝板加固处理示意图

(a) 平板式　(b) 槽板式　(c)、(d) 加劲肋加固　(e) 角铝加固

图 8.55　复合铝板及加固

4. 铝板安装构造

1) 复合铝板安装构造

复合铝板安装构造，如图 8.56～图 8.59 所示。

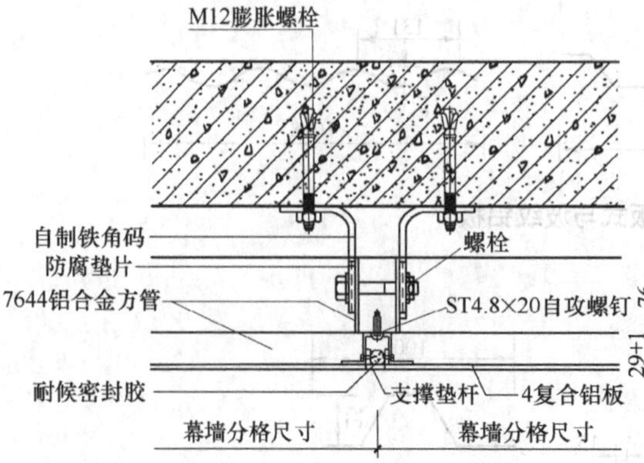

图 8.56　水平节点大样

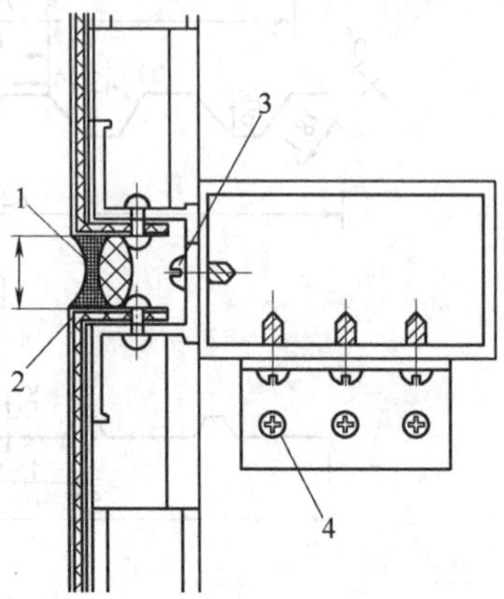

图 8.57　复合铝塑板安装构造

1—泡沫条；2—密封胶；3、4—自攻螺钉

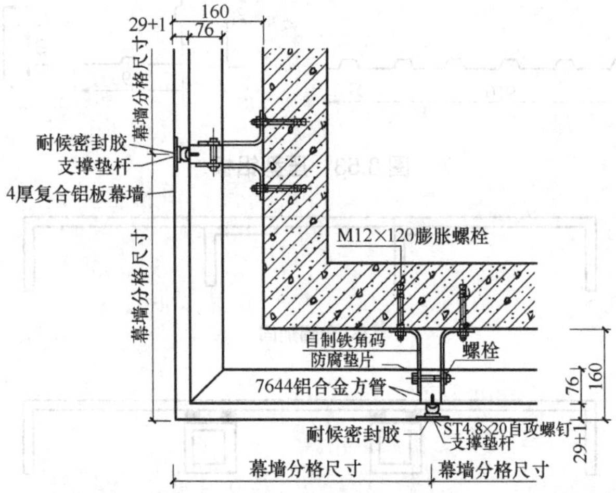

图 8.58　复合铝板转角构造

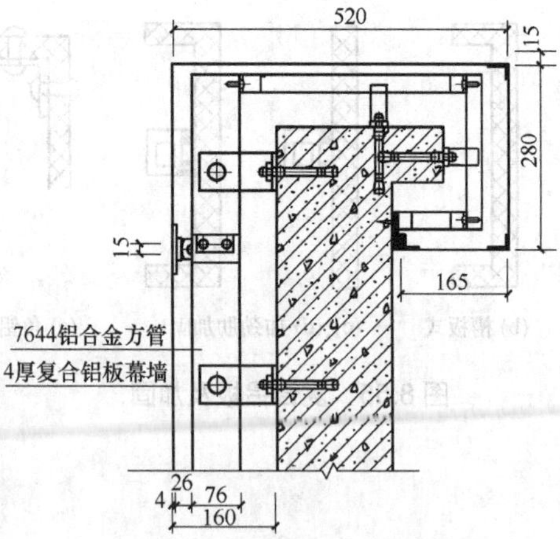

图 8.59　复合铝板女儿墙构造

2) 蜂巢铝合金板安装构造

蜂巢铝合金板安装构造是先将蜂巢铝合金板固定在板框上，如图 8.60 所示，再将蜂巢铝合金板与主框固定，如图 8.61 所示。

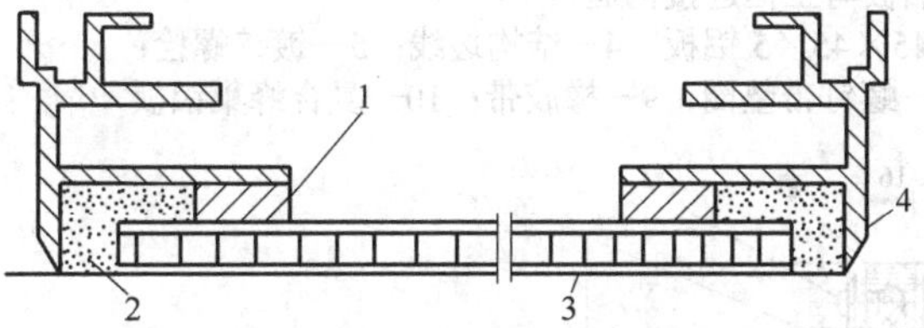

图 8.60　蜂巢铝板与板框连接构造

1—蜂巢状泡沫塑料条；2—密封胶；
3—复合蜂巢铝板；4—板框

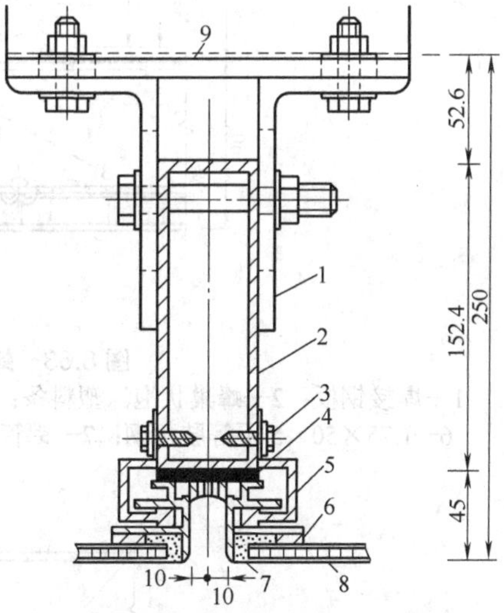

图 8.61　蜂巢铝板与主框连接构造

1—角钢连接件；2—钢管骨架；3—螺栓加垫圈；4—聚乙烯发泡填充；5—固定钢板件；6—蜂巢状泡沫塑料条；7—密封胶；8—复合蜂巢铝板；9—主框

蜂巢铝合金板安装构造也可先将铝合金蜂巢铝板与封边框固定，如图 8.62 所示，再将蜂巢铝合金板与主框固定，如图 8.63 所示。

3) 单层铝板安装构造

单层铝板安装构造如图 8.64～图 8.66 所示。

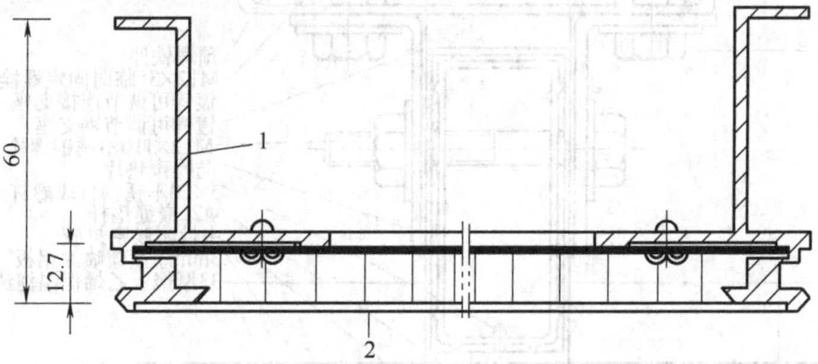

图 8.62　蜂巢铝板与封边框连接构造

1—封边框；2—复合蜂巢铝板

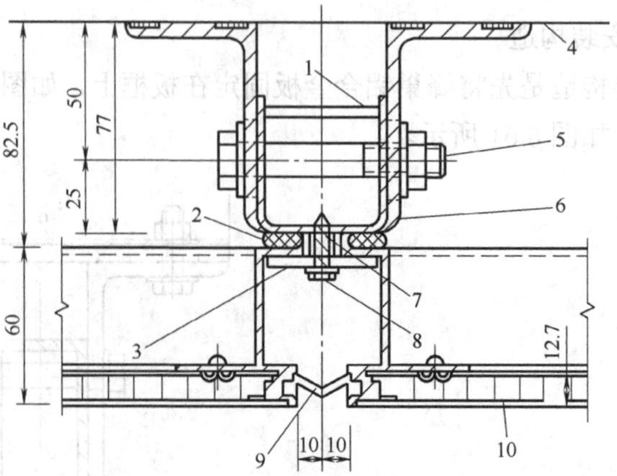

图 8.63　蜂巢铝板与主框连接构造

1—焊接钢板；2—蜂巢状泡沫塑料条；3—45×45×5 铝板；4—结构边线；5—镀锌螺栓；6—L75×50×5 不等肢角钢；7—铝管；8—螺钉带垫圈；9—橡胶带；10—复合蜂巢铝板

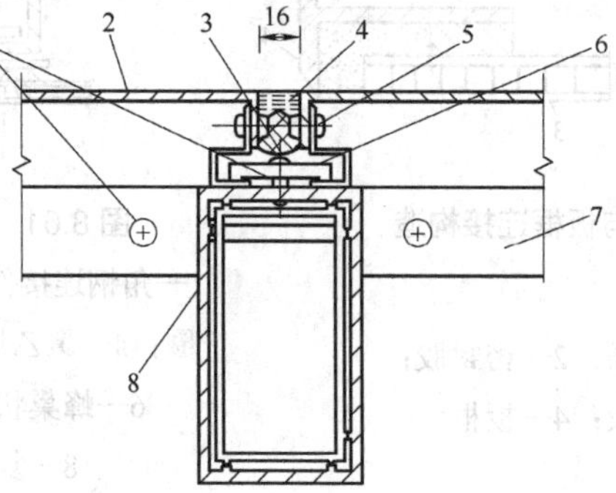

图 8.64　单层铝板与竖框连接构造

1—M5 不锈钢螺母；2—单层铝板；3—泡沫；4—耐候密封胶；5—固定角钢；6—压条；7—横框；8—竖框

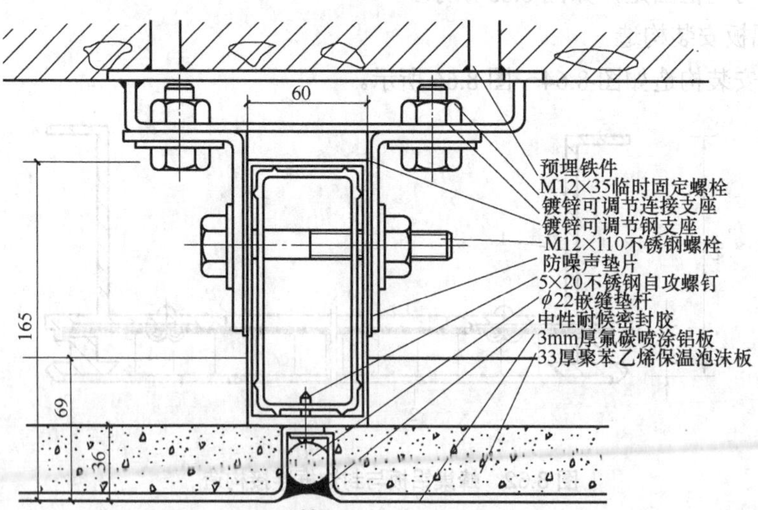

图 8.65　单层铝板与框架连接构造

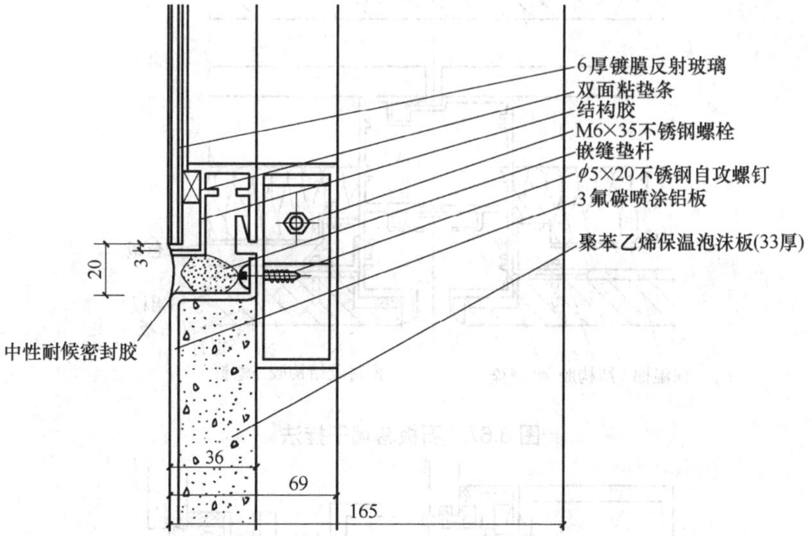

图 8.66 铝板幕墙与玻璃幕墙交接处构造

此外，还有彩色压型复合钢板幕墙，一般用于大跨度建筑的屋顶和外墙。

8.4 石板幕墙

8.4.1 石板的要求

石板要选取颜色均匀、色差小、没有暗裂、没有崩边、没有缺角、没有损伤的装饰性强、耐久性好、强度高的石材，抗弯强度必须大于 10MPa。选择尺寸在 1m^2 以内，厚度 20～30mm 的石材。

8.4.2 石板连接固定构造

常用的石板连接固定方法有干挂法和结构装配组件法两种。干挂法是用不锈钢挂件将石板固定在主体结构上或支架上，如图 8.67 所示。结构装配组件法是用结构胶固定在铝框上，再与骨架连接，如图 8.68 所示。隐框石板幕墙构造如图 8.69 所示。

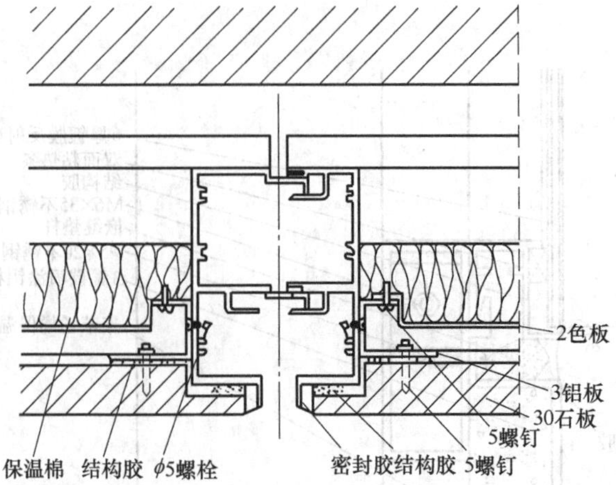

图 8.67　石板幕墙干挂法

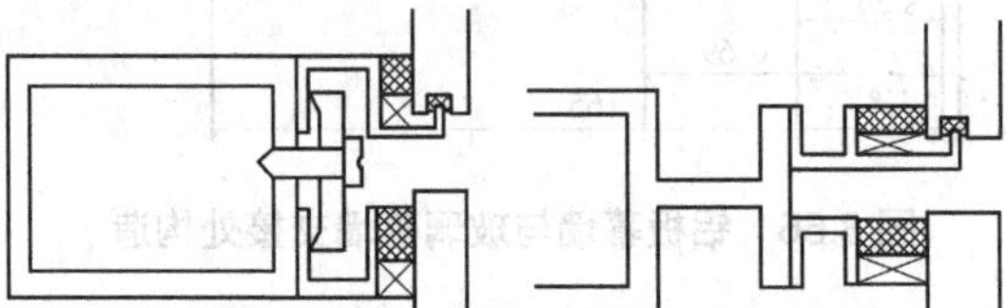

图 8.68　结构装配组件法

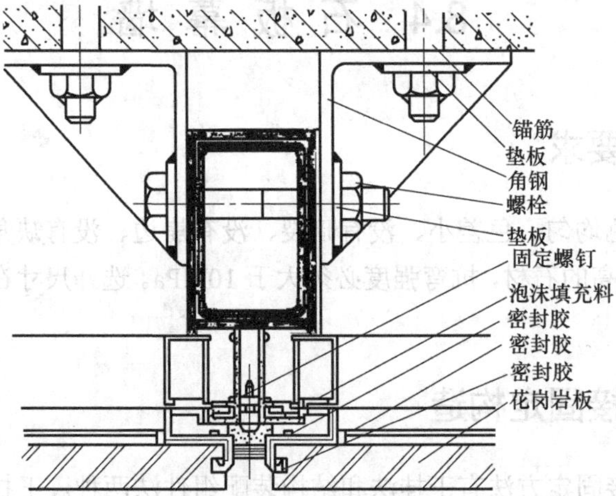

图 8.69　隐框石板幕墙构造

8.5　课堂实训课题

实训　玻璃幕墙装饰装修构造

1. 教学目标

通过实训，使学生把课堂上所学的玻璃幕墙理论知识与工程实际理论紧密结合，掌握各类玻璃幕墙的结构体系与连接构造。

2. 实训条件

学生以 3～5 人组成实训小组，选择正在进行玻璃幕墙工程施工的工地，对下列构造内容进行实地调研、分析、归纳总结，写出约 4000 字左右的实训报告。

3. 实训内容

(1) 玻璃幕墙骨架结构的材料、型号、间距及体系。
(2) 玻璃幕墙骨架与承重结构的连接方法及连接件的形式、材料。
(3) 玻璃幕墙的玻璃类型、尺寸及与骨架的固定方式，玻璃幕墙开启窗的构造。
(4) 玻璃幕墙与其他饰面之间的连接构造。
(5) 玻璃幕墙的防火、防雷装置构造。

第9章 综 合 实 训

内容提要

本章主要安排的是装饰构造实训工程项目案例，其中包括综合识图训练、综合校内实训、综合校外实训、分组实训展演等。综合实训是为了全面训练学生装饰构造设计的能力，加强识读、绘制装饰施工图的能力，使学生能够熟练灵活地表达设计意图而设置的。

教学目标

- 巩固已学的相关装饰构造原理、方法和工艺。
- 具有依据相应技术质量标准，选择正确建筑与装饰构造方案的能力。
- 能够按照建筑装饰构造方案，选择和使用常用建筑与装饰材料。
- 具有对建筑装饰构造应用新技术、新材料、新工艺进行再学习的能力。
- 学习并提高识读与绘制装饰施工图的能力。
- 掌握节点详图设计的全过程。
- 培养学生科学的思维方法，以及分析和解决问题的能力。
- 培养学生科学的工作态度和团结严谨的工作作风，并具有团队合作和创新精神。
- 培养学生作为建筑装饰工程技术及管理人员应具备的职业道德、敬业精神。

项目案例导入：某大堂室内装饰设计效果图

装饰构造设计是建筑装饰设计的一个方面，对建筑功能、建筑空间环境气氛和美观影响很大，在进行装饰设计时应根据不同的使用和装饰要求选择相应的材料、构造方法，以达到设计的实用性、经济性、装饰性。建筑装饰构造设计的内容包括地面、墙面、顶棚、门窗、楼梯的构造做法，需要用施工图的形式将效果图表达出来，并且满足设计功能要求。根据上面效果图的设计要求，建筑装饰构造施工图要分别作出地面构造设计、顶棚构造设计、墙面构造设计及剖面和节点详图，完成的施工图如图 9.1～图 9.6 所示。

9.1 概 述

9.1.1 综合实训的目的

建筑装饰装修构造是一门实践性较强的课程，综合实训就是为了使理论课与工程实践相结合，它将前面章节所讲建筑装饰装修构造原理及构造做法，应用到各种工程实践中，并设计各种节点详图，解决工程实际问题。通过综合实训，培养学生综合想象、构思能力，分析问题能力，解决问题能力及绘制施工图能力。

9.1.2 综合实训的要求

建筑工程具有单件性特点，因此每个工程都是不同的，其构造做法的设计、技术措施的选用更是会因空间变化、部位变化、要求变化而存在很大的区别。完成建筑装饰装修构造设计涉及制图、材料、力学、结构、施工等方面知识，涉及国家法规、规范、标准等知识领域。

综合实训练习要求学生根据实训课题的要求，完成实训练习。综合实训分为4个模块：第一个模块即综合视图模块，着重练习正确识读图纸的能力，分析构造特点和方法，总结构造技术要点；第二个模块即综合校内实训，着重练习构造施工图的绘制，要求图纸表达的内容正确、全面、图线清晰；第三个模块即综合校外实训，着重对典型工程的构造做法进行分析；第四个模块即分组实训展演，由教师给定一个具体的室内装饰装修工程，并提出各部位装饰要求和平、立面图，学生根据要求分组作出该工程的构造详图，在实训室按照图纸设计，模拟实际工程要求，组织材料并进行施工，完成构造装饰。

9.2 综合识图训练

9.2.1 建筑装饰装修施工图的组成及读图方法

装饰工程施工图是按照建筑装饰设计方案确定的空间尺度、构造做法、材料选用、施工工艺等，并遵照建筑及装饰设计规范所规定的要求编制的用于指导装饰施工生产的技术文件。装饰工程施工图的图示原理是采用正投影法绘制图样，制图遵守《房屋建筑制图统一标准》的要求，有时为了更好地表达装饰效果，也要绘制透视图、轴测图等辅助表达。

装饰施工图一般由装饰设计说明、平面布置图、楼地面平面图、顶棚平面图和剖面图、室内立面图、墙(柱)面剖面图、装饰详图组成。其中装饰设计说明、平面布置图、楼地面平面图、顶棚平面图、室内立面图为基本图样，表明装饰工程内容的基本要求和主要做法，各剖面图和详图为装饰施工的详细图样，用于表明细部尺寸、凹凸变化、工艺做法等。装饰构造设计就是利用构造原理，确定装饰的构造组成和构造做法，即确定采用什么方式将饰面的装饰材料或饰物连接固定在建筑物的主体结构上，解决相互之间的衔接、收口、饰边、填缝等构造问题，并用剖面图和节点详图的形式表达出来。

读图时要注意先建筑后装饰、先总体后分项、先粗略后细部。对图示内容应相互对照，综合分析，注意平面图、立面图中的定形、定位尺寸和详图中的细部构造做法与细部尺寸等。

9.2.2 读图顺序

对于整套装饰施工图，读图顺序如下。

(1) 看图纸目录。

(2) 读装饰设计说明。

(3) 读建筑装饰平面布置图。

(4) 读地面平面图，对照地面拼花详图。

(5) 读顶棚平面图，依剖切位置读剖面图和各节点详图。

(6) 读房间展开立面图，依剖切位置读剖面图和各节点详图。

读图时应反复相互对照，正确理解。

9.2.3 读图练习

1. 地面平面图读图练习

地面平面图主要以反映地面装饰分格、材料选用为主。主要内容有建筑平面图的基本内容(轴线、墙体、门窗、楼梯等的平面位置)，室内楼地面材料选用、颜色与分格尺寸及地面标高等，楼地面拼花造型，索引符号、图名及必要的说明。

以图 9.1 所示的某办公楼一楼大厅地面装饰设计图为例，读图并回答以下问题：

(1) 各功能区轴线尺寸和房间地面尺寸。

(2) 各功能区地面材料名称、规格、颜色、拼花。

(3) 索引详图的图号。

(4) 应用所学地面构造知识，说明地面的构造做法。

2. 顶棚平面图读图练习

1) 顶棚平面图采取镜像投影法绘制，主要内容如下。

(1) 建筑平面和门窗位置。

(2) 室内顶棚造型、尺寸、做法和说明。

(3) 顶棚上灯具符号及具体位置。

(4) 顶棚各部位完成面标高。

(5) 与顶棚相连的家具设备的位置和尺寸。

(6) 窗帘及窗帘盒、窗帘帷幕等。

(7) 空调送风口、消防自动报警系统及与吊顶有关的音频、视频设备的平面布置形式及安装位置。

(8) 轴线尺寸、房间开间、进深尺寸，索引符号，说明文字，图名等。

2) 以图 9.2 所示的某办公楼一楼大厅顶棚装饰设计图为例，读图并回答以下问题：

(1) 说明大堂吊顶的灯具布置和造型的底面标高。

(2) 说明大堂吊顶的构造做法及材料。

(3) 说明窗帘盒的位置、尺寸。应用所学知识设计窗帘盒的构造。

(4) 说明雨篷吊顶的构造做法及材料。

(5) 说明索引详图的图号。

3. 墙面立面图读图练习

墙面立面图的图示内容有室内立面轮廓线、墙面装饰造型及陈设、门窗造型及分格、墙面灯具、暖气罩等装饰内容；装饰选材、立面尺寸标高及做法说明；附墙的固定家具及造型；索引符号，说明文字，图名等。

以图 9.3 所示的某办公楼一楼墙面装饰设计图为例，读图并回答以下问题：

(1) 说明立面图 A、B、C 在平面中的位置。

(2) 浏览 A 立面图，说明大堂墙面和柱面的构造选材和做法。

(3) 浏览 A 立面图，说明轴线附近门及门套构造做法。

(4) 说明墙面踢脚线构造。

4. 装饰详图读图练习

1) 装饰详图按其部位分为以下部分。

(1) 墙(柱)面装饰剖面图，主要表达立面的构造，着重反映墙柱面在分层做法、选材、色彩上的要求。

(2) 顶棚详图，主要用于反映吊顶构造、做法的剖面图或断面图。

(3) 装饰造型详图，独立的或依附于墙柱的只是在造型上表现装饰的艺术氛围和情趣的构造体，如影视墙、花台、屏风、栏杆等造型的平、立、剖面图及线脚详图。

(4) 家具详图，主要指需要现场制作、加工、油漆的固定家具，如衣柜、书柜等。

(5) 装饰门窗及门窗套详图。

(6) 楼地面详图，反映地面的造型和细部做法等。

(7) 小品及饰物详图，如雕塑、水景、指示牌、织物等的制作图。

2) 以图 9.4 至图 9.6 所示的装饰详图为例，读图并回答以下问题：

(1) 识读图 9.4，说明大堂顶棚构造及各部分采用材料和定位尺寸，结合效果图，描述大堂中部顶棚造型。

(2) 识读图 9.5，说明栏杆的构造形式、高度、细部做法。

(3) 识读图 9.6，说明柜台高度、宽度、立面造型样式、面层材料、骨架材料及台面边缘处理。

9.3 综合校内实训

综合校内实训主要任务是根据老师所给的建筑平面图和设计资料以及设计要求，绘制装饰施工图。绘图步骤如下：

(1) 选比例、定图幅。

(2) 画出建筑平面或结构轮廓线。

(3) 画出装饰造型，设备位置等装饰物。

(4) 标注尺寸、标高。

(5) 画索引符号，标注文字说明、图名比例。

(6) 检查并加深图线。

9.3.1 实训　某别墅装饰装修构造设计

1. 实训条件

某别墅层高 3.3m，平面布置如图 9.7 所示。各部位所用材料按图中要求选择或自选。

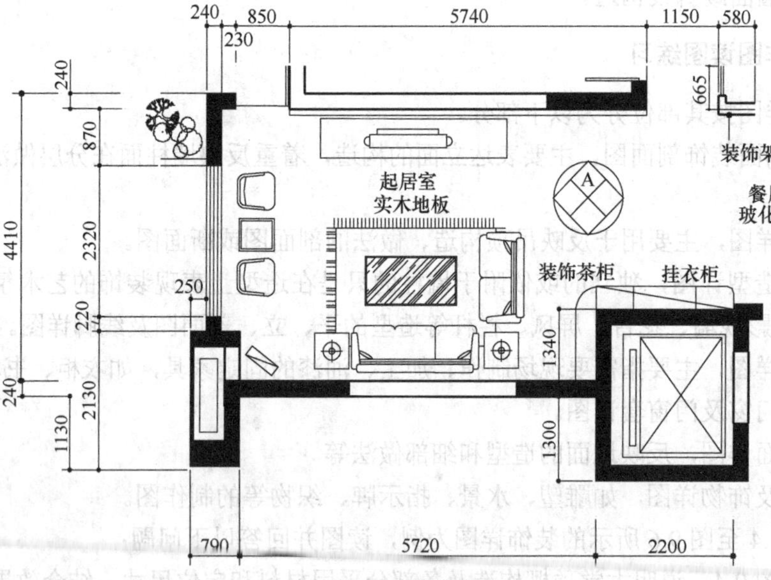

客厅平面布置图 1:100

图 9.7　某别墅客厅平面图

2. 完成内容及深度要求

用 2 号图纸完成图样，比例自定。要求达到施工图深度，并符合国家制图标准。

内容：(1) 地面平面图及不同材料交接处的节点详图。

(2) 客厅剖立面图(根据平面图中剖面符号的要求绘制)。

(3) 影视墙详图。

9.3.2　实训　某博物馆门厅装饰装修构造设计

1. 实训条件

某博物馆展厅的门厅，层高为 3.9m。平面布置如图 9.8 所示。

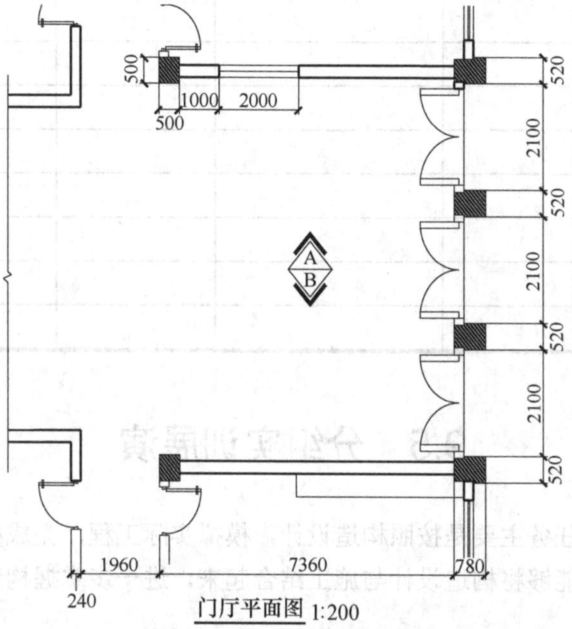

图 9.8　某博物馆门厅平面图

2. 完成内容及深度要求

用 2 号图纸完成图样，比例自定。要求达到施工图深度，并符合国家制图标准。

内容：(1) 顶棚平面、剖面设计。

(2) 墙面立面设计(根据平面图中剖面符号要求绘制)。

(3) 门及门套设计。

9.4　综合校外实训

综合校外实训的任务主要是对典型工程的构造做法进行分析。参观室内装饰施工现场，说明现场各部位构造做法，并绘出构造图。通过校外装饰施工现场的实训，了解工程实际中对各种建筑部位的装饰方法，掌握常用装饰构造的基层处理、构造连接、材料选择、施工顺序及验收要求。试填写住宅装饰工程构造分析表 9.1。

表 9.1　住宅装饰工程构造分析

装饰部位		饰面材料	基层或防水处理	构造层次	施工程序	验收标准
地面装饰	客厅地面					
	卧室地面					
	卫生间地面					
墙面装饰	客厅墙面					
	卧室墙面					
	卫生间墙面					
	隔墙					
顶棚装饰	客厅顶棚					
	卧室顶棚					
	卫生间顶棚					
配件	门窗及门窗套					
	楼梯					
	……					

9.5　分组实训展演

分组实训展演的任务主要是按照构造设计，模拟实际工程，完成构造装饰。通过实训任务的训练，使学生能够将构造设计与施工结合起来，进一步掌握构造设计的原理、方法和构成。

9.5.1　实训　某住宅客厅主墙面装饰装修构造

1. 实训条件

某住宅层高 3.0m，平面布置如图 9.9 所示。墙面所用材料自选。

2. 完成内容及深度要求

用 2 号图纸完成客厅主墙面装饰设计，比例自定。要求达到施工图深度，并符合国家制图标准。

内容：(1) 主墙面立面图。

(2) 主墙面剖面图。

(3) 节点详图。

按照图纸要求，完成工程施工过程。

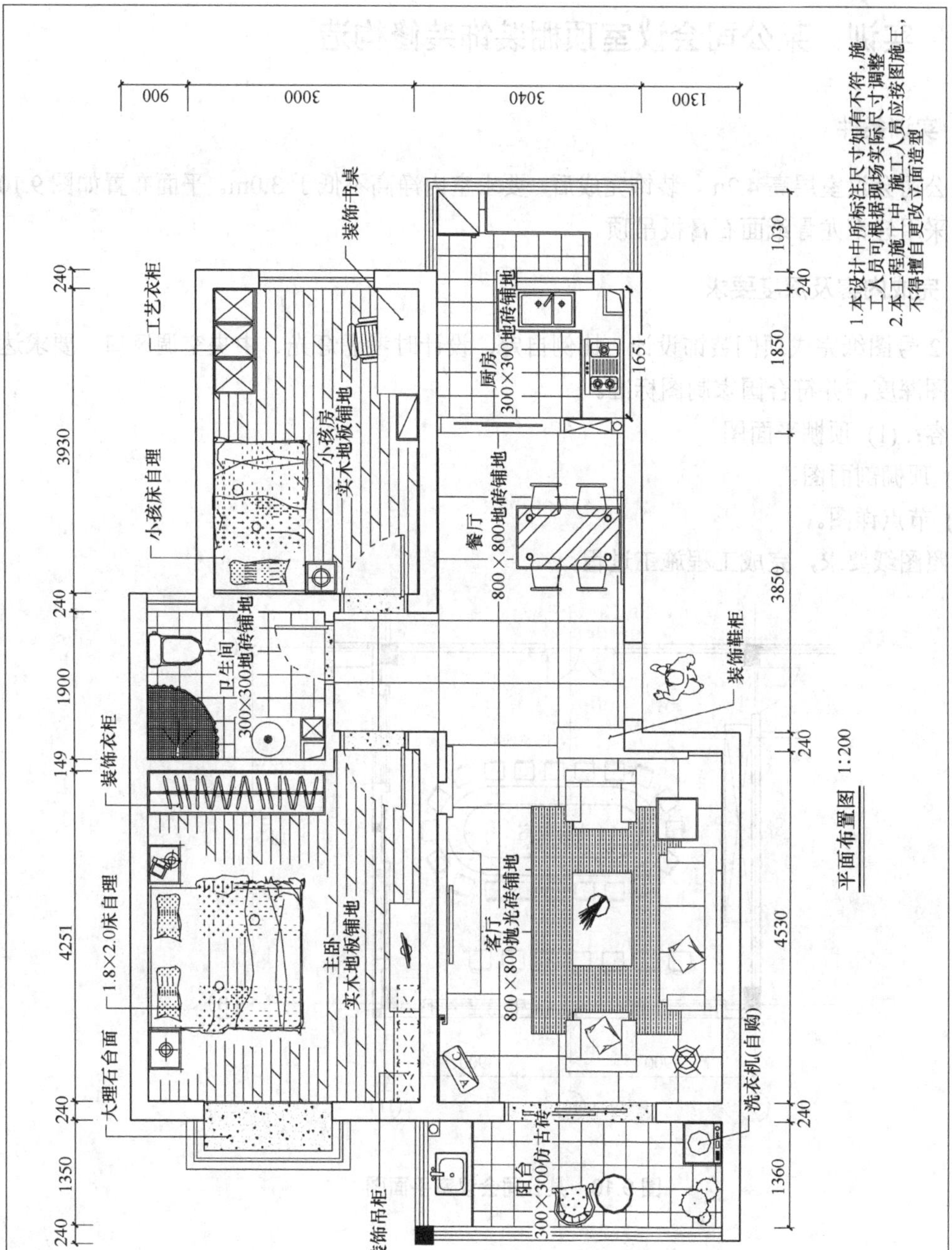

图 9.9　某住宅平面布置图

9.5.2 实训 某公司会议室顶棚装饰装修构造

1. 实训条件

某公司会议室层高 4.2m，装饰完成后，要求室内净高不低于 3.0m。平面布置如图 9.10 所示。采用轻钢龙骨纸面石膏板吊顶。

2. 完成内容及深度要求

用 2 号图纸完成顶棚装饰设计，比例自定，设计时考虑灯光、中央空调风口。要求达到施工图深度，并符合国家制图标准。

内容：(1) 顶棚平面图。

(2) 顶棚剖面图。

(3) 节点详图。

按照图纸要求，完成工程施工过程。

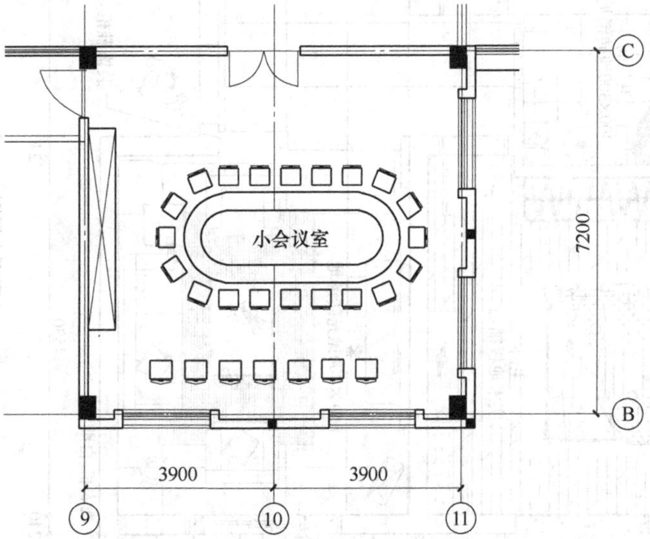

图 9.10 某公司会议室平面图

附录A　建筑装饰施工图案例

1. 某住宅装饰施工图

图 纸 目 录

序号	图纸名称	图号	规格	备注	序号	图纸名称	图号	规格	备注
01	目录				21				
02	材料表				22				
					23				
03	平面布置图	YBJ2-01	A2		24				
04	地面布置图	YBJ2-02	A2		25				
05	隔墙布置图	YBJ2-03	A2		26				
06	顶棚平面布置图	YBJ2-04	A2		27				
07	客厅立面图	YBJ2-05	A2		28				
08	餐厅立面图	YBJ2-06	A2		29				
09	餐厅立面及剖面图	YBJ2-07	A2		30				
10	主卧立面图	YBJ2-08	A2		31				
11	厨房立面图	YBJ2-09	A2		32				
12	主卫立面图	YBJ2-10	A2		33				
13	次卫立面图	YBJ2-11	A2		34				
14	节点图(一)	YBJ2-12	A2		35				
15	节点图(二)	YBJ2-13	A2		36				
16	节点图(三)	YBJ2-14	A2		37				
17	节点图(四)	YBJ2-15	A2		38				
18	节点图(五)	YBJ2-16	A2		39				
19	节点图(六)	YBJ2-17	A2		40				
20	某办公建筑门厅装饰施工图				41				

图1　图纸目录

材 料 表

编号	材料名称	用处	牌子及型号	规格	编号	材料名称	用处	牌子及型号	规格
M-01	浅色石材	餐厅，厨房，阳台，走廊，卫生间，窗台板	见材料样板		T-01	灶台	厨房	林内-RB-2Q3U	
M-02	深啡网石材	餐厅，走廊，阳台拼花	见材料样板		T-02	星盆	厨房	摩恩 23241	
M-03	浅米色石材	主卫，次卫墙面	见材料样板		T-03	抽烟罩	厨房	林内-CXW-218-K	
M-04	棕色石材	次卫墙面	见材料样板		T-04	浴缸	主卫，客卫	乐家-威泰普通浴缸	
					T-05	坐便器	主卫，客卫	乐家-米兰	
					T-06	面盆	主卫，客卫	乐家-贝娜	
CT-01	深色瓷砖	厨房墙面	见材料样板		T-07	龙头-淋浴	主卫，客卫	摩恩 2884-MCL	
CT-02	浅色瓷砖	厨房墙面	见材料样板		T-08	龙头-面盆	主卫，客卫	摩恩-维莱特 5888	
					T-09	龙头-星盆	主卫，客卫	摩恩-凯莱恩登 7879	
					T-10	龙头-浴缸	主卫，客卫	摩恩-维莱特 5888	
PT-01	白色乳胶漆	天花			T-11	厕纸架	主卫，客卫	摩恩-3608(锭铬)	
PT-02	深暖色壁纸	客厅，餐厅，走廊，阳台及卧室局部墙面	见材料样板		T-12	毛巾杆	主卫	摩恩-3018(锭铬)	
PT-03	浅色壁纸	餐厅局部墙面	见材料样板		T-13	浴巾架	主卫	摩恩-3060(锭铬)	
PT-04	深棕色皮毛	客厅及主卧局部墙面	见材料样板		T-14	皂蝶	主卫，客卫	摩恩-3006(锭铬)	
								贝佳-67751	
					W-01	花梨木	客厅，餐厅，走廊，书房	见材料样板	
					W-02	花梨色条形吸音板	客厅，餐厅，卧室	见材料样板	
					W-03	花梨实木地板	客厅，卧室，书房	见材料样板	

注：本材料表以甲方提供的材料表为准

设 计 师：＿＿＿＿＿＿

同意签发：＿＿＿＿＿＿

图 2　材料表

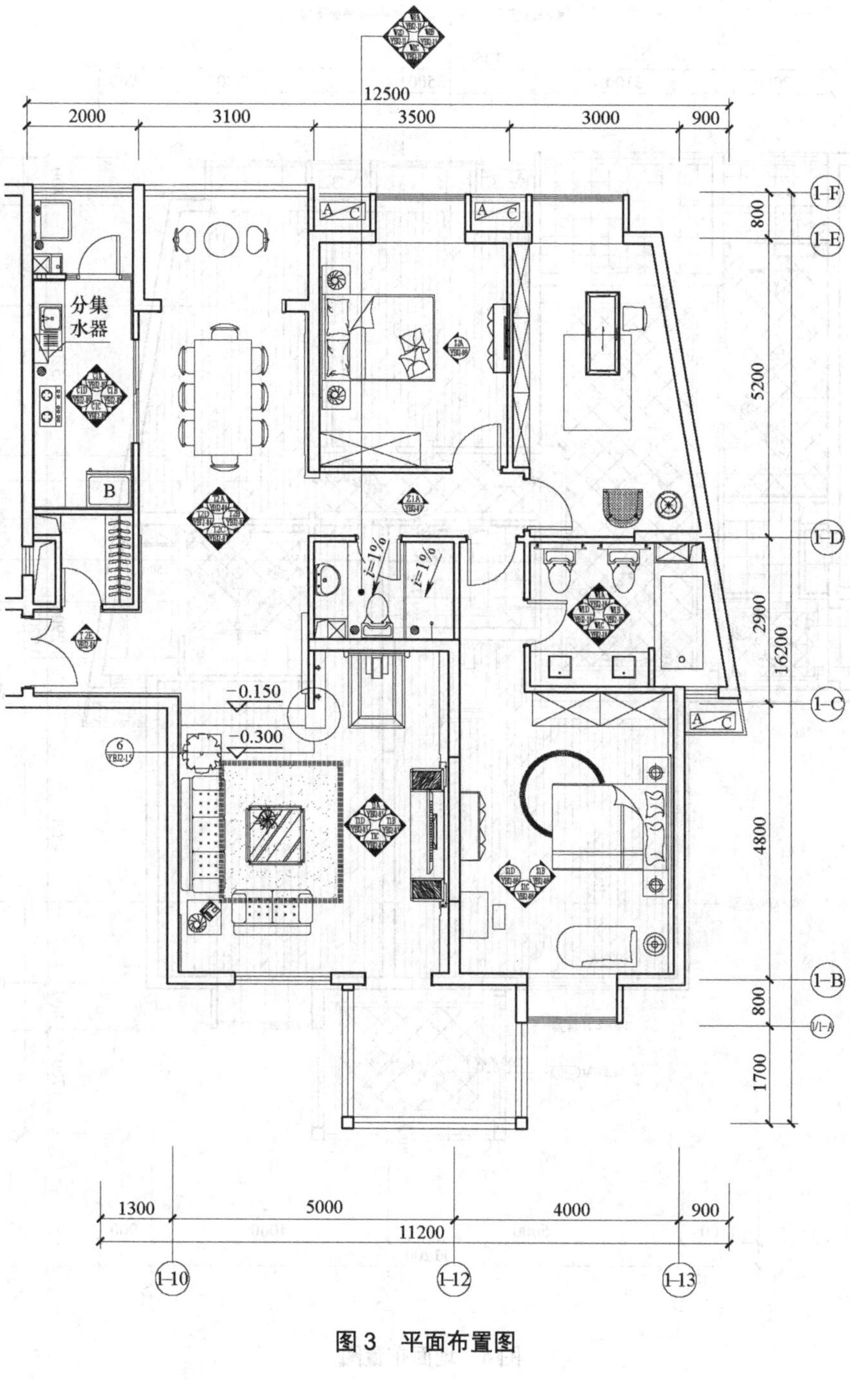
12500
2000
3100
3500
3000
900
1-F
1-E
1-D
1-C
1-B
1/1-A
800
5200
2900
16200
4800
800
1700
分集
水器
B
i=1%
i=1%
−0.150
−0.300
1300
5000
4000
900
11200
1-10
1-12
1-13

图3　平面布置图

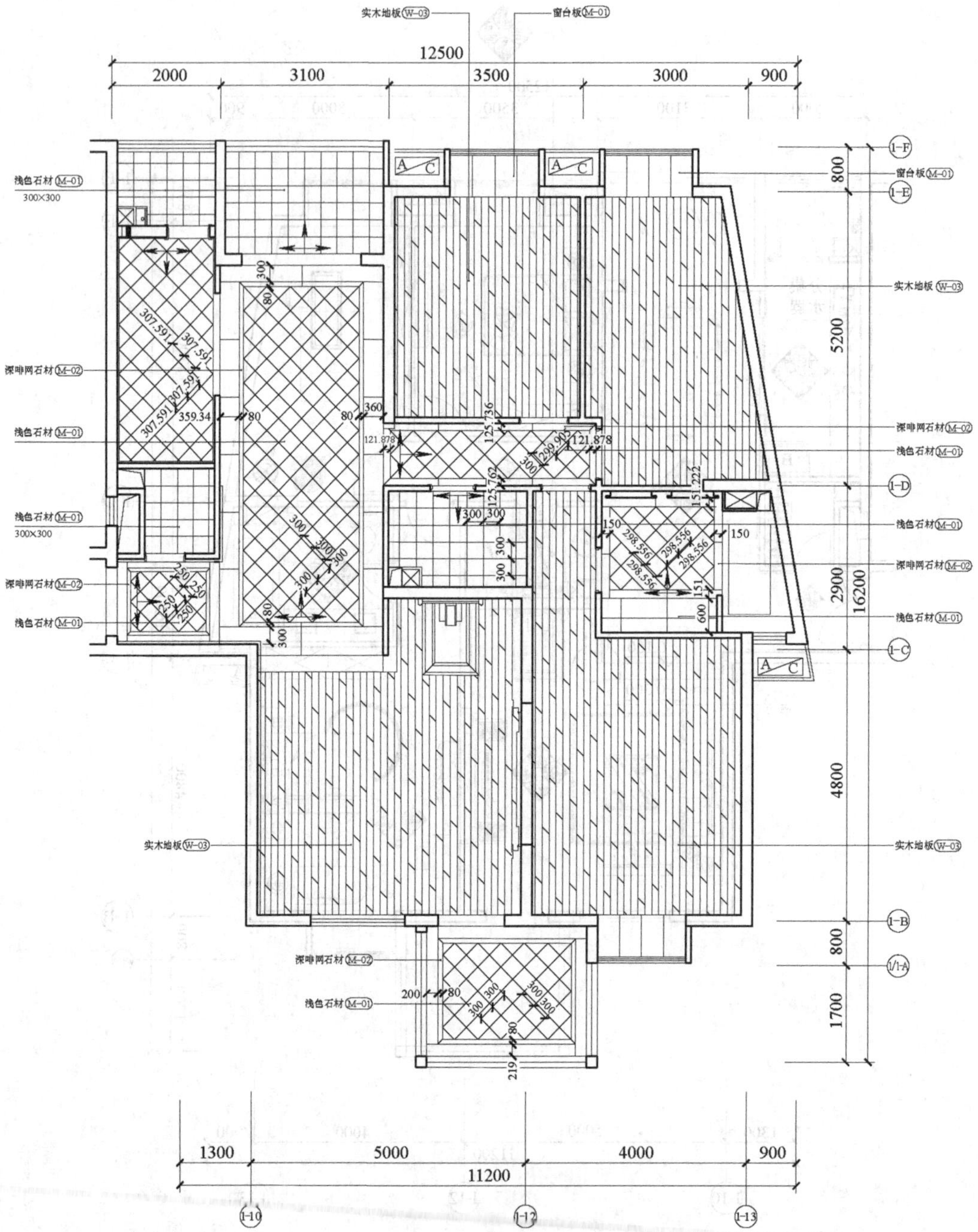
实木地板(W-03)
窗台板(M-01)
12500
2000
3100
3500
3000
900
浅色石材(M-01) 300×300
深啡网石材(M-02)
浅色石材(M-01)
浅色石材(M-01) 300×300
深啡网石材(M-02)
浅色石材(M-01)
实木地板(W-03)
深啡网石材(M-02)
浅色石材(M-01)
窗台板(M-01)
实木地板(W-03)
深啡网石材(M-02)
浅色石材(M-01)
浅色石材(M-01)
深啡网石材(M-02)
浅色石材(M-01)
实木地板(W-03)
800
5200
2900
16200
4800
800
1700
1-F
1-E
1-D
1-C
1-B
1/1-A
1300
5000
4000
900
11200
1-10
1-12
1-13

图4 地面布置图

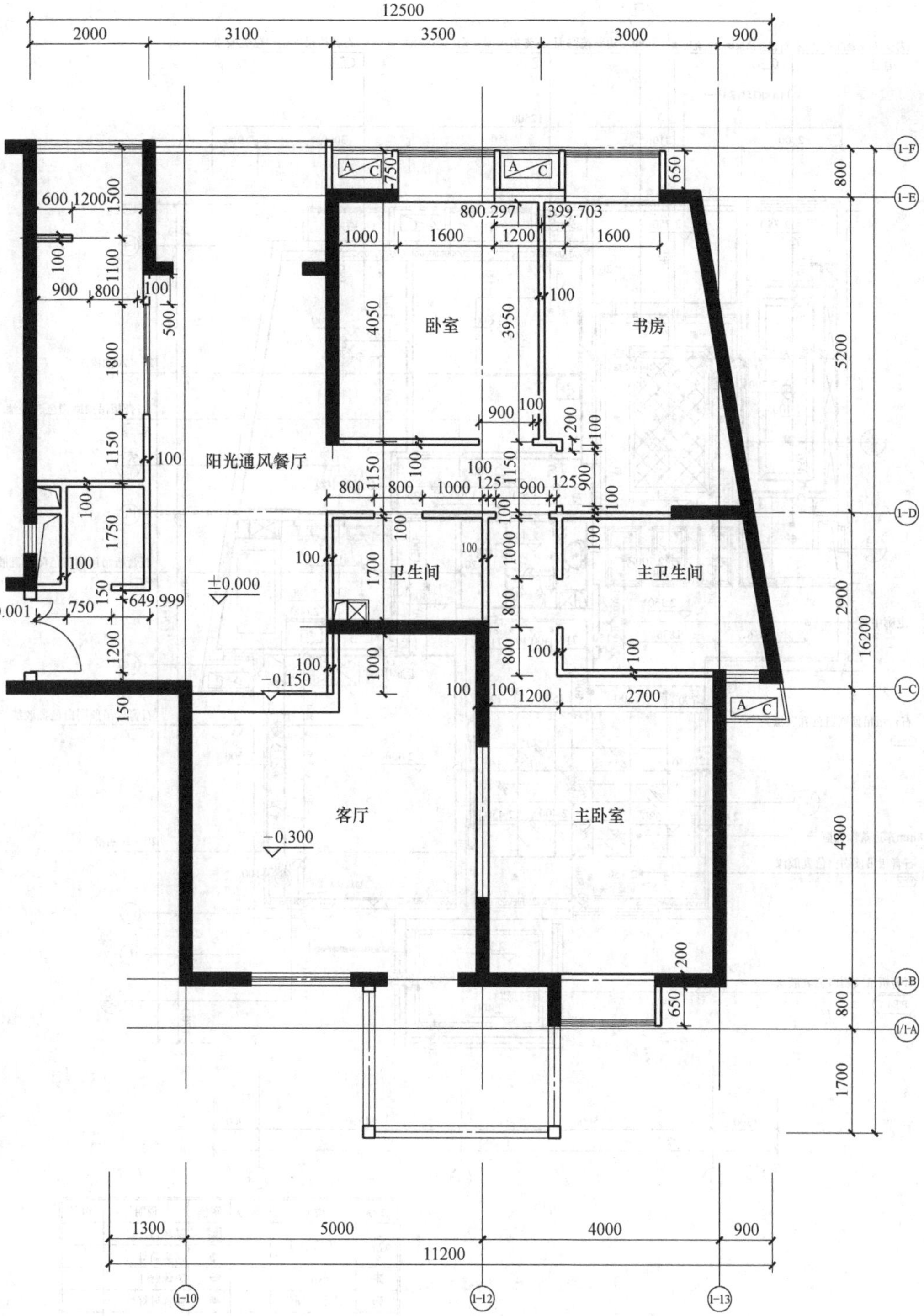
12500
2000
3100
3500
3000
900
卧室
书房
阳光通风餐厅
卫生间
主卫生间
客厅
主卧室
±0.000
-0.150
-0.300
800.297
399.703
649.999
500.001
5200
2900
4800
1700
16200
1300
5000
4000
11200
1-F
1-E
1-D
1-C
1-B
1/1-A
1-10
1-12
1-13

图 5　隔墙布置图

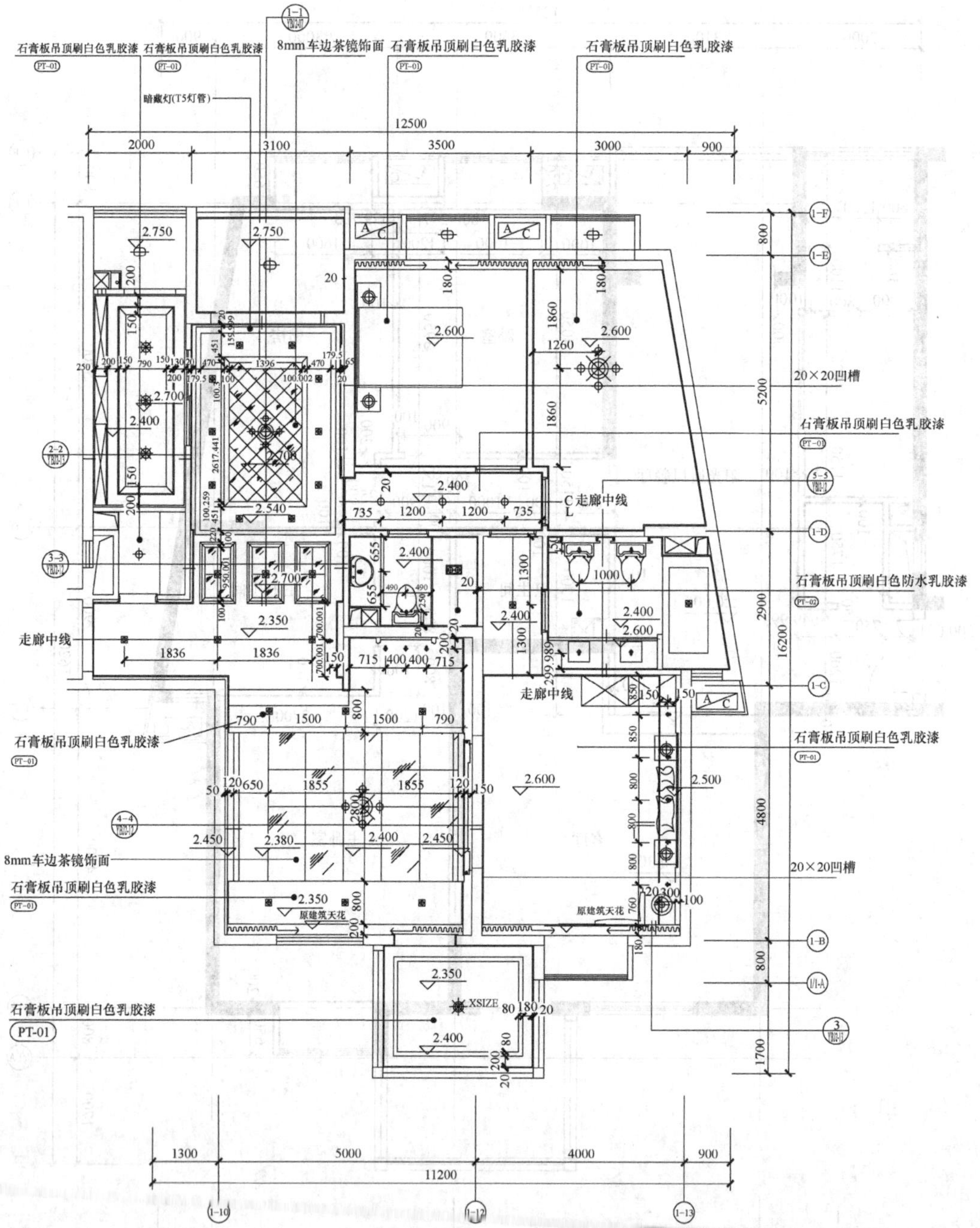

图例	说明	编号	图例	说明	编号
	风情吊灯			通风口	
				防雾筒灯	
	小吊灯			暗藏射灯	
	艺术吸顶灯			防雾射灯	
	单头豆胆灯			明装射灯	
	暗藏筒灯			四头明装豆胆灯	
	吸顶灯			空调出风口	
	浴霸				

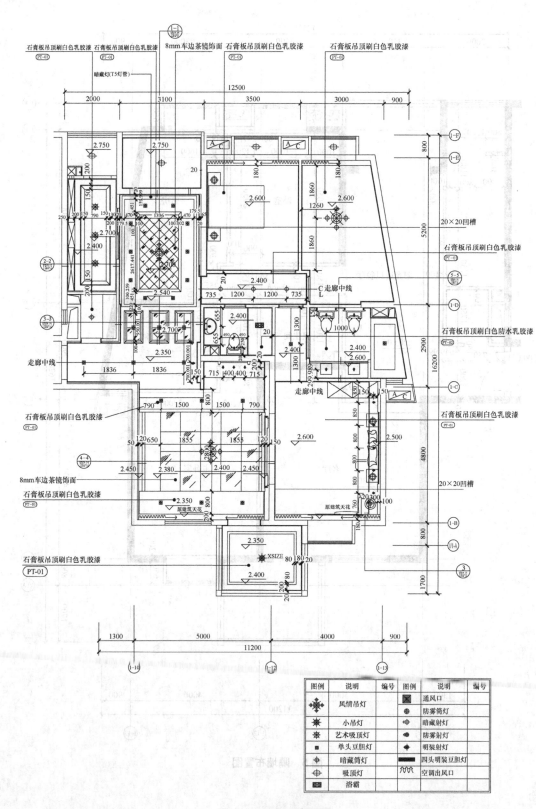

图6　顶棚平面布置图

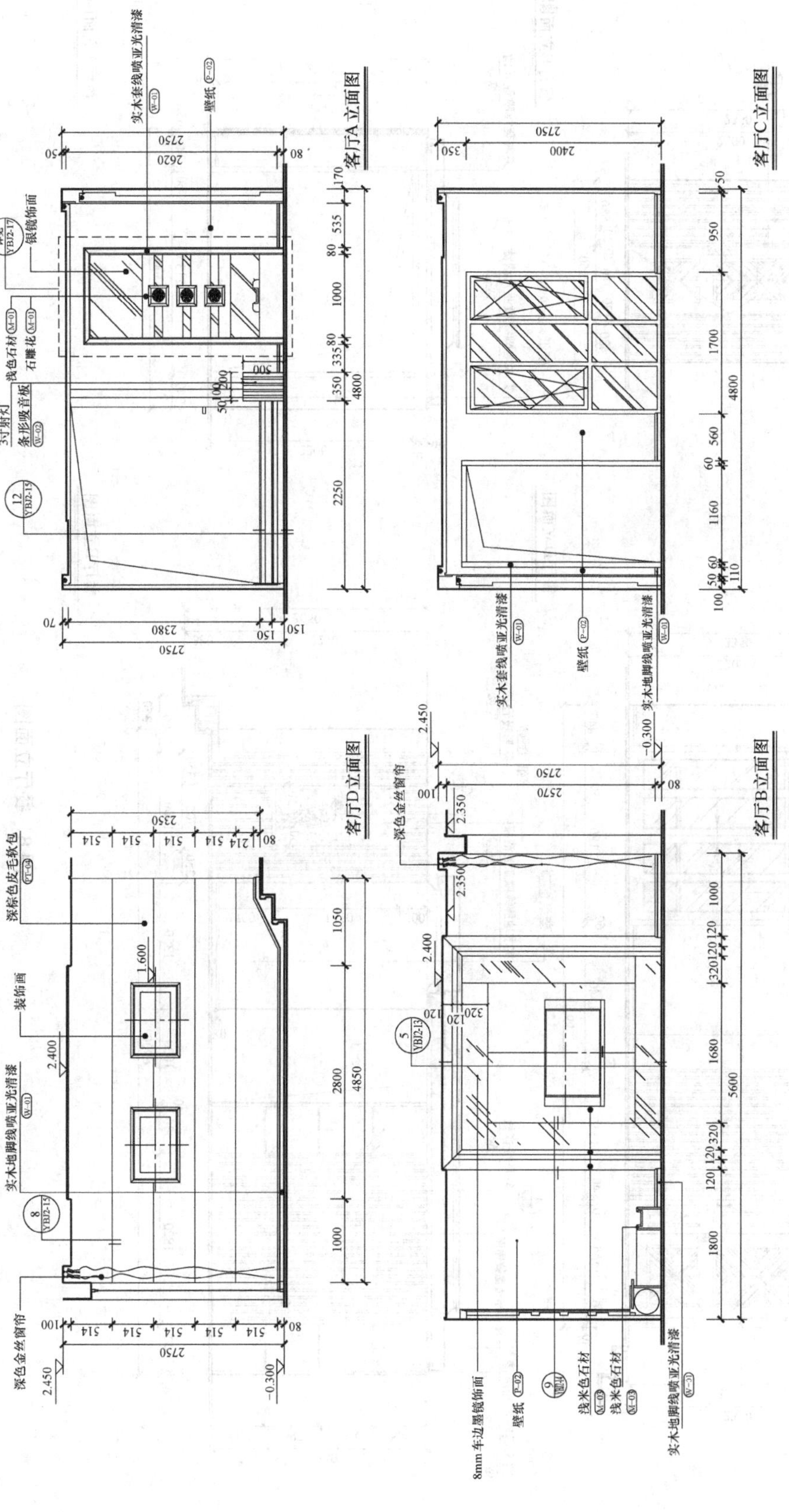
客厅A立面图
客厅B立面图
客厅C立面图
客厅D立面图
实木套线喷亚光清漆
壁纸
银镜饰面
浅色石材
石雕花
3寸射灯
条形吸音板
深棕色皮毛软包
装饰画
实木地脚线喷亚光清漆
深色金丝窗帘
8mm车边墨镜饰面
浅米色石材

图7 客厅立面图

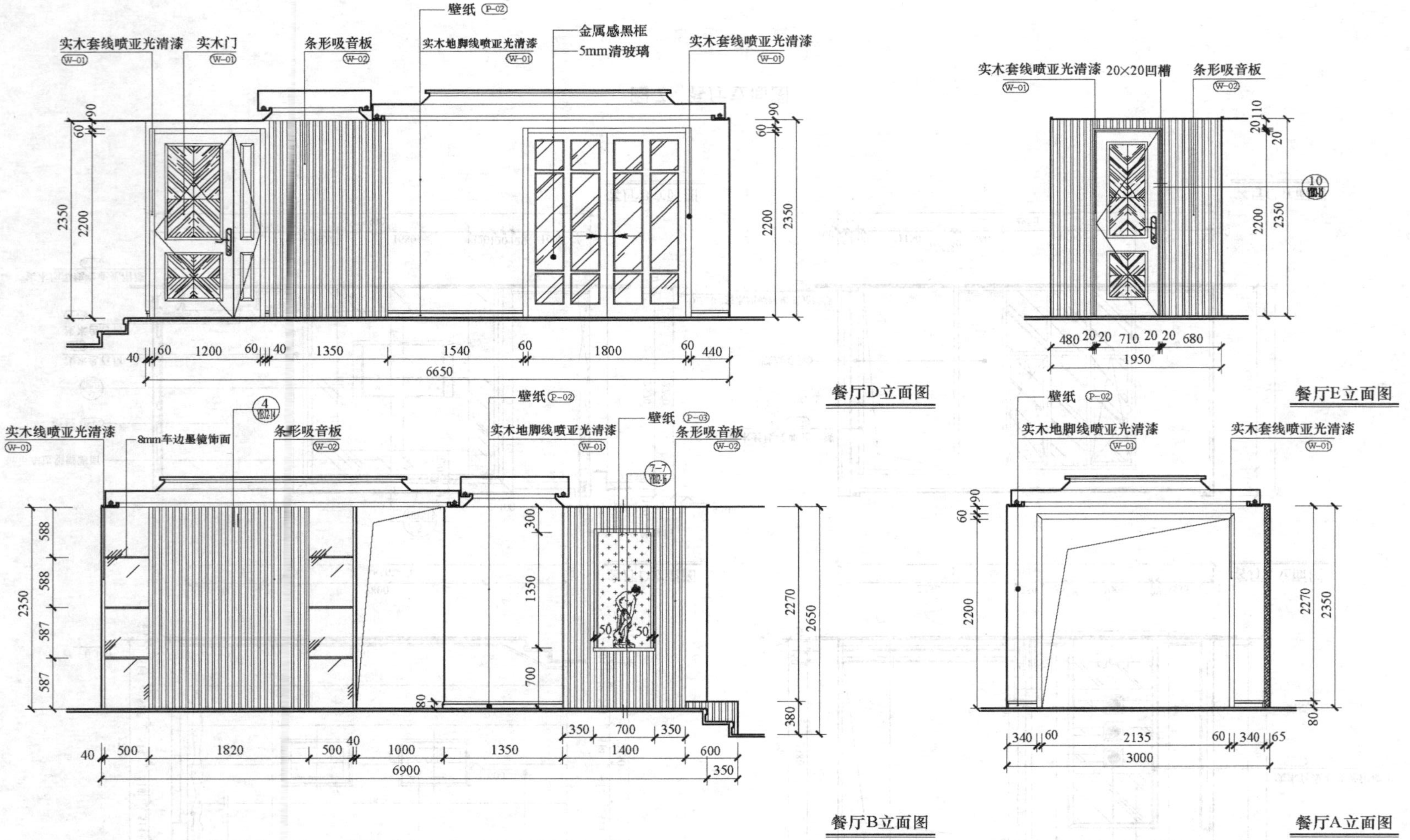
壁纸 P-02
实木套线喷亚光清漆 W-01
实木门 W-01
条形吸音板 W-02
实木地脚线喷亚光清漆 W-01
金属感黑框
5mm清玻璃
餐厅D立面图
20×20凹槽
餐厅E立面图
8mm车边墨镜饰面
壁纸 P-03
实木线喷亚光清漆 W-01
餐厅B立面图
餐厅A立面图

图 8　餐厅立面图

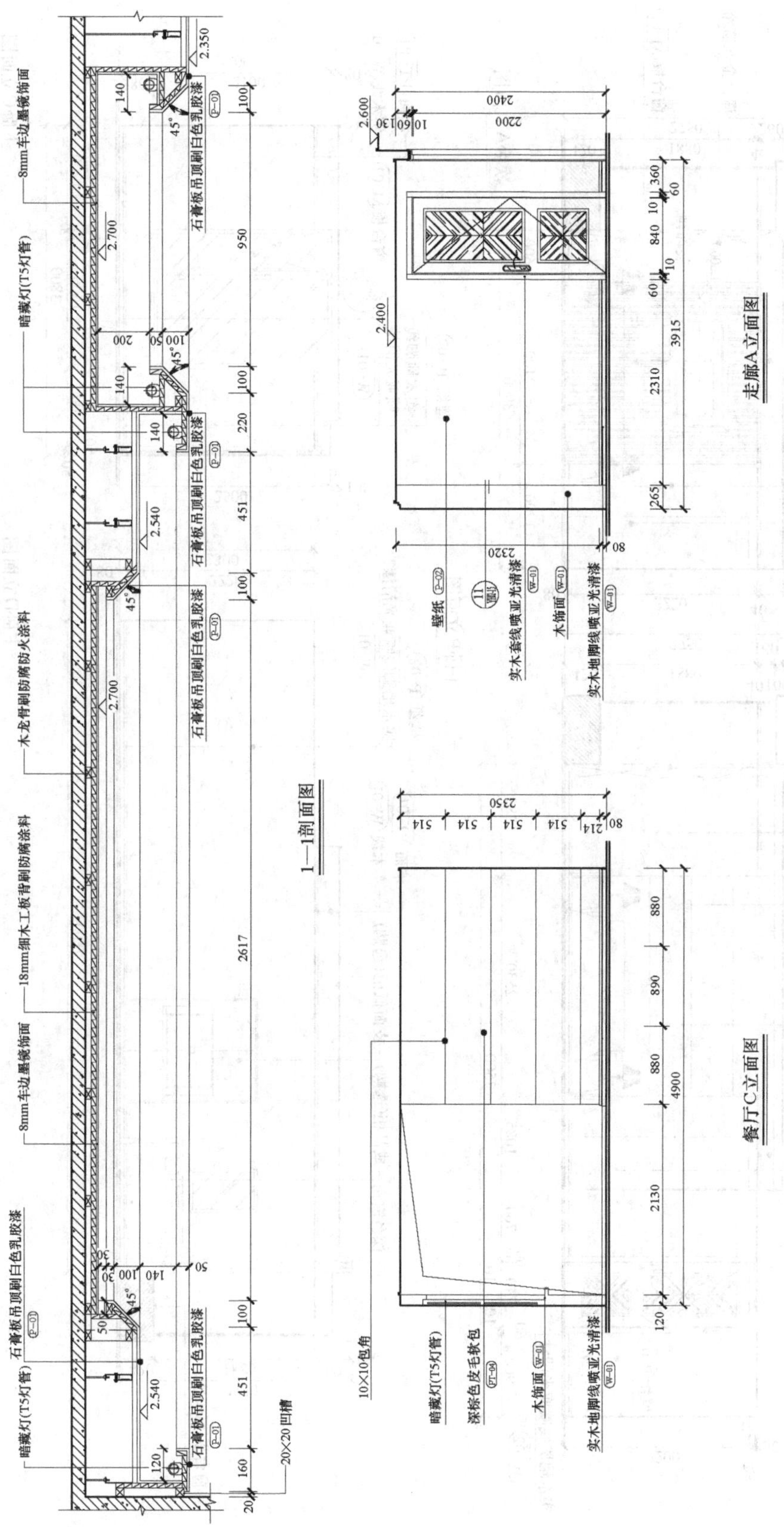

图9 餐厅立面及1—1剖面图

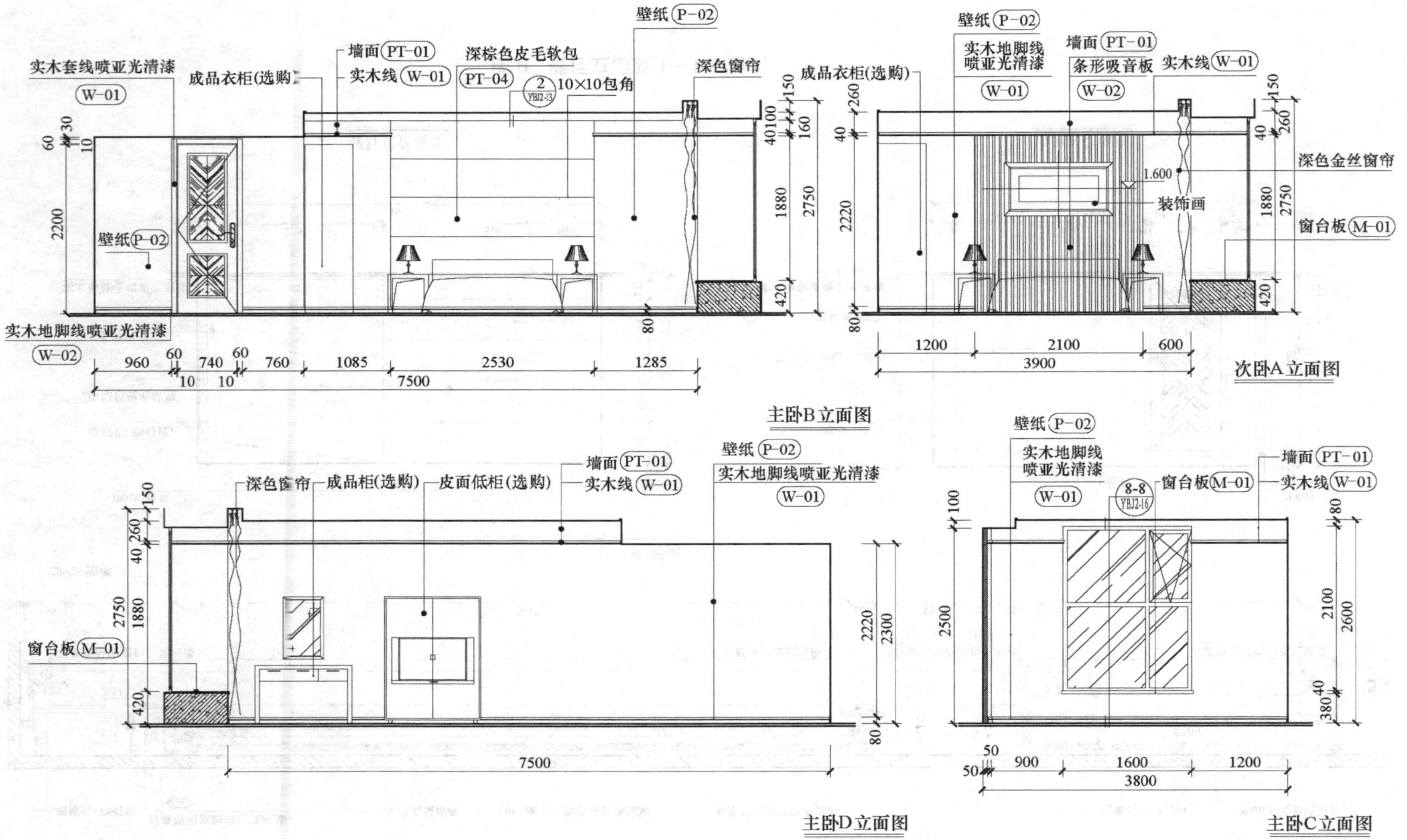
实木套线喷亚光清漆
W-01
成品衣柜(选购)
墙面 PT-01
实木线 W-01
深棕色皮毛软包
PT-04
2 YBJ2-13 10×10包角
壁纸 P-02
深色窗帘
壁纸 P-02
实木地脚线喷亚光清漆
W-02
960 60 740 60 760 1085 2530 1285
10 10
7500
主卧B立面图
成品衣柜(选购)
壁纸 P-02
实木地脚线
喷亚光清漆
W-01
墙面 PT-01
条形吸音板
W-02
实木线 W-01
深色金丝窗帘
1.600
装饰画
窗台板 M-01
1200 2100 600
3900
次卧A立面图
深色窗帘
成品柜(选购)
皮面低柜(选购)
墙面 PT-01
实木线 W-01
壁纸 P-02
实木地脚线喷亚光清漆
W-01
窗台板 M-01
7500
主卧D立面图
壁纸 P-02
实木地脚线
喷亚光清漆
W-01
8-8 YBJ2-16
窗台板 M-01
墙面 PT-01
实木线 W-01
900 1600 1200
3800
主卧C立面图

图 10　主卧室立面图

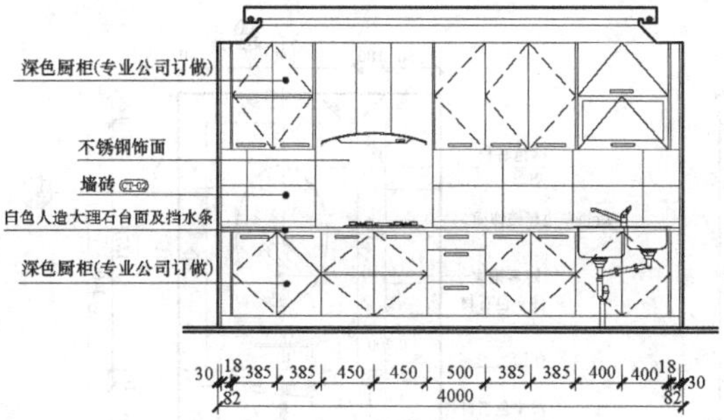

厨房D立面图

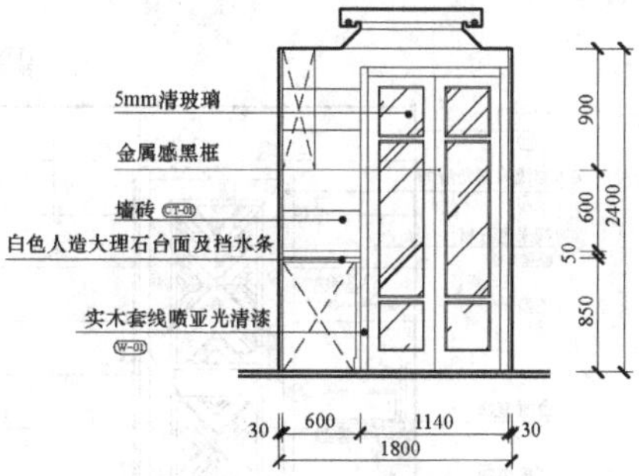

厨房A立面图

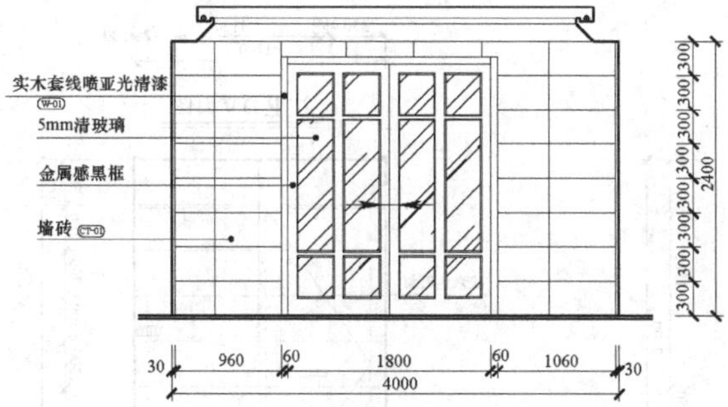

厨房B立面图

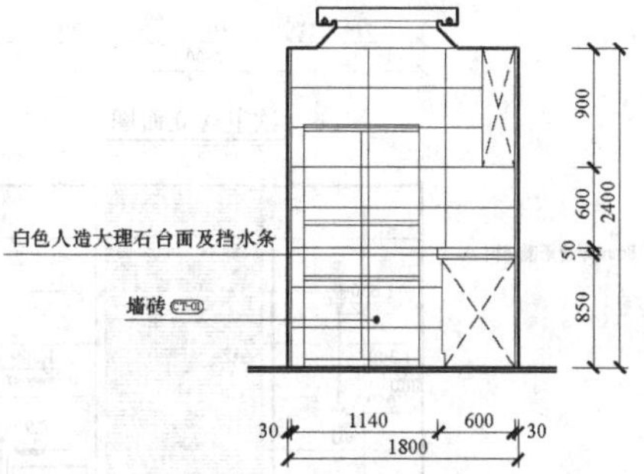

厨房C立面图

图11 厨房立面图

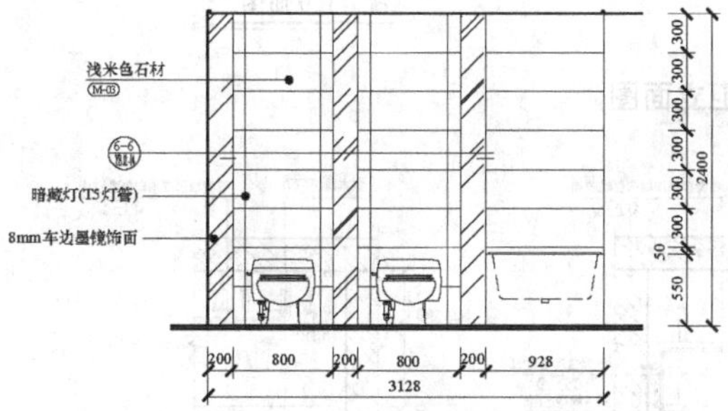

主卫A立面图

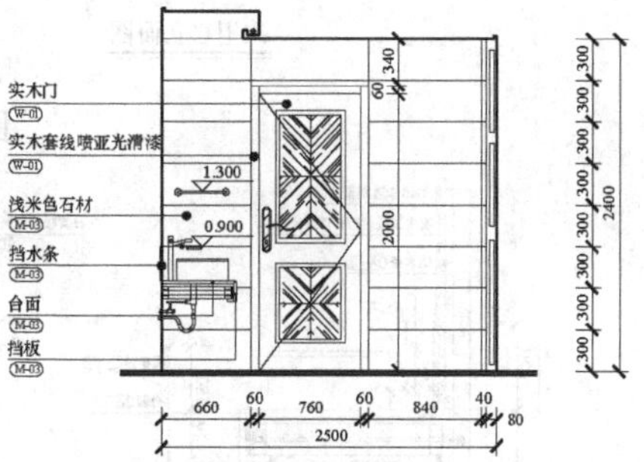

主卫D立面图

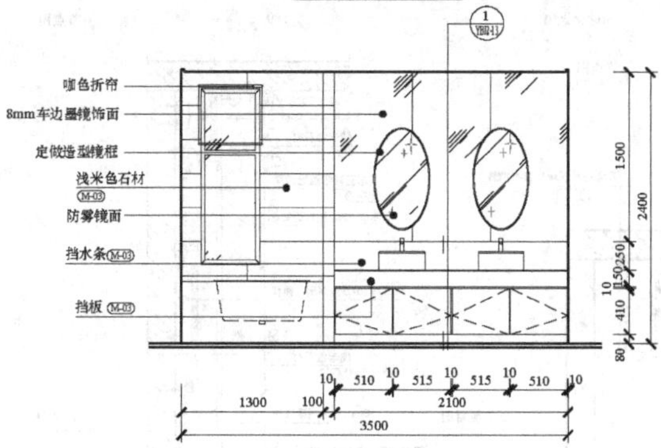

主卫C立面图

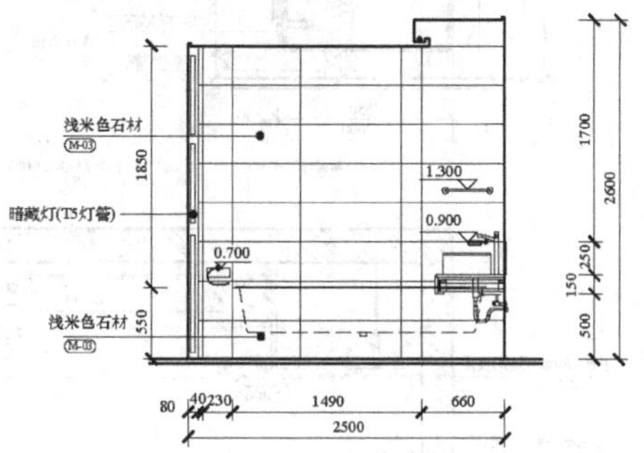

主卫B立面图

图12 主卫立面图

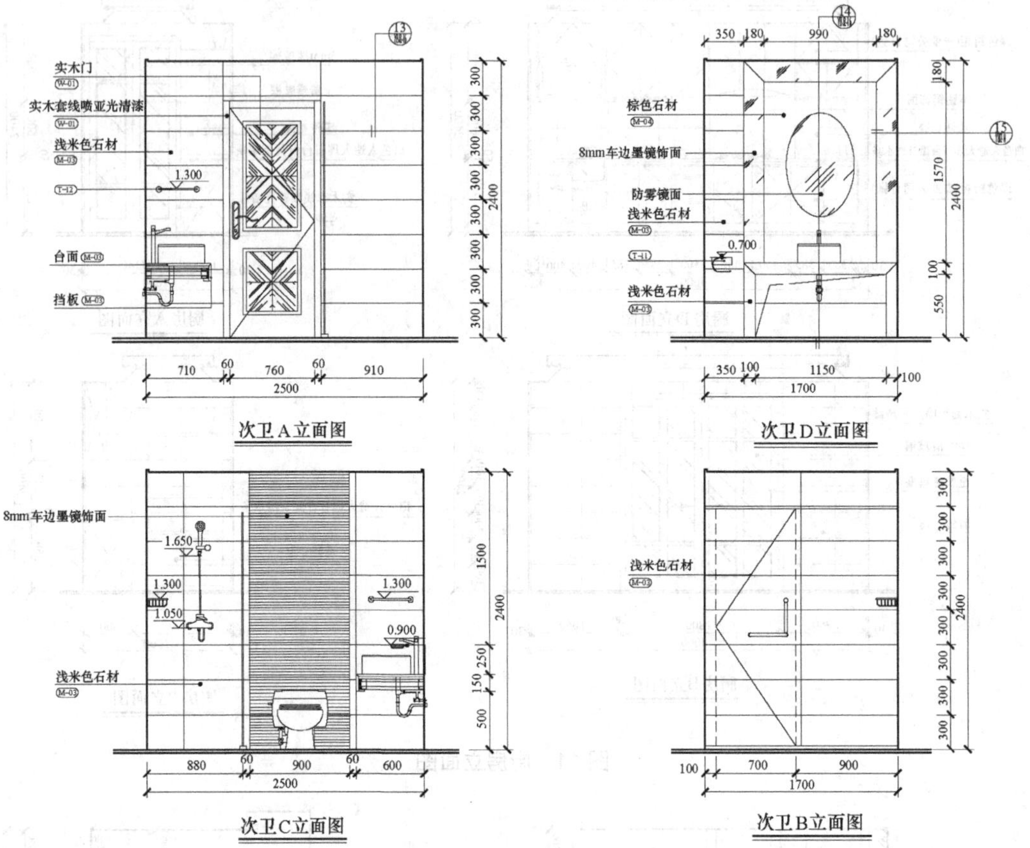

图13　次卫立面图

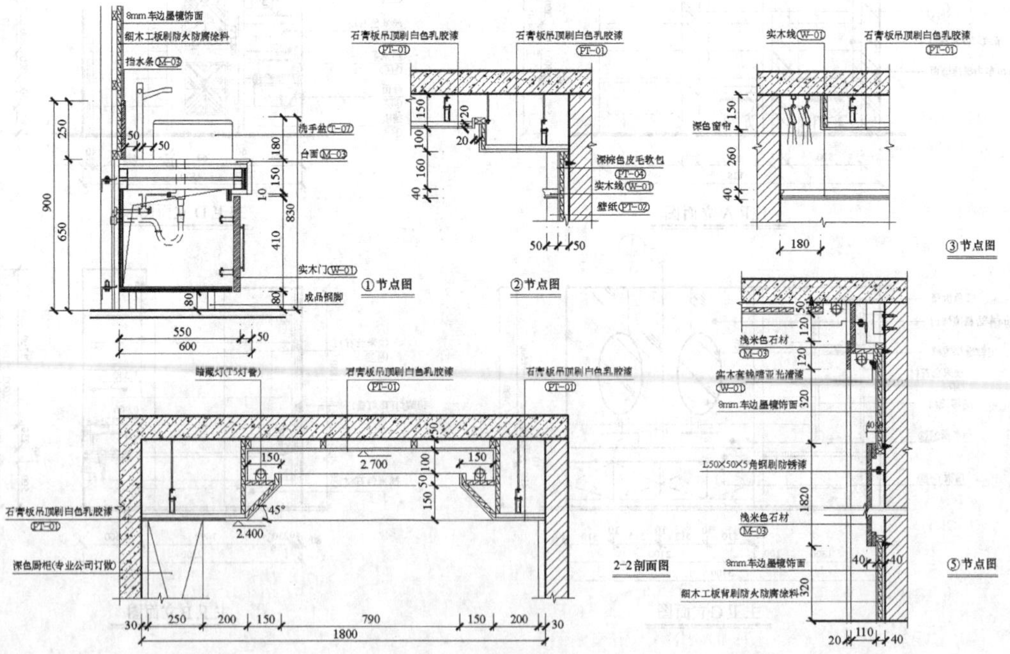

图14　节点图(一)

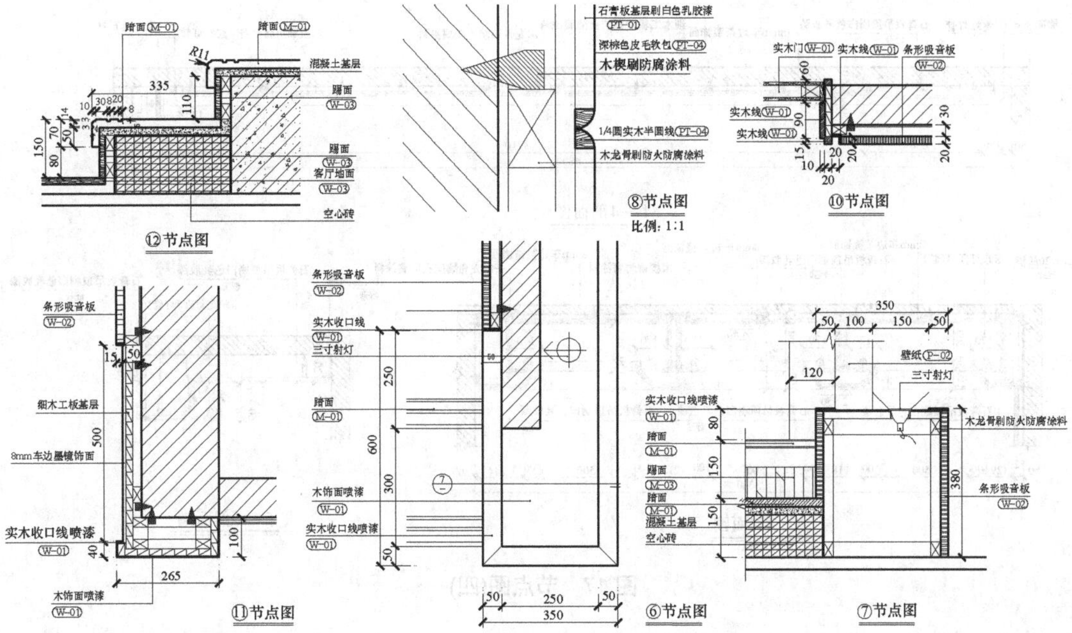

图 15 节点图(二)

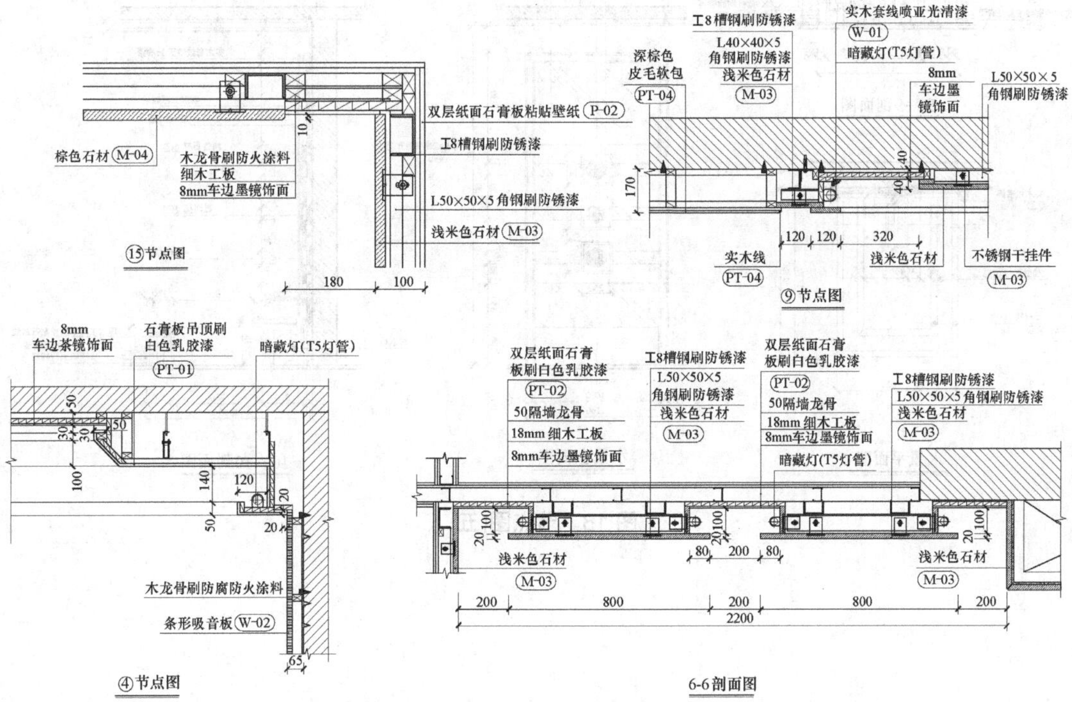

图 16 节点图(三)

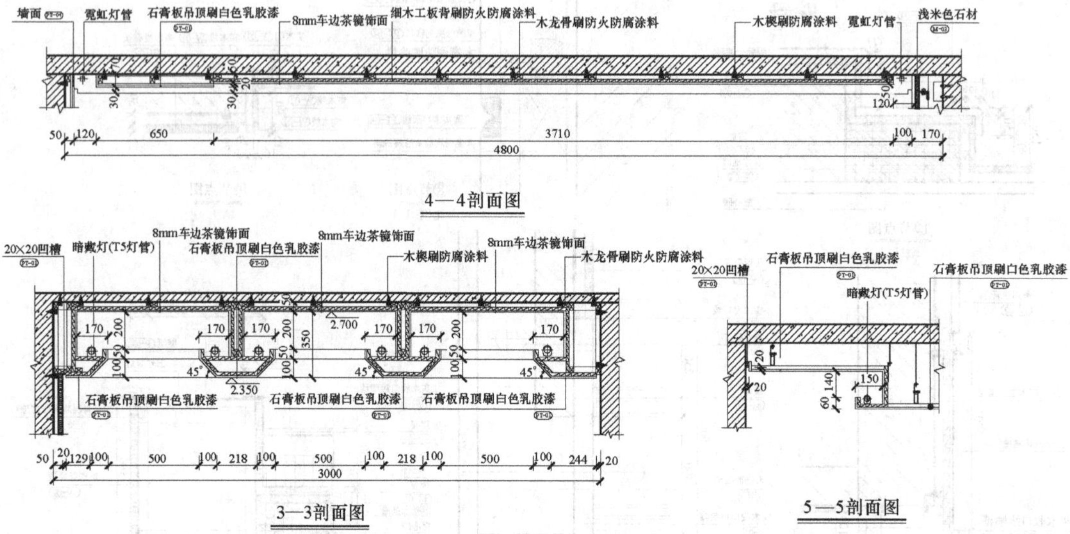

图 17　节点图(四)

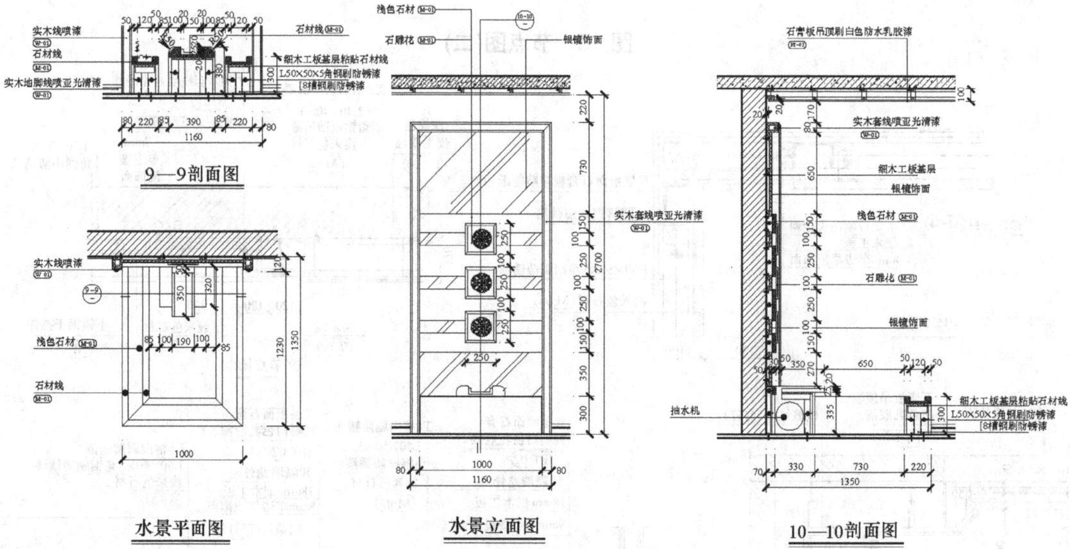

图 18　节点图(五)

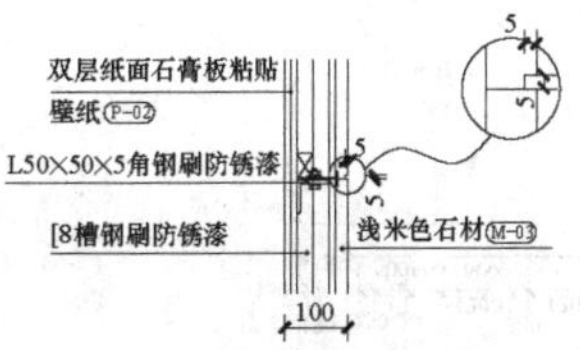

⑬ 节点图

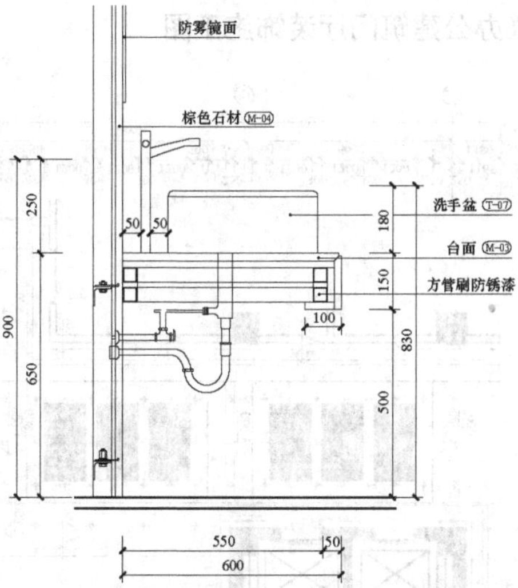

⑭ 节点图

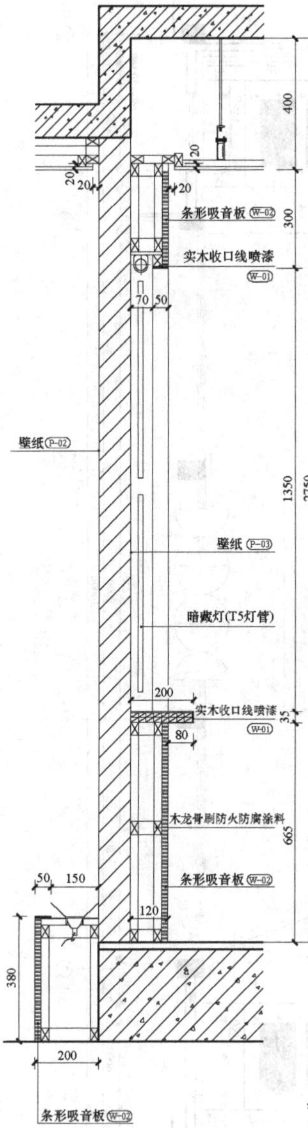

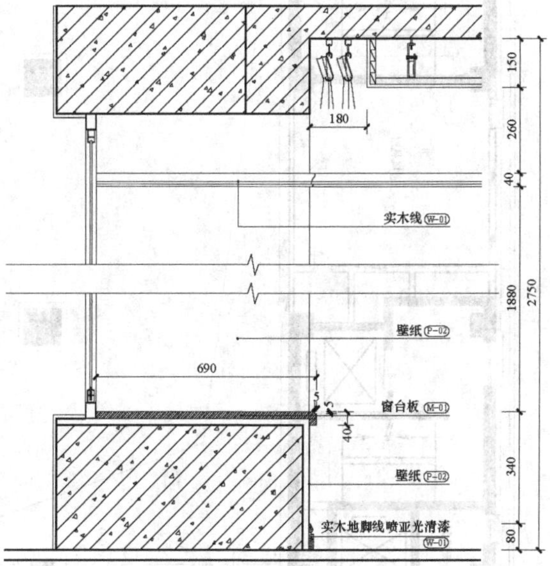

7—7剖面图

8—8剖面图

图 19 节点图(六)

2. 某办公建筑门厅装饰施工图

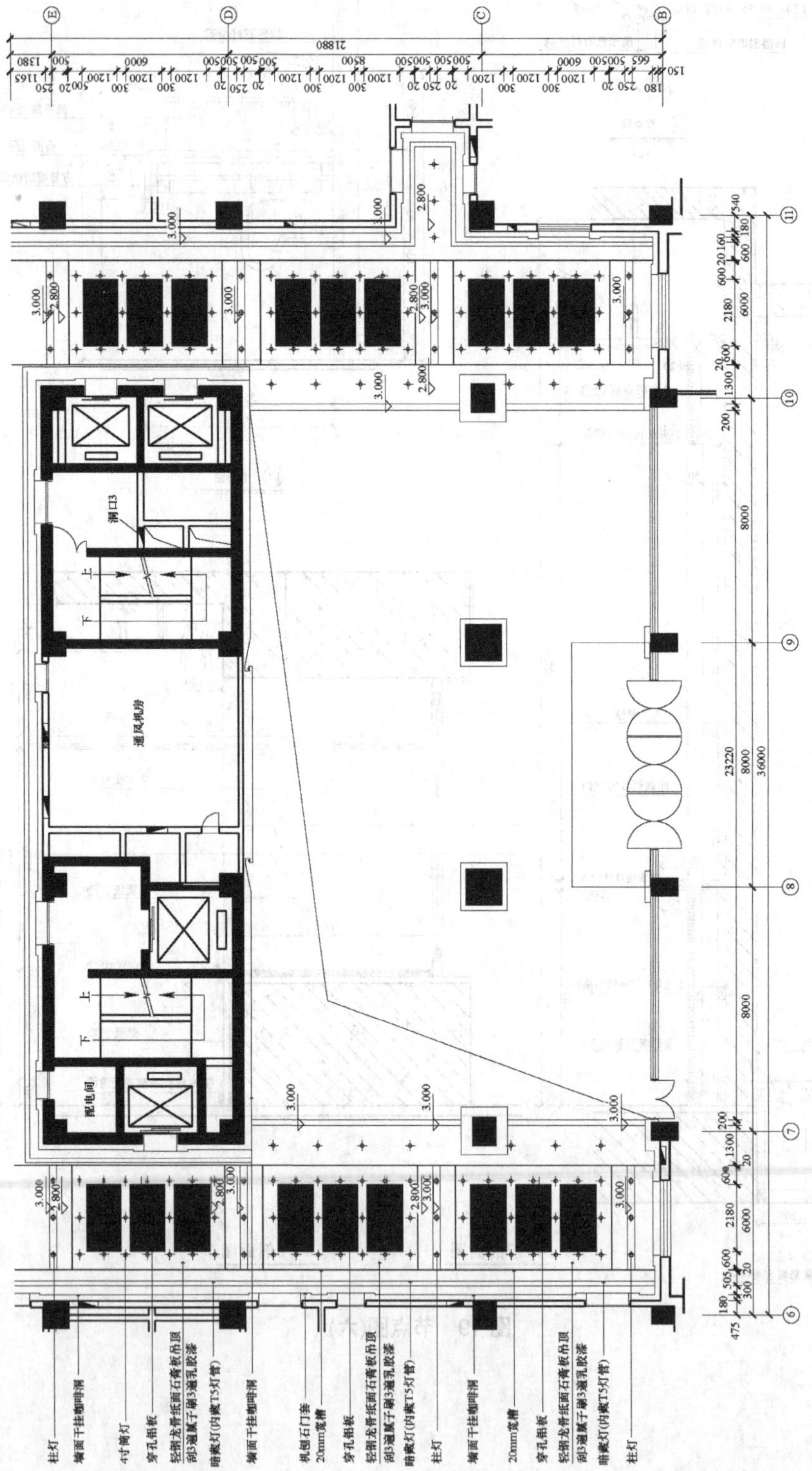

图20 门厅二层顶面布置图

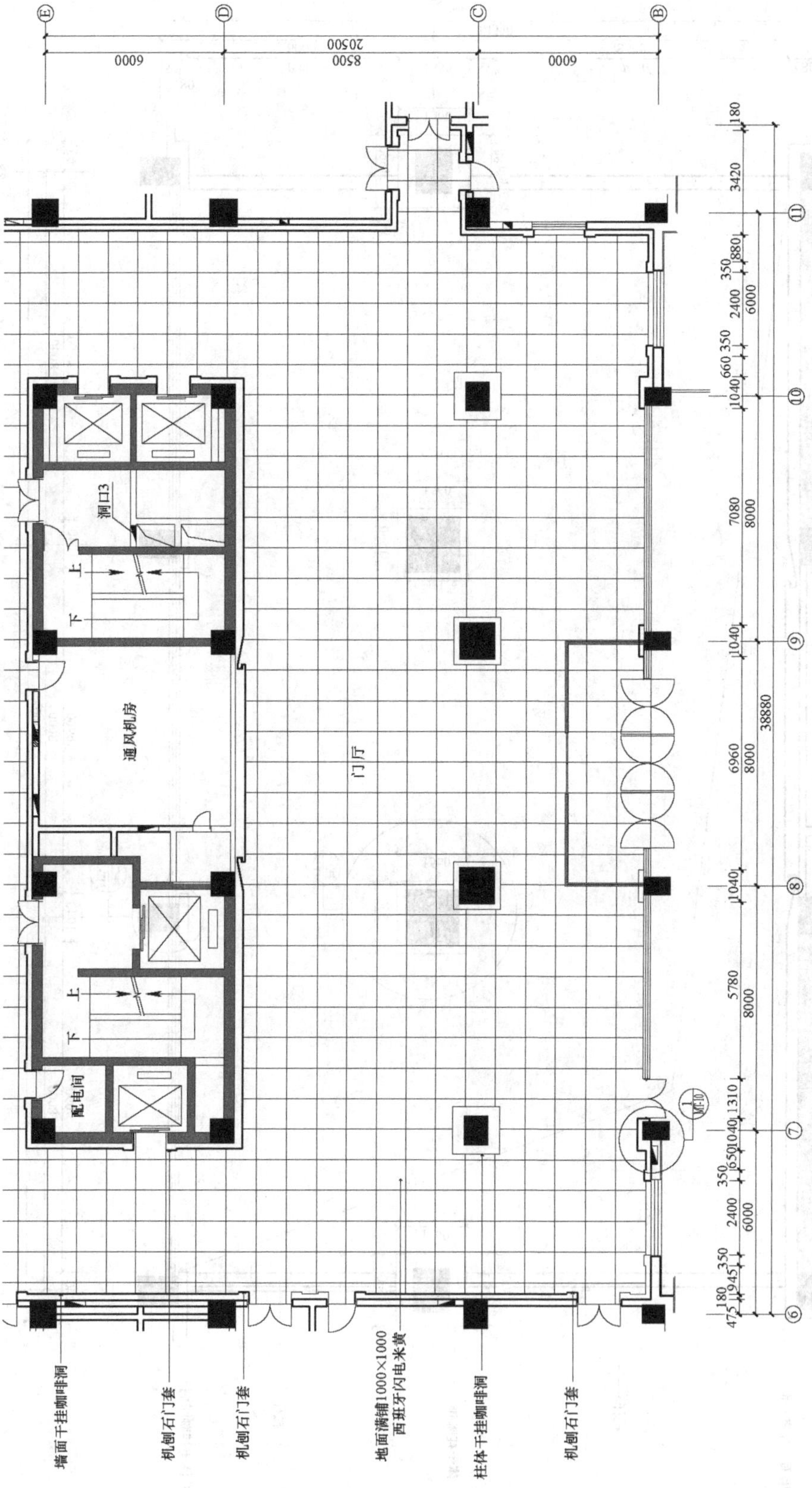

图 21　门厅二层地面布置图

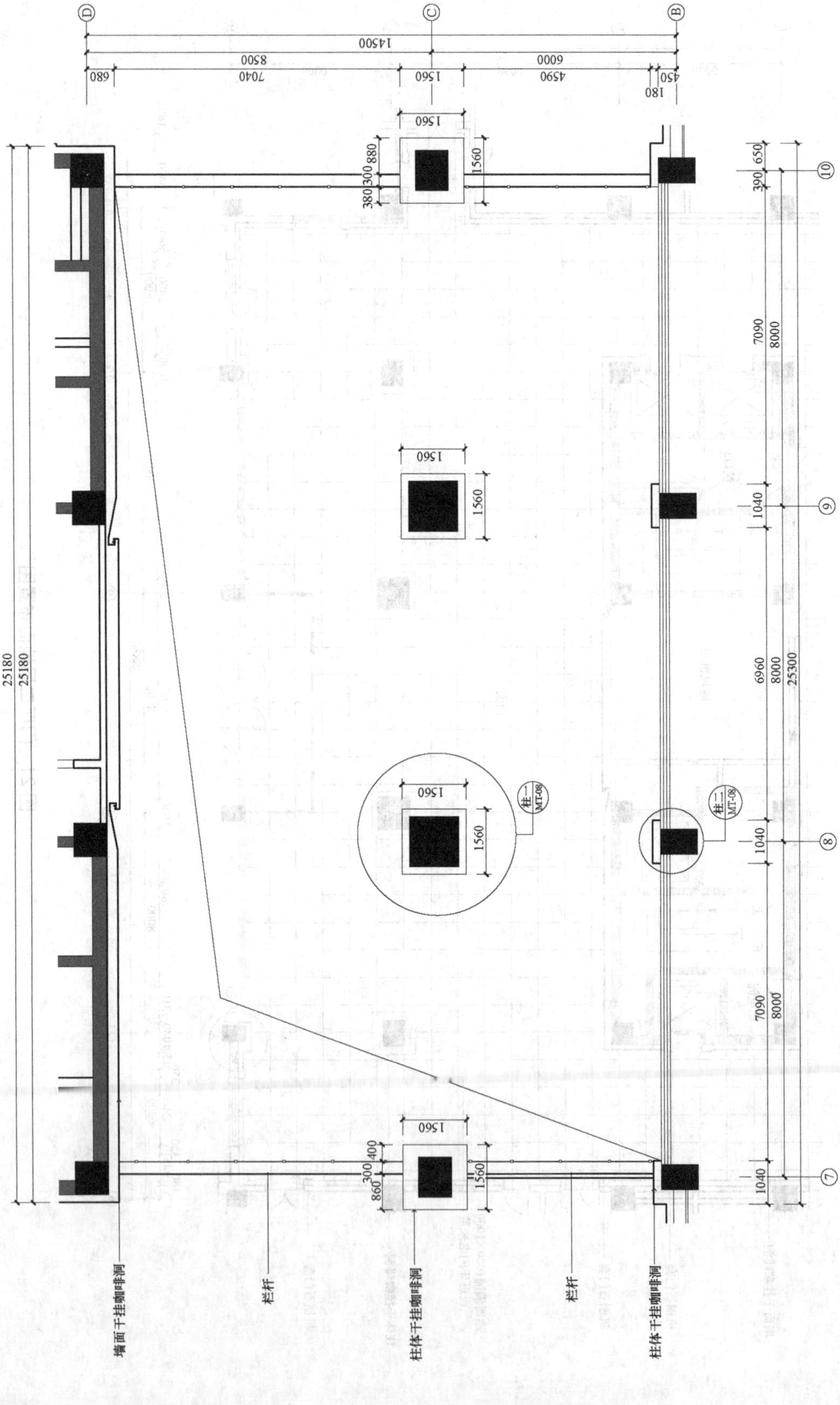
D
C
B
14500
8500
6000
680
7040
1560
4590
450
180
1560
1560
880
300
380
1560
1560
1560
1560
1560
柱一
MT-08
柱二
MT-08
1560
1560
400
300
860
25180
25180
650
390
7090
8000
1040
6960
8000
25300
1040
7090
8000
1040
10
9
8
7
墙面干挂咖啡洞
栏杆
柱体干挂咖啡洞
栏杆
柱体干挂咖啡洞

图22 门厅四层平面图

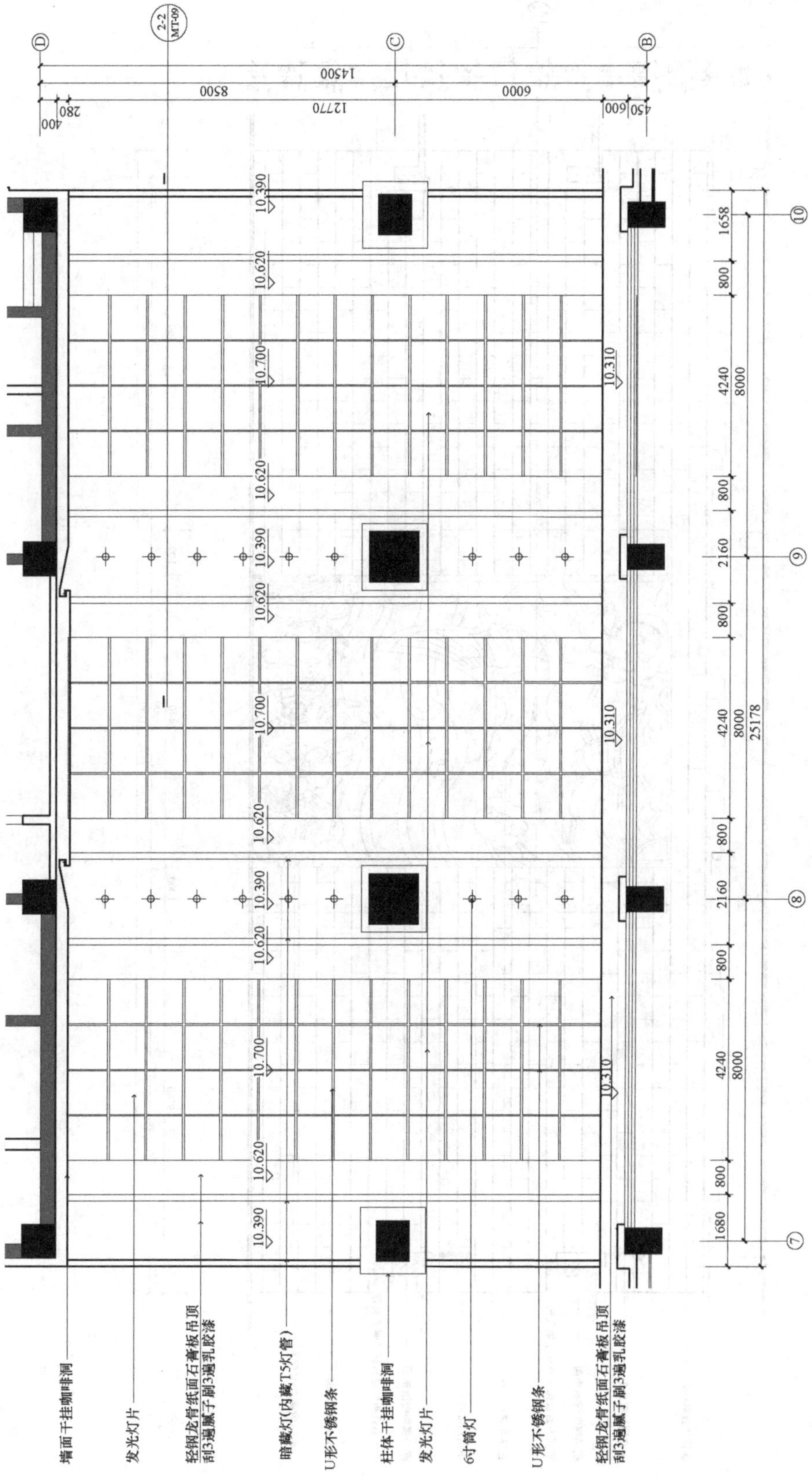

图23　门厅四层顶面布置图

墙面干挂咖啡洞
不锈钢玻璃扶手
跑马灯咖啡洞饰面
纸面石膏板饰面刮腻子刷乳胶漆
石雕背景
不锈钢玻璃扶手
跑马灯咖啡洞饰面
纸面石膏板饰面刮腻子刷乳胶漆
墙面干挂咖啡洞
暗藏灯(内藏T5灯管)

图 24 门厅 A 立面图

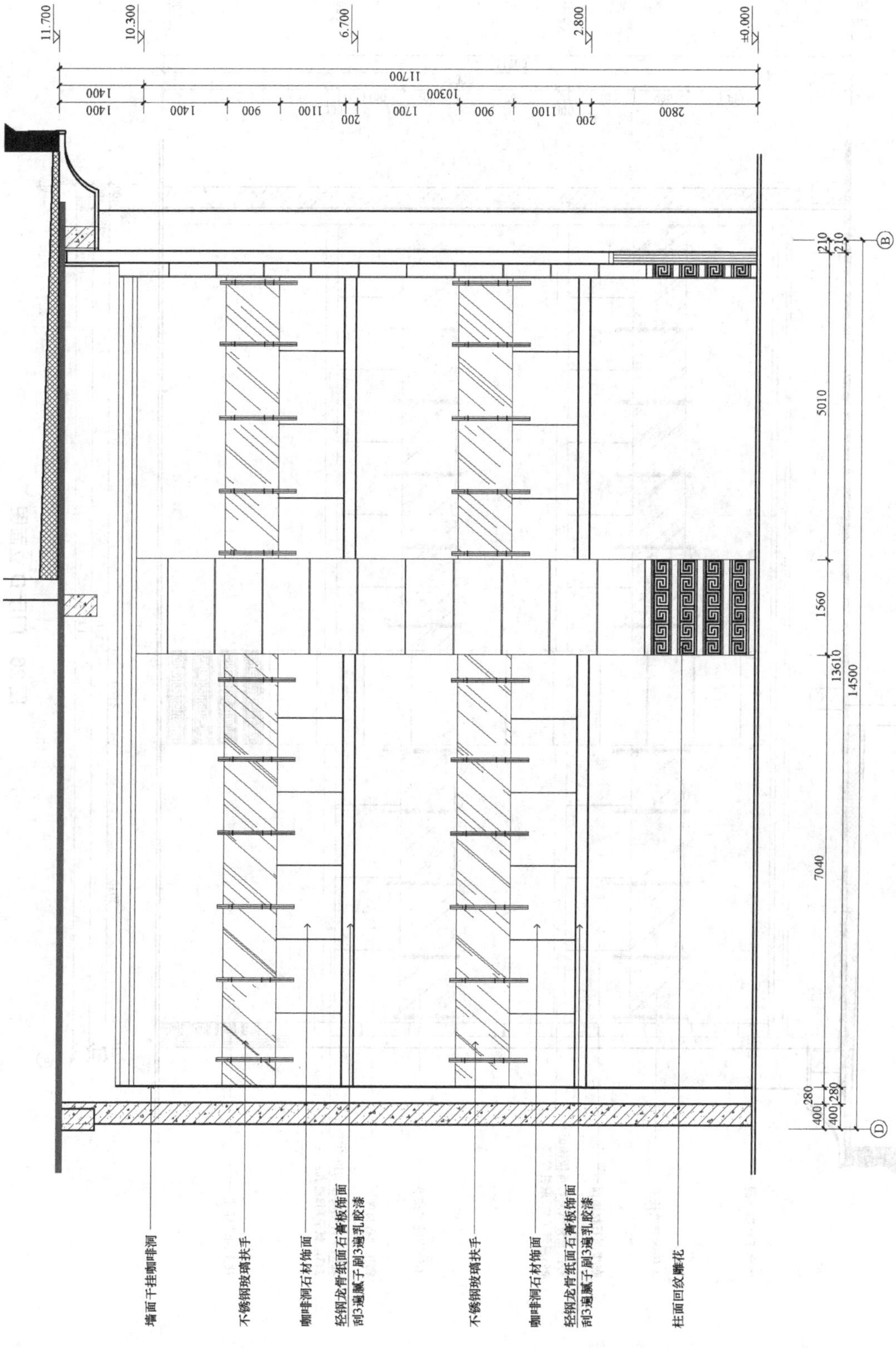
11.700
10.300
6.700
2.800
±0.000
11700
1400
10300
1400
1400
900
1100
200
1700
900
1100
200
2800
210
210
5010
1560
7040
13610
14500
280
280
400
400
B
D
墙面干挂咖啡洞
不锈钢玻璃扶手
咖啡洞石材饰面
轻钢龙骨纸面石膏板饰面
刮3遍腻子刷3遍乳胶漆
不锈钢玻璃扶手
咖啡洞石材饰面
轻钢龙骨纸面石膏板饰面
刮3遍腻子刷3遍乳胶漆
柱面回纹雕花

图25 门厅B立面图

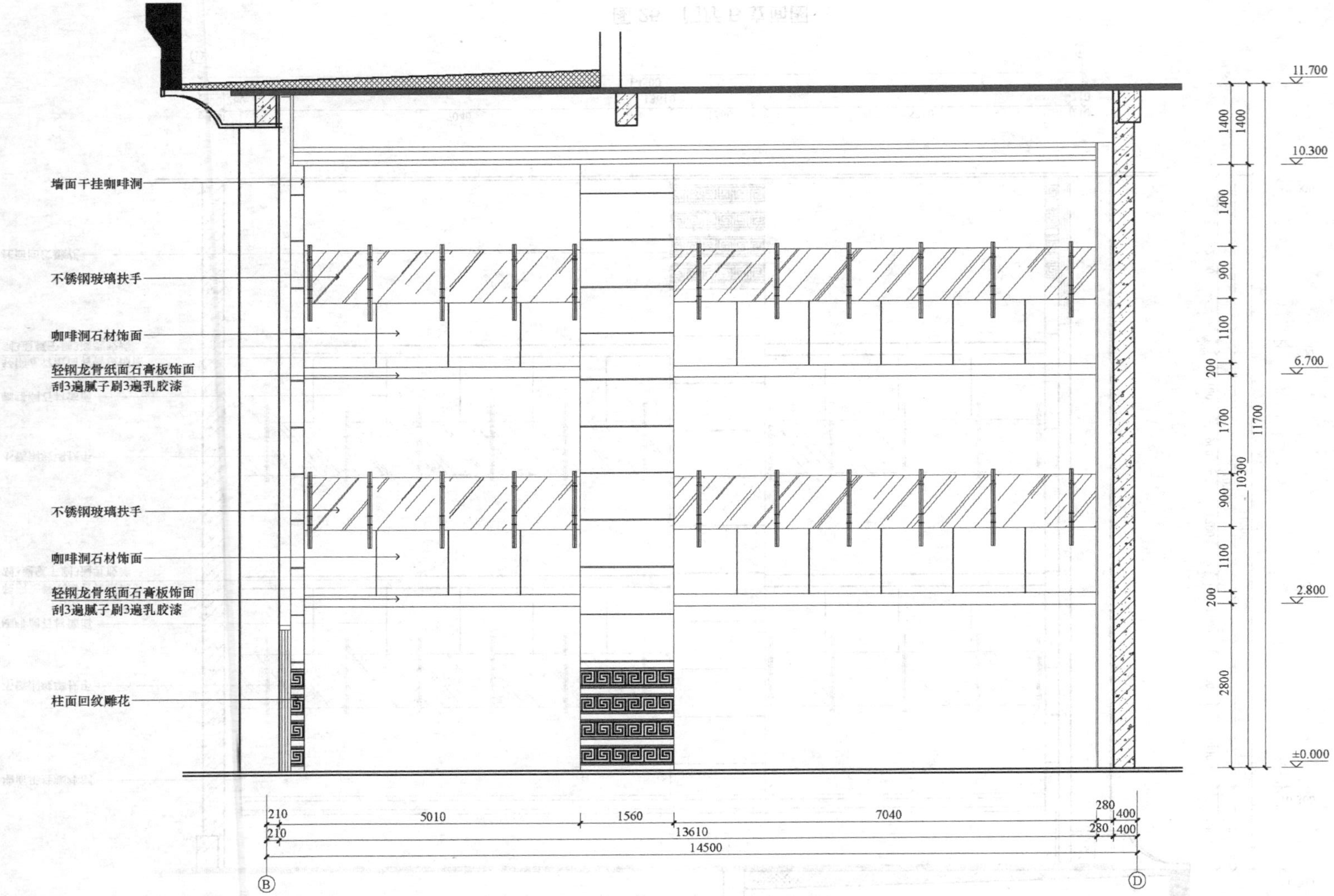
墙面干挂咖啡洞
不锈钢玻璃扶手
咖啡洞石材饰面
轻钢龙骨纸面石膏板饰面
刮3遍腻子刷3遍乳胶漆
不锈钢玻璃扶手
咖啡洞石材饰面
轻钢龙骨纸面石膏板饰面
刮3遍腻子刷3遍乳胶漆
柱面回纹雕花
11.700
10.300
6.700
2.800
±0.000
1400
1400
1400
900
1100
200
1700
900
1100
200
2800
10300
11700
210
210
5010
1560
7040
280
400
280
400
13610
14500
B
D

图26 门厅D立面图

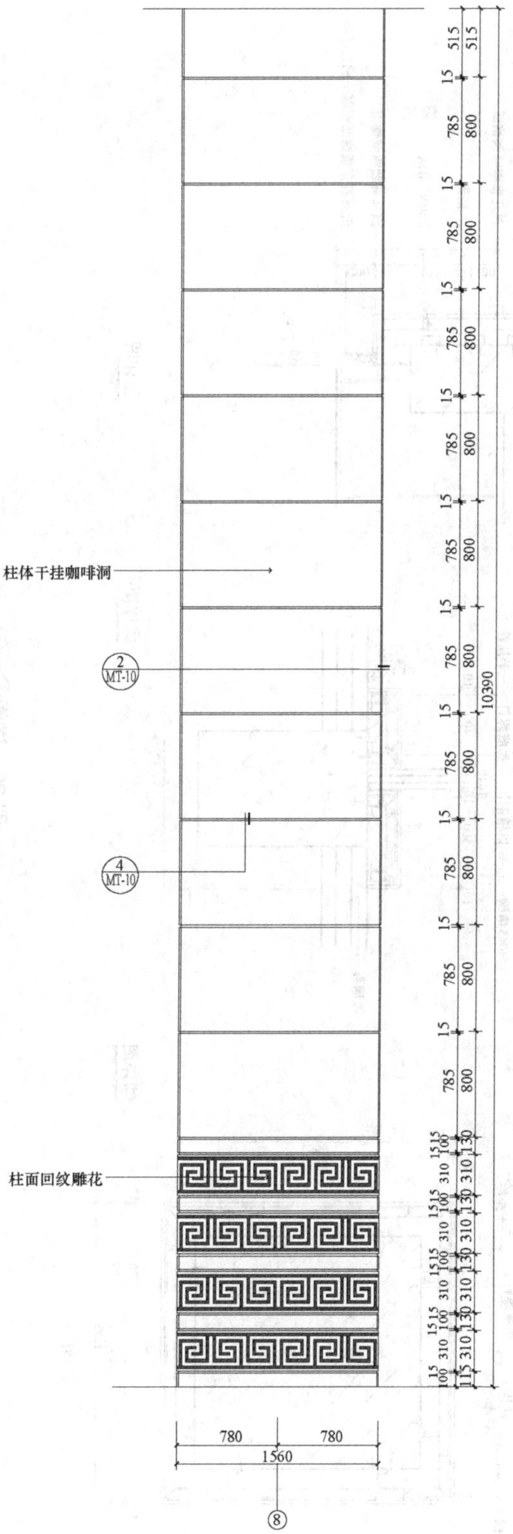

图 27　柱一立面详图

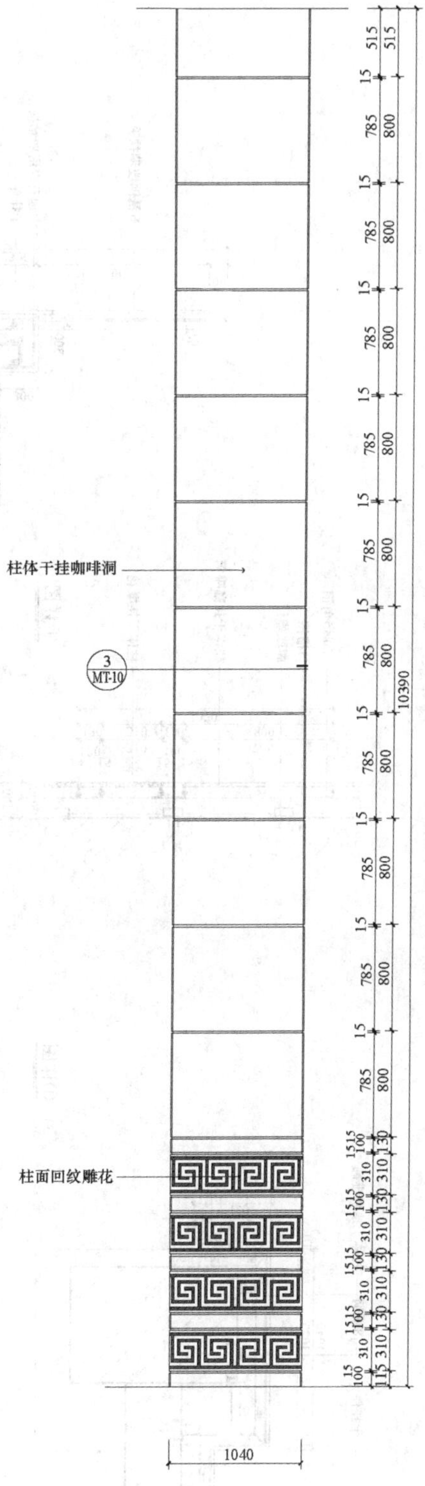

图 28　柱二立面详图

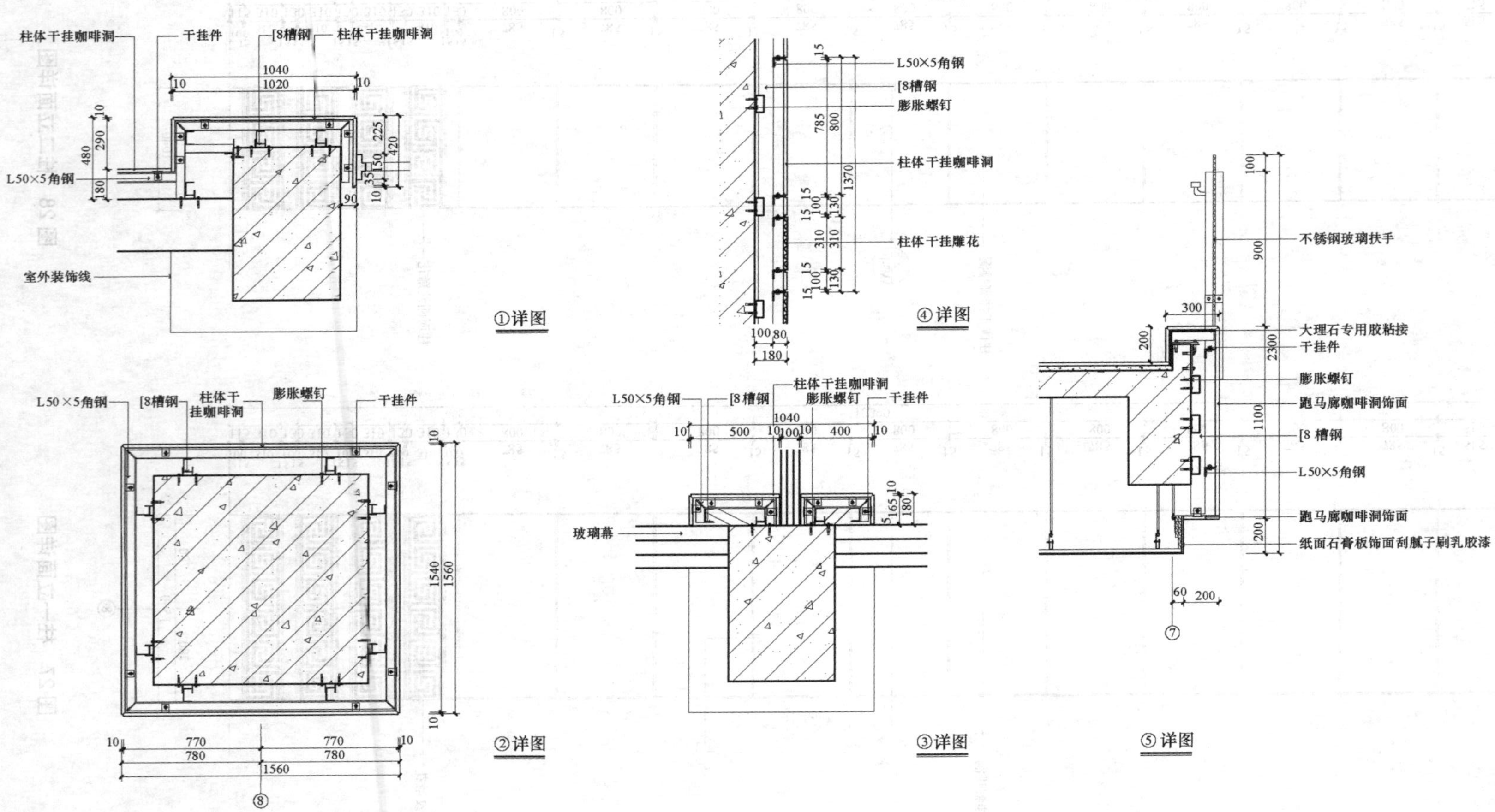
柱体干挂咖啡洞
干挂件
[8槽钢
柱体干挂咖啡洞
L50×5角钢
室外装饰线
①详图
L50×5角钢
[8槽钢
柱体干挂咖啡洞
膨胀螺钉
干挂件
②详图
L50×5角钢
[8槽钢
膨胀螺钉
柱体干挂咖啡洞
柱体干挂雕花
④详图
柱体干挂咖啡洞
膨胀螺钉
干挂件
玻璃幕
③详图
不锈钢玻璃扶手
大理石专用胶粘接
干挂件
膨胀螺钉
跑马廊咖啡洞饰面
[8 槽钢
L50×5角钢
跑马廊咖啡洞饰面
纸面石膏板饰面刮腻子刷乳胶漆
⑤详图

图 29　详图①～⑤

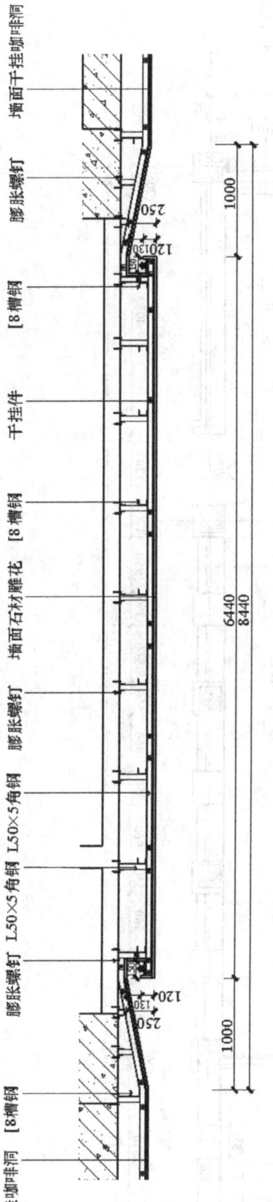

图 30 1-1 剖面图

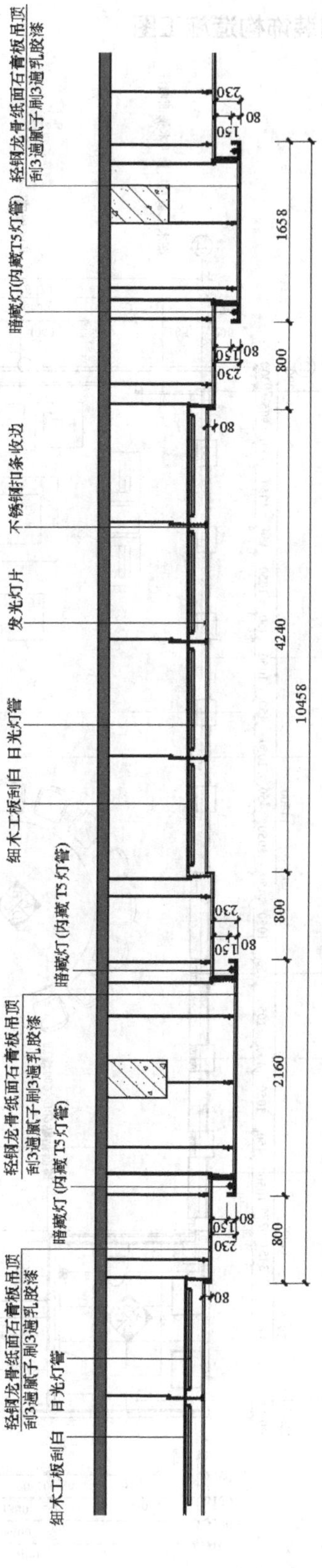

图 31 2-2 剖面图

3. 某餐厅雅间装饰构造施工图

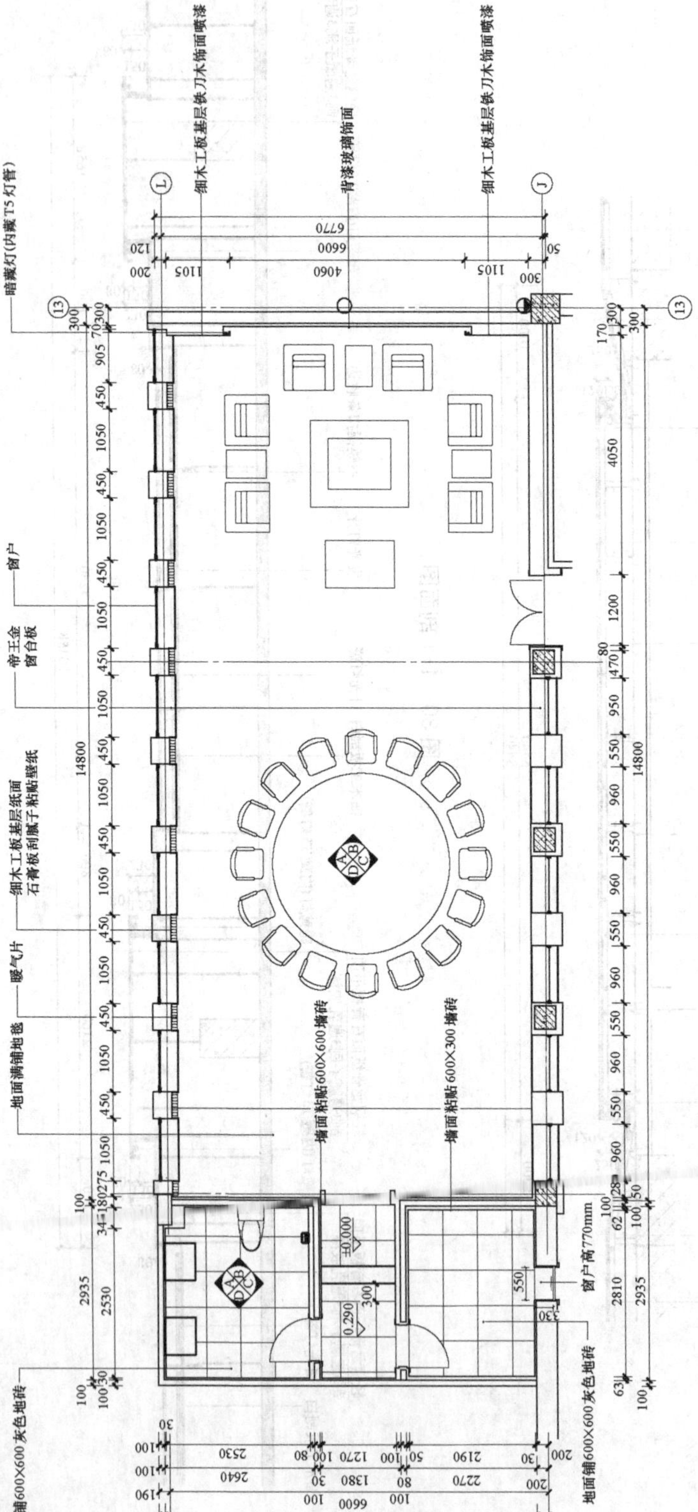

图 32　一层大雅间平面布置图

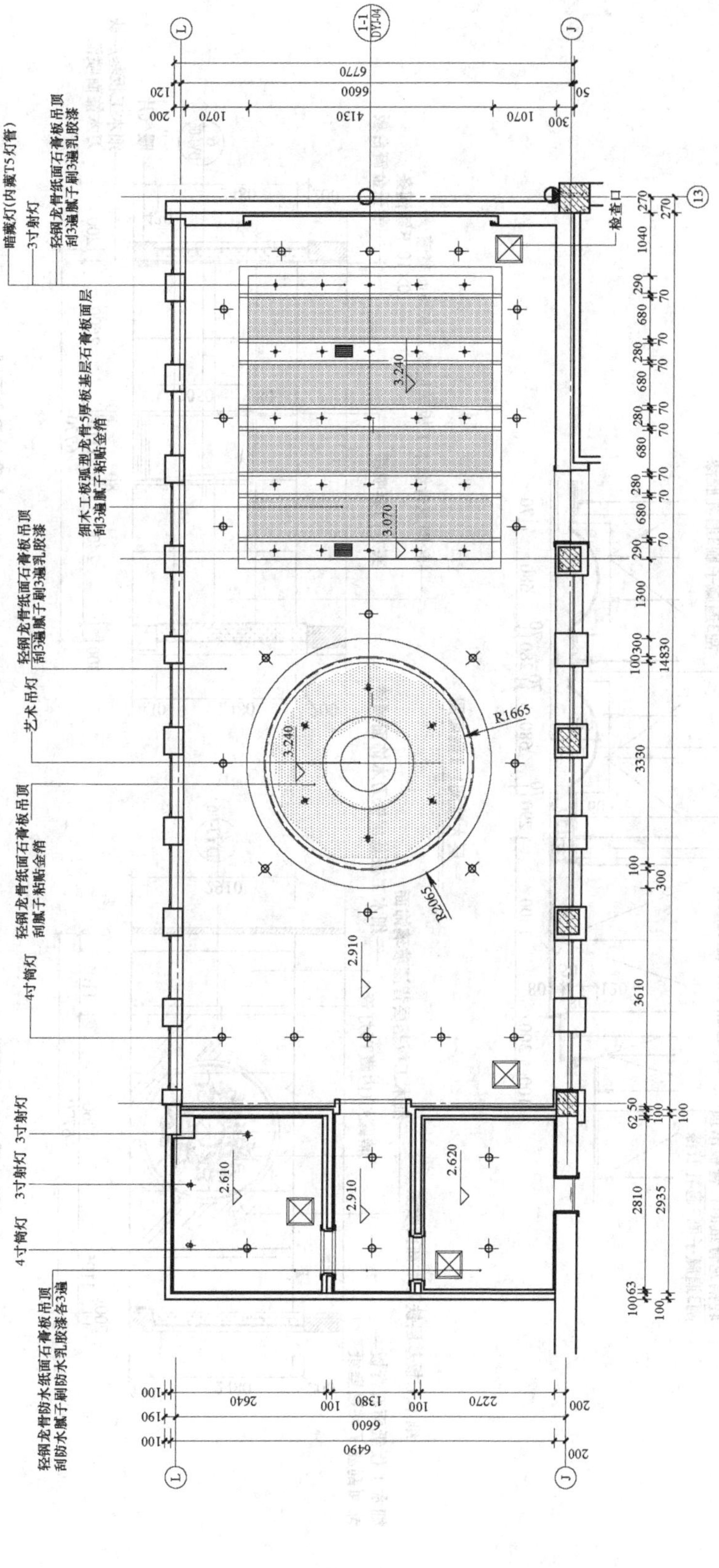
暗藏灯(内藏T5灯管)
3寸射灯
轻钢龙骨纸面石膏板吊顶
刮3遍腻子刷3遍乳胶漆
细木工板弧型龙骨5厚板基层石膏板面层
刮3遍腻子粘贴金箔
艺术吊灯
轻钢龙骨纸面石膏板吊顶
刮腻子粘贴金箔
4寸筒灯
3寸射灯
轻钢龙骨防水纸面石膏板吊顶
刷防水腻子刷防水乳胶漆各3遍
检查口
R1665
R2065
3.240
3.070
2.910
2.610
2.620
14830
6770
6600
6490

图 33 一层大雅间顶面布置图

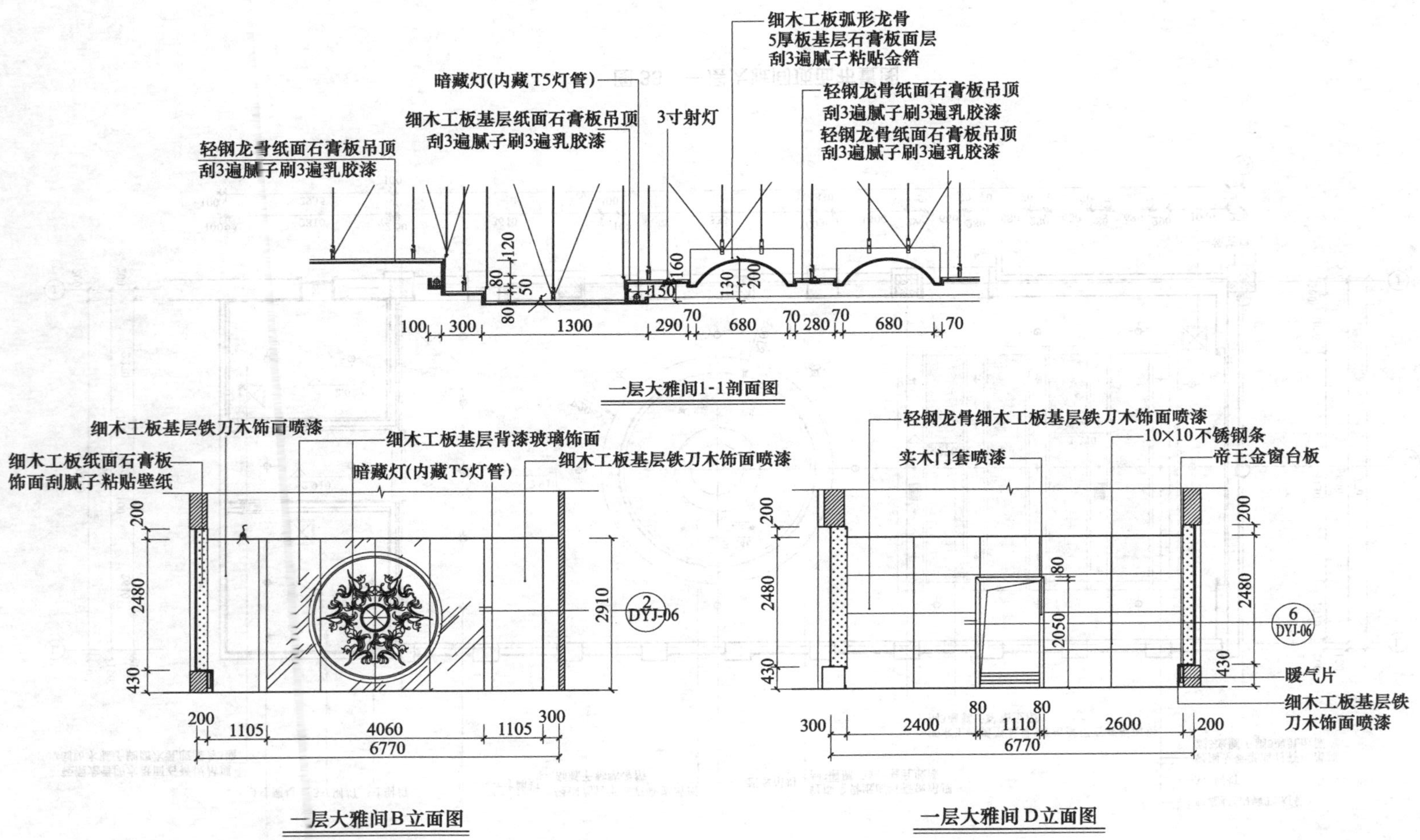

图 34　一层大雅间立面及剖面图

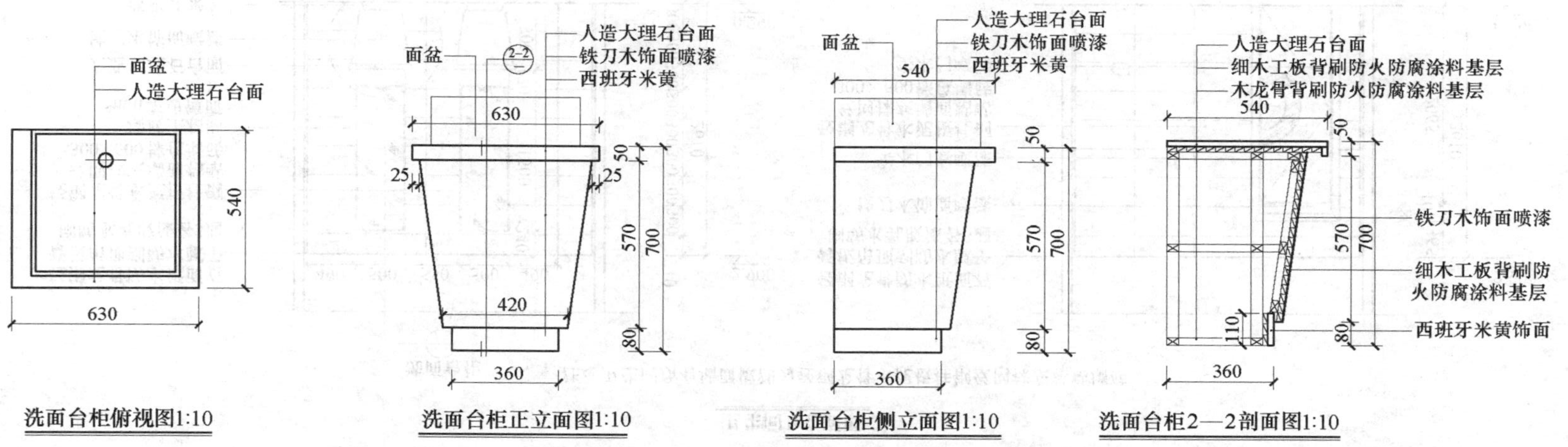

图 35　洗面台柜立面及剖面图

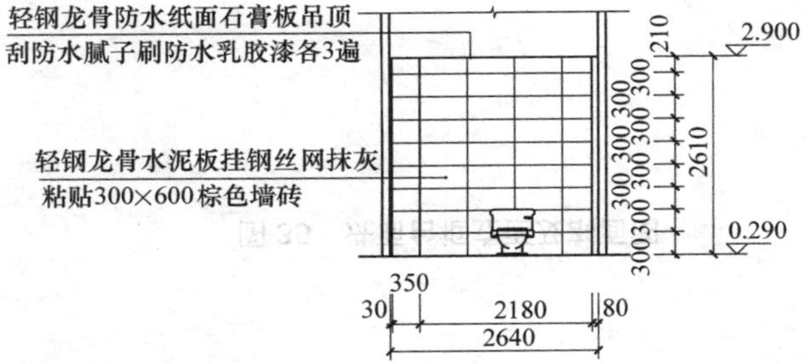

卫生间B立面图

注：卫生间所有墙面做法为轻钢龙骨水泥板挂钢丝网抹灰粘贴墙砖

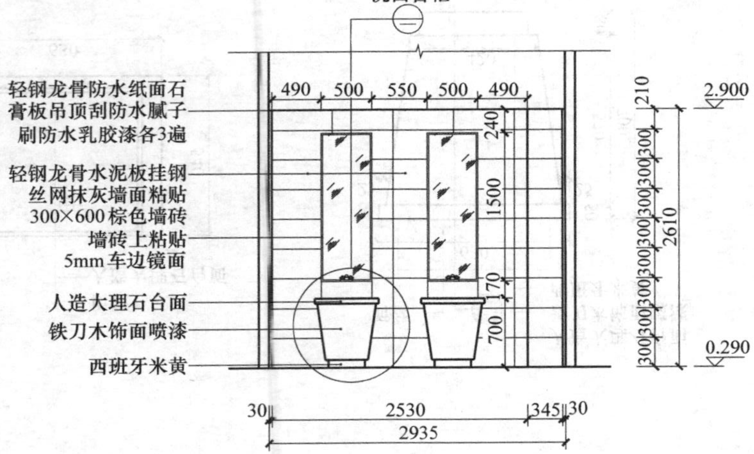

卫生间A立面图

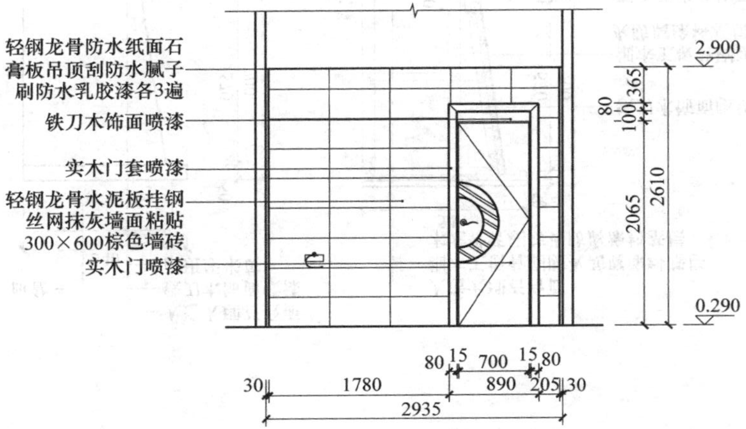

卫生间C立面图

图 36　卫生间立面图

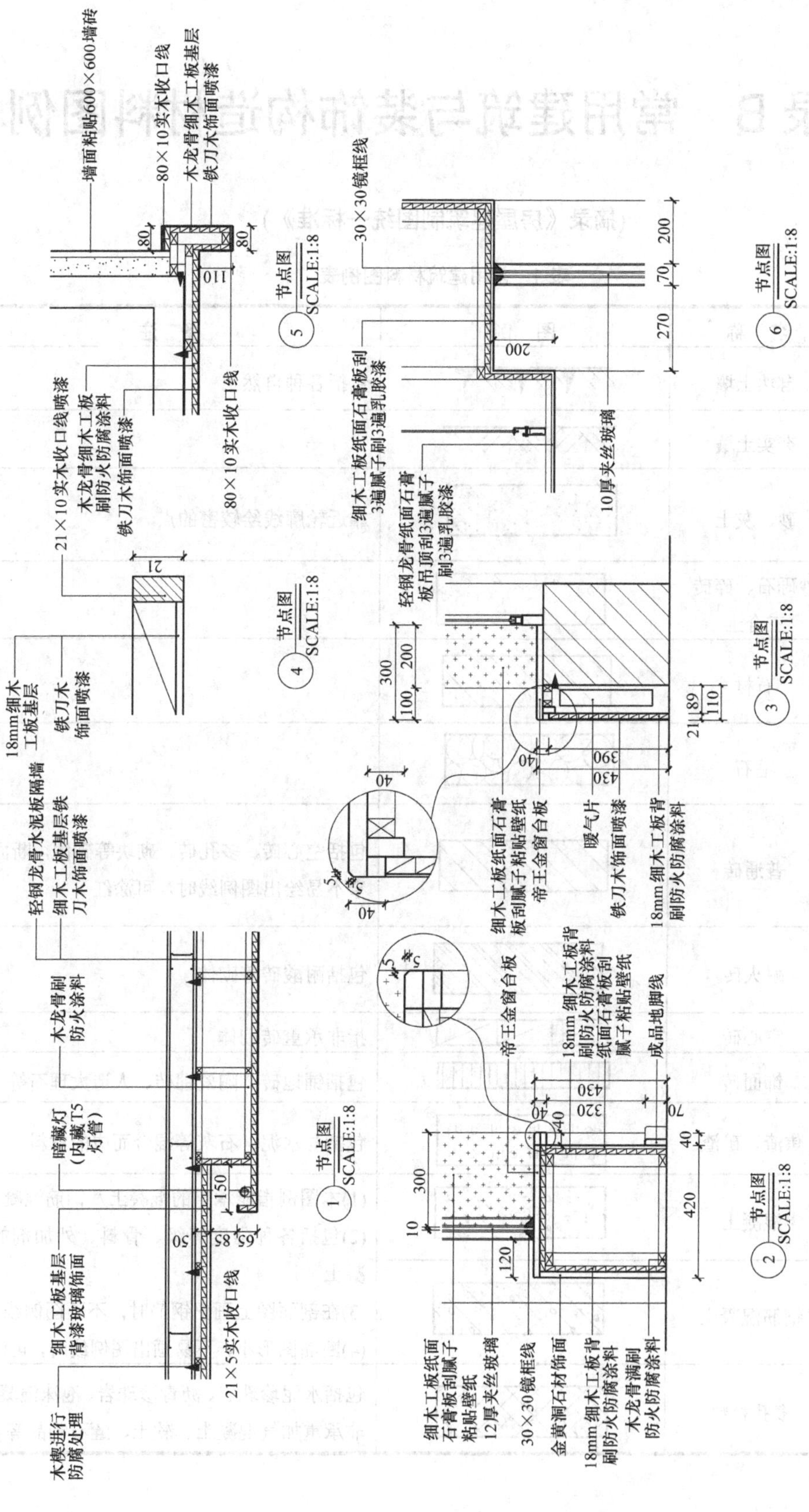

墙面粘贴600×600墙砖
80×10实木收口线
木龙骨细木工板基层
铁刀木饰面喷漆
80×10实木收口线
21×10实木收口线喷漆
木龙骨细木工板
刷防火防腐涂料
铁刀木饰面喷漆
5 节点图 SCALE:1:8
18mm细木工板基层
铁刀木饰面喷漆
4 节点图 SCALE:1:8
30×30镜框线
细木工板纸面石膏板刮3遍腻子刷3遍乳胶漆
轻钢龙骨纸面石膏板吊顶刮3遍腻子刷3遍乳胶漆
10厚夹丝玻璃
6 节点图 SCALE:1:8
木楔进行防腐处理
细木工板基层背漆玻璃饰面
暗藏灯（内藏T5灯管）
木龙骨刷防火涂料
轻钢龙骨水泥板隔墙
细木工板基层铁刀木饰面喷漆
21×5实木收口线
1 节点图 SCALE:1:8
细木工板纸面石膏板刮腻子粘贴壁纸
帝王金窗台板
暖气片
铁刀木饰面喷漆
18mm细木工板背刷防火防腐涂料
3 节点图 SCALE:1:8
细木工板纸面石膏板刮腻子粘贴壁纸
12厚夹丝玻璃
30×30镜框线
金黄洞石材饰面
18mm细木工板背刷防火防腐涂料
木龙骨满刷防火防腐涂料
帝王金窗台板
18mm细木工板背刷防火防腐涂料纸面石膏板刮腻子粘贴壁纸
成品地脚线
2 节点图 SCALE:1:8

图37　节点①~⑥

附录 B　常用建筑与装饰构造材料图例

(摘录《房屋建筑制图统一标准》)

表 1　常用建筑材料图例表

序　号	名　称	图　例	备　注
1	自然土壤		包括各种自然土
2	夯实土壤		
3	砂、灰土	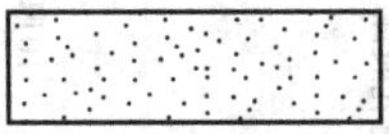	靠近轮廓线绘较密的点
4	砂砾石、碎砖三合土	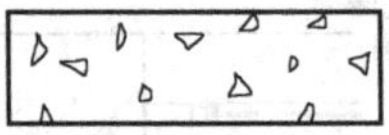	
5	石材	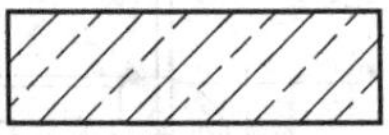	
6	毛石		
7	普通砖	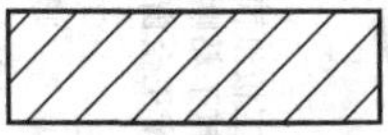	包括空心砖、多孔砖、砌块等砌体，断面较窄不易绘出图例线时，可涂红
8	耐火砖	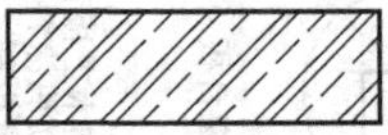	包括耐酸砖等砌体
9	空心砖	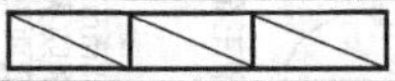	指非承重砖砌体
10	饰面砖	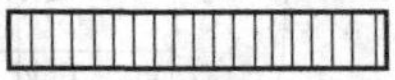	包括铺地砖、陶瓷锦砖、人造大理石等
11	焦渣、矿渣	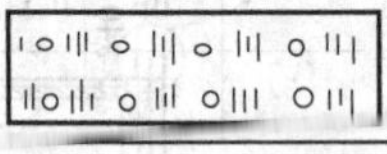	包括与水泥、石灰等混合而成的材料
12	混凝土	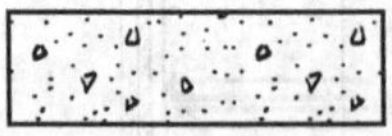	(1)本图例指能承重的混凝土及钢筋混凝土 (2)包括各种强度等级、骨料、外加剂的混凝土 (3)在剖面图上画出钢筋时，不画图例线 (4)断面图形小，不易画出图例线时，可涂黑
13	钢筋混凝土		
14	多孔材料		包括水泥珍珠岩、沥青珍珠岩、泡沫混凝土、非承重加气混凝土、软土、蛭石制品等

续表

序　号	名　称	图　例	备　注
15	纤维材料	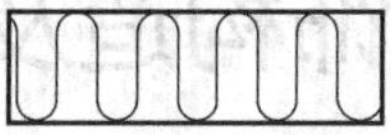	包括矿棉、岩棉、玻璃棉、麻丝、木丝板、纤维板等
16	泡沫塑料材料	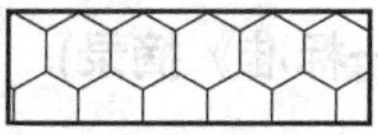	包括聚苯乙烯、聚乙烯、聚氨酯等多孔聚合物类材料
17	木材	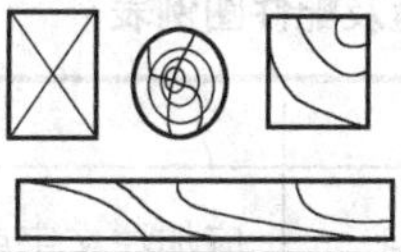	(1)上右图为横断面，上左图为垫木、木砖或木龙骨 (2)下图为纵断面
18	胶合板	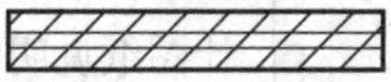	应注明为×层胶合板
19	石膏板	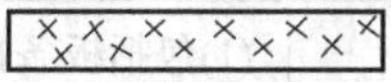	包括圆孔、方孔石膏板、防水石膏板等
20	金属	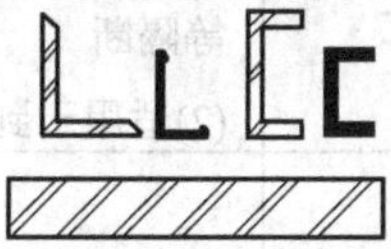	(1)包括各种金属 (2)图形小时，可涂黑
21	网状材料		(1)包括金属、塑料网状材料 (2)应注明具体材料名称
22	液体	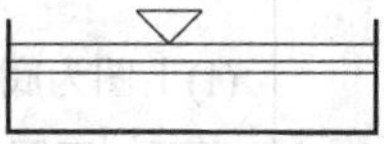	应注明液体名称
23	玻璃	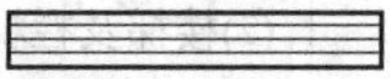	包括平板玻璃、磨砂玻璃、夹丝玻璃、钢化玻璃、中空玻璃、夹层玻璃、镀膜玻璃等
24	橡胶		
25	塑料		包括各种软、硬塑料有机玻璃等
26	防水材料		构造层次多或比例大时，采用上面图例
27	粉刷		本图例采用较稀的点

注：序号1、2、5、7、8、13、14、16、17、18、22、23图例中的斜线、短斜线、交叉线等一律为45°。

附录C　常用建筑与装饰构造及配件常用图例

(《建筑制图统一标准》摘录)

表2　常用构造及配件图例表

序　号	名　称	图　例	备　注
1	墙体		应加注文字或填充墙体材料图例，在项目设计图纸说明中列出材料图例表给予说明
2	隔断		(1)包括板条抹灰、木制、石膏板、金属材料等隔断 (2)适用于到顶与不到顶隔断
3	楼梯	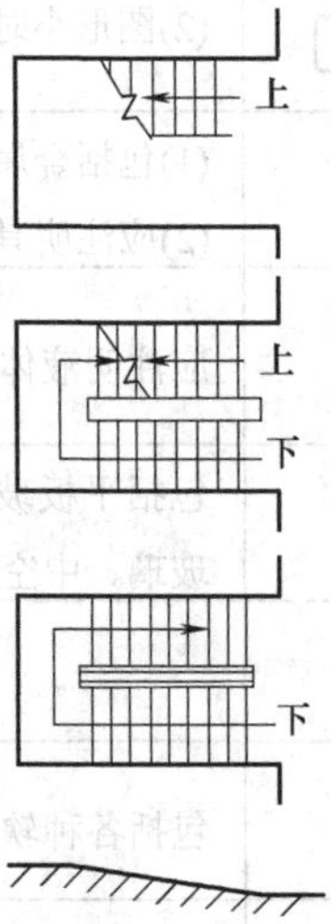	(1)上图为底层楼梯平面，中图为中间层楼梯平面，下图为顶层楼梯平面 (2)楼梯及栏杆扶手的形式和梯段踏步数应按实际情况绘制
4	坡道	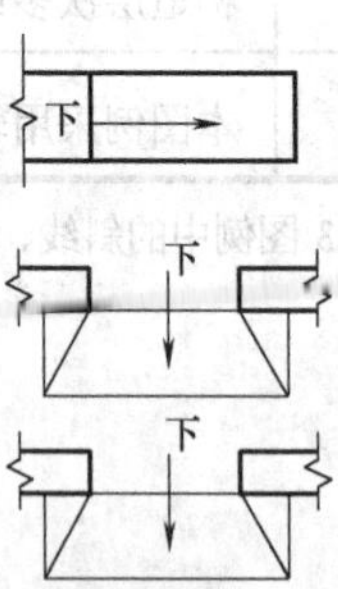	上图为长坡道，下图为门口坡道
5	平面高差	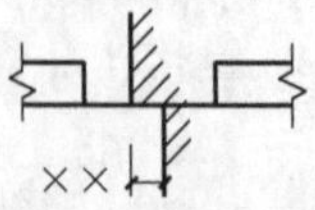	适用于高差小于 100 的两个地面或楼面相差处

续表

序　号	名　称	图　例	备　注
6	检查孔		左图为可见检查孔 右图为不可见检查孔
7	孔洞		阴影部分可以涂色代替
8	坑槽		
9	墙预留洞	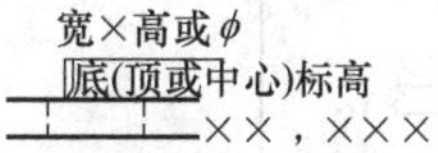	(1)以洞中心或洞边定位 (2)宜以涂色区别墙体和留洞位置
10	墙预留槽	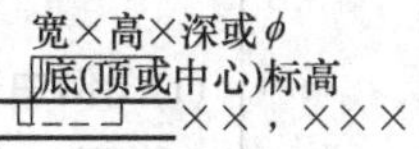	
11	空门洞	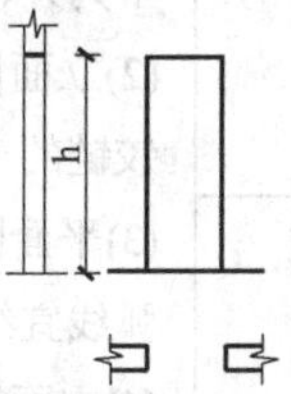	h 为门洞高度
12	单扇门(包括平开门或弹簧门)	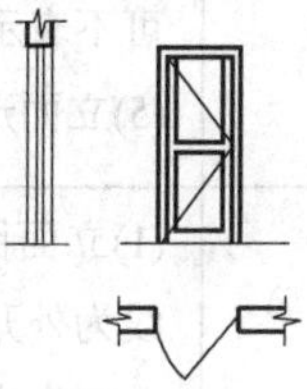	(1)图例中剖面图左为外，右为内；平面图下为外，上为内 (2)立面图上开启方向线交角的一侧为安装铰链的一侧，实线为外开，虚线为内开 (3)平面图上门线应90°或45°开启，开启弧线宜绘出 (4)立面图上的开启方向线在一般设计图中可不表示，在详图及室内设计图上应表示 (5)立面形式应按实际情况绘制
13	双扇门(包括平开门或单面弹簧门)	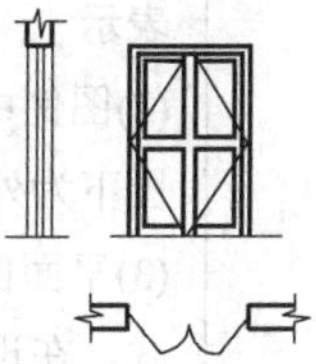	
14	对开折叠门	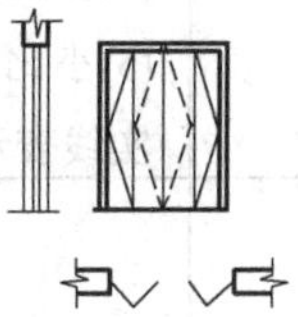	

续表

序　号	名　称	图　例	备　注
15	推拉门	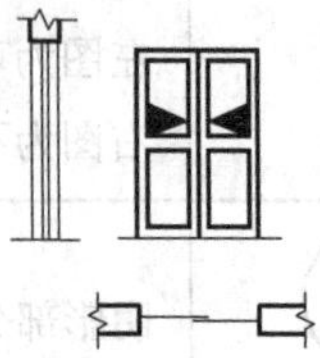	(1)图例中剖面图左为外、右为内，平面图下为外、上为内 (2)立面形式应按实际情况绘制
16	墙外双扇推拉门	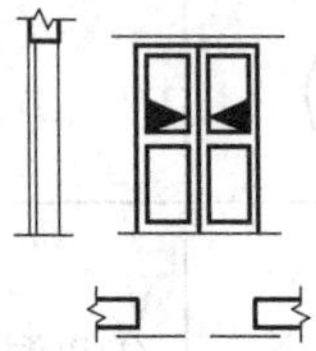	
17	单扇双面弹簧门	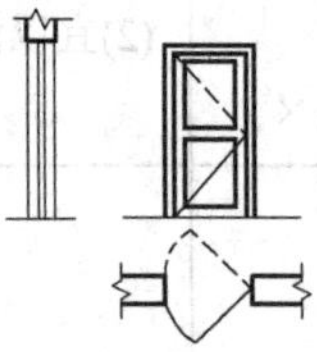	(1)图例中剖面图左为外、右为内，平面图下为外、上为内 (2)立面图上开启方向线交角的一侧为安装铰链的一侧，实线为外开，虚线为内开 (3)平面图上门线应 90° 或 45° 开启，开启弧线宜绘出 (4)立面图上的开启方向线在一般设计图中可不表示，在详图及室内设计图上应表示 (5)立面形式应按实际情况绘制
18	双扇双面弹簧门	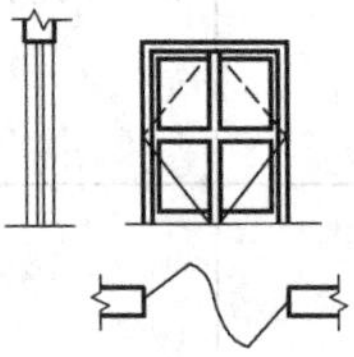	
19	单层外开平开窗	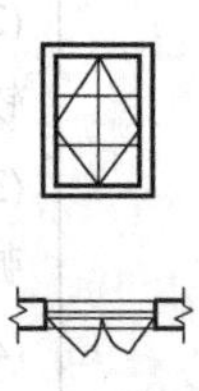	(1)立面图中的斜线表示窗的开启方向，实线为外开，虚线为内开，开启方向线交角的一侧为安装铰链的一侧，一般设计图中可不表示 (2)图例中，剖面图左为外、右为内，平面图下为外、上为内 (3)平面图和剖面图上的虚线仅说明开关方式，在设计图中不需表示 (4)窗的立面形式应按实际绘制 (5)小比例绘图时平、剖面的窗线可用单粗实线表示
20	双层内外开平开门	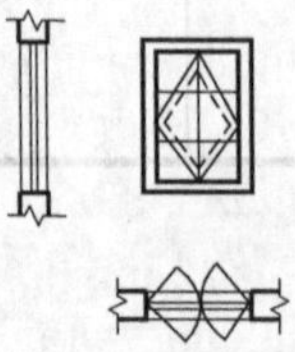	

续表

序　号	名　称	图　例	备　注
21	推拉窗	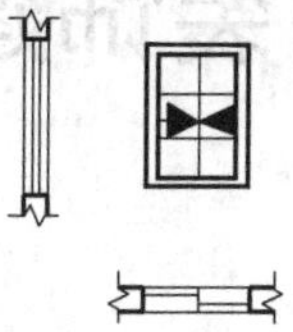	
22	上推拉窗	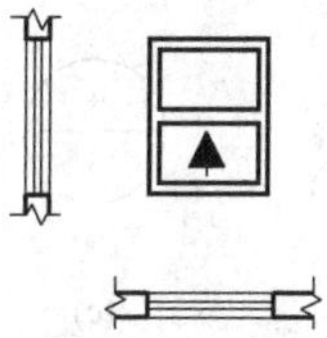	(1)图例中，剖面图所示左为外、右为内，平面图所示下为外、上为内 (2)窗的立面形式应按实际绘制 (3)小比例绘图时平、剖面的窗线可用单粗实线表示
23	高窗	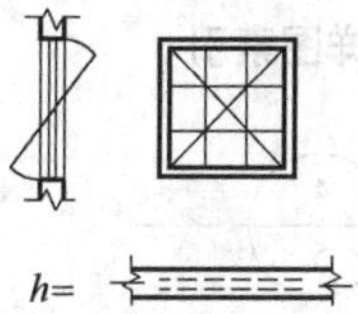	*h* 为窗底距本层楼地面的高度

附录 D　常用建筑与装饰建筑施工图中常用符号

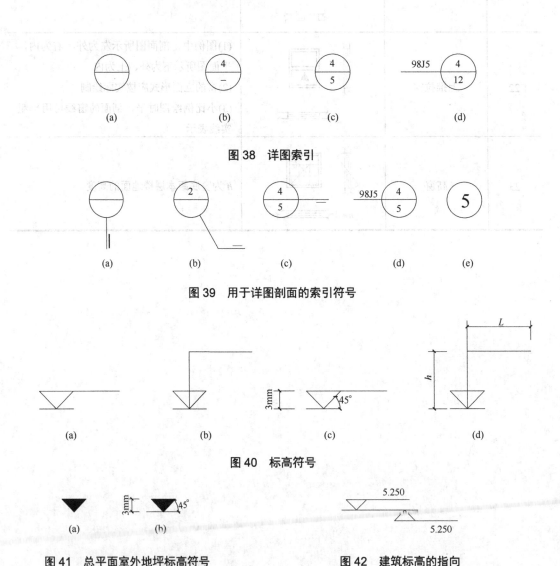

图 38　详图索引

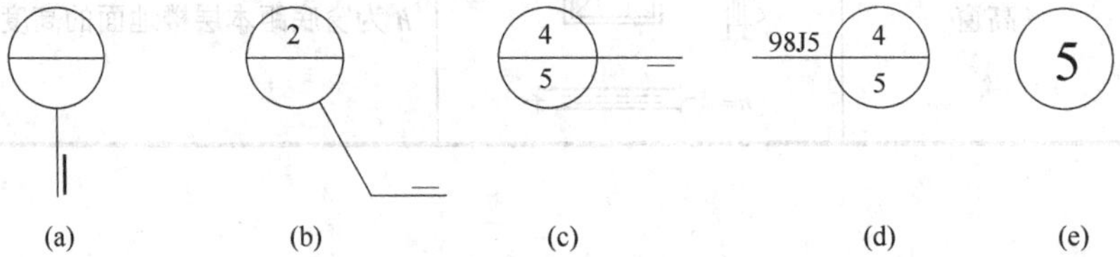

图 39　用于详图剖面的索引符号

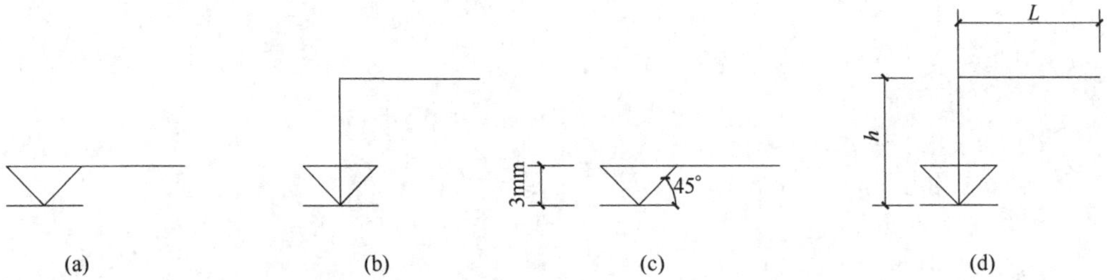

图 40　标高符号

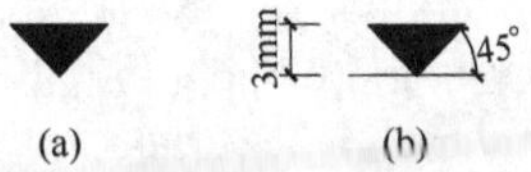

图 41　总平面室外地坪标高符号

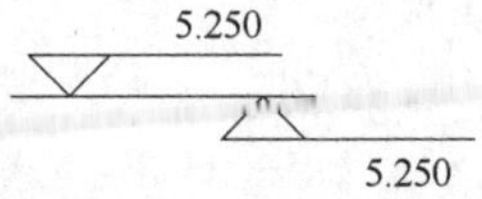

图 42　建筑标高的指向

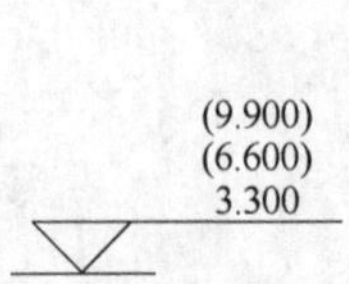

图 43　同一位置注写多个标高数字

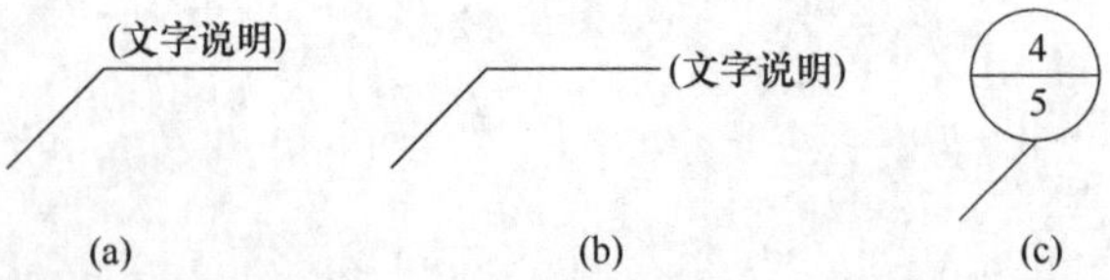

图 44　引出线

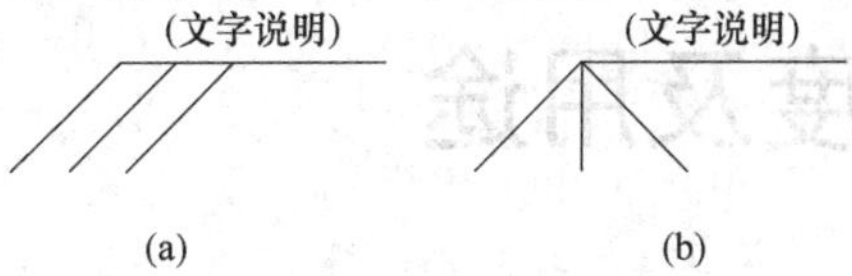

图 45 共用引出线图

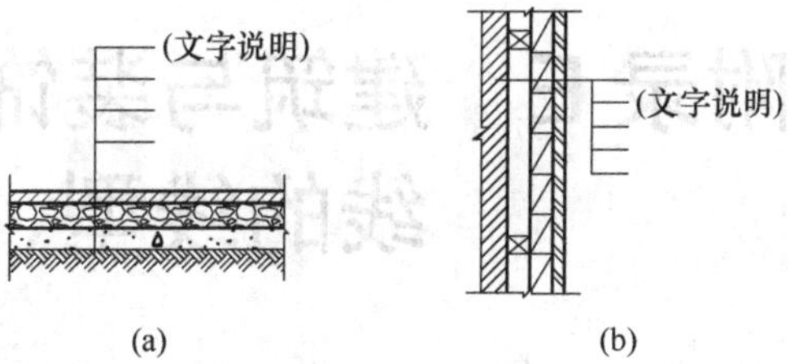

图 46 多层构造引出线

图 47 对称符号图

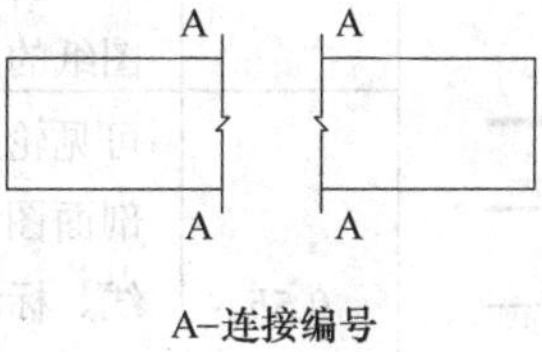

图 48 连接符号

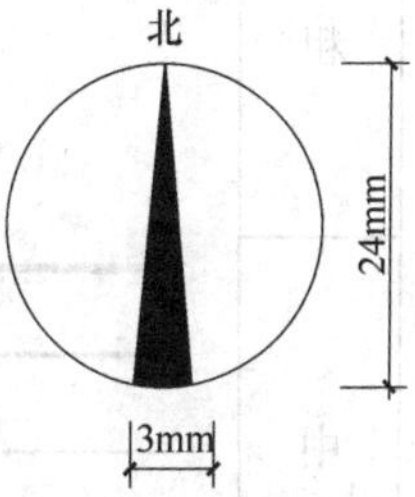

图 49 指北针

附录E　建筑与装饰建筑施工图中常用图线的线型、宽度及用途

表3　图线的线型、宽度及用途表

名称		线型	线宽	用途
实线	粗	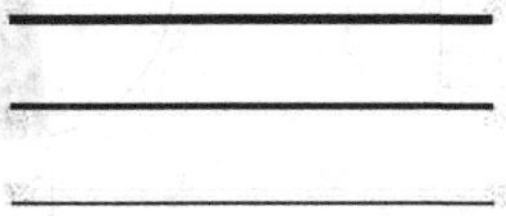	*b*	主要可见轮廓线 平面图及剖面图中被剖到部分的轮廓线、建筑物或构筑物的外轮廓线、结构图中的钢筋线、剖切位置线、地面线、详图符号的圆圈、图纸的图框线
	中		0.5*b*	可见轮廓线 剖面图中未被剖到但能看到需要画出的轮廓线、标注尺寸起止45°短线、剖面图及立面图上门窗等构配件外轮廓线、家具和装饰结构轮廓线
	细		0.25*b*	尺寸线、尺寸界线、引出线及材料图例线、索引符号的圆圈、标高符号线、重合断面的轮廓线、较小图样中的中心线
虚线	粗		*b*	总平面图及运输图中的地下建筑物或构筑物，如房屋地下通道、地沟等中心线
	中		0.5*b*	需要画出看不见的轮廓线、拟建的建筑工程轮廓线
	细		0.25*b*	不可见轮廓线、平面图上高窗位置线、搁板(吊柜)的轮廓线
点画线	粗		*b*	结构图中梁、屋架位置线、吊车轨道线
	中		0.5*b*	土方填挖区的零点线
	细		0.25*b*	中心线、定位轴线、对称线
双点画线	粗	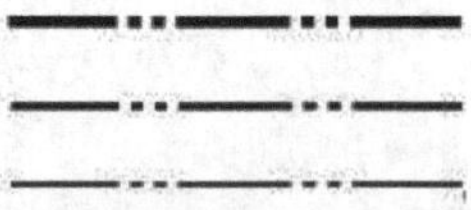	*b*	预应力钢筋线
	中		0.5*b*	见各有关专业制图标准
	细		0.25*b*	假想轮廓线、成型前轮廓线
折断线		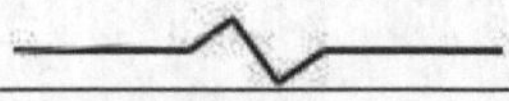	0.25*b*	用以表示假想折断的边缘
波浪线			0.25*b*	构造层次断开界线

附录 F 《建筑工程设计文件编制深度规定》部分摘录

施工图设计

4.1 一般要求

4.1.1 施工图设计文件

(1) 合同要求所涉及的所有专业的设计图纸(含图纸目录、说明和必要的设备材料表)，以及图纸总封面。

(2) 合同要求的工程预算书。

注：对于方案设计后直接进入施工图设计的项目，若合同未要求编制工程预算书，施工图设计文件应包括工程概算书。

4.1.2 总封面应标明的内容

(1) 项目名称。

(2) 编制单位名称。

(3) 项目的设计编号。

(4) 设计阶段。

(5) 编制单位法定代表人、技术总负责人和项目总负责人的姓名及其签字或授权盖章。

(6) 编制年月(即出图年、月)。

4.2 总平面

4.2.1 在施工图设计阶段，总平面专业设计文件应包括图纸目录、设计说明、设计图纸、计算书

4.2.2 图纸目录

应先列新绘制的图纸，后列选用的标准图和重复利用图。

4.2.3 设计说明

一般工程分别写在有关的图纸上。如重复利用某工程的施工图图纸及其说明书时，应详细注明其编制单位、工程名称、设计编号和编制日期；列出主要技术经济指标表(此表也可列在总平面图上)。

4.2.4 总平面图

(1) 保留的地形和地物。

(2) 测量坐标网、坐标值。

(3) 场地四界的测量坐标(或定位尺寸)，道路红线和建筑红线或用地界线的位置。

(4) 场地四邻原有及规划道路的位置(主要坐标值或定位尺寸)，以及主要建筑物和构筑物的位置、名称、层数。

(5) 建筑物、构筑物(人防工程、地下车库、油库、储水池等隐蔽工程以虚线表示)的名称或编号、层数、定位(坐标或相互关系尺寸)。

(6) 广场、停车场、运动场地、道路、无障碍设施、排水沟、挡土墙、护坡的定位(坐标或相互关系)尺寸。

(7) 指北针或风玫瑰图。

(8) 建筑物、构筑物使用编号时，应列出“建筑物和构筑物名称编号表”。

(9) 注明施工图设计的依据、尺寸单位、比例、坐标及高程系统(如为场地建筑坐标网时，应注明与测量坐标网的相互关系)、补充图例等。

4.2.5 竖向布置图

(1) 场地测量坐标网、坐标值。

(2) 场地四邻的道路、水面、地面的关键性标高。

(3) 建筑物、构筑物名称或编号、室内外地面设计标高。

(4) 广场、停车场、运动场地的设计标高。

(5) 道路、排水沟的起点、变坡点、转折点和终点的设计标高(路面中心和排水沟顶及沟底)、纵坡度、纵坡距、关键性坐标，道路表明双面坡或单面坡，必要时标明道路平曲线及竖曲线要素。

(6) 挡土墙、护坡或土坎顶部和底部的主要设计标高及护坡坡度。

(7) 用坡向箭头表明地面坡向，当对场地平整要求严格或地形起伏较大时，可用设计等高线表示。

(8) 指北针或风玫瑰图。

(9) 注明尺寸单位、比例、补充图例等。

4.2.6 土方图(略)

4.2.7 管道综合图(略)

4.2.8 绿化及建筑小品布置图

(1) 绘出总平面布置。

(2) 绿地(含水面)、人行步道及硬质铺地的定位。

(3) 建筑小品的位置(坐标或定位尺寸)、设计标高、详图索引。

(4) 指北针。

(5) 注明尺寸单位、比例、图例、施工要求等。

4.2.9 详图

道路横断面、路面结构、挡土墙、护坡、排水沟、池壁、广场、运动场地、活动场地、停车场地等详图。

4.2.10 设计图纸的增减

(1) 当工程设计内容简单时，竖向布置图可与总平面图合并。

(2) 当路网复杂时，可增绘道路平面图。

(3) 土方图和管线综合图可根据设计需要确定是否出图。

(4) 当绿化或景观环境另行委托设计时，可根据需要绘制绿化及建筑小品的示意性和控制性布置图。

4.2.11 计算书(供内部使用)

设计依据、简图、计算公式、计算过程及成果资料均作为技术文件归档。

4.3 建筑

4.3.1 在施工图设计阶段，建筑专业设计文件应包括图纸目录、施工图设计说明、设计图纸、计算书

4.3.2 图纸目录

先列新绘制图纸，后列选用的标准图或重复利用图。

4.3.3 施工图设计说明

(1) 本子项工程施工图设计的依据性文件、批文和相关规范。

(2) 项目概况。内容一般包括建筑名称、建设地点、建设单位、建筑面积、建筑基底面积、建筑工程等级、设计使用年限、建筑层数和建筑高度、防火设计建筑分类和耐火等级、人防工程防护等级、屋面防水等级、地下室防水等级、抗震设防烈度等，以及能反映建筑规模的主要技术经济指标，如住宅的套型和套数(包括每套的建筑面积、使用面积、阳台建筑面积，房间的使用面积可在平面图中标注)、旅馆的客房间数和床位数、医院的门诊人次和住院部的床位数、车库的停车泊位数等。

(3) 设计标高。本子项的相对标高与总图绝对标高的关系。

(4) 用料说明和室内、外装修。

① 墙体、墙身防潮层、地下室防水、屋面、外墙面、勒脚、洒水、台阶、坡道、油漆、涂料等的材料和做法，可用文字说明或部分文字说明，部分直接在图上引注或加注索引号。

② 室内装修部分除用文字说明以外亦可用表格形式表达，在附表-1上填写相应的做法或代号；较复杂或较高级的民用建筑应另行委托室内装修设计；凡属二次装修的部分可不列装修做法表和进行室内施工图设计，但对原建筑设计、结构和设备设计有较大改动时，应征得设计单位和设计人员的同意。

(5) 对采用新技术、新材料的做法说明及对特殊建筑造型和必要的建筑构造的说明。

(6) 门窗表(见附表-2)及门窗性能(防火、隔声、防护、抗风压、保温、空气渗透、雨水渗透等)、用料、颜色、玻璃、五金件等的设计要求。

(7) 幕墙工程(包括玻璃、金属、石材等)及特殊的屋面工程(包括金属、玻璃、膜结构等)的性能及制作要求、平面图、预埋件安装图等以及防火、安全、隔音构造。

(8) 电梯(自动扶梯)选择及性能说明(功能、载重量、速度、停站数、提升高度等)。

附表-1　部位室内装修做法表

名称	楼、地面	踢脚板	墙裙	内墙面	顶棚	备注
门厅						
走廊						
…						

注：表列项目可增减。

附表-2 门窗表

类别	设计编号	洞口尺寸(mm)		樘数	采用标准图集及编号		备注
		宽	高		图集代号	编号	
门							
窗							

注：采用标准图集的门窗应绘制门窗立面图及开启方式。

(9) 墙体及楼板预留孔洞需封堵时的封堵方式说明。

(10) 其他需要说明的问题。

4.3.4 设计图纸

1. 平面图

(1) 承重墙、柱及其定位轴线和轴线编号，内外门窗位置、编号及定位尺寸，门的开启方向，注明房间名称和编号。

(2) 轴线总尺寸(或外包总尺寸)、轴线间尺寸(柱距、跨度)、门窗洞口尺寸、分段尺寸。

(3) 墙身厚度(包括承重墙和非承重墙)，柱与壁柱宽、深尺寸(必要时)，及其与轴线关系尺寸。

(4) 变形缝位置、尺寸及做法索引。

(5) 主要建筑设备和固定家具的位置及相关做法索引，如卫生器具、雨水管、水池、台、橱、柜、隔断等。

(6) 电梯、自动扶梯及步道(注明规格)、楼梯(爬梯)位置和楼梯上下方向示意和编号索引。

(7) 主要结构和建筑构造部件的位置、尺寸和做法索引，如中庭、天窗、地沟、地坑、重要设备或设备机座的位置尺寸、各种平台、夹层、人孔、阳台、雨篷、台阶、坡道、散水及明沟等。

(8) 楼地面预留孔洞和通气管道、管线竖井、烟囱、垃圾道等位置、尺寸和做法索引，以及墙体(主要为填充墙、承重砌体墙)预留洞的位置、尺寸与标高或高度等。

(9) 车库的停车位和通行路线。

(10) 特殊工艺要求的土建配合尺寸。

(11) 室外地面标高、底层地面标高、各楼层标高、地下室各层标高。

(12) 剖切线位置及编号(一般只注在底层平面或需要剖切的平面位置)。

(13) 有关平面节点详图或详图索引号。

(14) 指北针(画在底层平面)。

(15) 每层建筑平面中防火分区面积和防火分区分隔位置示意(宜单独成图，如为一个防

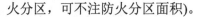

火分区，可不注防火分区面积)。

(16) 屋面平面应有女儿墙、檐口、天沟、坡度、坡向、雨水口、屋脊(分水线)、变形缝、楼梯间、水箱间、电梯间、天窗及挡风板、屋面上人孔、检修梯、室外消防楼梯及其他构筑物，必要的详图索引号、标高等；表述内容单一的屋面可缩小比例绘制。

(17) 根据工程性质及复杂程度，必要时可选择绘制局部放大平面图。

(18) 可自由分割的大开间建筑平面宜绘制平面分隔示例系列，其分割方案应符合有关标准及规定(分隔示例平面可缩小比例绘制)。

(19) 建筑平面较长、较大时，可分区绘制，但须在各分区平面图适当位置上绘出分区组合示意图，并明显表示本分区部位编号。

(20) 图纸名称、比例。

(21) 图纸的省略：如为对称平面，对称部分的内部尺寸可省略，对称轴部位用对称符号表示，但轴线号不得省略；楼层平面除轴线间等主要尺寸及轴线编号外，与底层相同的尺寸可省略；楼层标准层可共用同一平面，但需注明层次范围及各层的标高。

2. 立面图

(1) 两端轴线编号，立面转折较复杂时可用展开立面表示，但应准确注明转角处的轴线编号。

(2) 立面外轮廓及主要结构和建筑构造部件的位置，如女儿墙顶、檐口、柱、变形缝、室外楼梯和垂直爬梯、室外空调机搁板、阳台、栏杆、台阶、坡道、花台、雨篷、烟囱、勒脚、门窗、幕墙、洞口、门头、雨水管，以及其他装饰构件、线脚和粉刷分格线等，及关键控制标高的标注，如屋面或女儿墙标高等；外墙的留洞应注尺寸与标高或高度尺寸。

(3) 平、剖面未能表示出来的屋顶、檐口、女儿墙、窗台以及其他装饰构件、线脚等的标高或高度。

(4) 在平面图上表达不清的窗编号。

(5) 各部分装饰用料名称或代号，构造节点详图索引。

(6) 图纸名称、比例。

(7) 各个方向的立面应绘齐全，但差异小、左右对称的立面或部分不难推定的立面可简略；内部院落或看不到的局部立面，可在相关剖面图上表示，若剖面图未能表示完全时，则需单独绘出。

3. 剖面图

(1) 剖视位置应选在层高不同、层数不同、内外部空间比较复杂、具有代表性的部位；建筑空间局部不同处以及平面、立面均表达不清的部位，可绘制局部剖面。

(2) 墙、柱、轴线和轴线编号。

(3) 剖切到或可见的主要结构和建筑构造部件，如室外地面、底层地(楼)面、地坑、地沟、各层楼板、夹层、平台、吊顶、屋架、屋顶、出屋顶烟囱、天窗、挡风板、檐口、女儿墙、爬梯、门、窗、楼梯、台阶、坡道、散水、平台、阳台、雨篷、洞口及其他装修等可见的内容。

(4) 高度尺寸。

外部尺寸：门、窗、洞口高度、层间高度、室内外高差、女儿墙高度、总高度。

内部尺寸：地坑(沟)深度、隔断、内窗、洞口、平台、吊顶等。

(5) 标高。主要结构和建筑构造部件的标高，如地面、楼面(含地下室)、平台、吊顶、屋面板、屋面檐口、女儿墙顶，高出屋面的建筑物、构筑物及其他屋面特殊构件等的标高，室外地面标高。

(6) 节点构造详图索引号。

(7) 图纸名称、比例。

4. 详图

(1) 内外墙节点、楼梯、电梯、厨房、卫生间等局部平面较大的构造详图。

(2) 室内外装饰方面的构造、线脚、图案等。

(3) 特殊的或非标准门、窗、幕墙等应有构造详图。如属另行委托设计加工者，要绘制立面分格图，对开启面积大小和开启方式，与主体结构的连接方式、预埋件、用料材质、颜色等作出规定。

(4) 其他凡在平、立、剖面或文字说明中无法交代或交代不清的建筑构配件和建筑构造。

(5) 对紧邻的原有建筑，应绘出其局部的平、立、剖面，并索引新建筑与原有建筑结合处的详图号。

4.3.5 计算书(供内部使用)

根据工程性质特点进行热工、视线、防护、防水、安全疏散等方面的计算。计算书作为技术文件归档。

参 考 文 献

[1] 崔艳秋．房屋建筑学学习指导[M]．武汉：武汉工业大学出版社，2002.

[2] 张宗森．建筑装饰构造[M]．北京：中国建筑工业出版社，2006.

[3] 王汉立．建筑装饰构造[M]．武汉：武汉理工大学出版社，2004.

[4] 赵研．房屋建筑学[M]．北京：高等教育出版社，2004.

[5] 张倩．室内装饰材料与构造[M]．重庆：西南师范大学出版社，2006.

[6] 编委会．室内装饰设计施工图集[M]．北京：中国建筑工业出版社，2002.

[7] 杜俊芳．房屋建筑学[M]．北京：中国水利水电出版社，2008.

[8] 高远．建筑装饰制图与识图[M]．北京：机械工业出版社，2007.

[9] 冯美宇．建筑装饰装修构造[M]．北京：机械工业出版社，2004.

[10] 谢崔昀，薛林．公共建筑室内设计施工图选[M]．福州：福建科学技术出版社，2004.

[11] 芮乙轩，王祖民．现代楼梯设计[M]．上海：上海科学普及出版社，2004.

[12] 韩林飞．楼梯细部设计分析[M]．北京：机械工业出版社，2005.

[13] 康海飞．室内设计资料图集[M]．北京：中国建筑工业出版社，2009.

[14] 崔丽萍，杨青山．建筑识图与构造[M]．北京：中国电力出版社，2010.

[15] J103-2～7 图集．建筑幕墙[M]．北京：中国建筑标准设计研究院，2005.